Matemática Aplicada a Administração, Economia e Contabilidade

2ª EDIÇÃO REVISTA E AMPLIADA

Dados Internacionais de Catalogação na Publicação (CIP)
(Câmara Brasileira do Livro, SP, Brasil)

Murolo, Afrânio Carlos
  Matemática aplicada a administração, economia
e contabilidade / Afrânio Carlos Murolo, Giácomo
Bonetto. - 2. ed. rev. e ampl. - São Paulo :
Cengage Learning, 2022.

  5. reimpr. da 2. ed. rev. e ampl. de 2012.
  ISBN 978-85-221-1125-1

  1. Matemática - Estudo e ensino I. Bonetto, Giácomo.
II. Título.

11-01184   CDD-510.07

Índice para catálogo sistemático:

1. Matemática aplicada: Estudo e ensino 510.07

Matemática Aplicada a Administração, Economia e Contabilidade

2ª edição revista e ampliada

Afrânio Carlos Murolo   Giácomo Bonetto

Austrália • Brasil • México • Cingapura • Reino Unido • Estados Unidos

Matemática aplicada a administração, economia e contabilidade – 2ª edição revista e ampliada
Afrânio Carlos Murolo e Giácomo Bonetto

Gerente Editorial: Patricia La Rosa

Editora de Desenvolvimento: Monalisa Neves

Supervisora de Produção Editorial:
 Fabiana Alencar Albuquerque

Revisão: Cristiane Morinaga e Ana Lucia Sant'ana dos Santos

Diagramação: Cia. Editorial

Capa: MSDE/Manu Santos Design

© 2012 Cengage Learning Edições Ltda.
Todos os direitos reservados.

Todos os direitos reservados. Nenhuma parte deste livro poderá ser reproduzida, sejam quais forem os meios empregados, sem a permissão, por escrito, da Editora. Aos infratores aplicam-se as sanções previstas nos artigos 102, 104, 106 e 107 da Lei nº 9.610, de 19 de fevereiro de 1998.

A Editora não se responsabiliza pelo funcionamento dos sites contidos neste livro que possam estar suspensos.

Para informações sobre nossos produtos, entre em contato pelo telefone **0800 11 19 39**

Para permissão de uso de material desta obra, envie seu pedido
para **direitosautorais@cengage.com**

© 2012 Cengage Learning. Todos os direitos reservados.

ISBN-13: 978-85-221-1125-1
ISBN-10: 85-221-1125-1

Cengage Learning
Condomínio E-Business Park
Rua Werner Siemens, 111 – Prédio 11 – Torre A
Conjunto 12 – Lapa de Baixo – CEP 05069-900
São Paulo – SP
Tel.: (11) 3665-9900 – Fax: (11) 3665-9901
SAC: 0800 11 19 39

Para suas soluções de curso e aprendizado, visite
www.cengage.com.br

Impresso no Brasil
Printed in Brazil
5. reimpr. – 2022

Aos meus pais, Armando e Leonídia in memoriam,
*à minha esposa, Maria Helena,
e meus filhos, Rafael e Fernanda,
por toda a compreensão,
carinho e apoio.*

Afrânio

*Aos meus pais, Juvenal e Darci,
por todo o seu amor...*

Giácomo

Agradecimentos

Agradecemos a todos que, de forma direta ou indireta, nos incentivaram na realização e execução deste trabalho com críticas e sugestões. Em especial, agradecemos a Cláudio Arconcher, pela leitura crítica e atenta de todo o trabalho, pelas inúmeras e valiosas contribuições e sugestões; a Adenio Antonio Costa Júnior, pelo apoio técnico em várias etapas do trabalho, e a Maria de Fátima Moreira Silva, pela leitura crítica e sugestões em relação aos conceitos econômicos nos Capítulos 9 e 12.

Apresentação da 2ª edição

Já se vão 7 anos desde a publicação da primeira edição de *Matemática Aplicada a Administração, Economia e Contabilidade*.

A grande aprovação que o livro tem nos círculos acadêmicos motivou inúmeras reimpressões deste título, algumas fazendo pequenas correções, atendendo a solicitações e sugestões de professores e alunos que adotam a obra, sempre objetivando torná-la ainda mais didática, acessível e interessante aos que a utilizam como literatura principal ou complementar.

Chega então o momento de a Cengage Learning apresentar a todos a 2ª edição do livro. Exaustivamente revisto e atualizado pelos autores, *Matemática Aplicada a Administração, Economia e Contabilidade – 2ª edição* mantém suas características estruturais, corrige problemas e pequenos erros e apresenta novidades.

Visando torná-la ainda mais didática, a presente edição está impressa em duas cores, o que facilita a visualização e interpretação de gráficos, tabelas e figuras e coloca o livro no padrão dos principais livros que tratam de cálculo matemático.

Além disso, o livro conta com material complementar, disponível no site da Cengage Learning (www.cengage.com.br), na página do livro, para professores que adotam a obra e alunos, mediante cadastro. O material é composto por software Winplot e Apêndices contendo atividades utilizando o software e conteúdos teóricos e práticos sobre revisão algébrica e nivelamento matemático, conforme abaixo:

- Apêndice C – Recursos Computacionais de Apoio à Construção de Modelos de Regressão Utilizando o Microsoft Excel (Office 2007 – Microsoft Co.)
- Apêndice D – Revisão Algébrica/Nivelamento Matemático – Expressões Algébricas
- Apêndice E – Revisão Algébrica/Nivelamento Matemático – Equações
- Apêndice F – Revisão Algébrica/Nivelamento Matemático – Inequações
- Soluções do Apêndice B – Atividades no Winplot

- Soluções do Apêndice C – Regressão Linear, Exponencial, Potência, Polinomial e Logarítmica

Apenas para os professores estão disponíveis as respostas aos exercícios.

Com isso, a Cengage Learning e os autores esperam contribuir para a utilização, o aprendizado e a apreensão dos conteúdos apresentados no livro, tão essenciais à formação de profissionais competentes nas áreas de Administração, Economia e Ciências Contábeis.

O editor

Prefácio

Agradeço a honrosa oportunidade de prefaciar a obra *Matemática Aplicada a Administração, Economia e Contabilidade*, dos colegas e amigos Afrânio Murolo e Giácomo Bonetto. Tive o privilégio de compartilhar com os autores o sempre desafiador ambiente acadêmico, em que pude perceber o perfil de educadores sérios e comprometidos com a aprendizagem dos seus alunos e com a disciplina pedagógica.

Este livro é o resultado da sua rica experiência docente e das inquietudes que sempre permeavam suas ações em sala de aula, no sentido de tornar o ensino da matemática atrativamente assimilável e aplicável ao estudo das organizações e dos negócios e, principalmente, ao processo de tomada de decisão, que tem se revelado cada vez mais complexo.

Matemática Aplicada a Administração, Economia e Contabilidade é uma obra que veio para exercer forte influência no ensino da matemática nos cursos que pertencem às Ciências Sociais Aplicadas, devido, principalmente, à sua abordagem didática. Em um estilo claro e acessível, ela oferece os meios necessários para que se possa compreender e dominar importantes conceitos e habilidades de cálculo, que fazem parte do ambiente da gestão e dos negócios.

Merece também destaque a forma inteligente pela qual os autores estruturaram a apresentação da obra, o que certamente facilitará sua utilização como livro-texto nos cursos de Administração, Economia e Contabilidade. Todos os capítulos e seus respectivos desdobramentos encontram-se devidamente consubstanciados com conceitos e definições, bem como com aplicações materializadas com pertinentes e elucidativos exemplos, além de exercícios para a sedimentação da aprendizagem. Ainda é elogiável a inserção de um Tópico Especial em cada capítulo e a sua aplicação, assim como o Apêndice, com atividades para revisar os conteúdos de matemática do ensino fundamental e médio.

A contribuição acadêmica e pedagógica desta obra permitirá um importante avanço didático para a pavimentação do ensino e da aprendizagem da matemática nos cursos de Administração, Economia e Contabilidade. Esta é, em essência, a nobre intenção pedagógica dos seus autores, não obstante a complexidade em que se insere a aludida temática.

Desejo que alunos e professores tenham, com esta obra, a oportunidade para desenvolver, por meio do estudo, da compreensão e da aplicação da matemática, competências e habilidades, materializadas pela capacidade em reconhecer e definir problemas, equacionar soluções, decidir em face dos diferentes graus de complexidade, desenvolver raciocínio lógico, crítico e analítico e estabelecer relações formais e causais entre fenômenos produtivos, administrativos e de controle no âmbito da gestão.

Finalmente, gostaria de cumprimentar os autores, Prof. Afrânio Murolo e Prof. Giácomo Bonetto, pela iniciativa e qualidade da obra *Matemática Aplicada a Administração, Economia e Contabilidade* e agradecer por contribuírem para a formação de profissionais cada vez mais competentes e socialmente responsáveis de nosso país.

Prof. Adm. Mauro Kreuz
Presidente da Associação Nacional dos
Cursos de Graduação em Administração – Angrad

Sumário

■ CAPÍTULO 1 – CONCEITO DE FUNÇÃO — 1
Conceito de Função — 2
Tipos de Função — 4
Função Crescente ou Decrescente — 4
Função Limitada — 4
Função Composta — 7
TÓPICO ESPECIAL – Dispersão e Correlação Linear — 11
Diagrama de Dispersão — 11
Correlação Linear — 14

■ CAPÍTULO 2 – FUNÇÃO DO 1º GRAU — 19
Modelos Lineares — 20
Funções do 1º Grau — 20
Juros Simples — 24
Restrição Orçamentária — 25
Caracterização Geral — 27
Obtenção da Função do 1º Grau — 29
Exemplos de como Obter Funções do 1º Grau — 29
Sistemas Lineares e Funções do 1º Grau — 31
TÓPICO ESPECIAL – Regressão Linear Simples — 37
Modelo de Regressão Linear Simples — 37
Passos para Ajuste da Reta de Regressão — 37
Passos para Ajuste do Modelo de Regressão
Linear Simples pelo M.M.Q. — 38

CAPÍTULO 3 – FUNÇÃO DO 2º GRAU   45

Modelos de Funções do 2º Grau   46
Um Modelo de Função do 2º Grau   46
Caracterização Geral   51
Exemplos de Funções do 2º Grau   53

TÓPICO ESPECIAL – Regressão Quadrática   62

A Regressão Quadrática   62

CAPÍTULO 4 – FUNÇÃO EXPONENCIAL   69

Modelos de Funções Exponenciais   70
Utilizando um Fator Multiplicativo   70
Montante e Função Exponencial   73
Função Exponencial e Depreciação de uma Máquina   75
Função Exponencial e Juros Compostos   77
Caracterização Geral   78
Obtenção da Função Exponencial   80
1º Caso: Identificando Evolução Exponencial   80
2º Caso: Função Exponencial a partir de Dois Pontos   82
3º Caso: Função Exponencial a partir do Fator Multiplicativo   83
Logaritmos e Logaritmo Natural   86
Logaritmos   86
Propriedades dos Logaritmos   88

TÓPICO ESPECIAL – Regressão Exponencial   95

A Regressão Exponencial   95

CAPÍTULO 5 – FUNÇÕES POTÊNCIA, POLINOMIAL, RACIONAL E INVERSA   103

Modelos de Função Potência   104
Produção, Insumo e Proporcionalidade   104
Produção e Taxas Crescentes   105
Produção e Taxas Decrescentes   107
A Lei de Pareto, Assíntotas e Limites   109

Caracterização Geral	114
1º Caso: Potências Inteiras e Positivas	115
2º Caso: Potências Fracionárias e Positivas	116
3º Caso: Potências Inteiras e Negativas	117
Modelos de Função Polinomial	119
Função Polinomial e Preço de um Produto	120
Caracterização Geral	121
Modelos de Função Racional	121
Função Racional e Receita	122
Caracterização Geral	127
Função Inversa	128
Obtendo a Inversa de uma Função Exponencial	128
Existência da Função Inversa	130
TÓPICO ESPECIAL – Regressão Potência e Hipérbole	137
Modelo de Regressão Potência	137
Modelo de Regressão Hipérbole	141

CAPÍTULO 6 – O CONCEITO DE DERIVADA 151

Taxa de Variação	152
Taxa de Variação Média	152
Taxa de Variação Média em um Intervalo	152
Taxa de Variação Instantânea	154
Derivada de uma Função em um Ponto	158
Derivada de uma Função como Taxa de Variação Instantânea	158
Interpretação Gráfica da Derivada	159
Taxa de Variação Média como Inclinação da Reta Secante	159
Taxa de Variação Instantânea como Inclinação da Reta Tangente	161
Derivada como Inclinação da Reta Tangente	164
Reta Tangente à Curva em um Ponto	167
Diferentes Derivadas para Diferentes Pontos e a Função Derivada	169
Função Derivada	170
TÓPICO ESPECIAL – Linearidade Local	180
Linearização em q = 2	189
Linearização em q = 6	189

CAPÍTULO 7 – TÉCNICAS DE DERIVAÇÃO   195

Regras de Derivação   196
Função Constante   196
Função do 1º Grau   197
Constante Multiplicando Função   197
Soma ou Diferença de Funções   198
Potência de x   199
Função Exponencial   201
Função Exponencial na Base e   201
Logaritmo Natural   202
Produto de Funções   203
Quociente de Funções   204
Função Composta – Regra da Cadeia   205
A Notação de Leibniz   209
Regra da Cadeia com a Notação de Leibniz   211
Derivada Segunda e Derivadas de Ordem Superior   214
Diferencial   215

TÓPICO ESPECIAL – Derivação Implícita   218

CAPÍTULO 8 – APLICAÇÕES DAS DERIVADAS NO ESTUDO DAS FUNÇÕES   227

Máximos e Mínimos   228
Máximo e Mínimo Locais   228
Máximo e Mínimo Globais   229
Pontos onde a Derivada Não Existe Analisados Graficamente   230
Derivada e Crescimento/Decrescimento de uma Função   232
Pontos Críticos   233
Teste da Derivada Primeira   234

Derivada Segunda e Concavidade de um Gráfico   240
Derivada Segunda e Comportamento da Derivada Primeira   240
Derivada Segunda e Taxas de Crescimento/Decrescimento   242
Teste da Derivada Segunda   244
Ponto de Inflexão   245
Como Encontrar um Ponto de Inflexão   245

Observações gerais   250

TÓPICO ESPECIAL – Ponto de Inflexão e seu Significado Prático   254

CAPÍTULO 9 – APLICAÇÕES DAS DERIVADAS NAS ÁREAS ECONÔMICA E ADMINISTRATIVA 257

Funções Marginais   258
O Custo Marginal na Produção de Eletroeletrônicos   258
Função Custo Marginal e Outras Funções Marginais   261
Custo Marginal   263
Receita Marginal   264
Lucro Marginal   266
Custo Médio Marginal   268

Elasticidade   272
Elasticidade-Preço da Demanda   272
Classificação da Elasticidade-Preço da Demanda   276
Elasticidade-Renda da Demanda   276
Relação entre Receita e Elasticidade-Preço da Demanda   277

Propensão Marginal a Consumir e a Poupar   282

TÓPICO ESPECIAL – Modelo de Lote Econômico   290

Lote Econômico de Compra   290

CAPÍTULO 10 – O CONCEITO DE INTEGRAL 301

Integral Definida a partir de Somas   302
Variação da Produção a partir da Taxa de Variação   302
Estimativa para a Variação da Produção a partir da Taxa de Variação   305
Variação da Produção e Integral Definida   307

Integral Definida como Área   311
Integral Definida para f(x) Positiva   311
Integral Definida para f(x) Negativa   313
Cálculo da Área entre Curvas   316

Valor Médio e Integral Definida   318

Primitivas e Teorema Fundamental do Cálculo   320
Primitivas   320
Teorema Fundamental do Cálculo   321

TÓPICO ESPECIAL – Regra de Simpson (Integração Numérica)   327

CAPÍTULO 11 – TÉCNICAS DE INTEGRAÇÃO — 331

Integral Indefinida — 332
Primitivas e Integral Indefinida — 332
Regras Básicas de Integração — 333
Função Constante — 333
Potência de x — 334
Constante Multiplicando Função — 335
Soma ou Diferença de Funções — 336
Função $f(x) = \frac{1}{x}$ — 337
Função Exponencial — 338
Função Exponencial na Base e — 338
Integração por Substituição — 339
Um Exemplo do Método da Integração por Substituição — 339
Passos para Aplicar o Método da Substituição — 340
Integração por Partes — 343
Integral do Logaritmo Natural — 348
Integrais Definidas — 349

TÓPICO ESPECIAL – Integrais Impróprias — 355

CAPÍTULO 12 – APLICAÇÕES DAS INTEGRAIS — 359

Integrando Funções Marginais — 360
Integral Definida da Taxa de Variação como a Variação Total da Função — 360
Excedente do Consumidor — 364
Excedente do Produtor — 371
Valor Futuro e Valor Presente de um Fluxo de Renda — 376
Capitalização Contínua — 376
Valor Futuro de um Fluxo de Renda — 378
Valor Presente de um Fluxo de Renda — 379

TÓPICO ESPECIAL – O Índice de Gini e a Curva de Lorenz — 385

APÊNDICE A – Atividades para Revisão — 395

APÊNDICE B – Recursos Computacionais de Apoio à Construção de Gráficos com Utilização do *Software* Winplot — 417

■ **RESPOSTAS** – Exercícios Ímpares   451

■ **Referências Bibliográficas**   505

■ **Material complementar**

No site da editora (www.cengage.com.br), alunos e professores que adotam a obra encontram material adicional para o trabalho com o *Matemática Aplicada a Administração, Economia e Contabilidade*. Estão disponíveis:

- Apêndice C – Recursos Computacionais de Apoio à Construção de Modelos de Regressão Utilizando o Microsoft Excel
- Apêndice D – Revisão Algébrica/Nivelamento Matemático – Expressões Algébricas
- Apêndice E – Revisão Algébrica/Nivelamento Matemático – Equações
- Apêndice F – Revisão Algébrica/Nivelamento Matemático – Inequações
- Soluções do Apêndice B – Atividades no Winplot
- Soluções do Apêndice C – Regressão Linear, Exponencial, Potência, Polinomial e Logarítmica

capítulo 1
Conceito de Função

■ Objetivo do Capítulo

Neste capítulo, você notará como muitas situações práticas nas áreas de administração, economia e ciências contábeis podem ser representadas por funções matemáticas. Nas análises iniciais dessas funções, serão ressaltados conceitos como *crescimento* e *decrescimento*, *função limitada* e *função composta*, sempre associados a aplicações nas áreas administrativa, econômica e contábil. No Tópico Especial, por meio de *diagramas de dispersão* e do *coeficiente de correlação linear*, você analisará mais aspectos da associação entre variáveis matemáticas.

Conceito de Função

Na análise de fenômenos econômicos, muitas vezes usamos funções matemáticas para descrevê-los e interpretá-los. Nesse sentido, as funções matemáticas são usadas como ferramentas que auxiliam na resolução de problemas ligados à administração de empresas. Nesta seção descrevemos o conceito de função e algumas de suas representações.

No exemplo a seguir, a Tabela 1.1 traz a distribuição dos preços do produto "A" no decorrer dos meses num ano na cidade de São Paulo.

Tabela 1.1 Preço médio do produto "A" em São Paulo

Mês (t)	Jan.	Fev.	Mar.	Abr.	Maio	Jun.	Jul.	Ago.	Set.	Out.	Nov.	Dez.
Preço (p) ($)	6,70	6,75	6,80	6,88	6,95	7,01	7,08	7,14	7,20	7,28	7,36	7,45

A cada mês, observamos um preço do produto. Assim, podemos dizer que cada preço, p, está associado a um mês, t, ou ainda que o preço *depende* do mês que escolhemos.

Nesse exemplo, se substituirmos cada mês por um número, podemos entender a relação entre o mês e o preço como uma associação entre duas variáveis numéricas; assim temos uma nova tabela:

Tabela 1.2 Preço médio do produto "A" em São Paulo

Mês (t)	1	2	3	4	5	6	7	8	9	10	11	12
Preço (p) ($)	6,70	6,75	6,80	6,88	6,95	7,01	7,08	7,14	7,20	7,28	7,36	7,45

Vale ressaltar que, a cada valor da variável "mês", temos um único valor da variável "preço" associado, o que caracteriza uma *função* matemática ou mais precisamente:

> A cada valor da grandeza t está associado um único valor da grandeza P, caracterizando P como função de t, o que é indicado por $P = f(t)$.

Nesse contexto, a variável t é chamada de *independente* e a variável p é chamada de *dependente*; o conjunto dos valores possíveis para a variável independente é o **domínio** da função; a **imagem** da função é o conjunto dos valores da variável dependente que foram associados à variável independente.

No exemplo anterior, por meio da tabela, fizemos uma representação numérica da função, que pode ser representada também por meio de um gráfico:

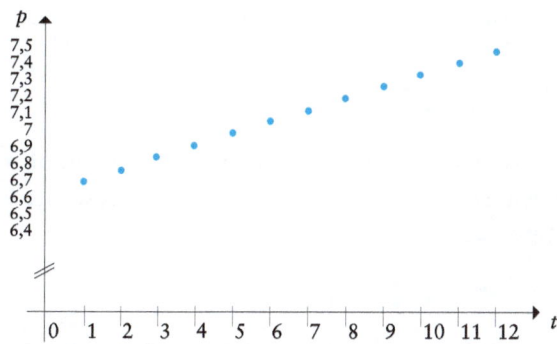

Figura 1.1 Preço médio do produto "A" em São Paulo.

As funções também são representadas por fórmulas que relacionam as variáveis. No exemplo dado não existe uma fórmula que relacione de maneira exata as variáveis t e P, mas podemos aproximar tal relação com a fórmula

$$p = 0,0676\, t + 6,6104$$

cujo gráfico é representado por uma reta que se aproxima dos pontos já traçados na Figura 1.1:

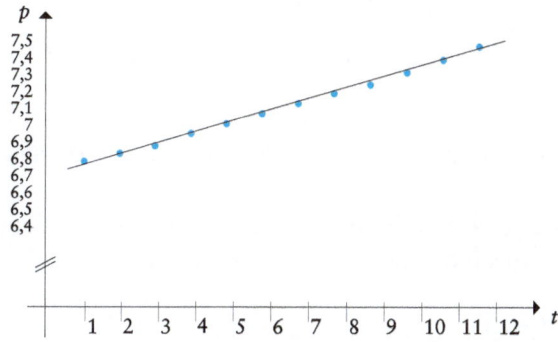

Figura 1.2 Reta que aproxima o preço médio do produto "A" – São Paulo.

Lembramos que, para o traçado da reta no gráfico, o *domínio* que antes era dado por $D(f) = \{1, 2, 3, 4, 5, 6, 7, 8, 9, 10, 11, 12\}$ foi substituído pelo conjunto do números reais. Consideraremos o conjunto dos números reais, ou seus intervalos, como o domínio para as funções apresentadas neste livro.

■ Tipos de Função

Muitas funções podem ser identificadas por apresentar características semelhantes. Nesta seção estudaremos as funções crescentes, decrescentes, limitadas e compostas.

Função Crescente ou Decrescente

Na função do exemplo anterior, percebemos que, à medida que o número t do mês aumenta, o preço p da carne também aumenta; nesse caso, dizemos que a função é *crescente*.

Tomando como exemplo a demanda, q, de um produto em função de seu preço, p, relacionados pela fórmula

$$q = -2p + 10$$

podemos esboçar o gráfico

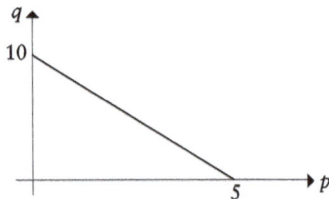

Figura 1.3 Demanda de um produto em função de seu preço.

Percebemos que, à medida que o preço p aumenta, a demanda q diminui. Nesse caso, dizemos que a função é **decrescente**.

Função Limitada

Vamos analisar a função da venda total, v, de um CD, no decorrer dos meses, t, dada pela seguinte expressão:

$$v = \frac{250}{1 + 500 \cdot 0,5^t}.$$

Construindo uma tabela, obtemos as vendas aproximadas (em milhares de CDs) para o número de meses após o lançamento do CD.

Tabela 1.3 Vendas totais aproximadas de um CD após seu lançamento

t (meses)	0	1	2	4	6	8	10	12	14	16	18	20
v (vendas totais em milhares)	0,5	1	2	8	28	84	168	223	243	248	250	250

Podemos representar tais valores no gráfico

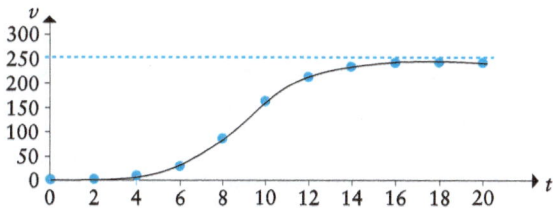

Figura 1.4 Vendas totais aproximadas de um CD após seu lançamento.

De acordo com essa função, as vendas nunca ultrapassam 250.000 CDs. Na verdade, o valor correto para $t = 18$ é $v = 249.524$ e para $t = 20$ é $v = 249.881$.

Como notamos, por maior que seja o valor de t, o valor da função jamais ultrapassa 250. Nesse caso, dizemos que a função é **limitada superiormente** e que o valor 250 é um *limitante superior*. Podemos dizer que outros valores – por exemplo, 251, 260, 300 ou 1.000 – também são limitantes superiores, porém chamamos o valor 250 de *supremo* por ele ser o *menor dos limitantes superiores*.

Agora, analisaremos o custo por unidade, c_u, de um eletrodoméstico em função da quantidade produzida, q, cuja relação é dada por

$$c_u = \frac{240}{q} + 50$$

Construindo uma tabela, obtemos os custos unitários para os números de unidades produzidas.

Tabela 1.4 Custos unitários para produção de um eletrodoméstico

q (unidades)	10	20	40	60	80	100	150	200	250	300
c_u (custo por unidade) ($)	74,00	62,00	56,00	54,00	53,00	52,40	51,60	51,20	50,96	50,80

Podemos representar tais valores no gráfico

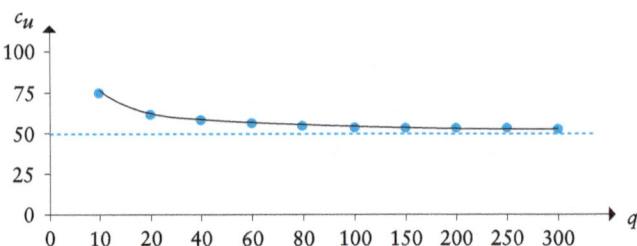

Figura 1.5 Custos unitários para produção de um eletrodoméstico.

De acordo com essa função, o custo unitário nunca é menor que 50,00. Na verdade, se calculamos o custo por unidade para produzir $q = 10.000$ unidades, obtemos o custo aproximado de $c_u = 50,02$.

Como notamos, por maior que seja o valor de q, o valor da função jamais será inferior a 50. Nesse caso, dizemos que a função é **limitada inferiormente** e que o valor 50 é um *limitante inferior*. Podemos dizer que outros valores – por exemplo, 49, 40, 30 ou 0 – também são limitantes inferiores, porém chamamos o valor 50 de *ínfimo* por ele ser o *maior dos limitantes inferiores*.

Analisaremos agora a função do valor, v, de uma ação negociada na bolsa de valores, no decorrer dos meses, t, dada pela expressão

$$v = \frac{t^2 - 6t + 12}{t^2 - 6t + 10}.$$

Construindo uma tabela, obtemos o valor aproximado para o número de meses após o lançamento para a negociação da ação na bolsa de valores.

Tabela 1.5 Valor aproximado de uma ação na bolsa de valores

t (meses)	0	1	2	3	4	5	6	7	8	9	10	15
v (valor em $)	1,20	1,40	2,00	3,00	2,00	1,40	1,20	1,12	1,08	1,05	1,04	1,01

Podemos representar tais valores no gráfico

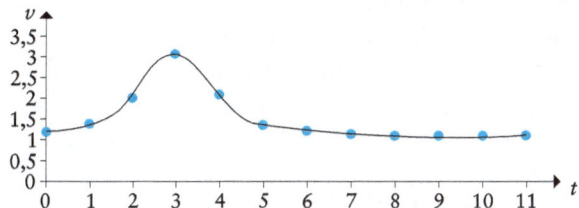

Figura 1.6 Valor aproximado de uma ação negociada na bolsa de valores.

Analisando mais atentamente essa função, percebemos que o valor da ação jamais ultrapassa $ 3,00 e, ao mesmo tempo, nunca é inferior a $ 1,00. Portanto, temos uma função que é limitada *superiormente* e *inferiormente*, o que nos leva a chamá-la de função **limitada**.

Função Composta

Agora, consideremos duas funções: a produção p de um produto, em função da quantidade q de insumo disponível, e a quantidade vendida v do mesmo produto, em função daquilo que foi produzido, p.

Vamos supor que a produção, dependendo do insumo, seja dada por

$$p = -q^2 + 8q + 9$$

e que a venda, dependendo da produção, seja dada por

$$v = 0{,}7p.$$

Se for dada uma quantidade $q = 1$ de insumo, podemos calcular a produção correspondente:

$$p = -1^2 + 8 \cdot 1 + 9$$
$$p = 16.$$

Sabendo a produção $p = 16$, podemos determinar a venda correspondente:

$$v = 0{,}7 \cdot 16$$
$$v = 11{,}2.$$

Realizando os mesmos cálculos para uma quantidade de insumo $q = 4$, obtemos a produção $p = 25$ e a venda $v = 17{,}5$.

Notamos, então, que dada uma quantidade de insumo, é possível calcular as vendas, desde que calculemos primeiramente a produção. Entretanto, é possível obter uma função que permite calcular diretamente as vendas a partir da quantidade de insumo, não sendo necessário o cálculo da produção. Essa função é conhecida como **composta** das funções v e p, simbolizada como $v = v(p) = v(p(q))$. Tal função composta é obtida substituindo a função da produção na expressão que dá a venda:

Substituindo $p = -q^2 + 8q + 9$ em $v = 0{,}7p$, obtemos

$$v = 0{,}7(-q^2 + 8q + 9)$$
$$v = -0{,}7q^2 + 5{,}6q + 6{,}3.$$

Como podemos notar, nessa última expressão, a venda v depende da quantidade q.

Podemos confirmar a validade da expressão obtida calculando a venda para a quantidade $q = 1$ de insumo:

$$v = -0{,}7 \cdot 1^2 + 5{,}6 \cdot 1 + 6{,}3$$
$$v = 11{,}2.$$

Representando graficamente os cálculos realizados, temos:

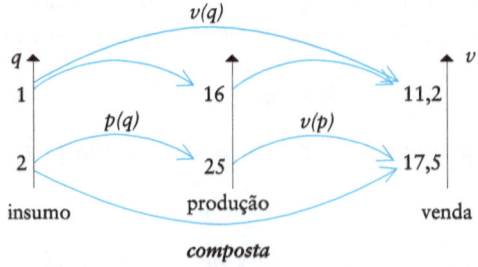

Figura 1.7 Representação gráfica de uma composição de função.

Nesse exemplo, simbolizamos a produção em função do insumo por p(q), a venda em função da produção v(p) e a composta da venda em função do insumo por

$$v(p(q)) = v(q)$$

■ Exercícios

1. O gráfico a seguir representa o valor (em $) de uma ação negociada na bolsa de valores no decorrer dos meses.

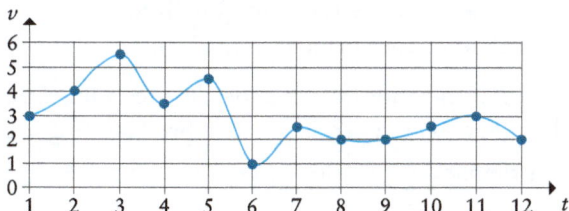

Considerando $t = 1$ o mês de janeiro, $t = 2$ o mês de fevereiro, e assim sucessivamente, determine:

   a) o valor da ação nos meses de fevereiro, maio, agosto e novembro.
   b) os meses em que a ação vale $ 2,00.
   c) os meses em que a ação assumiu o maior e o menor valor. Determine também os valores nesses meses.
   d) os meses em que a ação teve as maiores valorizações e de quanto foram essas valorizações. Os meses em que a ação teve as maiores desvalorizações e de quanto foram essas desvalorizações.
   e) a média dos valores das ações.

2. A produção de peças em uma linha de produção, nos dez primeiros dias de um mês, é dada pela tabela a seguir:

Dia	1	2	3	4	5	6	7	8	9	10
Unidades	1.250	1.200	1.450	1.380	1.540	1.270	1.100	1.350	1.300	1.410

Com base nos dados:
   a) Determine a produção média de peças nos dez dias.

b) Determine a variação entre a maior e a menor produção de peças.
c) Determine o maior aumento percentual na produção de um dia para outro.
d) Construa um gráfico de linha da produção.
e) Em que períodos a função é crescente? E decrescente?

3. A receita R na venda de q unidades de um produto é dada por $R = 2q$.
    a) Determine a receita quando são vendidas 5, 10, 20 e 40 unidades do produto.
    b) Quantas unidades foram vendidas, se a receita foi de $ 50,00?
    c) Esboce o gráfico da receita.
    d) A função é crescente ou decrescente? Justifique.
    e) A função é limitada superiormente? Justifique.

4. A demanda q de uma mercadoria depende do preço unitário p em que ela é comercializada, e essa dependência é expressa por $q = 100 - 4p$.
    a) Determine a demanda quando o preço unitário é $ 5, $ 10, $ 15, $ 20 e $ 25.
    b) Determine o preço unitário quando a demanda é de 32 unidades.
    c) Esboce o gráfico da demanda.
    d) A função é crescente ou decrescente? Justifique.

5. O custo C para a produção de q unidades de um produto é dado por $C = 3q + 60$.
    a) Determine o custo quando são produzidas 0, 5, 10, 15 e 20 unidades.
    b) Esboce o gráfico da função.
    c) Qual o significado do valor encontrado para C quando $q = 0$?
    d) A função é crescente ou decrescente? Justifique.
    e) A função é limitada superiormente? Em caso afirmativo, qual seria o valor para o supremo? Justifique.

6. O lucro l na venda, por unidade, de um produto depende do preço p em que ele é comercializado, e tal dependência é expressa por $l = -p^2 + 10p - 21$.
    a) Obtenha o lucro para o preço variando de 0 a 10.
    b) Esboce o gráfico.
    c) A função é limitada superiormente? Em caso afirmativo, qual um possível valor para o supremo?

7. O custo unitário c_u para a produção de q unidades de um eletrodoméstico é dado por $c_u = \dfrac{200}{q} + 10$.

a) Qual será o custo unitário quando se produzirem 10, 100, 1.000 e 10.000 unidades?
b) Quantas unidades são produzidas quando o custo unitário é de $ 14?
c) Esboce o gráfico.
d) A função c_u é crescente ou decrescente? Justifique.
e) A função é limitada superiormente? E inferiormente? Em caso afirmativo para uma das respostas, qual seria o supremo (ou ínfimo)?

8. O custo C para a produção de q unidades de um produto é dado por $C = 3q + 60$. O custo unitário c_u para a confecção de um produto é dado por $c_u = \dfrac{C}{q}$.

a) Calcule o custo quando se produzem 2, 4 e 10 unidades.
b) A partir dos valores de custo encontrados no item (a), obtenha o custo unitário para as respectivas quantidades produzidas.
c) Obtenha a função composta do custo unitário c_u em função de q.
d) Verifique com a expressão do item (c) os valores obtidos no item (b).

TÓPICO ESPECIAL – Dispersão e Correlação Linear

■ Diagrama de Dispersão

Como vimos, o conceito de função está intimamente ligado à nossa vida prática, e é comum relacionarmos grandezas tais como preço e quantidade produzida, preço e faturamento, custo e quantidade produzida, tempo em meses, dias ou ano, com grandezas como custos, gastos e produção.

Notamos que essas relações podem ficar mais bem caracterizadas quando definimos variáveis para o que queremos estudar. Desse ponto de vista, é comum trabalhar com duas variáveis, x e y.

A variável "y" é a mais importante, dentro do que estamos interessados em saber ou pesquisar. Assim, em uma pesquisa sobre gastos com propaganda e tempo em meses, a variável "y" representará os gastos, e a variável "x", os meses a serem pesquisados. Podemos criar inúmeras associações entre as variáveis x e y, tais como: consumo e renda, preço e quantidade ofertada, receita e preço, lucro e quantidade produzida, variação da inflação em um determinado período em relação aos meses observados, gastos com propaganda em uma empresa com a quantidade vendida para determinado produto.

Naturalmente, ao estudar as relações entre as variáveis, estamos interessados em analisar e interpretar o comportamento das grandezas relacionadas. Uma maneira inicial de analisar e interpretar a relação entre as variáveis é a elaboração de **diagramas de dispersão**, que permitem a visualização do comportamento entre as variáveis estabelecidas. O diagrama de dispersão é construído ao se esboçar em um plano cartesiano os pontos relativos às variáveis estabelecidas.

Considerando, por exemplo, a produção de um tecido em relação à quantidade de insumo utilizada em sua produção, conforme a tabela seguinte:

Tabela 1.6 Produção de um tecido em correspondência com o insumo utilizado em sua produção

Insumo (x)	1	2	3	4	5	6	7	8	9	10
Produção (y)	10	21	49	67	91	87	97	89	85	70

podemos esboçar o diagrama de dispersão para a produção de tecido:

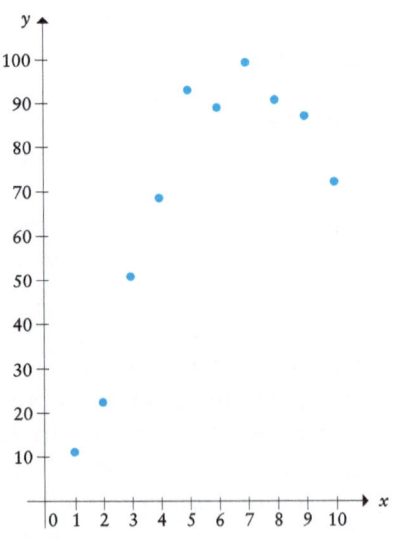

Figura 1.8 Produção de um tecido em relação ao insumo utilizado.

Ou ainda, se considerarmos o custo para o transporte de tecidos relacionado às distâncias a serem percorridas, conforme a tabela seguinte:

Tabela 1.7 Custo para transporte relacionado à distância a ser percorrida

Distância (x)	10	20	30	40	50	60	70	80	90	100
Custo (y)	8	15	21	30	40	44	55	59	68	75

podemos esboçar o diagrama de dispersão do custo para o transporte:

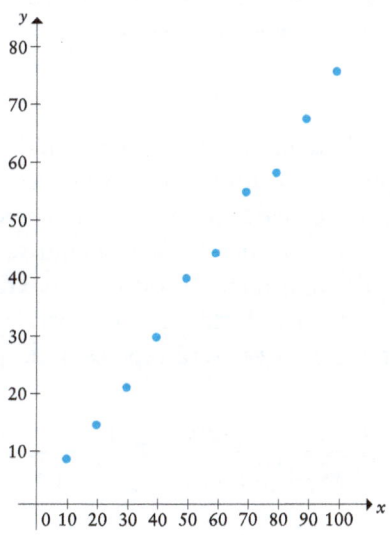

Figura 1.9 Custo do transporte de tecido em relação à distância a ser percorrida.

Observando os pontos para os dois diagramas esboçados, podemos traçar, à mão livre, uma curva que se aproxime dos pontos do primeiro diagrama e uma reta que se aproxime dos pontos do segundo diagrama.

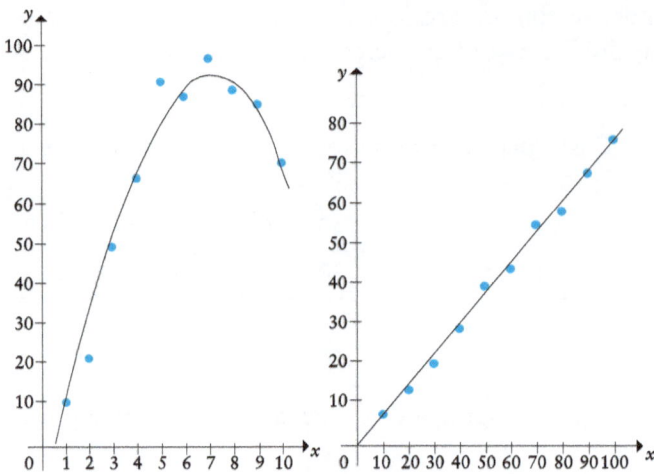

Figura 1.10 Curva e reta que se aproximam dos pontos nos diagramas de dispersão.

Correlação Linear

Como os pontos do segundo diagrama se aproximam de uma reta, dizemos que existe uma correlação linear entre as variáveis que originaram tal diagrama. Nesses casos, podemos calcular o valor da correlação linear entre tais variáveis e, de acordo com o valor obtido, avaliar se os pontos se aproximam pouco ou muito de uma reta; em outras palavras, por meio desse cálculo, podemos avaliar se existe forte ou fraca correlação linear.

O coeficiente de correlação linear será representado por r e é dado por

$$r = \frac{n \cdot \sum xy - (\sum x) \cdot (\sum y)}{\sqrt{[n \cdot \sum x^2 - (\sum x)^2] \cdot [n \cdot \sum y^2 - (\sum y)^2]}}$$

e varia dentro do intervalo [–1; 1].

- Se r é próximo de +1, dizemos que há entre as variáveis uma *forte correlação linear positiva*, o que indica que os pontos estão muito próximos de uma reta e que as variáveis "caminham" em um mesmo sentido; isto é, se x cresce, então y também cresce. Se r = +1, dizemos que existe uma *perfeita* correlação linear positiva.

- Se r é próximo de –1, dizemos que há entre as variáveis uma *forte correlação linear negativa*, o que indica que os pontos estão muito próximos de uma reta e que as variáveis "caminham" em sentidos opostos;

isto é, se x cresce, então y decresce. Se $r = -1$, dizemos que existe uma *perfeita* correlação linear negativa.

- Se r é próximo de 0, dizemos que há entre as variáveis uma *fraca correlação linear* (*positiva ou negativa*, conforme o caso), o que indica que os pontos *não estão próximos de uma reta*. Se $r = 0$, dizemos que não existe correlação linear.

A seguir, algumas possibilidades para r e sua interpretação gráfica:

- $r = +1$
  Perfeitamente Positiva

- $r \cong 0,7$
  Moderadamente Positiva

- $r = -1$
  Perfeitamente Negativa

- $r \cong -0,7$
  Moderadamente Negativa

- $r = 0$
  Correlação Linear Nula

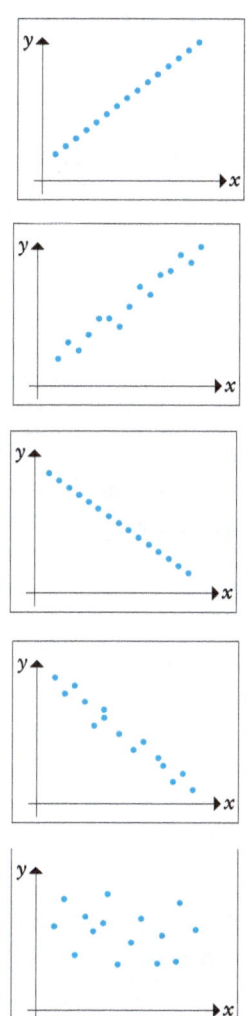

Na verdade, estudaremos no próximo capítulo, em detalhes, os modelos da área administrativa e econômica que podem ser representados graficamente por retas. No Tópico Especial do próximo capítulo, também trabalharemos um método para obter uma reta que se ajusta aos pontos plotados em um gráfico quando existe entre eles uma correlação linear simples.

■ Problemas

1. Dados os principais conceitos e propriedades dos *somatórios*, efetue as somas indicadas nos itens (a) a (l) a partir da tabela a seguir.

$$\bullet \sum_{i=1}^{n} x_i = x_1 + x_2 + x_3 + \ldots\ldots + x_n \quad \bullet \sum(x \pm y) = \sum x \pm \sum y$$

$$\bullet \sum k \cdot x = k \cdot \sum x \quad (k \text{ é constante}) \quad \bullet \sum \frac{x}{k} = \frac{\sum x}{k} \quad (k \text{ é constante})$$

x	2	4	5	3	10
y	8	3	2	1	5

a) $\sum x^2$ b) $\sum y^2$ c) $\sum xy$ d) $\sum xy^2$ e) $\sum x^2 y$ f) $\sum x^2 y^2$
g) $\sum x^4$ h) $\sum x^3$ i) $\sum 2x$ j) $\sum \frac{x}{2}$ k) $\sum (x+y)$ l) $\sum (x-y)$

2. Construa o gráfico de dispersão para as tabelas a seguir, que relacionam duas variáveis x e y.

Tabela 1

Preço Unitário (u.m.) (x)	10	20	30	40	50	60
Faturamento (u.m.) (y)	800	950	1.120	1.250	1.380	1.500

Tabela 2

Tempo em meses (x)	1	2	3	4	5	6	7
Produção em milhares (y)	1.000	1.500	3.200	4.800	6.700	5.200	4.300

3. Com base nas informações do Exercício 2, ajuste uma reta ou uma curva para os dados da Tabela 1 e Tabela 2, sem se preocupar com a exatidão desse ajuste, e perceba que os pontos x e y da Tabela 1 geram um sistema de dispersão adaptando-se a uma reta crescente, enquanto os pontos da Tabela 2 geram um sistema de dispersão adaptando-se ao formato de uma curva crescente.

4. A partir da Tabela 1 do Exercício 2 e do gráfico de dispersão correspondente:
   a) Calcule o grau de correlação linear.
   b) Após ter identificado o sinal de r, interprete de que forma as variáveis x (preço) e y (faturamento) se relacionam.
   c) Podemos afirmar que nesse caso existe uma forte, moderada ou fraca correlação entre as variáveis?
   d) Repita todos os itens anteriores para a Tabela 2 do Exercício 2 e compare os resultados obtidos com os cálculos e análises efetuados com os dados da Tabela 1.

5. Uma empresa de ração para animais, estudando a variação da demanda de seu principal produto (y_i) em relação à variação de preços (x_i), observou dados relevantes para análise no que tange à dispersão e correlação dessas variáveis. A tabela a seguir resume os principais dados observados:

Mês	i	Preço unitário (x_i)	Demanda (y_i)
Jan.	1	10	450
Fev.	2	12	320
Mar.	3	14	280
Abr.	4	16	220
Maio	5	19	150
Jun.	6	20	125
Jul.	7	22	100
Ago.	8	25	82
Set.	9	28	64
Out.	10	34	32
Nov.	11	38	18
Dez.	12	43	10

A partir das informações exibidas na tabela:

a) Construa o sistema de dispersão.
b) Observando os dados da tabela e o diagrama construído no item anterior quanto à evolução do sistema, podemos afirmar que se comporta de forma crescente ou decrescente? Justifique.
c) Em sua opinião, depois de construído o sistema de dispersão, os pontos do diagrama apresentam comportamento linear? Justifique.
d) Calcule o coeficiente de correlação entre as variáveis e relacione seu valor com as observações feitas nos itens anteriores.

capítulo 2
Função do 1º Grau

■ Objetivo do Capítulo

Neste capítulo, você analisará as *funções do primeiro grau* e suas aplicações estudando conceitos como *taxa de variação; funções receita, custo e lucro; break-even point; juros simples; restrição orçamentária*, entre outros. Você estudará também diferentes maneiras de obter e interpretar graficamente a *função do primeiro grau*. No Tópico Especial, com base no **Método dos Mínimos Quadrados**, serão apresentados os passos para obter o modelo de **Regressão Linear Simples**.

■ Modelos Lineares

Analisaremos agora as funções polinomiais do primeiro grau, chamadas simplesmente de *funções do primeiro grau*; estas representam um dos tipos de funções mais simples e de grande utilização.

Funções do 1º Grau

No exemplo a seguir, a Tabela 2.1 traz o custo para a produção de camisetas.

Tabela 2.1 Custo para a produção de camisetas

Quantidade (q)	0	5	10	20	50	100
Custo (C) ($)	100	110	120	140	200	300

Notamos que, quando há um aumento de 5 unidades produzidas, o custo aumenta em $ 10,00; se há um aumento de 10 unidades, o custo aumenta em $ 20,00, ou ainda, para um aumento de 30 unidades, o custo aumenta em $ 60,00. Concluímos que uma variação na variável independente gera uma **variação proporcional** na variável dependente. É isso o que caracteriza uma *função do 1º grau*.

Para um maior entendimento da função do 1º grau desse exemplo, podemos calcular a *taxa de variação média*, ou simplesmente **taxa de variação** da variável dependente, C, em relação à variável independente, q, pela razão

$$m = \frac{\text{variação em } C}{\text{variação em } q} = \frac{10}{5} = \frac{20}{10} = \frac{60}{30} = \ldots = 2.$$

Nesse exemplo, a razão $m = 2$ dá o acréscimo no custo correspondente ao acréscimo de 1 unidade na quantidade.

Notamos ainda que, mesmo se não forem produzidas camisetas ($q = 0$), haverá um custo fixo de $ 100,00. Tal custo pode ser atribuído à manutenção das instalações, impostos, despesas com pessoal etc.

De modo geral, podemos dizer que a *função custo* é obtida pela soma de uma parte variável, o **Custo Variável**, com uma parte fixa, o **Custo Fixo**:

$$C = C_v + C_f.$$

Para o nosso exemplo, podemos obter a função do custo pela relação

$$C = 2q + 100$$

onde $C_v = 2q$ e $C_f = 100$.

O gráfico da função de 1º grau é uma reta, onde $m = 2$ dá a inclinação da reta e o *termo independente* 100 representa o ponto em que a reta corta o eixo vertical.

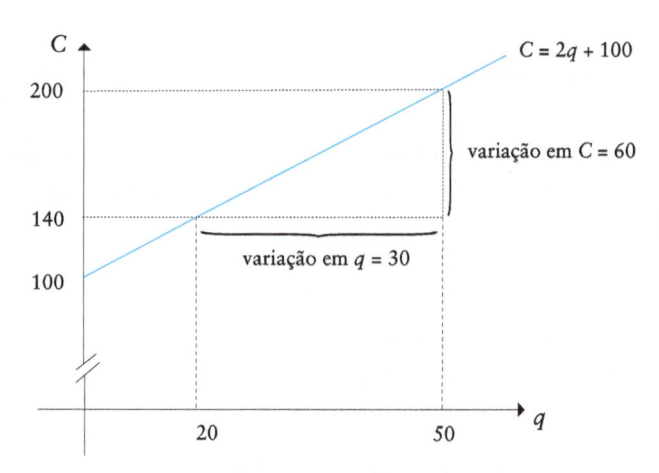

Figura 2.1 Custo para a produção de camisetas.

Dada a função custo para a produção das camisetas, vamos analisar agora a função Receita obtida com a comercialização das unidades.

Para um produto, a receita **R** é dada pela multiplicação do preço unitário, p, pela quantidade, q, comercializada, ou seja,

$$R = p \cdot q$$

Supondo em nosso exemplo que o preço para a comercialização de cada camiseta seja $ 7,00, obtemos a função Receita

$$R = 7q$$

notando que a taxa de variação para essa função de 1º grau é $m = 7$ (inclinação da reta) e o termo independente é 0 (onde corta o eixo vertical).

O gráfico para essa função é uma reta que passa pela origem dos eixos coordenados.

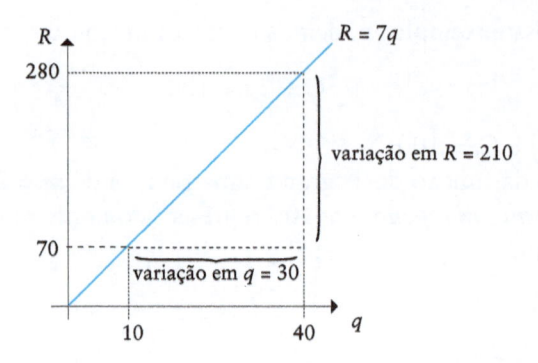

Figura 2.2 Receita para a comercialização de camisetas.

Dadas as funções Custo e Receita é natural questionarmos sobre a função Lucro. De modo geral, a função Lucro é obtida fazendo "Receita menos Custo":

$$\text{Lucro} = \text{Receita} - \text{Custo}$$

Para o nosso exemplo, chamando o lucro e supondo que as quantidades produzidas de camisetas são as mesmas comercializadas, temos

$$L = R - C$$
$$L = 7q - (2q + 100)$$
$$L = 5q - 100$$

Nesse caso, notamos que a função Lucro também é uma função de 1º grau, cujo gráfico é uma reta de inclinação $m = 5$ e que corta o eixo vertical em -100.

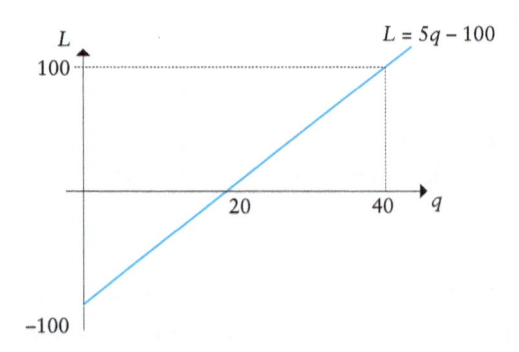

Figura 2.3 Lucro para a comercialização de camisetas.

Podemos observar pelo gráfico que a reta corta o eixo horizontal em $q = 20$. Na verdade, podemos obter facilmente esse valor fazendo $L = 0$

$$L = 0$$
$$5q - 100 = 0$$
$$q = 20$$

Tal valor indica que, se $q < 20$, temos lucro negativo ($L < 0$, o que indica prejuízo) e, se $q > 20$, temos lucro positivo ($L > 0$). Na verdade, podemos obter a quantidade que dá lucro zero fazendo Receita = Custo

$$L = 0$$
$$R - C = 0$$
$$R = C$$

Graficamente, o ponto em que a receita é igual ao custo é chamado de *break-even point* e é dado pelo encontro das curvas que representam a Receita e o Custo. No nosso exemplo, é dado pelo encontro das retas $R = 7q$ e $C = 2q + 100$.

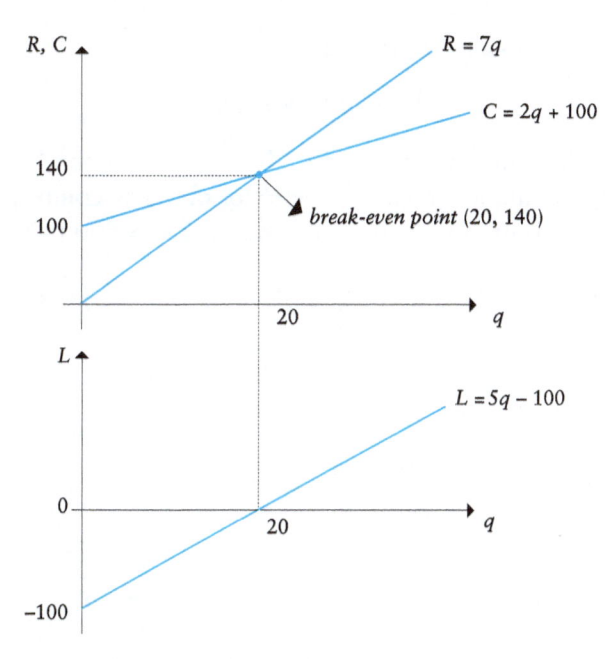

Figura 2.4 Interpretação do *break-even point*.

Como pudemos observar, a função de 1º grau pode ser útil para representar o custo, a receita e o lucro na comercialização de um produto. Analisaremos agora as funções dos juros simples e de seu montante, representadas por meio da função de 1º grau.

Juros Simples

Vamos supor uma aplicação no sistema de capitalização simples, ou seja, a taxa de juros incide apenas sobre o capital inicial. Chamando de J os juros, P o capital aplicado inicialmente, i a taxa de juros (escrita na forma decimal), n o período da aplicação e M o montante composto dos juros mais o capital inicial, podemos obter o valor dos juros e do respectivo montante a partir das relações

$$\boxed{J = P \cdot i \cdot n \text{ e } M = J + P = P \cdot i \cdot n + P}$$

Assim, se uma quantia de $ 10.000 for aplicada a uma taxa de 5% durante um período n, podemos obter a função que dá o valor dos juros

$$J = 10.000 \cdot 0,05 \cdot n$$
$$J = 500n$$

e a função que dá o valor do montante

$$M = 500n + 10.000$$

Notamos que ambas as funções são do 1º grau e, supondo que os juros são pagos para qualquer fração do período, obtemos como gráficos duas retas de traçado contínuo em que a inclinação é $m = 500$ para ambas.

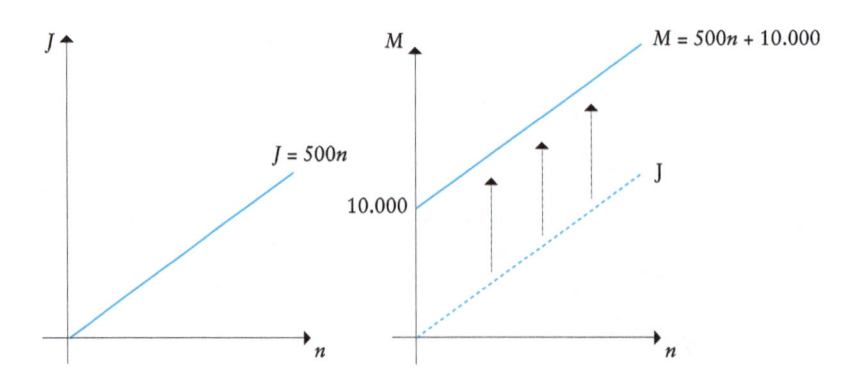

Figura 2.5 Funções juros simples e montante respectivo.

Notamos que a reta do montante foi obtida transladando-se para cima a reta dos juros em 10.000 unidades, valor que representa o capital aplicado inicialmente.

Pelas características das relações matemáticas que fornecem os juros simples e seu montante, podemos dizer que ambos são sempre representados por funções de 1º grau. Tais funções podem ser úteis também para representar restrições orçamentárias.

Restrição Orçamentária

Suponha, por exemplo, que uma empreiteira deseja comprar areia e pedra para fazer um calçamento e disponha de $ 1.000. Sabendo que o metro cúbico de areia custa $ 50, enquanto o metro cúbico de pedra custa $ 40, podemos obter uma expressão matemática que relacione os possíveis valores e quantidades de areia e pedra a serem compradas utilizando o orçamento de $ 1.000.

Sendo x a quantidade de areia a ser comprada, então, o valor a ser gasto com areia será $50x$. De modo análogo, sendo y a quantidade de pedra a ser comprada, então, o valor a ser gasto com pedra será $40y$.

A restrição orçamentária para a compra de dois produtos A e B, de acordo com um orçamento determinado, é dada pela expressão

"Valor gasto com A" + "Valor gasto com B" = Orçamento

Então, em nosso exemplo, a restrição orçamentária para a compra de areia e pedra será dada por

$$50x + 40y = 1.000$$

Para essa expressão, dizemos que a dependência entre x e y foi dada de forma *implícita*. Podemos explicitar tal dependência isolando x ou y, obtendo então

$$x = -0,8y + 20 \text{ ou } y = -1,25x + 25$$

Em todas as expressões, a dependência é linear, o que caracteriza a função de 1º grau. Para a obtenção do gráfico da restrição orçamentária, é interessante determinar os pontos em que a reta corta o eixo x e o eixo y.

Obtemos o ponto em que a reta corta o eixo x fazendo $y = 0$ (em qualquer uma das expressões anteriores); por exemplo:

$$50x + 40 \cdot 0 = 1.000 \Rightarrow x = 20$$

Obtemos o ponto em que a reta corta o eixo **y** fazendo $x = 0$ (em qualquer uma das expressões anteriores); por exemplo:

$$50 \cdot 0 + 40y = 1.000 \Rightarrow y = 25$$

Na verdade, esses dois pontos representam opções extremas de compra, pois, se $y = 0$, não é comprada pedra e, portanto, gasta-se todo o orçamento com $x = 20$ m³ de areia; entretanto, se $x = 0$, não é comprada areia, gastando-se o orçamento com $y = 25$ m³ de pedra.

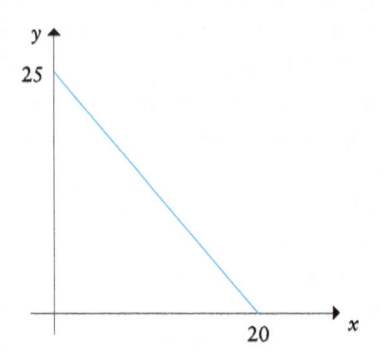

Figura 2.6 Restrição orçamentária.

Neste gráfico, é interessante notar três tipos de pontos: *abaixo* da reta (A), *na* reta (B) e *acima* da reta (C).

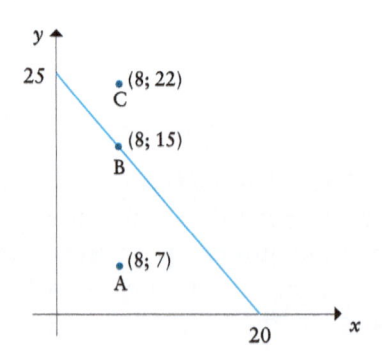

Figura 2.7 Interpretação de pontos e a restrição orçamentária.

Pontos *abaixo* da reta correspondem a quantidades que, quando compradas, determinam um custo *abaixo* do orçamento. O ponto A = (8; 7) resulta em um gasto de $ 680:

$$50 \cdot 8 + 40 \cdot 7 = 680$$

Pontos *na* reta correspondem a quantidades que, quando compradas, determinam um custo *igual* ao orçamento. O ponto B = (8; 15) resulta em um gasto de $ 1.000:

$$50 \cdot 8 + 40 \cdot 15 = 1.000$$

Pontos *acima* da reta correspondem a quantidades que, quando compradas, determinam um custo *acima* do orçamento. O ponto C = (8; 22) resulta em um gasto de $ 1.280:

$$50 \cdot 8 + 40 \cdot 22 = 1.280$$

Por meio dos modelos e exemplos anteriores, notamos algumas das situações em que é aplicada a função de 1º grau. A seguir, descreveremos tal função de maneira mais geral.

■ Caracterização Geral

Definição: uma função de 1º grau é dada por

$$y = f(x) = mx + b$$

com m ≠ 0, onde

- *m* é chamado de *coeficiente angular*, ou *taxa de variação média*, ou simplesmente *taxa de variação* da variável dependente, *y*, em relação à variável independente, *x*, e pode ser calculado pela razão

$$m = \frac{\text{variação em } y}{\text{variação em } x} = \frac{\Delta y}{\Delta x} \quad \text{ou} \quad m = \frac{f(c) - f(a)}{c - a}$$

- graficamente, *m* dá a inclinação da reta que representa a função.
- *b* é chamado de *coeficiente linear* e pode ser obtido fazendo *x* = 0

$$y = f(0) = m \cdot 0 + b \Rightarrow y = b$$

- graficamente, *b* dá o ponto em que a reta corta o eixo *y*.

Graficamente, podemos observar os componentes do coeficiente angular e o coeficiente linear

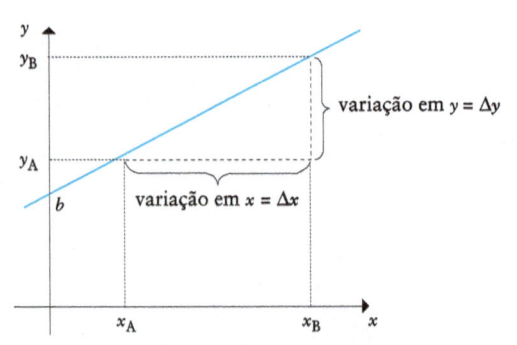

Figura 2.8a Componentes do coeficiente angular e o coeficiente linear.

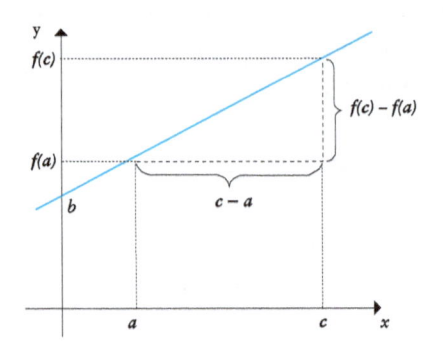

Figura 2.8b Componentes do coeficiente angular e o coeficiente linear.

Como já foi dito, m dá a *taxa de variação* da função, que representa a taxa de como a função está crescendo ou decrescendo e, graficamente, m dá a inclinação da reta, sendo mais ou menos inclinada positiva ou negativamente.

Se $m > 0$, temos uma taxa de variação positiva, logo a função é *crescente* e a reta será inclinada positivamente e, quanto maior o m, maior o crescimento de y a cada aumento de x, tendo a reta maior inclinação positiva.

Se $m < 0$, temos uma taxa de variação negativa, logo a função é *decrescente* e a reta será inclinada negativamente.

Os gráficos a seguir mostram algumas possibilidades para m.

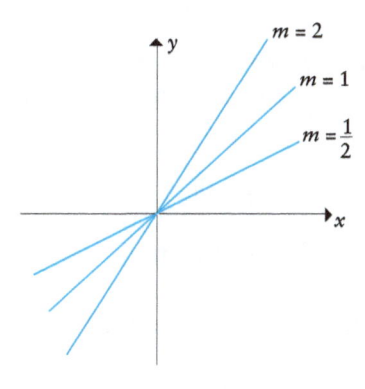

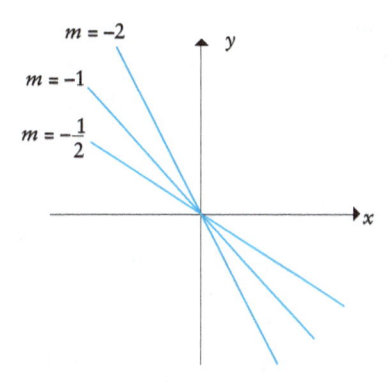

Figura 2.9a Retas do tipo
y = mx com m > 0.

Figura 2.9b Retas do tipo
y = mx com m < 0.

■ Obtenção da Função do 1º Grau

Exemplos de como Obter Funções do 1º Grau

Trabalhando com fenômenos que permitem a representação do modelo matemático por meio de uma função de 1º grau, é importante a obtenção correta da expressão que representa tal função. Em outras palavras, se pudermos representar o modelo por uma expressão do tipo $y = mx + b$, é importante obtermos de maneira correta os parâmetros m e b.

Para a obtenção de m, devemos estar atentos para informações que dizem respeito à *taxa de variação*, ou seja, qual a variação da variável dependente em relação à variação da variável independente; assim podemos utilizar a definição

$$m = \frac{\text{variação em } y}{\text{variação em } x} = \frac{\Delta y}{\Delta x}$$

Para a obtenção de b, utilizamos um valor de x, seu correspondente y e o valor de m obtido anteriormente; substituindo tais valores em $y = mx + b$, obtemos b.

Exemplo 1: Um operário tem seu salário dado por um valor fixo mais uma parte variável que é diretamente proporcional ao número de horas extras trabalhadas. Sabe-se que em um mês em que são feitas 12 horas extras, o salário é de $ 840, e que em um mês em que são feitas 20 horas extras, o salário é de $ 1.000. Obtenha a relação que dá o salário em função das horas extras.

Solução:
Pelo enunciado, a função pode ser obtida pela expressão $y = mx + b$, onde y representa o salário e x representa o número de horas extras, então temos as correspondências

$$x = 12 \Rightarrow y = 840 \text{ e } x = 20 \Rightarrow y = 1.000$$

Obtemos m por $m = \dfrac{\Delta y}{\Delta x} = \dfrac{1.000 - 840}{20 - 12} = \dfrac{160}{8} = 20$ e obtemos b substituindo em $y = mx + b$ o valor $m = 20$ e um dos pares de valores de x e y dados, por exemplo, $(x; y) = (12; 840)$

$$840 = 20 \cdot 12 + b$$
$$b = 600$$

Assim, a função do salário é dada por $y = 20x + 600$.

Outra maneira de obter a função de 1º grau, ou seja, a equação da reta que passa por dois pontos, é a resolução do sistema formado pelas equações obtidas ao se substituir os pares de x e y dados na equação $y = mx + b$.

Exemplo 2: Obtenha a equação da reta que passa pelos pontos $(5; 30)$ e $(15; 10)$.

Solução: Como a função de 1º grau é representada graficamente por uma reta, substituiremos as coordenadas dos pontos na expressão $y = mx + b$

$$(5; 30) \Rightarrow 30 = m \cdot 5 + b \Rightarrow 5m + b = 30 \text{ (I)}$$
$$(15; 10) \Rightarrow 10 = m \cdot 15 + b \Rightarrow 15m + b = 10 \text{ (II)}$$

Com as equações (I) e (II) formamos o sistema $\begin{cases} 5m + b = 30 \\ 15m + b = 10 \end{cases}$

Resolvendo tal sistema, obtemos $m = -2$ e $b = 40$ e, assim, a equação da reta

$$y = -2x + 40$$

Naturalmente, nos dois exemplos anteriores, podemos proceder de outras maneiras, diferentes das expostas, para a obtenção dos parâmetros m e b. Assim, podemos, no Exemplo 1, utilizar sistemas (como no Exemplo 2) para obter a função de 1º grau e, no Exemplo 2, podemos proceder como no Exemplo 1, ou seja, determinar m por meio de $m = \dfrac{\Delta y}{\Delta x}$ para, em seguida, obter b.

Sistemas Lineares e Funções do 1º Grau

Finalmente, lembramos que, quando lidamos simultaneamente com duas funções do 1º grau, podemos investigar se tais funções têm valores em comum, ou seja, se há o encontro das retas que representam as funções. Como visto, se lidamos com as funções do custo e da receita, o ponto de encontro de tais retas é conhecido como *break-even point*.

Para a investigação dos pontos comuns de duas retas *diferentes*, basta resolver o sistema formado por elas, ou seja, resolver o sistema $S = \begin{cases} y = mx + b \\ y = m'x + b' \end{cases}$

Se S tiver apenas uma solução, notamos que as retas se encontram em um ponto comum e dizemos que tal sistema é *possível e determinado*. Já se S não tiver solução, notamos que as retas não se encontram, ou seja, são paralelas distintas, e dizemos que tal sistema é *impossível*.

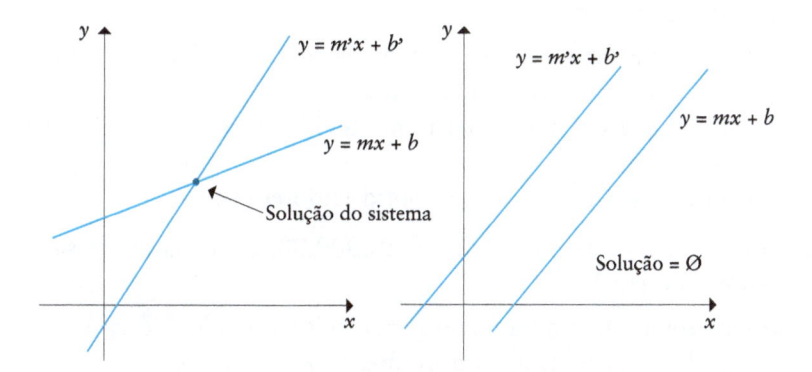

Figura 2.10a Interpretação gráfica da solução de um sistema possível e determinado.

Figura 2.10b Interpretação gráfica da solução de um sistema impossível.

■ Exercícios

1. Em um posto de combustível, o preço do álcool é de $ 1,50 por litro.
   a) Determine uma expressão que relacione o valor pago (V) em função da quantidade de litros (q) abastecidos por um consumidor.
   b) Supondo que o tanque de combustível de um carro comporte 50 litros, esboce o gráfico da função obtida no item anterior.

2. Um vendedor de planos de saúde recebe de salário $ 300,00, mais uma comissão de $ 5,00 por plano vendido.

   a) Determine uma expressão que relacione o salário total (S) em função da quantidade de planos (x) vendidos.
   b) Sabendo que seu salário em um mês foi de $ 1.550,00, qual a quantidade de planos vendidos?
   c) Esboce o gráfico da função obtida no item (a).

3. Um operário recebe de salário $ 600,00, mais $ 10,00 por hora extra trabalhada.

   a) Determine uma expressão que relacione o salário em função da quantidade de horas extras trabalhadas no mês.
   b) Sabendo que 50 é o número máximo permitido de horas extras em um mês, esboce o gráfico da função obtida no item anterior.

4. Um vendedor de uma confecção recebe de salário $ 350,00, mais 3% do valor das vendas realizadas.

   a) Determine uma expressão que relacione o salário em função do valor das vendas realizadas no mês.
   b) Em um mês em que o salário foi de $ 800,00, qual o valor das vendas?
   c) Esboce o gráfico da função obtida no item (a).

5. O valor inicial de um carro é $ 20.000,00, e a cada ano esse valor é depreciado em $ 1.250,00.

   a) Determine uma expressão que relacione o valor do carro em função do número de anos passados após a compra.
   b) Após quanto tempo o carro vale a metade do valor inicial?
   c) Esboce o gráfico da função obtida no item (a).

6. Supondo aplicações no sistema de capitalização simples em que P indica o capital aplicado inicialmente e i a taxa de juros, obtenha para cada item, em função do período, as funções dos *juros* e do *montante*, esboçando também seus gráficos.

   a) $P = 250.000,00$ e $i = 3\%$
   b) $P = 4.000,00$ e $i = 1,5\%$

7. Uma dona de casa deseja comprar legumes e frutas e dispõe de $ 24,00. Sabe-se que o preço médio por quilo de legumes é de $ 3,00 e por quilo de frutas é de $ 4,00.

a) Obtenha a expressão da restrição orçamentária.
b) Represente graficamente a expressão obtida no item anterior.
c) Obtenha a expressão que determina a quantidade de frutas em função da quantidade de legumes comprada.
d) Obtenha a expressão que determina a quantidade de legumes em função da quantidade de frutas comprada.

8. Um pintor de casas pretende comprar tinta e verniz e dispõe de $ 1.200,00. Sabe-se que o preço do litro de tinta é $ 4,00 e do litro de verniz é $ 6,00.

   a) Obtenha a expressão da restrição orçamentária.
   b) Represente graficamente a expressão obtida no item anterior.
   c) Supondo que o valor disponível para compra mude para $ 900,00 e para $ 1.500,00, obtenha as novas expressões para a restrição orçamentária e represente em um mesmo sistema de eixos as novas restrições e a restrição do item (a).
   d) Supondo que o preço da tinta aumente para $ 5,00, obtenha a nova expressão para a restrição orçamentária e represente em um mesmo sistema de eixos a nova restrição, juntamente com a do item (a).
   e) Supondo que o preço do verniz diminua para $ 5,00, obtenha a nova expressão para a restrição orçamentária e represente em um mesmo sistema de eixos a nova restrição, juntamente com a do item (a).

9. Um produto, quando comercializado, apresenta as funções Custo e Receita dadas, respectivamente, por $C = 3q + 90$ e $R = 5q$, onde q é a quantidade comercializada que se supõe ser a mesma para custo e receita.

   a) Em um mesmo sistema de eixos, esboce os gráficos de custo e receita. Determine também e indique no gráfico o *break-even point*.
   b) Obtenha a função Lucro, L, esboce o seu gráfico e determine as quantidades necessárias para que o lucro seja negativo, nulo e positivo.

10. Obtenha a equação da reta que passa pelos pontos A e B dados em cada item.

    a) A = (1; 15) B = (4; 30)
    b) A = (2; 18) B = (6; 6)
    c) A = (−2; 10) B = (6; 30)

11. O preço p de um produto varia de acordo com sua demanda q. A tabela a seguir fornece o preço e a demanda para um produto.

Quantidade (q)	3	7	11	15
Preço (p)	43	37	31	25

a) Determine a expressão que relaciona preço e demanda.
b) Determine o preço para uma quantidade de 10.
c) Esboce o gráfico da função do item (a).

12. O valor da conta de um celular é dado por uma tarifa fixa, mais uma parte que varia de acordo com o número de ligações. A tabela a seguir fornece os valores da conta nos últimos meses.

Ligações	45	52	61	65
Valor	77,50	81,00	85,50	87,50

a) Determine a expressão que relaciona valor em função das ligações.
b) Qual a tarifa fixa e o preço por ligação?
c) Esboce o gráfico da função do item (a).

13. Um comerciante compra objetos ao preço unitário de $ 4,00, gasta em sua condução diária $ 60,00 e vende cada unidade a $ 7,00.

   a) Expresse seu custo diário C em função da quantidade comprada q. Expresse também sua receita R em função da quantidade vendida q, que se supõe igual à quantidade comprada. Além disso, expresse seu lucro diário L em função da quantidade q.
   b) Esboce, no mesmo sistema de eixos, os gráficos das funções de seu custo diário C e de sua receita R, determinando e indicando o *break-even point*. Qual o significado de tal ponto?
   c) Esboce o gráfico da função Lucro L e, observando os gráficos esboçados no item anterior, determine e indique, no gráfico do item (b), bem como no gráfico da função L, qual(is) a(s) quantidade(s) que proporciona(m) lucro positivo e lucro negativo.
   d) Podemos obter as funções Custo Médio, C_{me}, e Lucro Médio, L_{me} (ou Custo Unitário, C_u, e Lucro Unitário, L_u) dividindo a função do custo e lucro pela quantidade. Então, obtenha a função C_{me} e esboce seu gráfico, indicando se existirem limitantes superior ou inferior.

14. Podemos enunciar a lei da demanda de um produto em relação ao preço da seguinte forma: "A demanda ou procura por um produto

pelos consumidores no mercado geralmente aumenta quando o preço cai e diminui quando o preço aumenta".

Em uma safra, a demanda e o preço de uma fruta estão relacionados de acordo com a tabela

Demanda (q)	10	25	40	55
Preço (p)	5,10	4,95	4,80	4,65

a) Determine a expressão que relaciona preço e demanda.
b) Esboce o gráfico da função do item anterior. A função é crescente ou decrescente?

15. Podemos enunciar a lei da oferta de um produto em relação ao preço da seguinte forma: "A predisposição para a oferta ou demanda de um produto pelos fornecedores no mercado geralmente aumenta quando o preço aumenta e diminui quando o preço diminui".

Em uma safra, a oferta e o preço de uma fruta estão relacionados de acordo com a tabela

Oferta (q)	10	25	40	55
Preço (p)	4,50	4,80	5,10	5,40

a) Determine a expressão que relaciona preço e oferta.
b) Esboce o gráfico da função do item anterior. A função é crescente ou decrescente?

16. Podemos dizer que "o *preço de equilíbrio* de um produto corresponde ao valor em que a procura por parte dos consumidores se iguala ao que é oferecido por parte do fornecedores, ou seja, quando a demanda é igual à oferta".

Considerando as funções demanda e oferta dos dois problemas anteriores, determine:

a) O preço de equilíbrio e a quantidade demandada/oferecida para esse preço.
b) Um esboço dos gráficos sobrepostos da demanda e oferta dos problemas anteriores, indicando o preço de equilíbrio encontrado no item anterior.

17. Uma locadora de automóveis aluga um "carro popular" ao preço de $ 30,00 a diária, mais $ 4,00 por quilômetro rodado. Outra locadora aluga o mesmo modelo de carro ao preço de $ 80,00 a diária, mais $ 2,00 por quilômetro rodado.

   a) Escreva as funções que descrevem, para cada locadora, o valor a ser pago de aluguel em função do quilômetro rodado considerando o carro locado em um dia.
   b) Represente graficamente, em um mesmo sistema de eixos, as funções determinadas no item anterior.
   c) Qual das duas locadoras apresenta a melhor opção para uma pessoa alugar um carro popular na locação de um único dia? Justifique sua resposta.

18. Procurei duas empresas para obter um emprego como vendedor de livros. A empresa A promete um salário fixo mensal de $ 200, mais comissão de $ 8 para cada coleção de livros vendida. A empresa B promete um salário fixo mensal de $ 300, mais comissão de $ 3 para cada coleção de livros vendida.

   a) Escreva as funções que descrevem, para cada empresa, o salário mensal (S) em função da quantidade de coleções vendidas (x).
   b) Represente graficamente, *em um mesmo sistema de eixos*, as funções encontradas e determine qual das duas empresas paga o melhor salário mensal. Justifique sua resposta.

19. Um botijão de cozinha contém 13 kg de gás. Na casa A, em média, é consumido, por dia, 0,5 kg de gás. Na casa B, em média, é consumido, por dia, 0,3 kg de gás. Supondo que na casa A o botijão está cheio e que na casa B já foram gastos 5 kg de gás:

   a) Expresse, para cada uma das casas, a massa m de gás no botijão, em função de t (dias de consumo). Depois de quanto tempo os botijões estarão vazios?
   b) Esboce o gráfico, em um mesmo sistema de eixos, das funções determinadas no item anterior. Nessa situação, as funções são crescentes ou decrescentes? A que tipo de taxa?
   c) Depois de quanto tempo as quantidades de gás nos dois botijões serão iguais?

TÓPICO ESPECIAL – Regressão Linear Simples

■ Modelo de Regressão Linear Simples

Nesse tópico, procuraremos estabelecer um paralelo entre a função do 1º grau definida pela expressão $y = mx + b$ com um método para determinar tal função a partir de dados obtidos empiricamente em diversas áreas da administração, economia, contabilidade e engenharia.

Neste capítulo, notamos que, quando construímos o gráfico da função do 1º grau, os pontos do gráfico plotado estão *perfeitamente alinhados* de forma crescente, se o coeficiente angular for positivo, e decrescente, se o coeficiente angular for negativo.

No entanto, nos fenômenos cujo comportamento se aproxima de uma função do 1º grau, a pesquisa real mostra que nos diagramas de dispersão dos dados, quase em sua totalidade, os pontos do gráfico *não* se apresentam totalmente alinhados e sim aleatoriamente distribuídos em torno de uma reta que chamaremos *reta de regressão*.

Nessas situações, quando estivermos trabalhando com dados relativos a uma pesquisa, relacionando duas variáveis x e y, faz-se necessário um modelo matemático que consiga efetivamente relacionar as variáveis envolvidas no fenômeno ou processo em estudo. Um modelo matemático útil nesses casos é dado pela *Regressão Linear Simples* (R.L.S.), que é uma técnica estatística utilizada para pesquisar e modelar a relação existente entre duas variáveis x e y com comportamento próximo ao da função de 1º grau.

■ Passos para Ajuste da Reta de Regressão

Iniciamos o estudo por meio de inspeção gráfica através da plotagem dos valores de x e y em um diagrama de dispersão, notando se existe uma relação linear aproximada entre as variáveis.

O gráfico a seguir ilustra um sistema de dispersão nessas condições com um reta de regressão a ser ajustada.

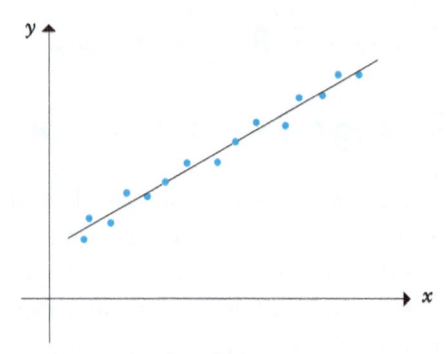

Figura 2.11 Diagrama de dispersão com comportamento linear.

O ajuste do modelo de regressão linear simples é dado por

$$y = \alpha \cdot x + \beta + \varepsilon$$

onde
- y é o valor observado (variável dependente)
- x é a variável explicativa (variável independente)
- α é o coeficiente angular (inclinação da reta)
- β é o intercepto
- ε é a componente aleatória (erro)

Considerando que os parâmetros α e β são desconhecidos, será necessário estimá-los por meio do emprego de dados amostrais. Na prática, trabalha-se sempre com uma estimativa, $y = \alpha \cdot x + \beta$, do modelo verdadeiro.

Nesse sentido, o modelo estimado será dado por

$$y = \hat{a} \cdot x + \hat{b}$$

onde $\hat{a}$ e $\hat{b}$ são os estimadores dos verdadeiros parâmetros α e β.

Convém observar que utilizaremos o Método dos Mínimos Quadrados (M.M.Q.), técnica muito utilizada para o ajustamento da reta, diante das observações amostrais efetuadas para as variáveis x e y da pesquisa.

■ Passos para Ajuste do Modelo de Regressão Linear Simples pelo M.M.Q.

Passo 1 – Coleta dos dados, definidos pelas n observações de x e y (variáveis em estudo), registrando os dados levantados em uma planilha.

Observação: Sugerimos a organização dos dados em uma planilha realizando previamente alguns cálculos que serão úteis para a obtenção das médias e coeficientes nos passos seguintes. Uma planilha útil dispõe os dados e cálculos conforme o modelo a seguir:

x_i	y_i	$x_i \cdot y_i$	x_i^2
x_1	y_1	$x_1 \cdot y_1$	x_1^2
x_2	y_2	$x_2 \cdot y_2$	x_2^2
x_3	y_3	$x_3 \cdot y_3$	x_3^2
.	.	.	.
.	.	.	.
.	.	.	.
Σx	Σy	Σxy	Σx^2

Passo 2 – Cálculo da média aritmética simples ($\bar{x}$) relativa à variável x:

$$\bar{x} = \frac{\Sigma x}{n}$$

Passo 3 – Cálculo da média aritmética simples ($\bar{y}$) relativa à variável y:

$$\bar{y} = \frac{\Sigma y}{n}$$

Passo 4 – Cálculo da estimativa de **α** representada por $\hat{a}$:

$$\hat{a} = \frac{\Sigma xy - n \cdot \bar{x} \cdot \bar{y}}{\Sigma x^2 - n \cdot (\bar{x})^2}$$

Passo 5 – Cálculo da estimativa de β representada por $\hat{b}$:

$$\hat{b} = \overline{y} - \hat{a} \cdot \overline{x}$$

Passo 6 – Obtenção do modelo linear dado pelo M.M.Q.:

$$\hat{y} = \hat{a} \cdot x + \hat{b}$$

■ Problemas

1. Em uma pesquisa realizada por uma empresa de consultoria econômica da área de análise de investimento, relativa a um período de 12 meses sobre a evolução dos títulos da empresa A, verificou-se que as cotações médias mensais na bolsa de valores dessa empresa apresentaram seus valores evolutivos, em percentuais, indicados pela planilha a seguir:

Meses (x)	Cotações Médias Mensais
Janeiro	4,0 %
Fevereiro	3,0 %
Março	3,5 %
Abril	–2,0 %
Maio	3,0 %
Junho	4,5 %
Julho	–2,0 %
Agosto	–1,0 %
Setembro	3,0 %
Outubro	2,0 %
Novembro	3,5 %
Dezembro	2,5 %

Com base nas informações obtidas, geradas pela planilha (meses × cotações), responda às questões:

a) Supondo-se que o valor nominal (valor de face) do título é da ordem de 1.000 u.m., construa a variável y, baseando-se na variação percentual (%).
b) Construa o diagrama de dispersão em um gráfico relacionando a variável y e a variável x.
c) Diante da construção do diagrama de dispersão, pode-se afirmar que existe uma relação linear aproximada, acarretando a possibilidade de ajuste de uma reta para a nuvem de pontos $(x; y)$?
d) Caso sua resposta tenha sido afirmativa no item anterior, obtenha a equação da reta de regressão linear para os dados e pontos da tabela e gráfico elaborados nos itens (a) e (b).

2. Os dados apresentados na tabela a seguir mostram os valores observados no estudo do relacionamento existente entre as variáveis x (tempo em meses) e y (vendas em unidades) relativas a um produto já conhecido e comercializado no mercado.

Tempo (x) (meses)	1	2	3	4	5	6	7	8	9	10	11	12
Vendas (y) (unidades)	475	460	620	615	600	670	790	750	765	800	820	825

Em decorrência das informações prestadas, pelo levantamento amostral das vendas em relação aos meses, responda às questões relativas aos itens:

a) Construa o sistema de dispersão da pesquisa.
b) O gráfico do sistema de dispersão construído no item (a) apresenta uma configuração ou aparência aproximadamente linear?
c) Calcule o coeficiente de correlação linear, faça uma análise quanto ao sinal dele e seu grau de intensidade de relacionamento entre as variáveis x (tempo em meses) e y (volume de vendas). (Veja o Tópico Especial do Capítulo 1.)
d) Calcule as estimativas $\hat{a}$ e $\hat{b}$ e monte o modelo de regressão linear simples.
e) Monte em um mesmo sistema de eixos o sistema de dispersão dos dados observados $(x$ e $y)$ e a reta de regressão obtida no item (d).
f) Faça a previsão das vendas para os meses $x = 13$, $x = 14$ e $x = 15$.

3. Uma empresa de embalagens plásticas, preocupada com a demanda (y_i) de seu produto, resolveu elaborar um estudo sobre as variações dos preços de venda (x_i). Após esse estudo e levantamento de dados, obteve as informações condensadas na tabela a seguir.

Meses	Jan.	Fev.	Mar.	Abr.	Maio	Jun.	Jul.	Ago.	Set.
Preço de venda (x_i)	16	18	20	23	26	28	30	33	35
Demanda (y_i)	1.200	1.150	950	830	800	760	700	690	670

A partir dessas informações, responda às questões relativas aos itens:

a) Construindo o diagrama de dispersão, podemos afirmar, quanto à sua evolução, que o sistema se comporta de forma aproximadamente linear?
b) Após ter construído o diagrama de dispersão, os pontos apresentam um comportamento linear crescente ou decrescente?
c) As variáveis demanda e preço de mercado caminham, em termos de evolução, no mesmo sentido ou em sentidos contrários?
d) Calcule e interprete o coeficiente de correlação linear.
e) Estabeleça a equação de regressão de y (demanda) em relação a x (preço).
f) Represente em um mesmo sistema de eixos a dispersão dos dados (x; y) e a reta de regressão.
g) Qual a previsão da demanda, quando os preços atingirem os patamares de $x = 40$ e $x = 50$?

4. Uma empresa do ramo de roupas femininas está estudando o comportamento de seu principal produto no mercado. Para isso, procurou construir um histórico da evolução da oferta desse produto ao longo de seis períodos mensais. As informações desse estudo originaram os dados especificados no quadro a seguir:

Quadro 1 – Escalas de ofertas de saias longas

Meses observados	1	2	3	4	5	6
Preço por unidade comercializada (x)	100	120	135	152	173	195
Quantidade de saias longas ofertadas por semestre (y)	1.500	1.650	1.820	2.050	2.290	2.500

Com base nas informações obtidas no quadro, pede-se:

a) Construindo o sistema de dispersão, verifica-se um comportamento crescente ou decrescente? Justifique.
b) As variáveis preço e oferta, em termos de evolução, caminham em um mesmo sentido ou em sentidos opostos? Justifique.
c) O comportamento dos pontos no diagrama de dispersão (ou nuvem de pontos) é aproximadamente linear?
d) Calcule o coeficiente de correlação linear e interprete-o.
e) Construa a regressão linear de y sobre x.
f) Estime a oferta quando os preços evoluírem para os patamares $x = 220$ e $x = 250$.

capítulo **3**

Função do 2º Grau

■ Objetivo do Capítulo

Neste capítulo, você estudará situações práticas envolvendo as *funções do segundo grau* a partir da construção e análise de seu gráfico. No esboço gráfico da função do segundo grau, será dada atenção especial ao vértice da parábola. Você notará que as coordenadas do vértice são úteis para a determinação de *valores máximos*, *valores mínimos* e *intervalos de crescimento* (ou *decrescimento*) das funções associadas. No Tópico Especial, de modo similar àquilo que foi realizado no Tópico Especial do capítulo anterior, serão apresentados os passos para obter o modelo de ***Regressão Quadrática***.

Modelos de Funções do 2º Grau

Um Modelo de Função do 2º Grau

Algumas situações práticas podem ser representadas pelas funções polinomiais do segundo grau, chamadas simplesmente de *funções do segundo grau*. Uma dessas situações é a obtenção da função receita quando consideramos o preço e a quantidade comercializada de um produto.

Sabemos que a receita R é dada pela relação

$$R = p \times q$$

em que p representa o preço unitário e q a quantidade comercializada do produto.

Por exemplo, se o preço dos sapatos de uma marca variar de acordo com a relação

$$p = -2q + 200*$$

podemos estabelecer a receita para a venda de sapatos pela expressão

$$R = (-2q + 200)q$$
$$R = -2q^2 + 200q.$$

Para uma melhor visualização dessa situação, vamos traçar um gráfico a partir de uma tabela com algumas quantidades de sapatos vendidos e receitas correspondentes:

Tabela 3.1 Receita para a venda de pares de sapatos

Quantidade (q)	0	10	20	30	40	50	60	70	80	90	100
Receita (R)	0	1.800	3.200	4.200	4.800	5.000	4.800	4.200	3.200	1.800	0

Graficamente, temos a curva conhecida como parábola:

---

* Nesse exemplo, por questões didáticas, considerando $q = 100$, temos $p = 0$; entretanto, na prática, não existe quantidade comercializada que torne o preço igual a zero.

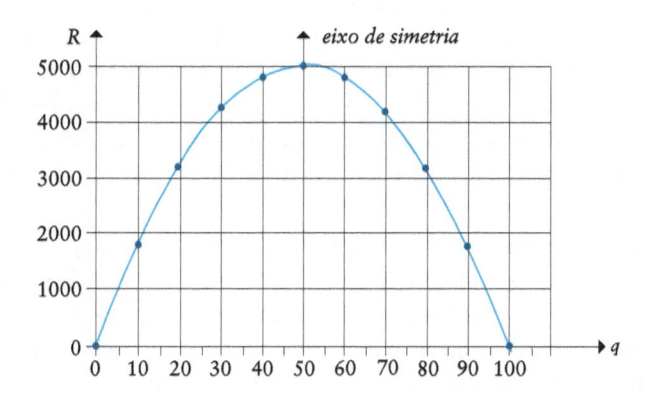

Figura 3.1 Receita para a venda de pares de sapatos.

Nessa parábola, convém observar alguns aspectos interessantes associados à função $R = -2q^2 + 200q$:

- a concavidade está voltada para baixo, pois o coeficiente do termo $-2q^2$ é negativo.
- o ponto em que a curva corta o eixo **R** é obtido fazendo $q = 0$:

$$R = -2 \cdot 0^2 + 200 \cdot 0$$
$$R = 0$$

- os pontos em que a curva corta o eixo q, ou **raízes** da função, são obtidos fazendo $R = 0$:

$$R = -2q^2 + 200q = 0$$
$$q = 0 \text{ ou } q = 100$$

- o **vértice** $V = (q_v; R_v) = (50; 5.000)$ da parábola em que $q_v = 50$ é a média aritmética das raízes e $R_v = 5.000$ é a receita correspondente:

$$q_v = \frac{0 + 100}{2} = 50$$

Substituindo na função **R**, obtemos:

$$R_v = -2 \cdot 50^2 + 200 \cdot 50 = 5.000$$

Especificamente, para essa função do 2º grau, o vértice é importante, pois nos dá a quantidade $q_v = 50$ que deve ser comercializada para que a receita seja **máxima**, $R_v = 5.000$. Embora tenhamos obtido a coordenada

q_v pela média aritmética das raízes da função, encontraremos tal coordenada de modo diferente, pois nem sempre as raízes da função são números reais. Vale lembrar que a coordenada q_v determina o *eixo de simetria* da parábola. Quantidades superiores a $q_v = 50$ proporcionam receitas menores que $R_v = 5.000$; isso é natural, pois a receita está inicialmente associada à função do preço, $p = -2q + 200$, que decresce à medida que a demanda q aumenta.

Notamos, no exemplo anterior, que o gráfico foi traçado a partir de uma tabela que continha os principais pontos da parábola. Entretanto, nem sempre montamos *a priori* uma tabela que contenha tais pontos. Por isso, sistematizamos a seguir alguns passos que permitem a determinação de tais pontos e uma caracterização mais precisa da parábola.

Considerando ainda a receita $R = -2q^2 + 200q$ na venda de q pares de sapatos e supondo que o custo C na sua fabricação seja dado por

$$C = 40q + 1.400$$

então o lucro L na comercialização dos sapatos será dado por

$$L = R - C$$
$$L = -2q^2 + 200q - (40q + 1.400)$$
$$L = -2q^2 + 160q - 1.400$$

supondo que as quantidades produzidas e vendidas sejam as mesmas.

Para a obtenção do gráfico, notamos que:

- a concavidade está voltada para baixo, pois o coeficiente do termo $-2q^2$ é negativo.
- o ponto em que a curva corta o eixo L é obtido fazendo $q = 0$:

$$L = -2 \cdot 0^2 + 160 \cdot 0 - 1.400$$
$$L = -1.400$$

- os pontos em que a curva corta o eixo q são obtidos fazendo $L = 0$:

$$L = -2q^2 + 160q - 1.400 = 0$$
$$q = 10 \text{ ou } q = 70$$

- o vértice $V = (q_v; L_v)$ da parábola em que $q_v = -\dfrac{\text{coeficiente de } q}{2 \times \text{coeficiente de } q^2}$

e L_v é o lucro correspondente:

$$q_v = \dfrac{-160}{2 \cdot (-2)} = 40$$

Substituindo na função L, obtemos:

$$L_v = -2 \cdot 40^2 + 160 \cdot 40 - 1.400 = 1.800$$

Assim, o vértice é dado pelo ponto $V = (40; 1.800)$.
Com tais pontos, podemos esboçar o gráfico do lucro:

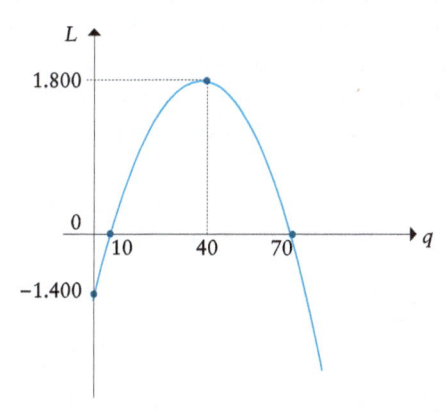

Figura 3.2 Lucro para a venda de pares de sapatos.

A partir de tal gráfico, observamos que o lucro é positivo ($L > 0$) quando se vendem entre 10 e 70 pares de sapatos ($L > 0$, se $10 < q < 70$); o lucro é nulo quando se vendem 10 ou 70 pares de sapatos ($L = 0$, se $q = 10$ ou $q = 70$); o lucro é negativo quando se vendem entre 0 e 10 pares de sapatos ou quantidades superiores a 70 pares de sapatos ($L < 0$, se $0 < q < 10$ ou $q > 70$). A partir do vértice e do eixo de simetria, notamos que a quantidade de 40 pares de sapatos proporciona lucro máximo de 1.800 e que o lucro é crescente para quantidades inferiores a 40 e decrescente para quantidades superiores a 40.

No próximo gráfico, pode-se analisar a situação esboçando no mesmo sistema de eixos os gráficos das funções receita $R = -2q^2 + 200q$ e custo $C = 40q + 1.400$. Assim, obtemos dois pontos de encontro entre as curvas do custo e receita (*break-even point*) que algebricamente são obtidos fazendo

$$R = C$$
$$-2q^2 + 200q = 40q + 1.400$$
$$-2q^2 + 200q - (40q + 1.400) = 0$$
$$-2q^2 + 160q - 1.400 = 0$$
$$q = 10 \text{ ou } q = 70$$

substituindo tais quantidades na expressão da receita ou custo

$q = 10 \Rightarrow R = C = 1.800 \Rightarrow (10\,;1.800)$ (*break-even point*)

$q = 70 \Rightarrow R = C = 4.200 \Rightarrow (70\,;4.200)$ (*break-even point*)

ou seja, obtemos os pontos em que o lucro é nulo.

Notamos que as regiões em que o traçado da receita é superior ao do custo determinam as quantidades em que o lucro é positivo. De maneira análoga, regiões em que o traçado do custo é superior ao da receita determinam as quantidades em que o lucro é negativo. Temos ainda o ponto de lucro máximo como aquele em que é máxima a distância vertical entre os pontos dos gráficos da receita e do custo, com receita superior ao custo.

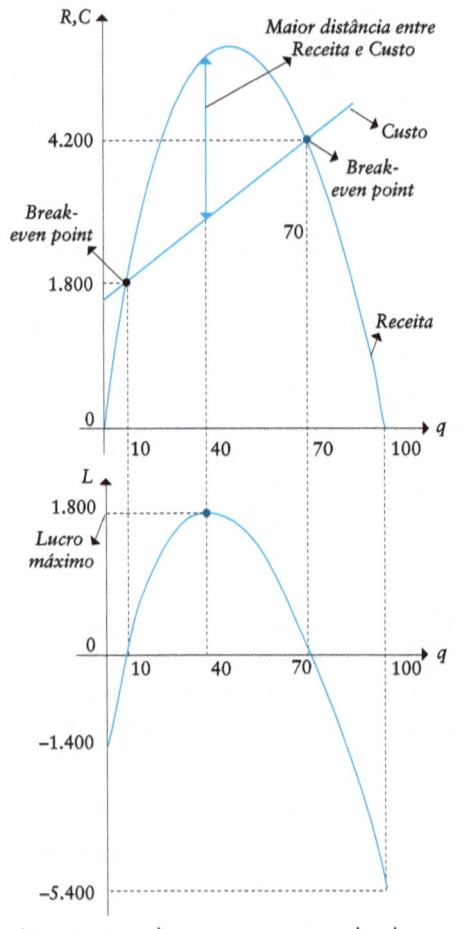

Figura 3.3 Receita, custo e lucro para a venda de pares de sapatos.

■ Caracterização Geral

Definição: uma função do 2º grau é dada por

$$y = f(x) = ax^2 + bx + c$$

com $a \neq 0$.

Para a obtenção do gráfico, conhecido como *parábola*, podemos observar os passos a seguir.

- o coeficiente *a* determina se a *concavidade* é voltada para *cima* ($a > 0$) ou para *baixo* ($a < 0$).
- o termo independente *c* dá o ponto em que a parábola corta o eixo *y* e pode ser obtido fazendo $x = 0$:

$$y = f(0) = a \cdot 0^2 + b \cdot 0 + c \Rightarrow y = c$$

- se existirem, os pontos em que a parábola corta o eixo *x* são dados pelas *raízes* da função $y = f(x) = ax^2 + bx + c$ e podem ser obtidos fazendo $y = 0$:

$$y = 0 \Rightarrow ax^2 + bx + c = 0$$

Para a resolução dessa equação, utilizamos a fórmula de Báskara, em que

$$x = \frac{-b \pm \sqrt{b^2 - 4ac}}{2a}$$

e, em tal fórmula, fazendo o discriminante $\Delta = b^2 - 4ac$, podemos reescrevê-la como

$$x = \frac{-b \pm \sqrt{\Delta}}{2a}$$

O número de raízes, ou pontos em que a parábola encontra o eixo *x*, depende do discriminante; em resumo:

- se $\Delta > 0$, temos duas raízes reais distintas, $x_1 = \dfrac{-b + \sqrt{\Delta}}{2a}$ e

$x_2 = \dfrac{-b - \sqrt{\Delta}}{2a}$ (graficamente, dois pontos em que a parábola corta o eixo x).

- se $\Delta = 0$, temos as duas raízes reais iguais, $x = \dfrac{-b \pm \sqrt{0}}{2a} \Rightarrow x = \dfrac{-b}{2a}$

(graficamente, a parábola "toca" o eixo x em um único ponto).
- se $\Delta < 0$, não existem raízes reais (graficamente, a parábola não cruza o eixo x).
- o vértice da parábola é dado pelo ponto $V = (x_v; y_v) = \left(-\dfrac{b}{2a}; -\dfrac{\Delta}{4a}\right)$.

Podemos resumir tais passos com alguns possíveis gráficos, considerando:

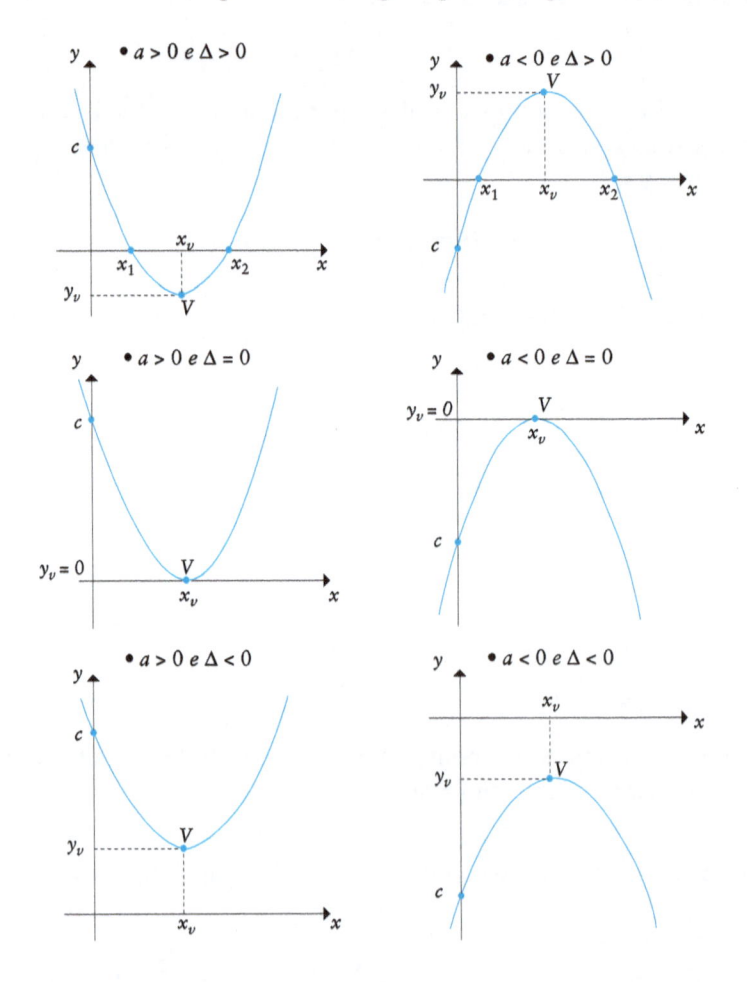

- $a > 0$ e $\Delta > 0$
- $a < 0$ e $\Delta > 0$
- $a > 0$ e $\Delta = 0$
- $a < 0$ e $\Delta = 0$
- $a > 0$ e $\Delta < 0$
- $a < 0$ e $\Delta < 0$

■ Exemplos de Funções do 2º Grau

Os problemas a seguir exemplificam algumas considerações feitas até aqui.

Exemplo 1: Em uma certa plantação, a produção, P, de feijão depende da quantidade, q, de fertilizante utilizada, e tal dependência pode ser expressa por $P = -3q^2 + 90q + 525$. Considerando nessa lavoura a produção medida em kg e a quantidade de fertilizante em g/m^2, faça um esboço do gráfico, comente os significados dos principais pontos, determine a quantidade de fertilizante para que a produção seja máxima, bem como a produção máxima.

Solução:
Os coeficientes dos termos da função são $a = -3$, $b = 90$ e $c = 525$.

- A concavidade é voltada para baixo, pois $a < 0$.
- A parábola corta o eixo P em $c = 525$, pois, quando $q = 0$, temos

$$P(0) = -3 \cdot 0^2 + 90 \cdot 0 + 525 \implies P(0) = 525$$

- A parábola corta o eixo q quando $P = 0$, o que leva a

$$-3q^2 + 90q + 525 = 0$$

cujas raízes, se existirem, são obtidas por Báskara:

$$\Delta = b^2 - 4ac \implies \Delta = 90^2 - 4 \cdot (-3) \cdot 525$$
$$\Delta = 14.400 \implies \Delta > 0$$

Duas raízes reais e distintas são dadas por

$$q = \frac{-b \pm \sqrt{\Delta}}{2a} \implies q = \frac{-90 \pm \sqrt{14.400}}{2 \cdot (-3)}$$

$$q_1 = \frac{-90 + 120}{-6} \implies q_1 = -5 \quad \text{e} \quad q_2 = \frac{-90 - 120}{-6} \implies q_2 = 35$$

ou seja, a parábola corta o eixo q nos pontos $q_1 = -5$ e $q_2 = 35$.

- O vértice da parábola é dado pelo ponto $V = (q_v; P_v) = \left(-\dfrac{b}{2a}; -\dfrac{\Delta}{4a}\right)$

$$V = \left(-\frac{90}{2 \cdot (-3)}; -\frac{14.400}{4 \cdot (-3)}\right) \implies V = (15; 1.200)$$

Assim, podemos esboçar o gráfico:

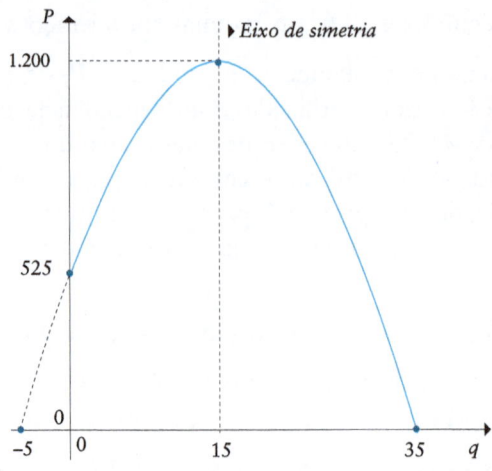

Figura 3.4 Produção de feijão.

Para esse exemplo, a concavidade voltada para baixo associada a um eixo de simetria em $q_v = 15$ indica que a produção é **crescente** para quantidades de fertilizante entre 0 e 15 g/m² e **decrescente** para quantidades superiores a 15 g/m².

O ponto em que a curva corta o eixo P indica que, quando não é utilizado fertilizante ($q = 0$), a produção é de $P = 525$ kg.

Os pontos em que a curva corta o eixo q indicam quantidades que fazem a produção se anular ($P = 0$), sendo que $q_1 = -5$ não apresenta significado prático e $q_2 = 35$ g/m² representa uma quantidade tão grande de fertilizante a ponto de prejudicar a planta, impedindo-a de produzir.

Finalmente, o vértice $V = (15; 1.200)$ dá a quantidade $q_v = 15$ g/m² que maximiza a produção, e tal produção máxima é $P_v = 1.200$ kg.

Exemplo 2: Um vendedor anotou as vendas de um eletrodoméstico nos 21 dias em que trabalhou na seção de utilidades de uma loja de departamentos e notou que o número de aparelhos vendidos, dado por N, em função do número de dias, dado por t, pode ser obtido por $N = 0{,}25t^2 - 4t + 16$. Diante dessa situação, esboce o gráfico da função salientando os principais pontos e seus significados. (Considere $t = 0$ o 1º dia; $t = 1$ o 2º dia etc.)

Solução:

Os coeficientes dos termos da função são $a = 0{,}25$, $b = -4$ e $c = 16$.

- A concavidade é voltada para cima, pois $a > 0$.

- A parábola corta o eixo N em $c = 16$, pois, quando $t = 0$, temos

$$N(0) = 0{,}25 \cdot 0^2 - 4 \cdot 0 + 16 \Rightarrow N(0) = 16$$

- A parábola corta o eixo t quando $N = 0$, o que leva a

$$0{,}25t^2 - 4t + 16 = 0$$

cujas raízes, se existirem, são obtidas por Báskara:

$$\Delta = b^2 - 4ac \Rightarrow \Delta = (-4)^2 - 4 \cdot 0{,}25 \cdot 16 \Rightarrow \Delta = 0$$

Duas raízes reais e iguais, ambas representadas por

$$t = -\frac{b}{2a} \Rightarrow t = -\frac{(-4)}{2 \cdot 0{,}25}$$

$$t = 8$$

ou seja, a parábola simplesmente "toca" o eixo t no ponto $t = 8$.

- O vértice da parábola é dado pelo ponto $V = (t_v; N_v) = \left(-\dfrac{b}{2a}; -\dfrac{\Delta}{4a}\right)$

$$V = \left(-\frac{(-4)}{2 \cdot 0{,}25}; -\frac{0}{4 \cdot 0{,}25}\right) \Rightarrow V = (8; 0)$$

Convém ainda obter o número de eletrodomésticos para o último dia de análise do problema, ou seja, o 21º dia, quando devemos fazer $t = 20$:

$$N(20) = 0{,}25 \cdot 20^2 - 4 \cdot 20 + 16 \Rightarrow N(20) = 36$$

Assim, podemos esboçar o gráfico:

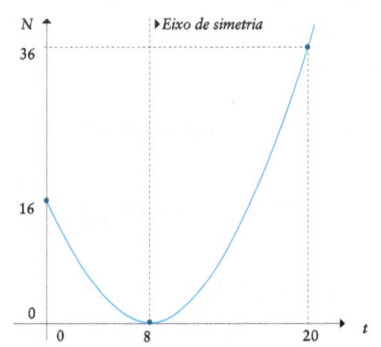

Figura 3.5 Número de eletrodomésticos vendidos.

Para esse exemplo, a concavidade voltada para cima associada a um eixo de simetria em $t_v = 8$ indica que o número de aparelhos vendidos é **decrescente** do 1º dia ($t = 0$) ao 9º dia ($t = 8$), e **crescente** do 9º dia ($t = 8$) ao 21º dia ($t = 20$).

O ponto em que a curva corta o eixo N indica que, no 1º dia ($t = 0$), o número de eletrodomésticos vendidos foi $N = 16$.

Os pontos em que a curva corta o eixo t indicam dias que fazem o número de eletrodomésticos vendidos se anular ($N = 0$). Então, no 9º dia ($t = 8$), nenhum eletrodoméstico foi vendido.

Finalmente, o vértice $V = (8; 0)$ dá o dia $t_v = 8$, 9º dia, que minimiza o número de eletrodomésticos vendidos, e tal número mínimo é $N_v = 0$.

Exemplo 3: Em um ano, o valor, v, de uma ação negociada na bolsa de valores, no decorrer dos meses, indicados por t, é dado pela expressão $v = 2t^2 - 20t + 60$. Sabendo que o valor da ação é dado em reais (R$), faça um esboço do gráfico, comente os significados dos principais pontos e determine a variação percentual do valor da ação após um ano. (Considere $t = 0$ o momento em que a ação começa a ser negociada; $t = 1$ após 1 mês; $t = 2$ após 2 meses etc.)

Solução:

Os coeficientes dos termos da função são $a = 2$, $b = -20$ e $c = 60$.

- A concavidade é voltada para cima, pois $a > 0$.
- A parábola corta o eixo v em $c = 60$, pois quando $t = 0$, temos

$$v(0) = 2 \cdot 0^2 - 20 \cdot 0 + 60 \Rightarrow v(0) = 60$$

- A parábola corta o eixo t quando $v = 0$, o que leva a

$$2t^2 - 20t + 60 = 0$$

cujas raízes, se existirem, são obtidas por Báskara:

$$\Delta = b^2 - 4ac \Rightarrow \Delta = (-20)^2 - 4 \cdot 2 \cdot 60$$
$$\Delta = -80 \Rightarrow \Delta < 0$$

Não existem raízes reais, pois o discriminante é negativo, ou seja, a parábola não cruza o eixo t.

- O vértice da parábola é dado pelo ponto $V = (t_v; v_v) = \left(-\dfrac{b}{2a}; -\dfrac{\Delta}{4a}\right)$

$$V = \left(-\dfrac{(-20)}{2 \cdot 2}; -\dfrac{(-80)}{4 \cdot 2}\right) \Rightarrow V = (5; 10)$$

Convém ainda obter o valor da ação após um ano, ou seja, para o último mês de análise do problema quando $t = 12$:

$$v(12) = 2 \cdot 12^2 - 20 \cdot 12 + 60 \Rightarrow v(12) = 108$$

Assim, podemos esboçar o gráfico:

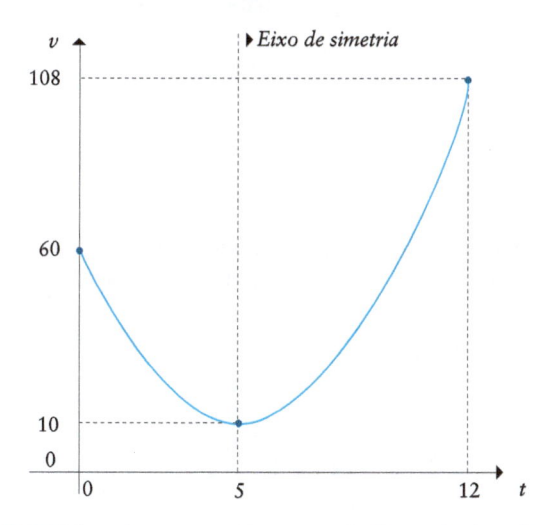

Figura 3.6 Valor de uma ação negociada na bolsa de valores.

Por ser a concavidade voltada para cima, nesse exemplo, temos um eixo de simetria em $t_v = 5$, indicando que o valor da ação é **decrescente**, do momento em que a ação começa a ser negociada ($t = 0$) ao final do 5º mês ($t = 5$), e **crescente**, do final do 5º mês ($t = 5$) ao final do 12º mês ($t = 12$).

O ponto em que a curva corta o eixo v indica que, no momento em que a ação começa a ser negociada ($t = 0$), o seu valor é $v = 60$.

Nesse exemplo, não existem pontos em que a curva corta o eixo t, ou seja, em nenhum momento o valor da ação será nulo ($v = 0$).

O vértice $V = (5; 10)$ dá o mês, $t_v = 5$, que minimiza o valor da ação, e tal valor mínimo é $v_v = 10$.

Finalmente, a variação percentual do valor da ação após um ano será dada por

$$\text{Variação percentual} = \frac{(\text{valor final}) - (\text{valor inicial})}{\text{valor inicial}} \cdot 100\%$$

$$\text{Variação percentual} = \frac{v(12) - v(0)}{v(0)} \cdot 100\%$$

$$\text{Variação percentual} = \frac{108 - 60}{60} \cdot 100\%$$

$$\text{Variação percentual} = 80\%$$

ou seja, após um ano, houve um aumento de 80% sobre o valor inicial da ação.

■ Exercícios

1. Para um certo produto comercializado, a receita e o custo são dados, respectivamente, por $R = -2q^2 + 1.000q$ e $C = 200q + 35.000$, cujos gráficos são

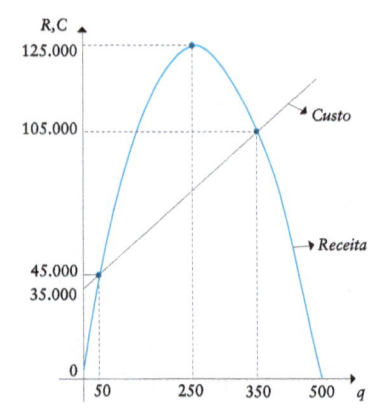

   Obtenha, então:

   a) Os intervalos de crescimento e decrescimento da função receita, a quantidade para que a receita seja máxima e a receita máxima correspondente.

   b) Os *break-even points* e seu significado.

   c) As regiões em que o lucro é positivo e em que o lucro é negativo. Indique tais regiões graficamente.

   d) A função lucro e seu gráfico.

   e) A quantidade para que o lucro seja máximo e o lucro máximo correspondente. Indique no gráfico da receita e custo tal quantidade e o significado geométrico do lucro máximo.

2. O consumo de energia elétrica para uma residência no decorrer dos meses é dado por $E = t^2 - 8t + 210$, onde o consumo E é dado em kwh e ao tempo associa-se $t = 0$ a janeiro, $t = 1$ a fevereiro, e assim sucessivamente.

   a) Determine o(s) mês(es) em que o consumo é de 195 kwh.
   b) Qual o consumo mensal médio* para o primeiro ano?
   c) Com base nos dados obtidos no item anterior, esboce o gráfico de E.

3. O número N, de apólices vendidas por um vendedor de seguros, pode ser obtido pela expressão $N = -t^2 + 14t + 32$, onde t representa o mês da venda.

   a) Esboce o gráfico dessa função a partir de uma tabela com o número de apólices vendidas para os dez primeiros meses de vendas.
   b) De acordo com os dados obtidos anteriormente, em que mês foi vendido o máximo de apólices e qual o número máximo vendido?
   c) Qual a média de apólices vendidas por mês para os cinco primeiros meses? E para os dez primeiros meses?

4. Para cada item a seguir, esboce o gráfico a partir da concavidade, dos pontos em que a parábola cruza os eixos (se existirem) e vértice.

   a) $y = x^2 - 4x - 5$
   b) $y = x^2 - 8x + 16$
   c) $y = -3x^2 + 6x + 9$
   d) $y = -x^2 + 4x - 6$
   e) $y = 4x^2 + 12x + 16$
   f) $y = -2x^2 - 4x - 2$

5. O preço da garrafa de um vinho varia de acordo com a relação $p = -2q + 400$, onde q representa a quantidade de garrafas comercializadas. Sabendo que a receita R é dada pela relação $R = p \times q$:

   a) Obtenha a função receita e esboce o gráfico, indicando os principais pontos e o eixo de simetria.
   b) Qual a quantidade de garrafas a ser comercializada para que a receita seja máxima? Qual a receita máxima?
   c) Para quais quantidades comercializadas a receita é crescente? E decrescente?

---

*Nos problemas em que for solicitada a determinação de médias, considere a média aritmética, salvo observações em contrário.

6. Considerando as mesmas condições do problema anterior e o custo para a produção e comercialização das garrafas de vinho como $C = 240q + 2.400$:

   a) Obtenha a função lucro e esboce o gráfico indicando os principais pontos.
   b) Qual a quantidade de garrafas a ser comercializada para que o lucro seja máximo? Qual o lucro máximo?
   c) Para quais quantidades comercializadas o lucro é positivo? E negativo?
   d) Esboce o gráfico da função custo sobre o gráfico do item (a) do problema anterior determinando e indicando os *break-even points*.

7. O valor de uma ação negociada na bolsa de valores no decorrer dos dias de pregão é dado pela expressão $v = 0,5t^2 - 8t + 45$. Considere $t = 0$ o momento inicial de análise; $t = 1$ após 1 dia; $t = 2$ após 2 dias etc.

   a) Esboce o gráfico indicando os principais pontos e o eixo de simetria.
   b) Após quanto tempo o valor da ação é mínimo? Qual o valor mínimo?
   c) Para quais dias o valor da ação é decrescente? E crescente?
   d) Determine a variação percentual do valor da ação após 20 dias de pregão.

8. Uma pessoa investiu em papéis de duas empresas no mercado de ações durante 12 meses. O valor das ações da primeira empresa variou de acordo com a função $A = t + 10$, e o valor para a segunda empresa obedeceu à função $B = t^2 - 4t + 10$. Considere $t = 0$ o momento da compra das ações; $t = 1$ após 1 mês; $t = 2$ após 2 meses etc.

   a) Em que momentos as ações têm o mesmo valor? Quais são esses valores?
   b) Em um mesmo sistema de eixos, esboce os gráficos para o período de um ano.
   c) Comente a evolução do valor de cada uma das ações. Qual foi a melhor aplicação após os três primeiros meses? E após um ano?

9. A produção de um funcionário, quando relacionada ao número de horas trabalhadas, leva à função $P = -2t^2 + 24t + 128$.

   a) Esboce o gráfico ressaltando os principais pontos.
   b) Em que momento a produção é máxima? Qual a produção máxima?
   c) Em que momento a produção é igual à produção inicial?
   d) Em que momento o funcionário não consegue mais produzir?
   e) Quais os intervalos de crescimento e decrescimento para produção?

10. O preço do trigo varia no decorrer dos meses de acordo com a função $p = 0{,}25t^2 - 2{,}5t + 60$ para um período de um ano em que $t = 0$ representa o momento inicial de análise, $t = 1$ após 1 mês, $t = 2$ após 2 meses etc.

   a) Esboce o gráfico ressaltando os principais pontos.
   b) Em que momento o preço é mínimo? Qual o preço mínimo?
   c) Qual a variação percentual entre o momento inicial e final do terceiro mês? E a variação percentual entre os finais do terceiro e sétimo mês?

11. Um comerciante de roupas compra ternos e camisetas para revenda e tem um orçamento limitado para compra. A quantidade de ternos é representada por x, a de camisetas por y, e a equação que dá a restrição orçamentária é $10x^2 + 10y = 1.000$.

   a) Expresse a quantidade de camisetas em função da quantidade de ternos comprados.
   b) Esboce o gráfico obtido no item anterior ressaltando os principais pontos.
   c) Se forem comprados 8 ternos, quantas camisetas é possível comprar?
   d) Se forem compradas 19 camisetas, quantos ternos é possível comprar?
   e) Se não forem comprados ternos, qual a quantidade de camisetas compradas? E se não forem compradas camisetas, qual a quantidade de ternos comprados? Indique tais pontos no gráfico do item anterior.
   f) Se forem comprados 7 ternos e 40 camisetas, tal compra ultrapassará o orçamento? Represente tal possibilidade no gráfico do item (b).

12. Uma empresa produz detergente e sabonete líquido em uma de suas linhas de produção, sendo que os recursos são os mesmos para tal produção. As quantidades de detergente e sabonete líquido produzidos podem ser representadas, respectivamente, por x e y. A interdependência dessas variáveis é dada por $5x^2 + 5y = 45$, e o gráfico de tal equação é conhecido também como *curva de transformação de produto*.

   a) Expresse a quantidade de sabonete líquido como função da quantidade de detergente produzido.
   b) Esboce a *curva de transformação de produto*.
   c) Explique o significado dos pontos em que a curva corta os eixos coordenados.
   d) Aproximadamente, quanto se deve produzir de detergente para que tal quantidade seja a metade da de sabonete líquido? Considere que as quantidades são dadas em milhares de litros.

13. O preço p de um produto depende da quantidade q que os fornecedores estão dispostos a oferecer e, para um certo produto, pela lei de oferta, tal dependência é dada pela função $p = q^2 + 10q + 9$. Para o mesmo produto, o preço também depende da quantidade q que os compradores estão dispostos a adquirir e, pela lei de demanda, tal dependência é dada por $p = -q^2 + 81$. (Para mais detalhes sobre lei de oferta, lei de demanda e preço de equilíbrio, ver Exercícios 14, 15 e 16 do Capítulo 2.)

    a) Em um mesmo sistema de eixos, esboce os gráficos da oferta e demanda.
    b) Obtenha a quantidade e o preço de equilíbrio. Indique também no gráfico do item anterior.

14. Para a comercialização de relógios, um lojista observa que a receita é dada por $R = -3q^2 + 120q$ e o custo é dado por $C = 2q^2 + 20q + 375$.

    a) Esboce os gráficos da receita e custo sobre o mesmo sistema de eixos, determinando e indicando os *break-even points*.
    b) Indique no gráfico do item anterior as quantidades para as quais o lucro é positivo.
    c) Obtenha a função lucro e esboce o gráfico, indicando os principais pontos.
    d) Qual a quantidade de relógios a ser comercializada para que o lucro seja máximo? Qual o lucro máximo?
    e) Para quais quantidades comercializadas o lucro é positivo? Compare com os resultados indicados no item (b).

TÓPICO ESPECIAL – Regressão Quadrática

■ A Regressão Quadrática

Em problemas de **Matemática e Estatística Aplicada**, é comum nos depararmos com situações de pesquisas em que os diagramas de dispersão mostram uma nuvem de pontos que não se manifestam com uma aproximação linear convincente.

Nesses casos, dizemos que o sistema de dispersão tem um comportamento não linear e, em muitos casos, as dispersões se apresentam com aproximações curvilíneas. Naturalmente, para aproximações curvilíneas, devemos buscar modelos de regressão cujas funções que os representem também tenham comportamento curvilíneo. Como exemplos de funções cujo comportamento gráfico é curvilíneo e cujo modelo de regressão é relativamente simples, podemos citar a função do 2º grau (ou quadrática), a função exponencial, a função potência, entre outras. Nos próximos tópicos especiais, desenvolveremos os modelos de regressão para a função exponencial e para a função potência. Discutiremos a seguir o modelo de regressão para a função quadrática.

Desenvolvemos o modelo de regressão quadrática quando, em um diagrama de dispersão, a nuvem de pontos se apresenta em um formato curvilíneo que lembra uma parábola, como exemplificado pelos diagramas a seguir.

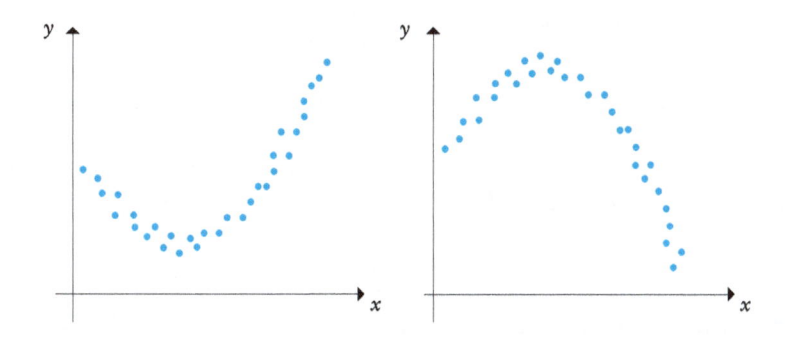

Figura 3.7 Diagramas de dispersão com formato próximo ao parabólico.

O ajuste do modelo de regressão quadrática é dado por

$$y = \alpha \cdot x^2 + \beta \cdot x + \gamma + \varepsilon$$

onde

- y é o valor observado (variável dependente)
- x é a variável explicativa (variável independente)
- α, β e γ são os parâmetros do modelo
- ε é a componente aleatória (erro)

Como nos interessa determinar os parâmetros α, β e γ, será necessário estimá-los por meio do emprego de dados amostrais. Na prática, trabalha-se sempre com uma estimativa, $y = \alpha \cdot x^2 + \beta \cdot x + \gamma$, do modelo verdadeiro.

Nesse sentido, o modelo estimado será dado por

$$\hat{y} = \hat{a} \cdot x^2 + \hat{b} \cdot x + \hat{c}$$

onde $\hat{a}$, $\hat{b}$ e $\hat{c}$ são os estimadores dos verdadeiros parâmetros α, β e γ.

Para o cálculo dos parâmetros $\hat{a}$, $\hat{b}$ e $\hat{c}$, podemos proceder da seguinte maneira:

• Escrevemos as equações normais de ajustamento do modelo, a partir dos n pontos dados, formando um sistema linear de três equações com três incógnitas ($\hat{a}$, $\hat{b}$ e $\hat{c}$)

$$\begin{cases} \hat{a}\cdot\Sigma x^4 + \hat{b}\cdot\Sigma x^3 + \hat{c}\cdot\Sigma x^2 = \Sigma x^2 y \\ \hat{a}\cdot\Sigma x^3 + \hat{b}\cdot\Sigma x^2 + \hat{c}\cdot\Sigma x = \Sigma xy \\ \hat{a}\cdot\Sigma x^2 + \hat{b}\cdot\Sigma x + \hat{c}\cdot n = \Sigma y \end{cases}$$

e resolvemos tal sistema linear, encontrando assim os parâmetros.

Uma vez encontrados os parâmetros $\hat{a}$, $\hat{b}$ e $\hat{c}$, basta substituí-los na expressão do modelo estimado

$$y = \hat{a}\cdot x^2 + \hat{b}\cdot x + \hat{c}$$

Observação: De modo análogo ao feito para a regressão linear, sugerimos a organização dos dados em uma planilha, realizando previamente alguns cálculos que serão úteis para a obtenção das equações normais de ajustamento. Uma planilha útil dispõe os dados e cálculos conforme o modelo a seguir:

x_i	y_i	$x_i \cdot y_i$	x_i^2	x_i^3	x_i^4	$x_i^2 \cdot y_i$
x_1	y_1	$x_1 \cdot y_1$	x_1^2	x_1^3	x_1^4	$x_1^2 \cdot y_1$
x_2	y_2	$x_2 \cdot y_2$	x_2^2	x_2^3	x_2^4	$x_2^2 \cdot y_2$
x_3	y_3	$x_3 \cdot y_3$	x_3^2	x_3^3	x_3^4	$x_3^2 \cdot y_3$
$\vdots$	$\vdots$	$\vdots$	$\vdots$	$\vdots$	$\vdots$	$\vdots$
Σx	Σy	Σxy	Σx^2	Σx^3	Σx^4	$\Sigma x^2 \cdot y$

■ Problemas

1. Um fazendeiro, cuja principal cultura é o café, recentemente resolveu industrializar e comercializar a produção e vem acompanhando atentamente, ao longo de seis trimestres, a evolução da demanda de seu produto, com o objetivo de melhoria de resultados nas vendas. Ele solicitou ao departamento responsável de sua empresa dados relativos à demanda observada em função da ocorrência desses seis trimestres. Rapidamente, os resultados foram gerados e alocados em uma tabela.

Trimestres (x_i)	1	2	3	4	5	6
Demanda observada (y_i) (em unidades)	4.800	3.500	3.850	5.200	7.300	10.950

A partir dos dados levantados:

a) Construa o sistema de dispersão para a demanda em função dos trimestres e verifique se o comportamento desse sistema se aproxima de uma curva parabólica.
b) Calcule e comente o coeficiente de correlação (r).
c) Procure ajustar uma curva parabólica ($\hat{y} = \hat{a} \cdot x^2 + \hat{b} \cdot x + \hat{c}$) aos dados coletados.
d) Uma vez ajustada a curva do 2º grau, calcule o vértice e interprete o resultado obtido.
e) Segundo a função obtida no item (c), determine os intervalos de crescimento e decrescimento para a demanda.
f) Estime a demanda para os dois trimestres seguintes.
g) Partindo do pressuposto de que a demanda alcança um nível de 15.000 unidades, determine quando isso ocorre.

2. Uma companhia de seguros, cujo principal segmento de mercado é o ramo de automóveis, estimou, através de sua gerência financeira, que o lucro realizável pela venda de seguros contratados por mês aponta para os valores distribuídos de acordo com os dados da tabela a seguir.

Seguros contratados (x_i) (em unidades)	20	40	60	80	100
Lucro (y_i) (em unidades monetárias)	150	185	210	173	145

a) Construa o sistema de dispersão e verifique se o comportamento desse sistema se aproxima de uma curva parabólica.
b) Ajuste uma parábola ($\hat{y} = \hat{a} \cdot x^2 + \hat{b} \cdot x + \hat{c}$) para os dados tabelados e construa o gráfico dessa curva.
c) Segundo a função obtida no item (b), para que quantidades de x seguros vendidos a função lucro é crescente? E decrescente?
d) Projete o lucro para 125 unidades de seguros vendidos.

3. Uma empresa fabricante de calçados masculinos está mensurando a variação de sua receita (R) em função da quantidade demandada (q) de pares de sapatos. Ela conta com duas linhas de sapatos, que são os mais aceitos e vendidos, destinadas ao público jovem. Visando estabelecer um comparativo dos faturamentos dessas linhas, foram elaboradas duas tabelas para avaliar o comportamento da receita por um período de seis meses. Os resultados foram os seguintes:

LINHA 1

Meses	1	2	3	4	5	6
Quantidade (q) (em milhares)	1.000	2.000	3.500	5.800	8.200	10.000
Receita (R) (em milhares de reais)	10.000	22.000	40.500	55.000	37.000	23.500

LINHA 2

Meses	1	2	3	4	5	6
Quantidade (q) (em milhares)	1.000	2.100	3.500	5.800	7.500	10.000
Receita (R) (em milhares de reais)	19.000	30.000	40.000	45.000	42.000	32.000

a) Construa, em um mesmo sistema de eixos, os sistemas de dispersão para cada linha de sapatos e verifique se os comportamentos desses sistemas se aproximam de uma curva parabólica.
b) Ajuste a regressão quadrática para as linhas 1 e 2 de sapatos masculinos.

c) Qual das linhas apresenta ao longo do tempo um nível de faturamento mais expressivo? Justifique.
d) A partir das regressões obtidas no item (b), determine em qual nível de demanda a receita é máxima para as linhas 1 e 2. Compare os resultados.
e) Qual a demanda média para as linhas 1 e 2? Compare os resultados.
f) Quais são os intervalos de demanda para os quais a linha 1 supera a linha 2? Em qual intervalo de tempo isso aproximadamente ocorre?
g) Quais são os intervalos de demanda para os quais a linha 2 supera a linha 1? Em qual intervalo de tempo isso aproximadamente ocorre?
h) Estime a receita para as linhas 1 e 2, quando elas atingem os patamares de produção iguais a 12.000 e 14.000 pares de sapatos.

capítulo **4**

Função Exponencial

■ Objetivo do Capítulo

Neste capítulo, você analisará as *funções exponenciais* obtendo-as a partir do *fator multiplicativo*. Você estudará aplicações da função exponencial como o *montante* de uma dívida ou aplicação, *juros compostos*, o *crescimento populacional*, entre outros. Você estudará também diferentes maneiras de obter e interpretar a *função exponencial*. No final do capítulo, visando à resolução de equações exponenciais, serão desenvolvidos os conceitos elementares a respeito dos *logaritmos*. De modo similar ao que foi feito nos Capítulos 2 e 3, o Tópico Especial trará os passos para obter o modelo de *Regressão Exponencial*.

■ Modelos de Funções Exponenciais

Estudaremos, nesta seção, problemas e situações práticas que envolvem modelos exponenciais.

Utilizando um Fator Multiplicativo

Vamos considerar uma pessoa que toma emprestada a quantia de $ 10.000 e cujo montante da dívida seja corrigido a uma taxa de juros de 5% que incide mês a mês sobre o montante do mês anterior. Podemos determinar tal montante utilizando um *fator multiplicativo*:

- Após 1 mês, representando o montante por $M(1)$, temos:

$$M(1) = \text{Valor inicial} + 5\% \text{ do Valor inicial}$$

$$M(1) = 10.000 + 5\% \text{ de } 10.000$$

$$M(1) = 10.000 + \frac{5}{100} \cdot 10.000$$

$$M(1) = 10.000 + 0,05 \cdot 10.000$$

Colocando 10.000 em evidência:

$$M(1) = 10.000\,(1 + 0,05)$$

$$\mathbf{M(1) = 10.000 \cdot 1,05}$$

$$M(1) = 10.500$$

Notamos por esses passos que, se quisermos aumentar em 5% uma quantia, basta multiplicá-la por **1,05**. Chamaremos esse fator de aumento de *fator multiplicativo*. Para a determinação do montante após 2 meses, de maneira análoga aos passos anteriores, ressaltaremos o aparecimento do fator multiplicativo.

- Após 2 meses, representando o montante por $M(2)$, temos:

$$M(2) = \text{Montante após 1 mês} + 5\% \text{ do Montante após 1 mês}$$

$$M(2) = M(1) + 5\% \text{ de } M(1)$$

$$M(2) = 10.500 + 5\% \text{ de } 10.500$$

$$M(2) = 10.500 + 0,05 \cdot 10.500$$

$$M(2) = 10.500\,(1 + 0{,}05)$$

$$M(2) = 10.500 \cdot 1{,}05$$

$$M(2) = 11.025$$

- Após 3 meses, representando o montante por $M(3)$, temos:

$M(3)$ = Montante após 2 meses + 5% do Montante após 2 meses

$$M(3) = M(2) + 5\%\ de\ M(2)$$

$$M(3) = 11.025 + 5\%\ de\ 11.025$$

$$M(3) = 11.025 + 0{,}05 \cdot 11.025$$

$$M(3) = 11.025\,(1 + 0{,}05)$$

$$M(3) = 11.025 \cdot 1{,}05$$

$$M(3) = 11.576{,}25$$

Para o cálculo dos montantes mês a mês, utilizamos o fator multiplicativo incidindo no montante do mês anterior, porém podemos simplificar ainda mais tais cálculos e obter o montante de qualquer mês sem recorrer ao mês anterior. Na verdade, é possível obter o montante em um mês qualquer a partir do valor inicial e do fator multiplicativo se considerarmos os seguintes raciocínios:

Primeiramente, lembramos que o montante de cada mês é calculado multiplicando-se o valor anterior pelo fator 1,05

$$M(1) = 10.000 \cdot 1{,}05 \Rightarrow M(1) = 10.500$$

$$M(2) = 10.500 \cdot 1{,}05\ \text{ou}\ M(2) = M(1) \cdot 1{,}05 \Rightarrow M(2) = 11.025$$

$$M(3) = 11.025 \cdot 1{,}05\ \text{ou}\ M(3) = M(2) \cdot 1{,}05 \Rightarrow M(3) = 11.576{,}25.$$

Em $M(2) = M(1) \cdot 1{,}05$, vamos substituir $M(1) = 10.000 \cdot 1{,}05$

$$M(2) = 10.000 \cdot 1{,}05 \cdot 1{,}05$$

Em $M(3) = M(2) \cdot 1{,}05$, vamos substituir $M(2) = 10.000 \cdot 1{,}05 \cdot 1{,}05$

$$M(3) = 10.000 \cdot 1,05 \cdot 1,05 \cdot 1,05.$$

Assim

$$M(1) = 10.000 \cdot 1,05$$
$$M(2) = 10.000 \cdot 1,05 \cdot 1,05$$
$$M(3) = 10.000 \cdot 1,05 \cdot 1,05 \cdot 1,05$$

que escritos com potências leva a

$$M(1) = 10.000 \cdot 1,05 \qquad \Rightarrow M(1) = 10.000 \cdot 1,05^1$$
$$M(2) = 10.000 \cdot 1,05 \cdot 1,05 \qquad \Rightarrow M(2) = 10.000 \cdot 1,05^2$$
$$M(3) = 10.000 \cdot 1,05 \cdot 1,05 \cdot 1,05 \Rightarrow M(3) = 10.000 \cdot 1,05^3$$

e com tal raciocínio podemos escrever o montante após 4 meses como

$$M(4) = 10.000 \cdot 1,05^4$$

ou, ainda, generalizar o montante após x meses como

$$M(x) = 10.000 \cdot 1,05^x$$

Temos assim o montante M da dívida como função do tempo x, e é interessante notar que o valor inicial do empréstimo pode ser obtido considerando $x = 0$:

$$M(0) = 10.000 \cdot 1,05^0$$
$$M(0) = 10.000 \cdot 1$$
$$M(0) = 10.000$$

Para tal função, podemos construir uma tabela com alguns valores de montante

Tabela 4.1 Montante aproximado da dívida no decorrer dos meses

Mês (x)	0	10	20	30	40	50
Montante (M)	10.000	16.289	26.533	43.219	70.400	114.674

e esboçar o respectivo gráfico

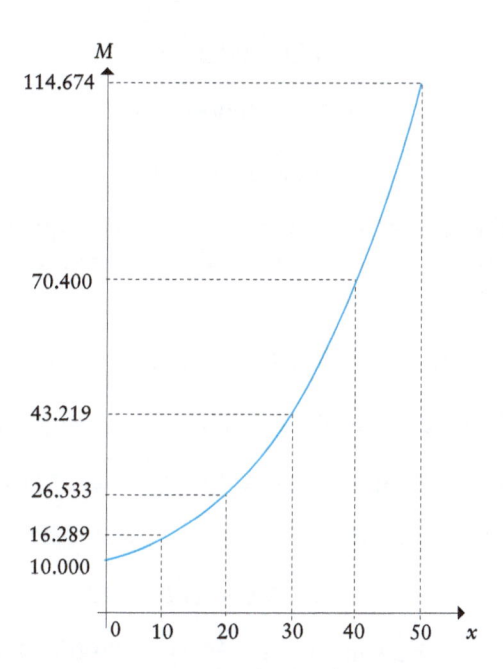

Figura 4.1 Montante aproximado da dívida no decorrer dos meses.

Montante e Função Exponencial

Similar ao exemplo discutido anteriormente é a situação em que é feita uma aplicação de $ 20.000 a juros de 12% ao ano, interessando-nos determinar o montante da aplicação ao longo do tempo e considerando que a taxa de juros incida sempre no montante do período anterior. De modo análogo ao exemplo anterior, vamos determinar o fator multiplicativo:

- Após 1 ano, representando o montante por $M(1)$, temos:

$$M(1) = \text{Valor inicial} + 12\% \text{ do Valor inicial}$$

$$M(1) = 20.000 + 12\% \text{ de } 20.000$$

$$M(1) = 20.000 + \frac{12}{100} \cdot 20.000$$

$$M(1) = 20.000 + 0{,}12 \cdot 20.000$$

Colocando 20.000 em evidência

$$M(1) = 20.000(1 + 0,12)$$

$$\mathbf{M(1) = 20.000 \cdot 1{,}12}$$

$$M(1) = 22.400$$

Notamos assim que, para aumentar em 12% a quantia inicial, basta multiplicá-la por **1,12**, sendo esse o fator multiplicativo usado para os aumentos sucessivos a cada ano.

$$M(1) = 20.000 \cdot 1{,}12 \implies M(1) = 22.400$$

$$M(2) = 22.400 \cdot 1{,}12 \text{ ou } M(2) = M(1) \cdot 1{,}12 \implies M(2) = 25.088$$

$$M(3) = 25.088 \cdot 1{,}12 \text{ ou } M(3) = M(2) \cdot 1{,}12 \implies M(3) = 28.098{,}56$$

Em $M(2) = M(1) \cdot 1{,}12$, substituindo $M(1) = 20.000 \cdot 1{,}12$, temos

$$M(2) = 20.000 \cdot \mathbf{1{,}12} \cdot 1{,}12$$

e em $M(3) = M(2) \cdot 1{,}12$, substituindo $M(2) = 20.000 \cdot 1{,}12 \cdot 1{,}12$, temos

$$M(3) = 20.000 \cdot \mathbf{1{,}12} \cdot \mathbf{1{,}12} \cdot 1{,}12$$

assim obtemos

$$M(1) = 20.000 \cdot 1{,}12 \implies M(1) = 20.000 \cdot 1{,}12^1$$
$$M(2) = 20.000 \cdot 1{,}12 \cdot 1{,}12 \implies M(2) = 20.000 \cdot 1{,}12^2$$
$$M(3) = 20.000 \cdot 1{,}12 \cdot 1{,}12 \cdot 1{,}12 \implies M(3) = 20.000 \cdot 1{,}12^3$$

Generalizando tal procedimento, o montante após x anos é dado pela função

$$M(x) = 20.000 \cdot 1{,}12^x$$

Tal função é conhecida como **função exponencial**, pois a variável x é o *expoente* da *base* 1,12.

Como realizado no exemplo anterior, podemos construir uma tabela com alguns valores de montantes

Tabela 4.2 Montante aproximado da aplicação no decorrer dos anos

Ano (x)	0	5	10	15	20	25
Montante (M)	20.000	35.247	62.117	109.471	192.926	340.001

e esboçar o respectivo gráfico

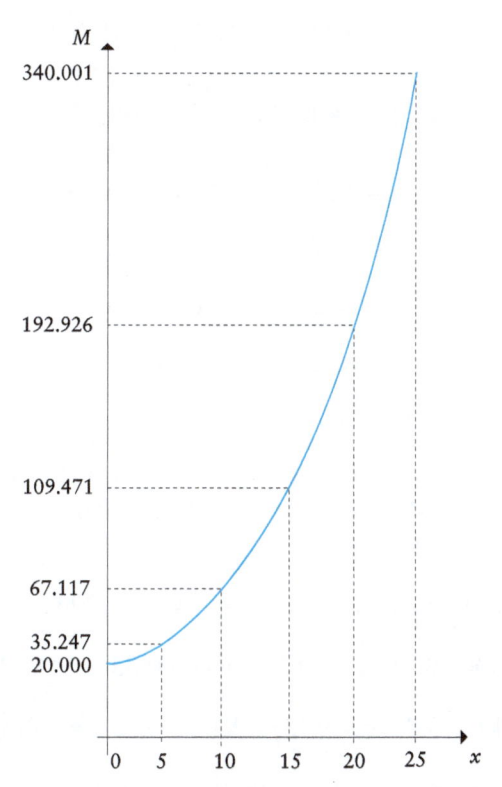

Figura 4.2 Montante aproximado da aplicação no decorrer dos anos.

Notamos que tal função é crescente, e isso se deve ao fato de sua base 1,12 ser um número maior que 1, ou seja, o fator multiplicativo proporciona aumentos sucessivos ao montante.

Função Exponencial e Depreciação de uma Máquina

Outro exemplo de função exponencial é dado quando consideramos uma máquina cujo valor é depreciado no decorrer do tempo a uma taxa fixa que incide sobre o valor da máquina no ano anterior. Nessas condições, se o valor inicial da máquina é $ 240.000 e a depreciação é de 15% ao ano, vamos obter o fator multiplicativo e, na sequência, a função que representa o valor no decorrer do tempo.

• Após 1 ano, representando o valor da máquina por $V(1)$, temos:

$$V(1) = \text{Valor inicial} - 15\% \text{ do Valor inicial}$$

$$V(1) = 240.000 - 15\% \text{ de } 240.000$$

$$V(1) = 240.000 - \frac{15}{100} \cdot 240.000$$

$$V(1) = 240.000 - 0{,}15 \cdot 240.000$$

Colocando 240.000 em evidência

$$V(1) = 240.000\,(1 - 0{,}15)$$

$$\mathbf{V(1) = 240.000 \cdot 0{,}85}$$

$$V(1) = 204.000$$

Notamos assim que, para diminuir em 15% o valor inicial, basta multiplicá-lo por 0,85, sendo esse o fator multiplicativo usado para os decréscimos sucessivos a cada ano.

$$V(1) = 240.000 \cdot 0{,}85 \Rightarrow V(1) = 204.000$$

$$V(2) = 204.000 \cdot 0{,}85 \text{ ou } V(2) = V(1) \cdot 0{,}85 \Rightarrow V(2) = 173.400$$

$$V(3) = 173.400 \cdot 0{,}85 \text{ ou } V(3) = V(2) \cdot 0{,}85 \Rightarrow V(3) = 147.390$$

Em $V(2) = V(1) \cdot 0{,}85$, substituindo $V(1) = 240.000 \cdot 0{,}85$, temos

$$V(2) = 240.000 \cdot 0{,}85 \cdot 0{,}85$$

e em $V(3) = V(2) \cdot 0{,}85$, substituindo $V(2) = 240.000 \cdot 0{,}85 \cdot 0{,}85$, temos

$$V(3) = 240.000 \cdot 0{,}85 \cdot 0{,}85 \cdot 0{,}85$$

assim obtemos

$$V(1) = 240.000 \cdot 0{,}85 \qquad \Rightarrow V(1) = 240.000 \cdot 0{,}85^1$$
$$V(2) = 240.000 \cdot 0{,}85 \cdot 0{,}85 \qquad \Rightarrow V(2) = 240.000 \cdot 0{,}85^2$$
$$V(3) = 240.000 \cdot 0{,}85 \cdot 0{,}85 \cdot 0{,}85 \Rightarrow V(3) = 240.000 \cdot 0{,}85^3$$

Por generalização, o valor após x anos é dado pela função

$$V(x) = 240.000 \cdot 0{,}85^x$$

Essa função exponencial tem a base 0,85, que é menor que 1, o que torna a função decrescente, ou seja, o fator multiplicativo proporciona decréscimos sucessivos ao valor da máquina. Esses decréscimos podem ser notados na tabela

Tabela 4.3 Valor aproximado da máquina no decorrer dos anos.

Ano (x)	0	3	6	9	12	15
Valor (V)	240.000	147.390	90.516	55.588	34.138	20.965

e no esboço do respectivo gráfico

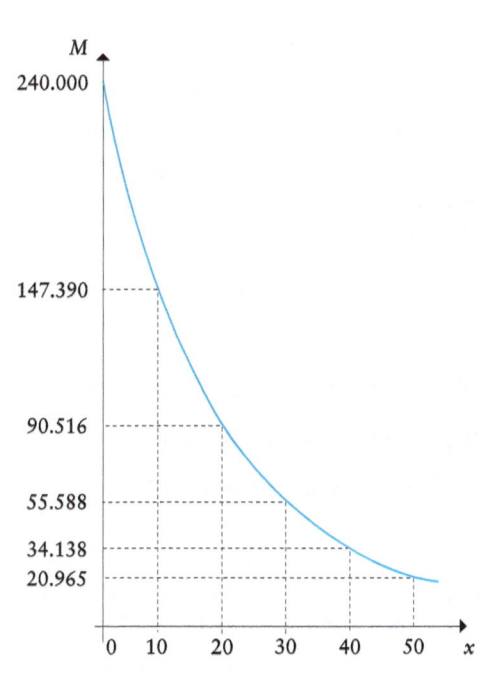

Figura 4.3 Valor aproximado da máquina no decorrer dos anos.

Função Exponencial e Juros Compostos

Percebemos então que a função exponencial é útil para a determinação de valores que sofrem aumentos ou decréscimos sucessivos a uma taxa constante que incide sobre o valor do período anterior. *Tal procedimento é* usado na determinação do montante para aplicações feitas no sistema de capitalização a juros compostos.

No sistema de capitalização composta, chamando de **P** o capital aplicado inicialmente, *i* a taxa de juros (escrita na forma decimal), **n** o período da aplicação e **M** o montante, podemos obter o valor do montante a partir da relação

$$M = P \cdot (1 + i)^n$$

Assim, se uma quantia de $ 5.000 for aplicada a uma taxa de 3% durante um período *n*, podemos obter a função que dá o valor do montante

$$M = 5.000 \cdot (1 + 0,03)^n$$
$$M = 5.000 \cdot 1,03^n$$

Note que a base dessa função exponencial é obtida simplesmente pela soma de 1 à taxa escrita na forma decimal.

Também podemos proceder assim para a obtenção da **base** da função exponencial a partir da taxa na forma decimal, *somando* ao 1 a taxa decimal, em caso de *aumento* do valor inicial, e *subtraindo* do 1 a taxa decimal, em caso de *diminuição* do valor inicial. Por exemplo:

- aumento de 25% ⇒ *base* = 1 + 0,25 ⇒ *base* = 1,25
- diminuição de 25% ⇒ *base* = 1 − 0,25 ⇒ *base* = 0,75

■ Caracterização Geral

Definição: uma função exponencial é dada por

$$y = f(x) = b \cdot a^x$$

com $a > 0$, $a \neq 1$ e $b \neq 0$.

- O coeficiente **b** representa o valor da função quando $x = 0$ e dá o ponto em que a curva corta o eixo **y**:

$$y = f(0) = b \cdot a^0 \Rightarrow y = b \cdot 1 \Rightarrow y = b$$

Em situações práticas, é comum chamar o valor **b** de ***valor inicial***. Esse coeficiente pode assumir valores positivos ou negativos, entretanto, consideraremos em nossos estudos apenas valores positivos para **b**.

- Se temos a base **a** > 1, a função é *crescente*; se temos a base 0 < *a* < 1, a função é *decrescente*, considerando $b > 0$.

Podemos resumir tais observações nos gráficos:

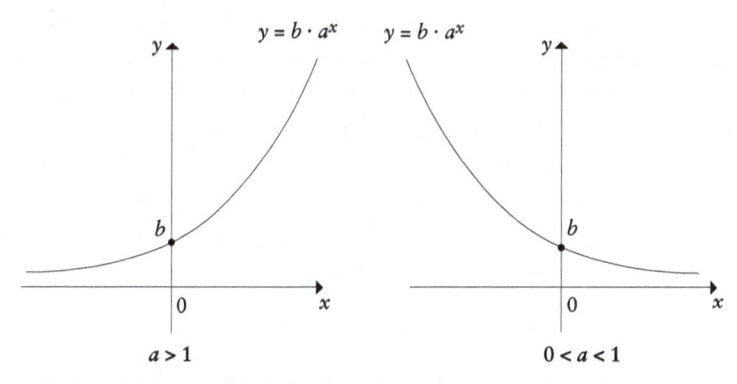

Figura 4.4 Resumo gráfico da função exponencial $y = b \cdot a^x$.

Como já foi observado, a base *a* determina o crescimento ou decrescimento da função exponencial.

Se *a* > 1, a função é crescente e seu crescimento é diferenciado para diferentes valores de *a* > 1 e, quanto maior o valor de *a*, maior o crescimento de *y* a cada aumento de *x*, fazendo com que a função alcance valores "grandes" mais "rapidamente".

Se 0 < *a* < 1, a função é decrescente e seu decrescimento é diferenciado para diferentes valores de 0 < *a* < 1 e, quanto menor o valor de *a*, maior o decrescimento de *y* a cada aumento de *x*, fazendo com que a função alcance valores "próximos do zero" mais "rapidamente".

Os gráficos a seguir mostram algumas possibilidades para *a*.

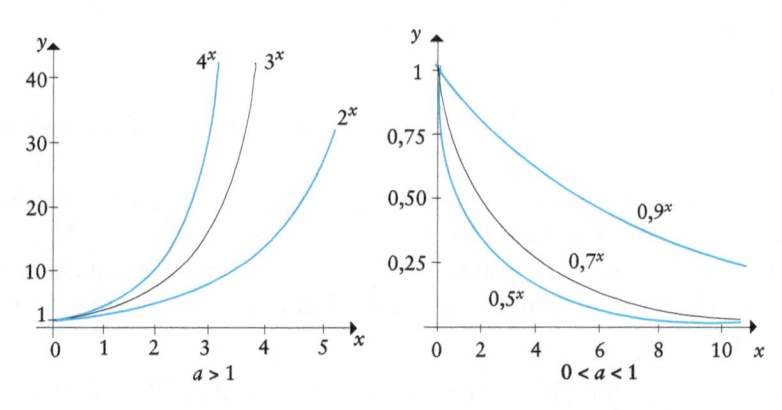

Figura 4.5 Funções do tipo $y = a^x$.

■ Obtenção da Função Exponencial

Interessam-nos agora os procedimentos que são úteis para a determinação da função exponencial ou, em outras palavras, quais os passos a serem seguidos para obter os coeficientes a e b na relação $y = b \cdot a^x$. Temos a seguir três casos comuns de obtenção da função exponencial.

Naturalmente, a função exponencial será usada em fenômenos que permitem a representação do modelo matemático por meio de tal função.

No 1º caso a seguir temos uma tabela que permite exemplificar em que circunstância o modelo a ser usado é o exponencial:

1º Caso: Identificando Evolução Exponencial

Quando são fornecidos dados relativos às variáveis independentes (x) e às correspondentes variáveis dependentes (y) período a período (isto é, dia a dia, mês a mês, unidade a unidade etc.), devemos dividir a variável dependente pela variável dependente do período anterior e comparar os resultados.

Variável Independente (x_i)	Variável Dependente (y_i)
x^1	y^1
x^2	y^2
x^3	y^3
x^4	y^4
...	...

Se os quocientes $\dfrac{y_2}{y_1}, \dfrac{y_3}{y_2}, \dfrac{y_4}{y_3}, \ldots$ forem iguais, temos um fenômeno que pode ser representado por uma função exponencial, sendo a base a da função $y = b \cdot a^x$ o resultado das divisões assim realizadas.

Para obtenção de b, utilizamos um valor de x, seu correspondente y e o valor de a obtido anteriormente; substituindo tais valores em $y = b \cdot a^x$, obtemos b.

Exemplo 1: A população de uma cidade nos anos de 1999 a 2003 é dada conforme a tabela.

Tabela 4.4 População de uma cidade – 1999 a 2003

Ano	1999	2000	2001	2002	2003
População	826.758	843.293	860.159	877.361	894.908

Fonte: Dados fictícios.

Obtenha uma função que forneça a população como uma função do ano, considerando que o ano de 1995 foi o ano inicial e que, de 1995 a 1999, o crescimento da população foi similar ao crescimento dado pela tabela.

Solução:

Pelo enunciado, vamos primeiramente reelaborar a tabela, considerando y a variável que representa a população e x a variável que representa o tempo. Como foi solicitado, consideraremos 1995 o ano inicial, sendo conveniente fazer $x = 0$ para esse ano, $x = 1$ para o ano de 1996, $x = 2$ para o ano de 1997, e assim sucessivamente:

Ano (x)	4	5	6	7	8
População (y)	826.758	843.293	860.159	877.361	894.908

Para verificar se tal situação pode ser representada por uma função exponencial, faremos as divisões:

$$\frac{843.293}{826.758} = 1,01999981 \cong 1,02$$

$$\frac{860.159}{843.293} = 1,02000017 \cong 1,02$$

$$\frac{877.361}{860.159} = 1,01999863 \cong 1,02$$

$$\frac{894.908}{877.361} = 1,01999975 \cong 1,02$$

Como os resultados são aproximadamente iguais, temos nesse exemplo uma função exponencial cuja base é dada por $a = 1,02$; o coeficiente b será obtido substituindo em $y = b \cdot a^x$ o valor $a = 1,02$ e um dos pares de valores de x e y dados, por exemplo, $(x; y) = (4; 826.758)$

$$826.758 = b \cdot 1{,}02^4$$
$$b = 763.796{,}596731$$
$$b \cong 763.797$$

Assim, a função da população é dada por $y = 763.797 \cdot 1{,}02^x$.

2º Caso: Função Exponencial a partir de Dois Pontos

Em algumas situações, já é explicitado que se trata de uma função exponencial e, nesses casos, bastam apenas dois pares de valores relacionando x e y para determinar a expressão desejada.

O procedimento consiste em substituir os dois pares de valores $(x; y)$ em $y = b \cdot a^x$, formando um sistema de duas equações com duas incógnitas cuja solução fornece os coeficientes a e b.

Para tal sistema, um modo rápido de resolvê-lo é realizar a divisão de uma equação pela outra, cancelando o coeficiente b, o que permite encontrar a. Em seguida, substituindo a em uma das equações, encontramos o coeficiente b.

Exemplo 2: Em um silo de armazenamento, os grãos de cereais armazenados, com o tempo, começam a estragar, sendo que a quantidade de grãos ainda em condições de consumo começa a decair segundo um modelo exponencial. A tabela a seguir relaciona dois instantes e respectivas quantidades de grãos ainda em condições de consumo.

Tabela 4.5 Grãos aproveitáveis em silo de armazenamento

Tempo após estocagem (x) (anos)	2	5
Quantidade aproveitável de cereais (y) (toneladas)	576	243

Obtenha uma função que forneça a quantidade aproveitável de cereais como uma função do ano após a estocagem.

Solução:

Pelo enunciado, sabemos que o modelo é exponencial e que os pontos (2; 576) e (5; 243) satisfazem a expressão $y = b \cdot a^x$, então substituindo

$x = 2$ e $y = 576$ em $y = b \cdot a^x$, obtemos $576 = b \cdot a^2$ e
$x = 5$ e $y = 243$ em $y = b \cdot a^x$, obtemos $243 = b \cdot a^5$

Com isso, obtemos o sistema $\begin{cases} b \cdot a^5 = 243 \\ b \cdot a^2 = 576 \end{cases}$, que resolveremos dividindo a primeira equação pela segunda:

$$\frac{b \cdot a^5}{b \cdot a^2} = \frac{243}{576}$$

$$\frac{\cancel{b} \cdot a^5}{\cancel{b} \cdot a^2} = \frac{243}{576}$$

$$a^3 = 0,421875$$

$$a = \sqrt[3]{0,421875}$$

$$a = 0,75$$

Substituindo $a = 0,75$ em $b \cdot a^2 = 576$, obtemos b:

$$b \cdot 0,75^2 = 576$$
$$b = 1.024$$

Assim, a função que fornece a quantidade aproveitável de cereais é $y = 1.024 \cdot 0,75^x$.

3º Caso: Função Exponencial a partir do Fator Multiplicativo

Iniciamos o capítulo caracterizando o fator multiplicativo para obter de maneira direta um aumento percentual em uma quantidade; ressaltamos sua utilidade nos aumentos sucessivos, na caracterização da base da função exponencial, bem como nos decréscimos sucessivos e sua utilidade para estabelecer o montante em juros compostos. Dada sua grande aplicação em modelos exponenciais, reforçaremos tal conceito com os dois exemplos a seguir.

Vale relembrar que o fator multiplicativo, e em nossos exemplos a *base* da função exponencial, é obtido simplesmente pela *soma* de 1 à porcentagem de *aumento* escrita na forma decimal. Em caso de *diminuição*, *subtrai-se* do 1 a porcentagem de diminuição escrita na forma decimal.

- aumento de $i\%$ $\Rightarrow$ base $= 1 + \dfrac{i}{100}$

- diminuição de $i\%$ $\Rightarrow$ $base = 1 - \dfrac{i}{100}$

Exemplo 3: A população de uma cidade é de 450.000 habitantes e cresce 1,43% ao ano. Determine a expressão da população P como função do tempo t, isto é, $P = f(t)$.

Solução:

Pelo enunciado, a população será expressa conforme $P = b \cdot a^t$. Estabelecendo primeiramente a base com aumento de $i = 1,43\%$, temos

$$base = 1 + \frac{i}{100}$$

$$a = 1 + \frac{1,43}{100}$$

$$a = 1,0143$$

Sabemos também que a população inicial fornece o coeficiente b, isto é, $b = 450.000$, logo a função da população é $P = 450.000 \cdot 1,0143^t$.

Exemplo 4: Para um carro cujo valor inicial é de $ 35.000,00, constatou-se uma depreciação no valor de 12,5% ao ano. Determine a expressão do valor V como função do tempo t, isto é, $V = f(t)$.

Solução:

Pelo enunciado, o valor será expresso por $V = b \cdot a^t$. Estabelecendo primeiramente a base com diminuição de $i = 12,5\%$, temos

$$base = 1 - \frac{i}{100}$$

$$a = 1 - \frac{12,5}{100}$$

$$a = 0,875$$

Sabemos também que o valor inicial fornece o coeficiente b, isto é, $b = 35.000$, logo a função do valor é $V = 35.000 \cdot 0,875^t$.

Para todos os exemplos deste capítulo desenvolvemos funções do tipo $y = b \cdot a^x$ e, a partir delas, podemos facilmente determinar o valor de y para um x dado. Por exemplo, se considerarmos a primeira das funções que estabelece o montante M de uma dívida em função do tempo x como

$M(x) = 10.000 \cdot 1,05^x$, podemos, a partir de diferentes valores de x, obter rapidamente os valores de M. Como exemplo, se quisermos M para $x = 20$, basta fazer

$$M(20) = 10.000 \cdot 1,05^{20}$$
$$M(20) \cong 10.000 \cdot 2,65329771$$
$$M(20) \cong 26.532,9771$$
$$M(20) \cong 26.533$$

Entretanto, interessa-nos agora discutir os casos em que para uma função do tipo $y = b \cdot a^x$ é dado y para então se determinar x.

Para alguns casos bastante simples, dado y, é fácil determinar x. Por exemplo, sendo $y = 3 \cdot 2^x$, vamos determinar x quando $y = 96$ resolvendo a equação exponencial:

$$3 \cdot 2^x = 96$$
$$2^x = \frac{96}{3}$$
$$2^x = 32$$
$$2^x = 2^5$$

Por comparação, temos $x = 5$.

Vamos agora tentar resolver um problema que também recai em uma equação exponencial, cuja solução não é tão óbvia quanto a solução da equação acima.

Problema 1: O montante de uma dívida no decorrer de x meses é dado por $M(x) = 10.000 \cdot 1,05^x$. Determine após quanto tempo o montante será de $\$\ 40.000,00$.

Solução:

Na expressão acima, vamos substituir $M(x) = 40.000$

$$10.000 \cdot 1,05^x = 40.000$$
$$1,05^x = \frac{40.000}{10.000}$$
$$1,05^x = 4$$

Essa equação é parecida com a equação $2^x = 32$, que foi resolvida anteriormente pela fatoração de 32, levando a $2^x = 2^5$ e resultando $x = 5$ por comparação. Entretanto, na equação $1,05^x = 4$ não conseguiremos fatorar 4 e escrevê-lo como uma potência de base 1,05.

Para obter o valor de x nesse caso, necessitamos de uma nova ferramenta de resolução: *logaritmos*.

Então, neste final de capítulo, estruturaremos os principais raciocínios envolvendo logaritmos com a intenção de usá-los exclusivamente como uma "ferramenta" para a resolução de equações exponenciais oriundas de problemas que envolvem funções exponenciais.

■ Logaritmos e Logaritmo Natural

Logaritmos

Definição: Dado um número a, positivo e diferente de 1, e um número c positivo, o expoente x que se eleva na base a resultando no número c é chamado de *logaritmo* de c na base a:

$$\log_a c = x \Leftrightarrow a^x = c$$

(Com $a > 0$, $a \neq 1$ e $c > 1$)

Chamamos a de *base*, c de *logaritmando* ou *antilogaritmo* e x de *logaritmo*.

De acordo com a definição, podemos escrever, por exemplo:

$$\log_2 8 = 3 \Leftrightarrow 2^3 = 8$$

ou ainda

$$\log_5 25 = 2 \Leftrightarrow 5^2 = 25$$

No primeiro exemplo, 2 é a *base*; 8 é o *logaritmando* ou *antilogaritmo* e 3 é o *logaritmo*. No segundo exemplo, 5 é a *base*; 25 é o *logaritmando* ou *antilogaritmo* e 2 é o *logaritmo*.

Notamos que, respeitadas as condições de existência, podemos escrever logaritmos e diversas bases, porém as bases mais usadas nos cálculos matemáticos e no estudo de fenômenos naturais são a base 10 e a base e, onde e é um número irracional e seu valor aproximado é $e \cong 2,71828$.

Quando se trabalha na base 10, denotamos $\log_{10} c = x$ simplesmente por $\log c = x$. Por exemplo, temos $\log 1.000 = 3$, pois $10^3 = 1.000$.

De modo análogo à base 10, ao trabalhar na base e denotamos $\log_e c = x$ simplesmente por $\ln c = x$. Em outras palavras, os símbolos $\log_e$ e $\ln$ são equivalentes.

Por exemplo, temos $\ln 51 \cong 3{,}931826$, pois $e^{3,931826} \cong 51$ que, em detalhes:

$$\ln 51 = \log_e 51 \cong 3{,}931826 \text{, pois } e^{3,931826} \cong 51$$

Considerando $e \cong 2{,}71828$, podemos reescrever a linha anterior como

$$\ln 51 = \log_{2,71828} 51 \cong 3{,}931826 \text{, pois } 2{,}71828^{3,931826} \cong 51$$

Enfatizamos o logaritmo escrito na base e, também conhecido como *logaritmo natural*, pois tal base é comum em muitos fenômenos naturais, bem como em várias aplicações nas áreas de administração e economia. As calculadoras científicas possuem as teclas **log** e **ln** que calculam o valor do logaritmo nessas bases. As calculadoras financeiras possuem pelo menos a tecla **ln**, que fornece o logaritmo natural, por isso priorizamos essa notação para o desenvolvimento das propriedades e dos problemas mais adiante.

Nesse sentido, por exemplo, se em sua calculadora você digitar 200 e acionar a tecla **ln**, o resultado obtido será 5,2983173666, o que indica simplesmente que:

$$\ln 200 = \log_{2,71828} 200 \cong 5{,}2983173666 \text{, pois } 2{,}71828^{5,2983173666} \cong 200$$

Notamos ainda que o número $e \cong 2{,}7182818285$ é obtido pelo cálculo do limite

$$\lim_{x \to \infty} \left(1 + \frac{1}{x}\right)^x$$

Nessa expressão, o símbolo $x \to \infty$ é lido como "*x tende ao infinito*", e por ora consideraremos apenas o seu significado como: a variável x assumindo valores cada vez maiores na expressão $\left(1 + \frac{1}{x}\right)^x$. Realizando algumas contas, podemos obter alguns valores aproximados para o número e, conforme a tabela a seguir:

Tabela 4.6 Aproximações para o número e

x	1	10	100	1.000	1.000.000
$\left(1+\frac{1}{x}\right)^x$	2	2,59374246	2,70481383	2,71692393	2,71828047

Propriedades dos Logaritmos

Na manipulação dos logaritmos, podemos trabalhar com muitas propriedades; entretanto, conforme proposto, vamos estabelecer apenas as propriedades necessárias para a resolução das equações que surgem nos problemas envolvendo funções exponenciais. Cabe ainda lembrar que as propriedades desenvolvidas a seguir são expressas na base e, sendo válidas, de forma similar, para outras bases. No que se segue, temos que A > 0, B > 0 e k é um número real qualquer:

- $\ln(A \cdot B) = \ln A + \ln B$ (Propriedade 1)

- $\ln\left(\dfrac{A}{B}\right) = \ln A - \ln B$ (Propriedade 2)

- $\ln A^k = k \cdot \ln A$ (Propriedade 3)

Decorre da definição que $\ln 1 = 0$, pois $e^0 = 1$, e também $\ln e = 1$, pois $e^1 = e$.

Agora, com duas das propriedades acima, resolveremos o Problema 1 que deu início à nossa discussão sobre logaritmos.

Problema 1: O montante de uma dívida no decorrer de x meses é dado por $M(x) = 10.000 \cdot 1{,}05^x$. Determine após quanto tempo o montante será de $ 40.000,00.

1ª Solução:
Na expressão acima, vamos substituir $M(x) = 40.000$

$$10.000 \cdot 1{,}05^x = 40.000$$

$$1{,}05^x = \frac{40.000}{10.000}$$

$$1{,}05^x = 4$$

Aplicando o logaritmo natural nos dois lados da igualdade, temos

$$\ln 1{,}05^x = \ln 4$$

Aplicando a Propriedade 3, ou seja, $\ln A^k = k \cdot \ln A$, temos

$$x \cdot \ln 1{,}05 = \ln 4$$

$$x = \frac{\ln 4}{\ln 1{,}05}$$

Usando a calculadora, obtemos o valor de x:

$$x \cong \frac{1{,}38629436}{0{,}04879016}$$

$$x \cong 28{,}41340057$$

$$x \cong 28{,}4$$

o que permite concluir que o montante da dívida será de $ 40.000,00 entre o 28º e o 29º mês.

2ª Solução:
Na expressão acima, vamos substituir $M(x) = 40.000$

$$10.000 \cdot 1{,}05^x = 40.000$$

Aplicando o logaritmo natural nos dois lados da igualdade, temos

$$\ln(10.000 \cdot 1{,}05^x) = \ln 40.000$$

Aplicando a Propriedade 1, ou seja, $\ln(A \cdot B) = \ln A + \ln B$, temos

$$\ln 10.000 + \ln 1{,}05^x = \ln 40.000$$

Aplicando a Propriedade 3, ou seja, $\ln A^k = k \cdot \ln A$, temos

$$\ln 10.000 + x \cdot \ln 1{,}05 = \ln 40.000$$
$$x \cdot \ln 1{,}05 = \ln 40.000 - \ln 10.000$$
$$x = \frac{\ln 40.000 - \ln 10.000}{\ln 1{,}05}$$
$$x \cong \frac{10{,}59663473 - 9{,}21034037}{0{,}04879016}$$
$$x \cong \frac{1{,}38629436}{0{,}04879016}$$
$$x \cong 28{,}41340057$$
$$x \cong 28{,}4$$

o que permite concluir que o montante da dívida será de $ 40.000,00 entre o 28º e o 29º mês.

A 2ª solução exemplifica a aplicação de duas das três propriedades enunciadas. É possível resolver o problema utilizando a segunda e a terceira propriedades enunciadas, entretanto essa solução, bem como a 2ª solução, é mais extensa que a 1ª solução, o que nos motiva a resolver problemas desse tipo seguindo passos similares aos da 1ª solução.

Exemplo 5: Segundo o Exemplo 4, para um carro cujo valor inicial é $ 35.000,00 e cuja depreciação é de 12,5% ao ano, obtemos o valor V como função do tempo t por meio de $V = 35.000 \cdot 0{,}875^t$. Determine após quanto tempo o valor do carro é a metade do valor inicial.

Solução:

Em $V = 35.000 \cdot 0{,}875^t$, vamos substituir $V = 17.500$, que é a metade do valor inicial 35.000:

$$35.000 \cdot 0{,}875^t = 17.500$$

$$0{,}875^t = \frac{17.500}{35.000}$$

$$0{,}875^t = 0{,}5$$

Aplicando o logaritmo natural nos dois lados da igualdade, temos

$$\ln 0{,}875^t = \ln 0{,}5$$

Aplicando a Propriedade 3, ou seja, $\ln A^k = k \cdot \ln A$, temos

$$t \cdot \ln 0{,}875 = \ln 0{,}5$$

$$t = \frac{\ln 0{,}5}{\ln 0{,}875}$$

Usando a calculadora, obtemos o valor de t:

$$t \cong \frac{-0{,}69314718}{-0{,}13353139}$$

$$t \cong 5{,}19089317$$

$$t \cong 5{,}2$$

o que permite concluir que o valor do carro será a metade do valor inicial entre o 5º e o 6º anos.

■ Exercícios

1. Expresse o fator multiplicativo que aplicado a uma quantia represente:
   a) Aumento de 25%
   b) Aumento de 13%

c) Aumento de 3%
d) Aumento de 1%
e) Aumento de 100%
f) Aumento de 4,32%
g) Diminuição de 35%
h) Diminuição de 18%
i) Diminuição de 4%
j) Diminuição de 2%
k) Diminuição de 6,17%
l) Diminuição de 0,5%

2. O montante de uma aplicação financeira no decorrer dos anos é dado por $M(x) = 50.000 \cdot 1,08^x$, onde x representa o ano após a aplicação e $x = 0$ o momento em que foi realizada a aplicação.

   a) Calcule o montante após 1, 5 e 10 anos da aplicação inicial.
   b) Qual o valor aplicado inicialmente? Qual o percentual de aumento do montante em um ano?
   c) Esboce o gráfico de $M(x)$.
   d) Após quanto tempo o montante será de $ 80.000,00?

3. Um trator tem seu valor dado pela função $V(x) = 125.000 \cdot 0,91^x$, onde x representa o ano após a compra do trator e $x = 0$, o ano em que foi comprado o trator.

   a) Calcule o valor do trator após 1, 5 e 10 anos da compra.
   b) Qual o valor do trator na data da compra? Qual o percentual de depreciação do valor em um ano?
   c) Esboce o gráfico de $V(x)$.
   d) Após quanto tempo o valor do trator será $ 90.000,00?

4. Um automóvel após a compra tem seu valor depreciado a uma taxa de 10% ao ano. Sabendo que o valor pode ser expresso por uma função exponencial e que o valor na compra é de $ 45.000,00:

   a) Obtenha o valor V como função dos anos x após a compra do automóvel, isto é, $V = f(x)$.
   b) Obtenha o valor do automóvel após 1, 5 e 10 anos da compra.
   c) Esboce o gráfico de $V(x)$.
   d) Utilizando apenas a base da função, determine a depreciação percentual em 3 anos.
   e) Após quanto tempo o valor do automóvel será $ 25.000,00?

5. Uma máquina copiadora após a compra tem seu valor depreciado a uma taxa de 11,5% ao ano. Sabendo que o valor pode ser expresso por uma função exponencial e que o valor na compra é de $ 68.500,00:

   a) Obtenha o valor V como função dos anos x após a compra da máquina copiadora, isto é, $V = f(x)$.
   b) Obtenha o valor da máquina copiadora após 1, 5 e 10 anos da compra.
   c) Esboce o gráfico de $V(x)$.
   d) Após quanto tempo o valor da máquina será a metade do valor inicial?

6. Uma pessoa faz um empréstimo de $ 35.000, que será corrigido a uma taxa de 3,5% ao mês a juros compostos.

   a) Obtenha o montante da dívida M como função dos meses x após a data do empréstimo, isto é, $M = f(x)$.
   b) Obtenha o montante da dívida após 1, 12, 24 e 36 meses do empréstimo.
   c) Esboce o gráfico de $M(x)$.
   d) Utilizando apenas a base da função, determine o aumento percentual em um ano.
   e) Após quanto tempo o valor do montante será $ 50.000,00?

7. O preço médio dos componentes de um eletrodoméstico aumenta conforme uma função exponencial. O preço médio inicial dos componentes é de $ 28,50, e a taxa percentual de aumento é de 4% ao mês.

   a) Obtenha o preço médio P como função dos meses t após o momento em que foi calculado o preço médio inicial, isto é, $P = f(t)$.
   b) Calcule o preço médio dos componentes após 1, 5 e 10 meses do momento em que foi calculado o preço médio inicial.
   c) Esboce o gráfico de $P(t)$.
   d) Utilizando apenas a base da função, determine o aumento percentual em um ano.
   e) Após quanto tempo o preço médio dos componentes duplicará? Após quanto tempo o preço médio quadruplicará? Compare os resultados.

8. Uma cidade no ano 2000 tem 1.350.000 habitantes e, a partir de então, sua população cresce de forma exponencial a uma taxa de 1,26% ao ano.

a) Obtenha a população P como função dos anos t, isto é, P = f(t). (Considere t = 0 representando o ano 2000, t = 1 representando o ano 2001, e assim sucessivamente.)
b) Estime a população da cidade para os anos de 2000, 2001, 2005 e 2010.
c) Esboce o gráfico de P(t).
d) Qual o aumento percentual na primeira década? E na segunda década?
e) Em que ano a população será de 1.500.000 habitantes?
f) Após quanto tempo a população duplicará?

9. Em uma jazida de minério, os técnicos com aparelhos fazem estimativas da quantidade de estanho restante que pode ser extraída após a descoberta da jazida. Tais quantidades foram computadas, e duas dessas estimativas estão na tabela a seguir:

Tempo após a descoberta da jazida (anos)	1	3
Quantidade estimada de estanho na jazida (toneladas)	917.504	702.464

Sabe-se ainda que, com a extração mineral, a quantidade estimada de estanho restante vem diminuindo de forma exponencial.

a) Obtenha a quantidade de estanho restante y como função dos anos x após a descoberta da jazida, isto é, $y = f(x)$.
b) Qual a diminuição percentual anual do estanho?
c) Qual era a quantidade de estanho presente na jazida quando ela foi descoberta?
d) Após quanto tempo a jazida terá a metade da quantidade inicial de estanho?

10. Após estudos, verificou-se que é exponencial o crescimento do consumo de energia elétrica em uma zona industrial de uma certa cidade. Foram computados os valores do consumo em relação ao número de anos transcorridos após o início do estudo, e dois desses valores são dados na tabela a seguir:

Tempo após o início do estudo (anos)	3	7
Consumo de energia (GWh)	192.000	468.750

a) Obtenha o consumo de energia y como função dos anos x após o início do estudo, isto é, $y = f(x)$.
b) Qual o aumento percentual anual no consumo de energia?
c) Qual era a quantidade de energia consumida no ano do início do estudo?
d) Sabe-se que o limite para fornecimento de energia, antes de haver colapso do sistema, é de 1.000.000 GWh para tal região industrial. Se o crescimento do consumo continuar com as mesmas características, após quanto tempo haverá colapso do sistema de distribuição de energia?

11. O montante de uma aplicação financeira no decorrer dos meses é dado pela tabela a seguir:

Mês após a aplicação inicial (x)	7	8	9	10
Montante (M)	499.430	506.922	514.525	522.243

Verifique se o montante pode ser expresso como uma função exponencial em relação aos meses após a aplicação inicial. Justifique sua resposta e, caso seja possível expressar o montante como uma função exponencial, obtenha tal função.

12. A população de uma cidade no decorrer dos anos é dada pela tabela a seguir:

Ano (t)	1	2	3	4
População (P)	154.728	157.823	165.714	178.970

Verifique se a população pode ser expressa como uma função exponencial em relação aos anos após o início de sua contagem ($t = 0$). Justifique sua resposta e, caso seja possível expressar a população como uma função exponencial, obtenha tal função.

13. Uma organização sindical analisou as ofertas de empregos em uma cidade no decorrer dos meses e organizou alguns dos dados analisados conforme a tabela a seguir:

Meses (t)	3	4	5	6
Número de ofertas de empregos (N)	1.500	1.425	1.354	1.286

Verifique se o número de ofertas de empregos pode ser expresso como uma função exponencial em relação aos meses após o início da análise ($t = 0$). Justifique sua resposta e, caso seja possível expressar o número de ofertas como uma função exponencial, obtenha tal função.

TÓPICO ESPECIAL – Regressão Exponencial

■ A Regressão Exponencial

Como observamos no Tópico Especial do capítulo anterior, existem situações em que os diagramas de dispersão mostram uma nuvem de pontos com aproximações curvilíneas. O modelo de *Regressão Exponencial* é um modelo que pode ser útil para o estudo do comportamento das variáveis envolvidas quando estas apresentam comportamento curvilíneo.

A seguir exemplificamos duas situações em que o modelo de regressão exponencial é conveniente, dado o comportamento das variáveis envolvidas:

Tabela 4.7 Volume de vendas de um produto no decorrer dos meses

Mês (x)	1	2	3	4	5	6	7
Volume de vendas (y) (em unidades)	1.000	1.200	1.330	1.580	1.740	2.500	4.244

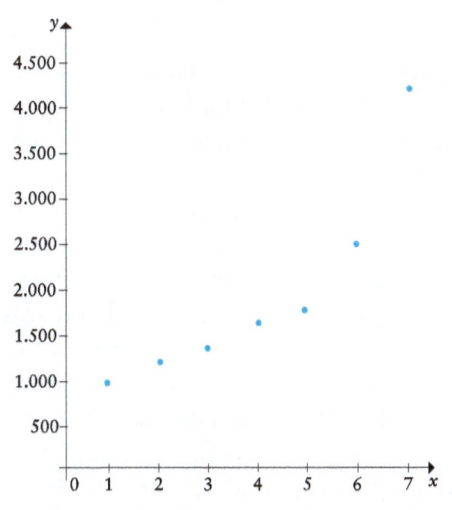

Figura 4.6 Volume de vendas de um produto no decorrer dos meses.

Tabela 4.8 Faturamento pela venda de um produto no decorrer dos meses

Mês (x)	1	2	3	4	5	6	7
Faturamento (y) (em unidades monetárias)	30.000	19.800	12.450	7.125	6.150	5.120	4.280

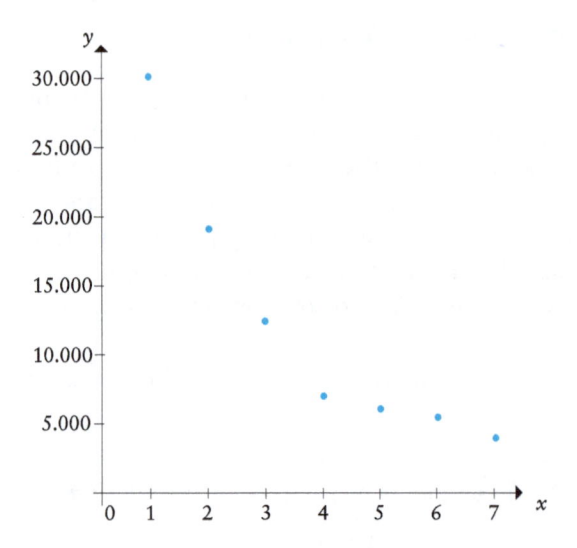

Figura 4.7 Faturamento pela venda de um produto no decorrer dos meses.

Nas duas situações expostas, tanto na Figura 4.6 como na Figura 4.7 tivemos um comportamento aproximadamente exponencial, sendo que o modelo da Figura 4.6 tem comportamento crescente, enquanto o da Figura 4.7 tem comportamento decrescente.

Conforme visto neste capítulo, é plausível que a função que relaciona as variáveis em questão tenha a forma $y = b \cdot a^x$. Então estaremos interessados em determinar os parâmetros dessa função. Para isso, usaremos um processo que "lineariza" tais dados por meio de logaritmos.

Na verdade, os pontos que antes se aproximavam de uma curva exponencial, por meio dos logaritmos, se aproximarão de uma reta. Encontraremos os coeficientes da equação da reta por passos semelhantes aos discutidos no Tópico Especial do Capítulo 2, para finalmente determinar os coeficientes da função exponencial procurada.

O ajuste do modelo de regressão exponencial é dado por

$$y = \beta \cdot \alpha^x + \varepsilon$$

onde
- y é o valor observado (variável dependente)
- x é a variável explicativa (variável independente)
- α e β são os parâmetros do modelo
- ε é a componente aleatória (erro)

Como nos interessa determinar os parâmetros α e β, será necessário estimá-los por meio do emprego de dados amostrais. Na prática, trabalha-se com uma estimativa, $y = \beta \cdot \alpha^x$, do modelo verdadeiro.

Nesse sentido, o modelo estimado será dado por

$$\hat{y} = \hat{b} \cdot \hat{a}^x$$

onde $\hat{a}$ e $\hat{b}$ são os estimadores dos verdadeiros parâmetros α e β.

Aplicando logaritmo natural nos dois membros da expressão $\hat{y} = \hat{b} \cdot \hat{a}^x$, teremos

$$\ln \hat{y} = \ln(\hat{b} \cdot \hat{a}^x)$$

Por meio das propriedades dos logaritmos, obtemos

$$\ln \hat{y} = \ln \hat{b} + \ln \hat{a}^x$$
$$\ln \hat{y} = \ln \hat{b} + x \cdot \ln \hat{a}$$

Fazendo $Y = \ln \hat{y}$, $A = \ln \hat{a}$ e $B = \ln \hat{b}$, escrevemos a última expressão como

$$Y = B + x \cdot A$$

De maneira análoga aos cálculos desenvolvidos no Tópico Especial do Capítulo 2, obtemos os parâmetros A e B por meio das fórmulas:

- $A = \dfrac{\Sigma x \ln y - \dfrac{\Sigma x \, \Sigma \ln y}{n}}{\Sigma x^2 - \dfrac{(\Sigma x)^2}{n}}$

- $B = \dfrac{\Sigma \ln y}{n} - \dfrac{A \cdot \Sigma x}{n}$

Uma vez obtidos os parâmetros A e B, podemos escrever a equação da reta de regressão $Y = B + x \cdot A$. Entretanto, devemos nos lembrar de que, em última análise, estamos interessados em estabelecer o modelo de regressão exponencial, estimado por $\hat{y} = \hat{b} \cdot \hat{a}^x$, ou, em outras palavras, desejamos determinar os parâmetros $\hat{a}$ e $\hat{b}$.

Lembrando que $A = \ln \hat{a}$, que **ln** representa o logaritmo na base e ($\log_e$), e utilizando a definição de logaritmo, podemos fazer

$$A = \ln \hat{a}$$
$$\log_e \hat{a} = A$$
$$e^A = \hat{a}$$

Ou seja, o parâmetro $\hat{a}$ é obtido fazendo

$$\hat{a} = e^A$$

ou, aproximadamente

$$\hat{a} \cong 2{,}71828^A$$

Considerando que $B = \ln \hat{b}$, de modo análogo ao desenvolvido para $\hat{a}$, obtemos

$$\hat{b} = e^B$$

ou aproximadamente

$$\hat{b} \cong 2{,}71828^B$$

Uma vez calculados os parâmetros $\hat{a}$ e $\hat{b}$, obtemos, enfim, o modelo de regressão exponencial

$$\hat{y} = \hat{b} \cdot \hat{a}^x$$

Observação: De modo análogo ao feito para as regressões linear e quadrática, sugerimos a organização dos dados em uma planilha realizando previamente alguns cálculos úteis na obtenção dos parâmetros A e B. Sugerimos a planilha que dispõe os dados e cálculos da seguinte forma:

x_i	y_i	$\ln y_i$	$x_i \cdot \ln y_i$	x_i^2
x_1	y_1	$\ln y_1$	$x_1 \cdot \ln y_1$	x_1^2
x_2	y_2	$\ln y_2$	$x_2 \cdot \ln y_2$	x_2^2
x_3	y_3	$\ln y_3$	$x_3 \cdot \ln y_3$	x_3^2
.	.	.	.	.
.	.	.	.	.
.	.	.	.	.
Σx	Σy	$\Sigma \ln y$	$\Sigma x \ln y$	Σx^2

■ Problemas

1. Uma empresa, observando o crescimento da oferta de seu produto em relação aos preços praticados no mercado em que atua, disponibilizou esses dados na tabela a seguir, de acordo com a variação de um período de tempo.

Meses	Jan.	Fev.	Mar.	Abr.	Maio	Jun.	Jul.	Ago.	Set.
Preço (x) (reais)	10	12	14	15	17	19	21	23	26
Oferta (y) (unidades)	100	120	135	167	198	220	268	310	390

De acordo com tais informações:

a) Construa o sistema de dispersão das variáveis x e y.
b) Observando o gráfico do sistema de dispersão, verifica-se um crescimento da oferta em função dos preços com tendência exponencial?

c) Diante das observações dos itens (a) e (b), estabeleça a regressão exponencial de y sobre x.

d) Construa, em um mesmo sistema de eixos, a dispersão e a curva exponencial ajustada no item (c).

2. Uma empresa de âmbito nacional está avaliando suas vendas de acordo com as regiões mencionadas na tabela a seguir. Para isso, efetuou um levantamento por amostragem de seus volumes de vendas, procurando com essa pesquisa melhorar ainda mais suas vendas regionais. Contudo, estabeleceu para essa pesquisa as regiões cujos volumes eram mais essenciais para o seu faturamento anual.

Volume de vendas no decorrer dos meses

Região	Jan.	Fev.	Mar.	Abr.	Maio	Jun.
Sul	2.000	4.000	5.000	3.000	10.000	25.000
Norte	4.500	3.400	3.000	5.500	12.600	25.000
Nordeste	4.800	5.200	5.000	7.000	12.000	25.000
Centro-Oeste	5.200	4.500	5.000	8.800	9.620	28.000

a) Calcule as médias regionais e interprete.

b) Calcule as médias mensais e interprete.

c) Construa a variável x, que será denotada pelos meses observados na pesquisa.

d) Esboce em um gráfico o sistema de dispersão, representando a variável dada pelos meses observados e a variável y caracterizada pelas médias mensais calculadas no item (b).

e) Observando o esboço do sistema de dispersão, pode-se afirmar que ocorre um crescimento com característica ou tendência exponencial?

f) Calcule e interprete o coeficiente de correlação linear.

g) Diante das observações dos itens (e) e (f), construa a regressão exponencial em que y = médias mensais e x = meses.

h) Construa, em um mesmo sistema de eixos, o sistema de dispersão e a curva exponencial ajustada no item anterior.

i) Estime as vendas para os meses de julho e setembro.

3. A empresa β, preocupada com a eventual queda no faturamento, em reais, diante da grande fatia de mercado em que atua, resolveu estudar as variações de faturamento em função do tempo em um intervalo escolhido e determinado pelos analistas econômicos dessa empresa.

O resultado dessa pesquisa está caracterizado na tabela disposta a seguir:

Meses (x)	1	2	3	4	5	6	7
Faturamento (y) ($)	30.000	19.500	12.000	7.100	6.200	4.900	4.180

a) Construa o sistema de dispersão para a pesquisa e verifique se a situação exposta caracteriza um crescimento ou decaimento exponencial.
b) Construa a regressão exponencial do faturamento (y) em função do tempo (x).
c) Em um mesmo sistema de eixos, construa o diagrama de dispersão e o gráfico da função exponencial ajustada.
d) Estude qual o nível de faturamento para os meses 8 e 9.

4. Um índice econômico está evoluindo de acordo com sua variação anual. Esses dados levantados estão expressos na tabela a seguir:

Anos (x)	1	2	3	4	5	6	7
Índice acumulado (y)	100	120	150	318	622	870	1.450

De acordo com os dados:

a) Represente graficamente o diagrama de dispersão das variáveis x e y. Observando o diagrama de dispersão, pode-se afirmar que o sistema tem características de um modelo exponencial?
b) Estabeleça a regressão exponencial para o índice acumulado (y) em função dos anos (x).
c) Em um mesmo sistema de eixos, construa o diagrama de dispersão e o gráfico da função exponencial ajustada.
d) Projete o índice acumulado para os anos 8 e 9.
e) Determine a taxa de crescimento anual para esse índice.

capítulo **5**

Funções Potência, Polinominal, Racional e Inversa

■ Objetivo do Capítulo

Neste capítulo, você estudará as *funções potências, polinomiais, racionais* e *inversas* analisando seus comportamentos e estudando seus principais aspectos gráficos. Você notará que as *funções potências* são largamente aplicadas ao estudar os processos de produção em uma empresa. Será apresentada a *função polinomial* em sua forma geral, que pode ser explorada em diversos fenômenos na área financeira. Você estudará as *funções racionais* explorando algumas ideias relacionadas à teoria dos *limites*. Ao final do estudo de tais funções, você trabalhará o processo de inversão de funções e perceberá a utilidade da função inversa. O Tópico Especial fornecerá os passos para obter dois importantes modelos de regressão: a *regressão potência* e a *regressão hipérbole*.

Modelos de Função Potência

Estudaremos nesta seção problemas e situações práticas que envolvem a família de funções conhecidas como *potências*. Uma das aplicações das *funções potências* é a análise de situações em que se vinculam quantidades produzidas às quantidades de insumos utilizadas no processo de produção. Outro uso das *funções potências* está na *Lei de Pareto*, apresentada mais adiante e que discute a distribuição de rendas para indivíduos em uma população.

Produção, Insumo e Proporcionalidade

No processo de *produção* de um produto são utilizados vários fatores, como matéria-prima, energia, equipamentos, mão de obra e dinheiro. Chamamos tais fatores de *insumos de produção* ou, simplesmente, **insumos**. Por exemplo, são insumos dos tecidos o algodão, a seda, o linho, componentes químicos específicos, mão de obra, equipamentos de tecelagem, energia elétrica etc. Nesse sentido, podemos dizer que a produção depende dos insumos.

Na análise matemática da **produção** de um produto, é interessante estabelecer a quantidade produzida em correspondência com a quantidade de apenas um dos componentes dos insumos, considerando fixas as demais quantidades dos outros insumos. Por exemplo, a quantidade produzida P, dependendo apenas da quantidade q de matéria-prima utilizada na produção, considerando fixa a quantidade de mão de obra disponível, de energia utilizada, de dinheiro disponível etc.

Em resumo, é natural supor que, para um produto, a quantidade produzida P dependa da quantidade utilizada q de um insumo ou, em outras palavras, a *produção* pode ser escrita como função da quantidade de um *insumo*: $P = f(q)$.

Nesse sentido, em situações práticas para alguns processos de produção, nota-se que a produção é *proporcional* a uma **potência** positiva da quantidade de insumo, ou seja,

$$P = k \cdot q^n$$

onde **k** e **n** são constantes positivas.

A seguir, temos alguns exemplos:

- se $k = 30$ e $n = 1$, obtemos $P = 30 \cdot q^1$ ou, simplesmente, $P = 30q$.*
  (Nesse caso, dizemos que P é *diretamente proporcional* a q e $k = 30$ é a *constante de proporcionalidade*.)
- se $k = 5{,}07$ e $n = 2$, obtemos $P = 5{,}07 \cdot q^2$ ou, simplesmente, $P = 5{,}07q^2$.**
  (Nesse caso, dizemos que P é *proporcional* ao quadrado de q.)
- se $k = 0{,}05$ e $n = 3$, obtemos $P = 0{,}05 \cdot q^3$ ou, simplesmente, $P = 0{,}05q^2$.
- se $k = 1.000$ e $n = \frac{3}{4}$, obtemos $P = 1.000 \cdot q^{\frac{3}{4}}$ ou, simplesmente,

$$P = 1.000 q^{\frac{3}{4}}.$$

Vamos analisar mais detalhadamente o comportamento das funções dadas nos dois últimos exemplos.

Produção e Taxas Crescentes

Em uma determinada fábrica, na produção de garrafas plásticas para refrigerante, considerando P a quantidade de garrafas produzidas e q a quantidade de capital aplicada na compra de equipamentos, estabeleceu-se a função da produção

$$P = 0{,}05q^3$$

onde P é medida em milhares de unidades por mês e q é dada em milhares de reais.

Com base nessas informações, construímos uma tabela que dá a produção para alguns valores do insumo q aplicado na compra de equipamentos

---

* Comparando $P = 30q$ e $y = mx + b$, também podemos entender P como uma função do 1º grau, onde $k = m = 30$ é a *taxa de variação* e $b = 0$.
** Comparando $P = 5{,}07q^2$ e $y = ax^2 + bx + c$, também podemos entender P como uma função do 2º grau, onde $k = a = 5{,}07$, $b = 0$ e $c = 0$.

Tabela 5.1 Produção de garrafas plásticas em função do capital aplicado em equipamentos

Dinheiro aplicado em equipamentos (q) (em milhares de $)	0	2	4	6	8	10
Garrafas produzidas (P) (em milhares de unidades/mês)	0	0,4	3,2	10,8	25,6	50,0

e esboçamos o respectivo gráfico*.

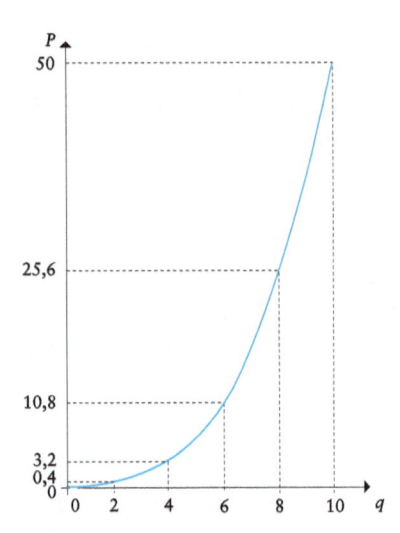

Figura 5.1 Produção de garrafas plásticas em função do capital aplicado em equipamentos.

Observamos nesse exemplo que a função produção $P = 0,05q^3$ é crescente, e interessa-nos analisar melhor o crescimento dessa função.

A partir da tabela anterior, notamos que os aumentos de R$ 2.000,00 em q acarretaram diferentes aumentos em P, que organizamos na tabela a seguir:

---

*Embora as variáveis independente e dependente sejam tipicamente discretas, consideramos, por questões didáticas e para esboços gráficos, tais variáveis como contínuas nesse exemplo e em outros.

Tabela 5.2 Aumentos em *P* em relação aos aumentos em *q*

Aumentos em *q* (em $)	Aumentos em *P* (unidades/mês)
(2 − 0) · 1.000 = 2.000	(0,4 − 0) · 1.000 = 400
(4 − 2) · 1.000 = 2.000	(3,2 − 0,4) · 1.000 = 2.800
(6 − 4) · 1.000 = 2.000	(10,8 − 3,2) · 1.000 = 7.600
(8 − 6) · 1.000 = 2.000	(25,6 − 10,8) · 1.000 = 14.800
(10 − 8) · 1.000 = 2.000	(50,0 − 25,6) · 1.000 = 24.400

Analisando mais atentamente o aspecto do crescimento da produção para essa função, percebemos que, para aumentos iguais em *q*, os aumentos em *P* são cada vez maiores, ou seja, os aumentos em *P* são *crescentes*. Nessa situação, dizemos que a função *P* cresce a **taxas crescentes**. Graficamente, o indicador das *taxas crescentes* é **a concavidade voltada para cima**.

No exemplo seguinte, analisamos a produção, que novamente é crescente, porém com uma taxa "decrescente" para o crescimento.

Produção e Taxas Decrescentes

Em uma determinada linha de produção, o número *P* de aparelhos eletrônicos montados por um grupo de funcionários depende do número *q* de horas trabalhadas, e foi estabelecida a função dessa produção como

$$P = 1.000\, q^{\frac{3}{4}}$$

onde *P* é medida em unidades montadas, aproximadamente, por dia.

A partir dessa função, construímos uma tabela que dá a produção para alguns valores do insumo *q*, horas trabalhadas, em um dia

Tabela 5.3 Produção de aparelhos eletrônicos em função das horas trabalhadas

Horas trabalhadas na montagem (*q*)	0	2	4	6	8	10
Aparelhos montados (*P*) (*unidades/dia*) (aproximadamente)	0	1.682	2.828	3.834	4.757	5.623

e esboçamos o respectivo gráfico.

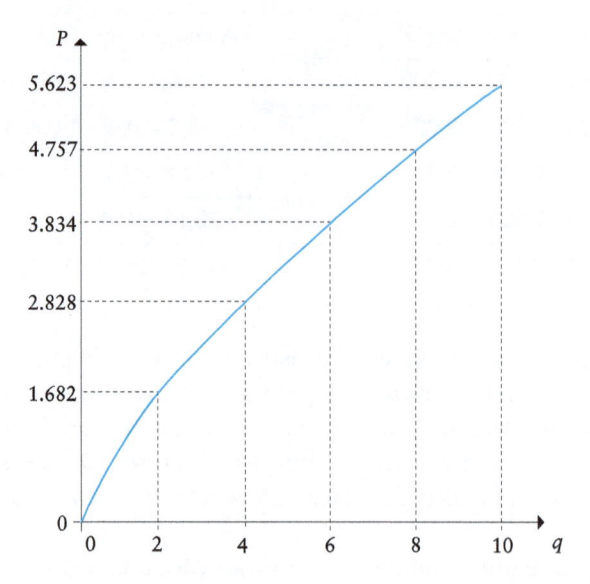

Figura 5.2 Produção de aparelhos eletrônicos em função das horas trabalhadas.

Observamos novamente que a função produção $P = 1.000\,q^{\frac{3}{4}}$ é crescente e que os aumentos de 2 horas em q acarretaram diferentes aumentos em P, que organizamos na tabela a seguir:

Tabela 5.4 Aumentos em *P* em relação aos aumentos em *q*

Aumentos em *q* (em hora)	Aumentos em *P* (unidades/dia)
2 − 0 = 2	1.682 − 0 = 1.682
4 − 2 = 2	2.828 − 1.682 = 1.146
6 − 4 = 2	3.834 − 2.828 = 1.006
8 − 6 = 2	4.757 − 3.834 = 923
10 − 8 = 2	5.623 − 4.757 = 866

Analisando mais atentamente o aspecto do crescimento da produção para essa função, percebemos que, para aumentos iguais em q, os aumentos em *P* são cada vez menores, ou seja, os aumentos em *P* são *decrescentes*. Nessa situação, dizemos que a função *P* cresce *a taxas decrescentes*. Graficamente, o indicador das *taxas decrescentes* é *a concavidade voltada para baixo*.

Veremos agora outro uso das *funções potências* enunciado na *Lei de Pareto*.

A Lei de Pareto, Assíntotas e Limites

No final do século XIX, o economista italiano Vilfredo Pareto, ao estudar a distribuição de rendas para indivíduos em uma população de tamanho *a*, notou que, na maioria dos casos, o número *y* de indivíduos que recebem uma renda superior a *x* é dado aproximadamente por

$$y = \frac{a}{(x-r)^b}$$

onde *r* é a menor renda considerada para a população e *b* é um parâmetro positivo que varia de acordo com a população estudada.

Por exemplo, se a população estudada é de 1.200.000 habitantes, a renda mínima considerada for de $ 300,00 e o parâmetro *b* = 1,3, então o número de indivíduos *y* que têm renda superior a *x* é dado por

$$y = \frac{1.200.000}{(x-300)^{1,3}}$$

Considerando essa função, se quisermos uma estimativa de quantos indivíduos têm renda superior a $ 1.000,00, basta fazer *x* = 1.000 e obtemos

$$y = \frac{1.200.000}{(1.000-300)^{1,3}}$$

$$y = \frac{1.200.000}{700^{1,3}}$$

$$y \cong \frac{1.200.000}{4.996}$$

$$y \cong 240$$

Ou seja, 240 indivíduos recebem renda superior a $ 1.000,00.

Muitas vezes, a relação $y = \dfrac{a}{(x-r)^b}$ estabelecida pela Lei de Pareto é escrita de modo mais simples, considerando-se $r = 0$, ou seja, a renda mínima é zero ou, ainda, faz-se a renda mínima coincidir com zero. Dessa forma, a Lei de Pareto nos dá

$$y = \frac{a}{(x-0)^b}$$

$$y = \frac{a}{x^b}$$

que pode ser reescrita na forma de uma potência negativa de x como

$$y = a \cdot x^{-b}$$

Para uma breve análise, vamos considerar uma população de 5.000.000 habitantes, a renda mínima de 0 e o coeficiente $b = 1{,}5$. Assim, o número de indivíduos de acordo com a renda será dado por

$$y = 5.000.000 \cdot x^{-1{,}5}$$

ou, reescrevendo na forma de *função hiperbólica*,

$$y = 5.000.000 \cdot \frac{1}{x^{1{,}5}}$$

$$y = \frac{5.000.000}{x^{1{,}5}}$$

Para análise de tal função, devemos notar que, na prática, tal relação somente tem sentido para $0 < x <$ *maior renda possível* e $0 < y < 5.000.000$. Construindo uma tabela para alguns valores de x, obtemos

Tabela 5.5 Distribuição aproximada de indivíduos com renda superior à renda x

Renda (x) (em $)	Número aproximado de indivíduos com renda superior a x (y)
100	5.000
200	1.768
300	962

Tabela 5.5 continuação

Renda (x) (em $)	Número aproximado de indivíduos com renda superior a x (y)
400	625
500	447
1.000	158

cujo gráfico é dado por

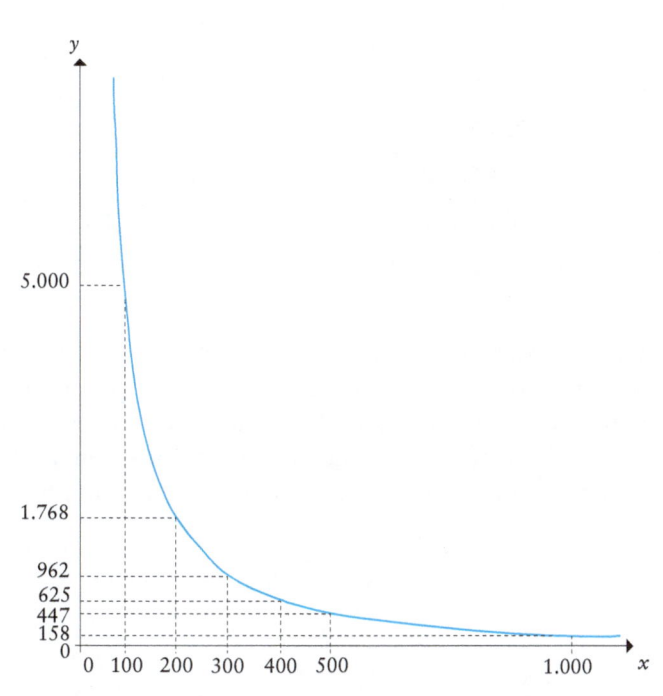

Figura 5.3 Distribuição aproximada de indivíduos com renda superior à renda x.

Analisando tal gráfico, podemos notar que a maior parte dos indivíduos tem rendas com valores baixos (valores de renda próximos a $x = 0$), enquanto é pequeno o número de indivíduos com altas rendas (valores de y próximos de $y = 0$, quando x é grande). Notamos também que a função

$y = \dfrac{5.000.000}{x^{1,5}}$ é decrescente e, por ter a concavidade voltada para cima, dizemos que tal função é decrescente a *taxas crescentes*.

É interessante notar que, para rendas mais elevadas, a curva se aproxima cada vez mais do eixo x. Vamos calcular alguns valores para y, quando x assumir valores cada vez maiores.

Tabela 5.6 Valores aproximados de y para grandes valores de x

x	x	$y = \dfrac{5.000.000}{x^{1,5}}$	y
↓	1.000	158	↓
	1.000.000	0,005	
	1.000.000.000	0,000000158	
	1.000.000.000.000	0,000000000005	
+∞	1.000.000.000.000.000	0,000000000000000158	0⁺

Pelos cálculos observamos que, se x assumir valores cada vez maiores, então y assumirá valores positivos cada vez mais "próximos" de zero. Simbolicamente, expressamos isso denotando que, se $x \to +\infty$, então $y \to 0^+$. Ou dizendo que, se "x 'tende' a mais infinito", então "y 'tende' a zero com valores maiores que zero". Resumindo com a notação de limites, temos

$$\lim_{x \to +\infty} y = 0$$

ou simplesmente

$$\lim_{x \to \infty} y = 0$$

Vale salientar que, ao escrevermos $x \to +\infty$, queremos traduzir a ideia de que x assume valores tão grandes quanto se possa imaginar e que, ao escrevermos $\lim_{x \to \infty} y = 0$ ou $y \to 0^+$ quando $x \to +\infty$, queremos traduzir a ideia de que y assume valores positivos cada vez menores, se "aproximando" do zero.

Graficamente, a curva se aproxima do eixo x, entretanto, sem "tocá-lo" ou, em outras palavras, a curva é **assíntota** ao eixo x quando $x \to \infty$.

Nesse sentido, notamos que a curva também é **assíntota** ao eixo y quando x assume valores positivos cada vez menores, se "aproximando" do zero. De modo análogo ao feito anteriormente, vamos discutir tal ideia.

Vamos calcular alguns valores para y, quando x assumir valores positivos cada vez mais "próximos" de zero.

Tabela 5.7 Valores de y para valores de x "próximos" de zero

x	x	$y = \dfrac{5.000.000}{x^{1,5}}$	y
	1	5.000.000	
	0,1	158.113.883	
↓	0,001	158.113.883.008	↓
	0,000001	5.000.000.000.000.000	
0⁺	0,000000001	158.113.883.008.000.000.000	+∞

Pelos cálculos, observamos que, se x assumir valores positivos cada vez mais "próximos" de zero, então y assumirá valores cada vez maiores. Simbolicamente, expressamos isso denotando que, se $x \to 0^+$, então $y \to +\infty$. Ou dizendo que, se "x 'tende' a zero com valores maiores que zero", então "y 'tende' a mais infinito". Resumindo com a notação de limites, temos

$$\lim_{x \to 0^+} y = +\infty$$

ou simplesmente

$$\lim_{x \to 0^+} y = \infty$$

Salientamos que, ao escrever $x \to 0^+$, queremos traduzir a ideia de que x assume valores positivos cada vez menores, se "aproximando" de zero e que, ao escrevermos $\lim_{x \to 0^+} y = \infty$ ou $y \to +\infty$ quando $x \to 0^+$, queremos traduzir a ideia de que y assume valores tão grandes quanto se possa imaginar.

Para tal problema, estabelecemos inicialmente que $0 < x <$ *maior renda possível*, ou seja, assumimos x positivo. Por esse motivo, estamos analisando apenas $\lim_{x \to 0^+} y$. Se quiséssemos analisar $\lim_{x \to 0} y$, deveríamos estudar não apenas o limite lateral $\lim_{x \to 0^+} y$, mas também o limite $\lim_{x \to 0^-} y$, onde $x \to 0^-$ significa que x se "aproxima" de 0 com valores menores que 0.

- **Observação:** nos limites do tipo $\lim_{x \to a} y$, onde $x \to a$, devemos estudar o comportamento de y para $x \to a^+$ e $x \to a^-$ ou, em outras palavras, devemos analisar os valores assumidos por y quando x "se aproxima" de a com valores **maiores** que a e também analisar os valores assumidos por y quando x "se aproxima" de a com valores **menores** que a. Nesses casos, dizemos que o limite $\lim_{x \to a} y$ deve ser analisados em termos dos **limites laterais** $\lim_{x \to a^+} y$ e $\lim_{x \to a^-} y$.

Por exemplo, se quisermos estudar o valor do limite $\lim_{x \to 2} y$, devemos analisar os limites laterais $\lim_{x \to 2^+} y$ e $\lim_{x \to 2^-} y$. Estudar tais limites significa analisar o comportamento de y quando $x \to 2^+$ e $x \to 2^-$, respectivamente ou, em outras palavras, verificar quais valores y assume quando x se "aproxima" de 2 com valores maiores que 2, isto é, $x \to 2^+$, e verificar os valores assumidos por y quando x se "aproxima" de 2 com valores menores que 2, isto é, $x \to 2^-$.

■ Caracterização Geral

Definição: Uma função potência é dada por

$$y = f(x) = k \cdot x^n$$

com k, n constantes e $k \neq 0$.

Embora o expoente n possa assumir qualquer valor real, é interessante analisar três casos:

- *Potências Inteiras e Positivas*
  Exemplos:
  $y = 30x$, $y = 15x^2$, $y = -200x^3$, $y = 0{,}75x^4$ e $y = 300x^5$.

- **Potências Fracionárias e Positivas**
  Exemplos:
  $y = 50x^{1/2}$, $y = 10x^{2/3}$, $y = 0{,}7x^{1/4}$, $y = 50x^{3/2}$ e $y = 20x^{5/2}$.

- **Potências Inteiras e Negativas**
  Exemplos:

$y = 25x^{-1}$ ou $y = \dfrac{25}{x}$, $y = 350x^{-2}$ ou $y = \dfrac{350}{x^2}$, $y = 10x^{-3}$ ou $y = \dfrac{10}{x^3}$.

Vamos analisar tais casos e, para simplificação das análises e esboços gráficos, consideraremos $k = 1$ em $y = k \cdot x^n$, de tal forma que estudaremos as potências da forma $y = x^n$.

1º Caso: Potências Inteiras e Positivas

Ao analisar o comportamento das potências inteiras e positivas de x notamos que:

- **potências ímpares** ($y = x$, $y = x^3$, $y = x^5$, ...) são *funções crescentes* para todos os valores do domínio e seus gráficos são *simétricos em relação à origem dos eixos*. Notamos ainda que, para $y = x^3$, $y = x^5$, ... os gráficos têm concavidade voltada para baixo (taxas decrescentes) quando $x < 0$ e concavidade voltada para cima (taxas crescentes) quando $x > 0$. Para $y = x$, cujo gráfico é uma reta, a *taxa é constante* (não há concavidade).
- **potências pares** ($y = x^2$, $y = x^4$, ...) são *funções decrescentes* para $x < 0$ e *crescentes* para $x > 0$ e seus gráficos têm o formato de ∪ e são *simétricos em relação ao eixo y*. Por ser a concavidade voltada para cima, as taxas são crescentes, tanto para o crescimento como para o decrescimento da função.

Tais observações são verificadas nos gráficos a seguir:

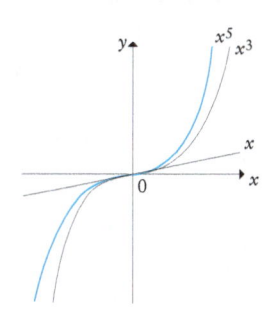

Figura 5.4 Potências ímpares positivas de x.

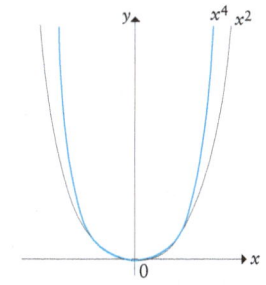

Figura 5.5 Potências pares positivas de x.

2º Caso: Potências Fracionárias e Positivas

Ao estudar as potências fracionárias, devemos lembrar que, em $y = x^n$, o expoente n pode ser reescrito na forma de uma fração do tipo $\dfrac{p}{q}$. Interessa-nos analisar apenas os casos em que $p > 0$ e $q > 0$; para tanto, devemos lembrar que podemos escrever uma potência fracionária por meio de raízes

$$y = x^n = x^{\frac{p}{q}} = \sqrt[q]{x^p}$$

Assim, por exemplo, $y = x^{\frac{3}{5}} = \sqrt[5]{x^3}$ ou, ainda, $y = x^{\frac{1}{2}} = \sqrt[2]{x^1} = \sqrt{x}$. Nesse último exemplo, sabemos que a raiz quadrada é definida apenas para $x \geq 0$. De modo análogo, inúmeras potências fracionárias de x só têm sentido se $x \geq 0$; por esse motivo, consideraremos potências fracionárias de x definidas apenas para $x \geq 0$.

As potências fracionárias são crescentes a taxas decrescentes se o expoente é maior que 0 e menor que 1 (concavidade para baixo) e crescentes a taxas crescentes se o expoente é maior que 1 (concavidade para cima).

Exemplos em $y = x^n$:

- $0 < n < 1$ crescente a taxas decrescentes – concavidade para baixo

$$y = x^{2/3}, \quad y = x^{1/2} \text{ e } y = x^{1/4}$$

- $n > 1$ crescente a taxas crescentes – concavidade para cima

$$y = x^{3/2}, \quad y = x^{5/2} \text{ e } y = x^{10/3}$$

Nos gráficos a seguir notamos os aspectos comentados:

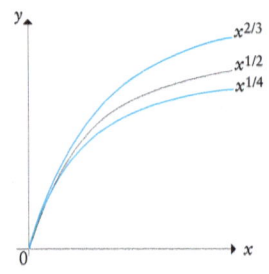

Figura 5.6 Potências fracionárias de x com expoente 0 < n < 1.

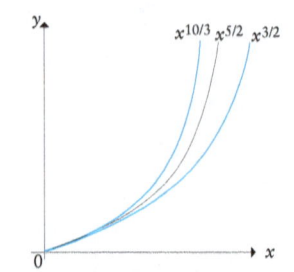

Figura 5.7 Potências fracionárias de x com expoente n > 1.

3º Caso: Potências Inteiras e Negativas

As potências inteiras e negativas de x são definidas para $x \neq 0$ pois, ao escrevê-las na forma de fração, temos x como denominador:

Em $y = x^n$, fazendo $n = -b$, com $b > 0$, temos

$$y = x^{-b} \Leftrightarrow y = \frac{1}{x^b}$$

Exemplos:

$$y = x^{-1} \text{ ou } y = \frac{1}{x}, \quad y = x^{-2} \text{ ou } y = \frac{1}{x^2}, \quad y = x^{-3} \text{ ou } y = \frac{1}{x^3}$$

Tais funções também são conhecidas como hiperbólicas, pois seus gráficos, no domínio $x \in \mathbb{R}$ e $x \neq 0$, são hipérboles.

Como no domínio de tais funções $x \neq 0$, o gráfico não cruza o eixo y. Na verdade, analisando o comportamento de y quando x assume valores próximos de zero, temos graficamente a curva assíntota ao eixo y. Se fizermos $x \to +\infty$ ou $x \to -\infty$, teremos a curva assíntota ao eixo x.

Podemos fazer duas distinções para as potências inteiras e negativas:

- **potências negativas ímpares** ($y = x^{-1}$, $y = x^{-3}$, $y = x^{-5}$, ...) são *funções decrescentes* para todos os valores do domínio e, nos gráficos, os ramos de hipérbole são *simétricos em relação à origem dos eixos*. Notamos ainda que os gráficos têm concavidade voltada para baixo (taxas decrescentes) quando $x < 0$ e concavidade voltada para cima (taxas crescentes) quando $x > 0$.

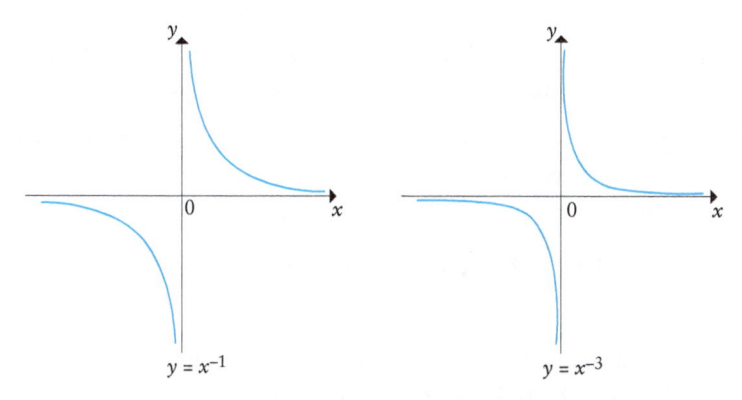

Figura 5.8 Potências ímpares negativas de x.

- **potências negativas pares** ($y = x^{-2}$, $y = x^{-4}$, $y = x^{-6}$...) são *funções crescentes* para $x < 0$, *decrescentes* para $x > 0$ e, nos gráficos, os arcos de hipérbole são *simétricos em relação ao eixo y*. Por ser a concavidade voltada para cima, as taxas são crescentes, tanto para o crescimento como para o decrescimento da função.

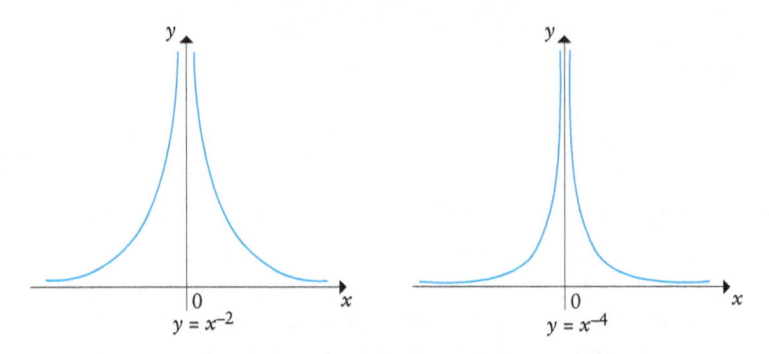

Figura 5.9 Potências pares negativas de x.

Após termos analisado os três principais casos para as potências de x, vale ressaltar três observações:

- **Observação 1:** Ao compararmos diferentes potências positivas de x, temos que, quanto **maior** o expoente n, **maior** será o valor da função $y = x^n$ para $x > 1$. Assim, por exemplo,

$$x^3 > x^{5/2} > x^2 > x > x^{1/2} > x^{2/5} > x^{1/3}$$

para $x > 1$.

Em outras palavras, x^3 cresce mais "rapidamente" que $x^{5/2}$, que cresce mais "rapidamente" que x^2, que cresce ... para $x > 1$.

- **Observação 2:** Ao compararmos diferentes potências positivas de x, temos que, quanto **menor** o expoente n, **maior** será o valor da função $y = x^n$ para $0 < x < 1$. Assim, por exemplo,

$$x^{1/3} > x^{2/5} > x^{1/2} > x > x^2 > x^{5/2} > x^3$$

para $0 < x < 1$.

Ou, em outras palavras, $x^{1/3}$ cresce mais "rapidamente" que $x^{2/5}$, que cresce mais "rapidamente" que $x^{1/2}$, que cresce ... para $0 < x < 1$.

O aspecto gráfico relativo às duas observações é notado a seguir:

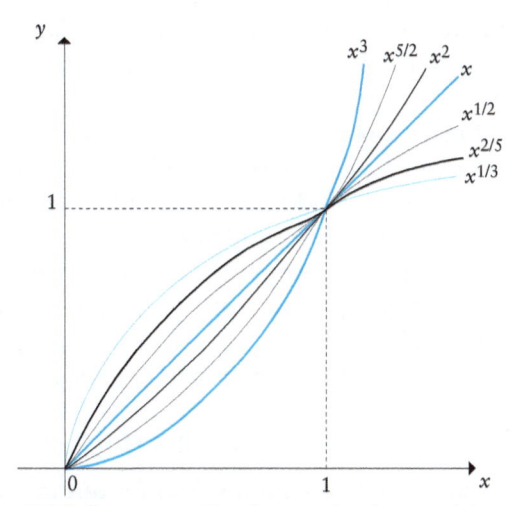

Figura 5.10 Comparação das potências positivas de x.

- **Observação 3:** Em $y = k \cdot x^n$, se fizermos $n = 0$, teremos a *potência zero* de x ou *função constante* $y = k$:

$$y = k \cdot x^0$$
$$y = k \cdot 1$$
$$y = k$$

cujo gráfico é uma reta paralela ao eixo x:

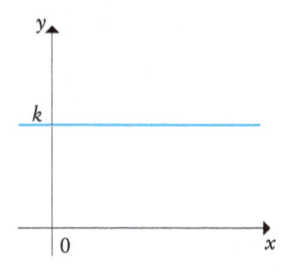

Figura 5.11 Função constante $y = k$.

■ Modelos de Função Polinomial

Nos Capítulos 2 e 3 estudamos as funções de primeiro grau e de segundo grau, respectivamente. Na verdade, tais funções são casos da *função polinomial de grau n* ou, simplesmente, *função polinomial*, que discutiremos a seguir.

A função polinomial é muito utilizada para modelar situações práticas em diversas áreas do conhecimento, dada a simplicidade do seu estudo e de suas propriedades.

Assim como a função potência, a função polinomial é muito utilizada em problemas que envolvem o estudo da produção em relação à utilização de insumos. Situações como estudo da receita, do custo e do lucro, já analisadas anteriormente, podem ser estudadas de maneira mais ampla com funções polinomiais de grau superior a 2. Nesta seção iremos apenas exemplificar uma função polinomial e construir seu gráfico a partir de uma tabela. Um estudo mais detalhado dessas funções e de seus gráficos será feito no Capítulo 8, por meio das derivadas primeira e segunda.

Função Polinomial e Preço de um Produto

O preço de um produto foi analisado no decorrer dos meses e constatou-se que pode ser aproximado pela função $p(t) = t^3 - 6t^2 + 9t + 10$, onde t representa o número do mês a partir do mês $t = 0$, que marca o início das análises.

Construindo uma tabela para alguns meses, determinamos os preços p do produto e esboçamos o respectivo gráfico.

Tabela 5.8 Preço $p(t) = t^3 - 6t^2 + 9t + 10$ de um produto no decorrer dos meses t

Tempo (t) (meses)	0	1	2	3	4	5
Preço (p) ($)	10,00	14,00	12,00	10,00	14,00	30,00

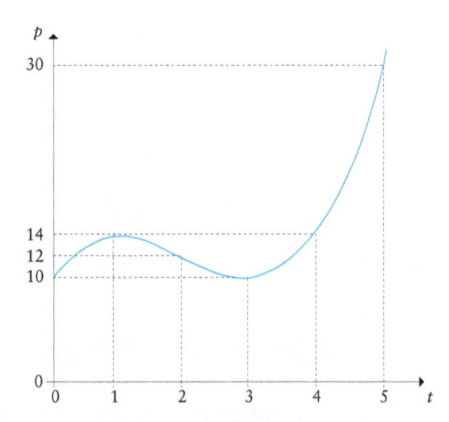

Figura 5.12 Preço $p(t) = t^3 - 6t^2 + 9t + 10$ de um produto no decorrer dos meses t.

Notamos que, em $t = 1$, temos o preço máximo do produto para valores de t próximos a $t = 1$; em $t = 2$, temos o instante em que a concavidade muda, assinalando a mudança das taxas de decrescimento/crescimento conforme o intervalo; e, em $t = 3$, temos o instante em que o preço assume o menor valor para valores de t próximos a $t = 3$. No Capítulo 8, será feita a confirmação de que $t = 1$ é um ponto de "máximo local", de que em $t = 2$ ocorre a mudança de concavidade ou a "inflexão" do gráfico e de que $t = 3$ é um ponto de "mínimo local".

■ Caracterização Geral

Definição: Uma função polinomial de grau n é dada por

$$y = f(x) = a_n \cdot x^n + a_{n-1} \cdot x^{n-1} + \ldots + a_2 \cdot x^2 + a_1 \cdot x^1 + a_0$$

onde n é um número natural e $a_n \neq 0$.

- n é chamado de **grau** da função polinomial.*
- os **coeficientes** $a_n, a_{n-1}, \ldots, a_2, a_1$ e a_0 são números reais.

Exemplos:

- $y = -4x^5 - 30x^3 + 7x^2 + x - 10$ → função polinomial de grau 5
- $y = 2x^3 - 20x^2 + 10x + 15$ → função polinomial de grau 3
- $y = 7x^2 - 30x + 15$ → função polinomial de grau 2
- $y = -10x + 50$ → função polinomial de grau 1

■ Modelos de Função Racional

Outro tipo de função utilizada para representar modelos nas áreas de administração e economia é a *função racional*. Tal função é obtida pela divisão de duas funções polinomiais, e seu gráfico apresenta formas bastante variadas em que destacamos pontos onde a função não é definida, bem como diferentes assíntotas.

---

* Podemos entender a função constante como uma função polinomial de grau zero com $f(x) = a_0 \cdot x^0 = a_0$ para $a_0 \neq 0$, e a função constante nula $f(x) = 0$ pode ser entendida como a função polinomial nula e, nesse caso, não é definido o grau.

Função Racional e Receita

Considerando a função que dá a receita **R** para um certo produto em função da quantia x investida em propaganda, foi estabelecido que $R(x) = \dfrac{100x + 300}{x + 10}$. Consideraremos receita e quantia investida em propaganda medidas em milhares de reais. Para entender o comportamento da receita de acordo com a aplicação em propaganda, esboçaremos o gráfico de $R(x)$.

Por questões didáticas, faremos o esboço completo do gráfico, considerando inclusive pontos em que $x < 0$, embora, em termos práticos, não faça sentido dizer que foi aplicado $x = -2$ (ou "menos R$ 2.000,00") em propaganda. Nossa intenção é apresentar alguns passos importantes para o esboço e a discussão de um gráfico e função similares ao de $R(x)$:

• **Passo 1**: Analisar onde $R(x)$ é definida, investigando assim se há *assíntotas verticais*. Para que $R(x) = \dfrac{100x + 300}{x + 10}$ exista, é necessário que o denominador $x + 10$ seja diferente de zero:

$$x + 10 \neq 0$$
$$x \neq -10$$

Assim, $R(x)$ existe para $x \neq -10$ e, graficamente, temos nesse ponto assíntotas verticais. Para desenharmos tais assíntotas, vamos analisar o comportamento de $R(x)$ quando $x \to -10$, ou seja, vamos analisar os limites laterais $\lim_{x \to -10^-} R(x)$ e $\lim_{x \to -10^+} R(x)$.

Para estimar o $\lim_{x \to -10^-} R(x)$, vamos montar uma tabela tomando valores de x "próximos" de -10, porém menores que -10.

Tabela 5.9 Valores de $R(x) = \dfrac{100x + 300}{x + 10}$ para $x \to -10^-$

x	x	$R(x) = \dfrac{100x+300}{x+10}$	R(x)
	−10,1	7.100	

Tabela 5.9 continuação

x	x	$R(x) = \dfrac{100x+300}{x+10}$	R(x)
	−10,01	70.100	
↓	−10,001	700.100	↓
	−10,000001	700.000.100	
−10⁻	−10,000000001	700.000.000.100	+∞

Pela tabela, percebemos que, quando $x \to -10^-$, temos $R(x)$ assumindo valores cada vez maiores. Concluímos então que $\lim\limits_{x \to -10^-} R(x) = +\infty$.

Para o cálculo de $\lim\limits_{x \to -10^+} R(x)$, vamos montar uma tabela tomando valores de x "próximos" de −10, porém maiores que −10.

Tabela 5.10 Valores de $R(x) = \dfrac{100x+300}{x+10}$ para $x \to -10^+$

x	x	$R(x) = \dfrac{100x+300}{x+10}$	R(x)
	−9,9	−6.900	
↓	−9,99	−69.900	↓
	−9,999	−699.900	
	−9,999999	−699.999.900	
−10⁺	−9,999999999	−699.999.999.900	−∞

Pela tabela, percebemos que, quando $x \to -10^+$, temos $R(x)$ assumindo valores cada vez menores. Concluímos então que $\lim\limits_{x \to -10^+} R(x) = -\infty$.

A partir dos dois limites calculados, concluímos que, em $x = -10$, temos duas assíntotas verticais, conforme a figura a seguir:

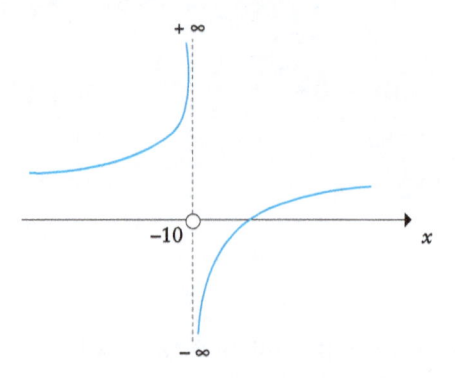

Figura 5.13 Assíntotas verticais de R(x) quando x → −10.

- **Passo 2:** Descobrir onde $R(x)$ corta o eixo R fazendo $x = 0$:

$$R(0) = \frac{100 \cdot 0 + 300}{0 + 10}$$

$$R(0) = \frac{300}{10}$$

$$R(0) = 30$$

Assim, $R(x)$ corta o eixo R em $R(0) = 30$ e, em termos práticos, R\$ 30.000,00 representa a receita quando nada é investido em propaganda.

- **Passo 3:** Descobrir onde $R(x)$ corta o eixo x fazendo $R(x) = 0$:

$$\frac{100x + 300}{x + 10} = 0$$

Tal divisão é zero somente se o numerador $100x + 300$ for zero, logo:

$$100x + 300 = 0$$
$$x = -3$$

Assim, $R(x)$ corta o eixo x em $x = -3$.

- **Passo 4:** Analisar o comportamento de $R(x)$ quando $x \to -\infty$. Logo, vamos investigar o limite $\lim_{x \to -\infty} R(x)$. Para tanto, vamos montar uma tabela tomando valores de x cada vez menores.

Tabela 5.11 Valores aproximados de R(x) para pequenos valores de x

x	x	$R(x) = \dfrac{100x + 300}{x+10}$	R(x)
	−100	107,777777778	
↓	−1.000	100,707070707	↓
	−1.000.000	100,000700007	
	−1.000.000.000	100,000000700	
−∞	−1.000.000.000.000	100,000000001	100

Pelos cálculos, observamos que, se x assumir valores cada vez menores, $R(x)$ assume valores cada vez mais próximos de 100, então temos que $\lim\limits_{x \to -\infty} R(x) = 100$. Observamos ainda que $R(x)$ assume valores cada vez mais próximos de 100, porém com valores **maiores** que 100; assim, quando $x \to -\infty$, graficamente a curva de $R(x)$ é assíntota à linha $R(x) = 100$, estando *acima* dessa linha. Tal assíntota é chamada de *assíntota horizontal*.

Notamos que $\lim\limits_{x \to -\infty} R(x) = 100$ poderia ter sido obtido algebricamente ao fazer

$$\lim_{x \to -\infty} \frac{100x + 300}{x + 10} \approx \lim_{x \to -\infty} \frac{100\cancel{x}}{\cancel{x}} = \lim_{x \to -\infty} 100 = 100.$$

Fizemos $\lim\limits_{x \to -\infty} \dfrac{100x + 300}{x + 10} \approx \lim\limits_{x \to -\infty} \dfrac{100x}{x}$, pois $100x + 300 \approx 100x$ e $x + 10 \approx x$ quando $x \to -\infty$, já que 300 é desprezível em $100x + 300$ e 10 é desprezível em $x + 10$ quando tomamos valores extremamente pequenos para x.

- **Passo 5**: Analisar o comportamento de $R(x)$ quando $x \to +\infty$. Logo, vamos investigar o limite $\lim\limits_{x \to +\infty} R(x)$. Para tanto, vamos montar uma tabela tomando valores de x cada vez maiores.

Tabela 5.12 Valores aproximados de R(x) para grandes valores de x

x	x	$R(x) = \dfrac{100x+300}{x+10}$	R(x)
↓	100	93,636363636	↓
	1.000	99,306930693	
	1.000.000	99,999300007	
	1.000.000.000	99,999999300	
+∞	1.000.000.000.000	99,999999999	100

Pelos cálculos, observamos que, se x assumir valores cada vez maiores, $R(x)$ assume valores cada vez mais próximos de 100, então temos que $\lim\limits_{x \to -\infty} R(x) = 100$. Observamos ainda que $R(x)$ assume valores cada vez mais próximos de 100, porém com valores **menores** que 100; assim, quando $x \to +\infty$, graficamente a curva de $R(x)$ é assíntota à linha $R(x) = 100$, estando *abaixo* dessa linha.

De modo análogo ao realizado no 4º Passo, $\lim\limits_{x \to +\infty} R(x) = 100$ poderia ter sido obtido algebricamente ao fazer

$$\lim_{x \to +\infty} \frac{100x+300}{x+10} \approx \lim_{x \to +\infty} \frac{100x}{x} = \lim_{x \to +\infty} 100 = 100.$$

O valor do limite $\lim\limits_{x \to -\infty} R(x) = 100$ indica, em termos práticos, que, por maior que seja a quantia investida em propaganda, a receita não excede o valor de R$ 100.000,00, representada pela linha $R(x) = 100$.

Dos resultados obtidos nos cinco passos descritos, esboçamos o gráfico de $R(x)$.

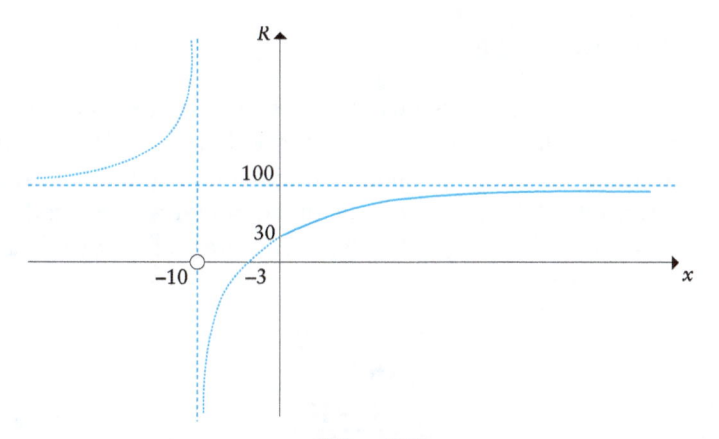

Figura 5.14 Receita $R(x) = \dfrac{100x+300}{x+10}$ para um produto para x investido em propaganda.

■ Caracterização Geral

Definição: Uma função racional é dada por

$$y = f(x) = \frac{P(x)}{Q(x)}$$

onde $P(x)$ e $Q(x)$ são polinômios e $Q(x) \neq 0$.

Para análise e representação gráfica de tal função, podemos seguir os seguintes passos:

- **Passo 1:** Analisar onde $y = f(x)$ é definida, investigando assim se há assíntotas verticais. Se há uma assíntota vertical em $x = a$, analisar o comportamento da função quando $x \to a$, ou seja, estudar os limites laterais $\lim_{x \to a^+} y$ e $\lim_{x \to a^-} y$. Caso haja várias assíntotas verticais, é interessante construir uma tabela com alguns valores da função para diferentes valores de x entre as assíntotas verticais.
- **Passo 2:** Descobrir onde $y = f(x)$ corta o eixo y fazendo $x = 0$.
- **Passo 3:** Descobrir onde $y = f(x)$ corta o eixo x fazendo $y = 0$.
- **Passo 4:** Analisar o comportamento de $y = f(x)$ quando $x \to -\infty$.
- **Passo 5:** Analisar o comportamento de $y = f(x)$ quando $x \to +\infty$.

Função Inversa

No início do Capítulo 2, foi estudada uma situação que relaciona o custo C para a produção de q camisetas: na função $C = 2q + 100$, se for dada uma quantidade q produzida, obtém-se o custo C. A partir de tal função, podemos obter outra função em que, de maneira inversa, se é dado o custo C, obtém-se a quantidade q produzida. Para obter tal função, basta "isolar" a variável q na relação:

$$C = 2q + 100$$
$$2q = C - 100$$
$$q = \frac{C - 100}{2}$$
$$q = \frac{C}{2} - \frac{100}{2}$$
$$q = \frac{1}{2}C - 50$$
$$q = 0{,}5\,C - 50$$

A função $q = 0{,}5C - 50$ é conhecida como a **função inversa** da função $C = 2q + 100$. Se simbolizarmos a função do custo por $C = f(q)$, então simbolizamos a inversa por $q = f^{-1}(C)$.

Obtendo a Inversa de uma Função Exponencial

No início do Capítulo 4, estabelecemos a função $M(x) = 10.000 \cdot 1{,}05^x$, que dá o montante M de uma dívida no decorrer do tempo x contado em meses a partir do mês em que foi realizado o empréstimo. Ao final do mesmo capítulo, na resolução do Problema 1, vimos que, por meio de logaritmos, é possível estabelecer após quanto tempo o montante será de $ 40.000,00, ou seja, dado um montante específico, estabelecemos o tempo correspondente. Nesse sentido, queremos agora estabelecer, de modo mais geral, a expressão que permite calcular o tempo x como função do montante M; em outras palavras, dada $M = f(x)$, queremos obter a função inversa $x = f^{-1}(M)$.

Na resolução do Problema 1, para obter o tempo x foram utilizados logaritmos. Para a obtenção da função inversa de uma função exponencial também utilizaremos logaritmos e, dada a expressão $M = 10.000 \cdot 1{,}05^x$ para escrever x como função de M, a intenção é "isolar" o x em tal expressão:

$$M = 10.000 \cdot 1{,}05^x$$

Aplicando o logaritmo natural nos dois lados da igualdade, temos

$$\ln M = \ln(10.000 \cdot 1{,}05^x)$$

Aplicando a Propriedade 1 de logaritmos, ou seja, $\ln(A \cdot B) = \ln A + \ln B$, temos

$$\ln M = \ln 10.000 + \ln 1{,}05^x$$

Aplicando a Propriedade 3, ou seja, $\ln A^k = k \cdot \ln A$, temos

$$\ln M = \ln 10.000 + x \cdot \ln 1{,}05$$
$$x \cdot \ln 1{,}05 = \ln M - \ln 10.000$$
$$x = \frac{\ln M - \ln 10.000}{\ln 1{,}05}$$
$$x = \frac{\ln M}{\ln 1{,}05} - \frac{\ln 10.000}{\ln 1{,}05}$$
$$x = \frac{1}{\ln 1{,}05} \cdot \ln M - \frac{\ln 10.000}{\ln 1{,}05}$$

Usando a calculadora, obtemos os valores aproximados dos logaritmos e uma aproximação para a função inversa

$$x = \frac{1}{0{,}048790164} \cdot \ln M - \frac{9{,}210340372}{0{,}048790164}$$
$$x = 20{,}49593438 \cdot \ln M - 188{,}7745319$$
$$x = 20{,}4959 \cdot \ln M - 188{,}7745$$

Assim, a função inversa $x = 20{,}4959 \cdot \ln M - 188{,}7745$ permite encontrar o tempo x a partir do montante M.

Na solução do Problema 4, encontramos $x \cong 28{,}4$ para um montante de $M = 40.000$ resolvendo uma equação exponencial. Com a função inversa obtida anteriormente, vamos obter o mesmo valor para x fazendo $M = 40.000$:

$$x = 20{,}4959 \cdot \ln M - 188{,}7745$$
$$x = 20{,}4959 \cdot \ln 40.000 - 188{,}7745$$
$$x \cong 20{,}4959 \cdot 10{,}5966 - 188{,}7745$$
$$x \cong 217{,}1869 - 188{,}7745$$
$$x \cong 28{,}4124$$
$$x \cong 28{,}4$$

Percebemos que, na função $x = 20{,}4959 \cdot \ln M - 188{,}7745$, temos ln M e isso indica que o logaritmo também pode ser entendido como uma função; na verdade, tal função é uma *função logarítmica*.

Existência da Função Inversa

Como vimos, para obtenção da inversa, procuramos "isolar" a variável independente na expressão que dá a função original; entretanto, tal procedimento não garante a obtenção da inversa. Por exemplo, se a função original for $y = x^2$, ao isolarmos x obtemos $x = \pm\sqrt{y}$, e tal relação não caracteriza uma função, pois para cada valor da grandeza y obtemos *dois* valores da grandeza x. Dizemos, nesse caso, que $y = x^2$ *não é inversível*. Para que a relação inversa represente uma função, é necessário que, para cada valor da grandeza y, obtenhamos *um único* valor da grandeza x.

Percebemos que $y = x^2$, cujo domínio é o conjunto $\mathbb{R}$, não é inversível, pois pode ocorrer que dois elementos do domínio aplicados na função resultem em um único elemento da imagem (por exemplo: $f(2) = f(-2) = 4$). Graficamente, isso é notado, pois ao traçarmos uma reta paralela ao eixo x, tal reta encontra o gráfico de $y = x^2$ em dois pontos.

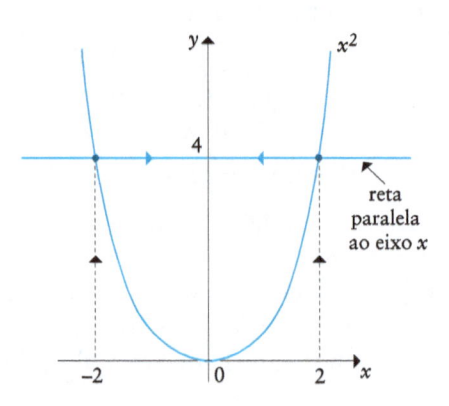

Figura 5.15 Diferentes valores do domínio correspondendo a um único valor na imagem.

Se denotamos uma função $f : A \rightarrow B$, onde A é o domínio e B é o contradomínio, dizemos que f é *inversível* se, e somente se, para cada $y \in B$ existir em A um único elemento x tal que $y = f(x)$. Em outras palavras, f tem inversa se sua imagem coincidir com seu contradomínio e, além disso, se elementos diferentes do domínio tiverem como correspondentes elementos diferentes na imagem.

Vimos que $y = x^2$ não possui inversa para o domínio e contradomínio $\mathbb{R}$ mas, se restringirmos o domínio e o contradomínio para os reais não negativos ($\mathbb{R}_+$), ou seja, $x \geq 0$ e $y \geq 0$, a inversa da nova função assim determinada será $x = \sqrt{y}$.

■ Exercícios

1. O custo variável C_v para a produção de q unidades de um produto é dado por $C_v = 10q^3$, onde C_v é medido em reais.

   a) Construa uma tabela que forneça o custo variável para a produção de 0, 1, 2, 3, 4 e 5 unidades do produto e, a partir de tal tabela, esboce o gráfico de C_v.

   b) Qual o tipo de taxa de crescimento de C_v? Justifique sua resposta numérica e graficamente.

   c) Qual é a quantidade produzida quando o custo variável é de $ 5.120,00?

   d) Obtenha a inversa $q = f^{-1}(C_v)$ e explique o seu significado.

2. Em uma empresa, a produção P de alimentos beneficiados é dada por $P = 0{,}25q^4$, onde q representa o capital investido em equipamentos. A produção é dada em toneladas e o capital, em milhares de reais.

   a) Construa uma tabela que dê a produção de alimentos quando são investidos 0, 1, 2, 3, 4 e 5 milhares de reais em equipamentos e, a partir de tal tabela, esboce o gráfico de P.

   b) Qual o tipo de taxa de crescimento de P? Justifique sua resposta numérica e graficamente.

   c) Qual o capital investido para uma produção de 2.500 toneladas?

   d) Obtenha a inversa $q = f^{-1}(P)$ e explique o seu significado.

3. Em uma empresa, no decorrer do expediente, para um grupo de funcionários, nota-se que o número P de eletrodomésticos montados é dado aproximadamente por $P = 200q^{4/5}$, onde q representa o número de horas trabalhadas a partir do início do expediente.

   a) Construa uma tabela que dê a produção de eletrodomésticos quando o número de horas trabalhadas for 0, 1, 2, 3, 4 e 5 e, a partir de tal tabela, esboce o gráfico de P.

b) Quanto foi produzido na primeira hora? Quanto foi produzido na segunda hora? Quanto foi produzido na terceira hora? Qual o tipo de taxa de crescimento de P? Justifique sua resposta.

c) Quantas horas devem se passar desde o início do expediente para que sejam produzidos 3.200 eletrodomésticos?

d) Obtenha a inversa $q = f^{-1}(P)$ e explique seu significado.

4. Em uma safra, a quantidade q ofertada pelos produtores e o preço p de uma fruta estão relacionados de acordo com $q = 20.000p^{5/2}$, onde a oferta é dada em quilos e o preço em reais por quilo (R\$/kg).

   a) Construa uma tabela que dê a oferta para os preços de 0,50; 1,00; 1,50; 2,00; 2,50 e 5,00 \$/kg para tal fruta e, a partir de tal tabela, esboce o gráfico de q.

   b) Qual o tipo de taxa de crescimento de q? Justifique sua resposta numérica e graficamente.

   c) Qual o preço da fruta quando os produtores estão dispostos a ofertar 151.875 kg?

   d) Obtenha a inversa $p = f^{-1}(q)$ e explique seu significado.

5. Em uma safra, a quantidade q demandada pelos consumidores e o preço p de uma fruta estão relacionados de acordo com $q = 150.000p^{-2}$, onde a demanda é dada em quilos e o preço em reais por quilo (R\$/kg).

   a) Construa uma tabela que dê a demanda para os preços de 0,50; 1,00; 1,50; 2,00; 2,50; 5,00 e 10,00 R\$/kg para tal fruta e, a partir de tal tabela, esboce o gráfico de q.

   b) Qual o tipo de taxa de decrescimento de q? Justifique sua resposta numérica e graficamente.

   c) Qual o preço da fruta quando os consumidores estão dispostos a consumir 9.375 kg?

   d) Obtenha a inversa $p = f^{-1}(q)$ e explique o seu significado.

   e) Qual o significado em termos práticos de $p \to \infty$? Determine $\lim_{p \to \infty} q$ e interprete o resultado obtido.

   f) Qual o significado em termos práticos de $p \to 0^+$? Determine $\lim_{p \to 0^+} q$ e interprete o resultado obtido.

6. Podemos dizer que "o *preço de equilíbrio* de um produto corresponde ao valor em que a procura por parte dos consumidores se iguala ao que é oferecido por parte dos fornecedores, ou seja, quando a demanda é igual à oferta".

Considerando as funções demanda e oferta dos dois problemas anteriores:

a) Determine o preço de equilíbrio e a quantidade demandada/oferecida para esse preço.

b) Faça um esboço dos gráficos sobrepostos da demanda e oferta dos problemas anteriores, indicando o preço de equilíbrio encontrado no item anterior.

7. Analisando a distribuição de rendas para um grupo particular, pela Lei de Pareto, estabeleceu-se que o número y de indivíduos com renda superior a x é dado por $y = 10.000.000 \cdot x^{-1,5}$, onde x é dado em reais por dia (R$/dia).

a) Escreva y na forma de função hiperbólica.

b) Construa uma tabela que dê o número de indivíduos com renda superior a 5; 10; 20; 30; 40; 50; 100 R$/dia e, a partir de tal tabela, esboce o gráfico de y.

c) Qual o número de pessoas que têm renda entre 25 R$/dia e 100 R$/dia?

d) Qual o tipo de taxa de decrescimento de y? Justifique sua resposta numérica e graficamente.

e) Qual é a menor renda diária das 640 pessoas que têm as rendas diárias mais altas?

f) Qual o significado em termos práticos de $x \to \infty$? Determine $\lim\limits_{x \to \infty} y$ e interprete o resultado obtido.

8. Ao se analisar um produto, verificou-se que seu preço p no decorrer do tempo t é dado por $p = t^3 - 21t^2 + 120t + 100$, onde t representa o mês após o início da análise em que $t = 0$ e o preço é dado em reais.

a) Esboce o gráfico do preço a partir de uma tabela na qual constem o preço no início da análise e os preços nos 12 meses posteriores ao início da análise.

b) Com base na tabela e no gráfico do item anterior, determine para que mês após o início da análise o preço atinge valor máximo. Determine também o preço máximo.

c) Analisando o preço para os meses 8, 9, 10, 11 e 12 após o início da análise, qual é o mês em que o preço é mínimo? Nesse caso, qual é o preço mínimo?

d) Analisando o gráfico do item (a) e as diferentes variações dos preços a cada mês, o que podemos afirmar a respeito do mês em que $t = 7$?

e) Pelo gráfico e valores da tabela do item (a), determine os intervalos de crescimento e decrescimento para p.

f) Observando o comportamento das diferentes variações dos preços, bem como o gráfico de p, determine os intervalos em que a concavidade é positiva (taxas crescentes para crescimento e/ou decrescimento). Determine também onde a concavidade é negativa (taxas decrescentes para crescimento e/ou decrescimento).

9. Em uma fábrica, o número y de peças produzidas por um operário depende do número x de horas trabalhadas a partir do início do turno ($x = 0$), e tal produção é dada por $y = -x^3 + 15x^2$, onde x é dada em horas e y em unidades.

   a) Esboce o gráfico do número de peças produzidas a partir de uma tabela onde constem o número de peças produzidas no início do turno e o número de peças produzidas nas 10 horas posteriores ao início do turno.

   b) Quantas peças foram produzidas na primeira hora? E na segunda hora? Construa uma tabela onde constem as peças produzidas em cada uma das horas, da primeira até a décima hora.

   c) Observando o gráfico do item (a) e a tabela do item anterior, comente as formas de crescimento (diferentes taxas) para a produção, de acordo com o tempo trabalhado a partir do início do turno.

   d) De acordo com a tabela e o gráfico do item (a), qual o instante em que a produção é máxima? Qual é essa produção máxima?

   e) Considere para esse problema a *produtividade* do operário, ou *taxa de variação da produção* do operário, dada pela divisão da variação da quantidade produzida (Δy) pela variação do tempo (Δx), ou seja, taxa de variação da produção = $\dfrac{\Delta y}{\Delta x}$. Analisando a produtividade para intervalos de 1 hora, qual o instante em que a *produtividade* do operário é máxima? Graficamente, qual é o significado desse instante? (Sugestão: utilize os dados da tabela do item (b).)

   f) Observando o comportamento das diferentes variações da produção, bem como o gráfico de y, determine os intervalos em que a concavidade é positiva (taxas crescentes para o crescimento). Determine também onde a concavidade é negativa (taxas decrescentes para crescimento). (Sugestão: utilize os dados da tabela do item (b).)

10. O lucro L na comercialização de um produto depende da quantidade q comercializada, e tal lucro é dado por $L = -q^4 + 68q^2 - 256$, onde

o lucro é medido em milhares de reais e a quantidade, em milhares de unidades.

a) Construa uma tabela que dê o lucro quando são comercializadas 0, 1, 2, ... , 9 e 10 milhares de unidades e, a partir de tal tabela, esboce o gráfico de L.
b) Para quais quantidades comercializadas o lucro é positivo? E negativo?
c) De acordo com a tabela, para qual quantidade comercializada o lucro foi máximo?
d) No item anterior, você obtêve uma quantidade ($q_{máximo}$) que dá o lucro máximo; a partir dessa quantidade, realize novos cálculos obtendo o lucro para valores de q próximos a $q_{máximo}$ (teste novas quantidades 0,1 menor e maior que $q_{máximo}$), verificando se $q_{máximo}$ é de fato a quantidade que proporciona lucro máximo.

11. O custo C na produção de um produto depende da quantidade q produzida, e tal custo é dado por $C = q^3 - 15q^2 + 90q + 20$, onde o custo é medido em milhares de reais e a quantidade, em milhares de unidades.

a) Construa uma tabela que dê o custo quando são produzidas 0, 1, 2, ... , 9 e 10 milhares de unidades e, a partir de tal tabela, esboce o gráfico de C.
b) A partir da tabela do item anterior, construa uma nova tabela para as diferentes variações do custo (ΔC) para variações de mil unidades produzidas ($\Delta q = 1$), com q de 0 a 1, 1 a 2, 2 a 3, ... , 9 a 10.
c) Analisando os dados da tabela do item anterior, o que podemos afirmar a respeito da quantidade $q = 5$? Graficamente, qual é o significado desse ponto?
d) A partir do gráfico do custo, do comportamento das diferentes variações do custo e das conclusões no item anterior, determine os intervalos em que a concavidade é positiva (taxas crescentes para o crescimento). Determine também onde a concavidade é negativa (taxas decrescentes para crescimento).

12. A receita R para um certo produto, em função da quantia x investida em propaganda, é dada por $R(x) = \dfrac{50x + 200}{x + 5}$, onde tanto receita como quantia investida em propaganda são medidas em milhares de reais.

a) De acordo com a teoria desenvolvida para o esboço do gráfico de uma função racional, esboce o gráfico de $R(x)$ seguindo todos os passos sugeridos.

b) Qual o valor de $R(0)$? Para esse problema, na prática, qual o significado de $R(0)$?

c) Para esse problema, na prática, qual o significado de $x \to +\infty$?

d) Qual o valor de $\lim_{x \to \infty} R(x)$? Para esse problema, na prática, qual o significado do valor desse limite?

13. Para um laticínio em um segmento do mercado de laticínios, a quantidade q ofertada pelos produtores e o preço p do laticínio estão relacionados de acordo com $q(p) = \dfrac{200p + 400}{p + 4}$, onde a oferta é dada em toneladas e o preço, em reais por quilo (R$/kg).

    a) De acordo com a teoria desenvolvida para o esboço do gráfico de uma função racional, esboce o gráfico de $q(p)$ seguindo todos os passos sugeridos.

    b) Qual o valor de $q(0)$? Para esse problema, na prática, qual o significado de $q(0)$?

    c) Para esse problema, na prática, qual o significado de $p \to +\infty$?

    d) Qual o valor de $\lim_{p \to \infty} q(p)$? Para esse problema, na prática, qual o significado do valor desse limite?

14. O custo médio C_{me} (ou custo unitário C_u) é obtido dividindo-se o custo C pela quantidade q, ou seja, $C_{me} = \dfrac{C}{q}$. Sabendo que $C = 3q^2 + 12q + 100$ dá o custo para a produção de garrafas plásticas, onde C é dado em milhares de reais e q em milhares de unidades:

    a) Obtenha o custo para a produção de 1, 2, 5 e 10 mil unidades de garrafas plásticas.

    b) Obtenha o custo médio (ou custo por unidade) para a produção de 1, 2, 5 e 10 mil unidades de garrafas plásticas.

    c) Obtenha a função do custo médio C_{me}.

    d) Para tal função, há uma reta não paralela ao eixo q para a qual a curva do C_{me} é assíntota tanto para $q \to -\infty$ quanto para $q \to +\infty$. Qual é essa reta?

    e) Utilizando a reta para a qual a curva do C_{me} é assíntota, e de acordo com a teoria desenvolvida para o esboço do gráfico de uma função racional, esboce o gráfico de C_{me} seguindo todos os passos sugeridos.

f) Para esse problema, na prática, qual o significado de $q \to 0^+$?

g) Para esse problema, na prática, qual o significado do valor do limite $\lim_{q \to 0^+} C_{me}$?

15. Para cada função dada, obtenha a função inversa. Explique também o significado prático de cada função inversa encontrada.

    a) $S = 10x + 600$ "S = salário de um operário e x = horas extras trabalhadas".

    b) $M = 50.000 \cdot 1,08^x$ "M = montante de uma aplicação financeira e x = ano após o ano da aplicação" ($M > 0$).

    c) $V = 125.000 \cdot 0,91^x$ "V = valor de um trator e x = ano após a compra do trator" ($V > 0$).

    d) $y = 10.000.000 \cdot x^{-1,5}$ "y é o número de indivíduos com renda superior a x, Lei de Pareto – Exercício 7" ($y > 0$ e $x > 0$).

TÓPICO ESPECIAL – Regressão Potência e Hipérbole

■ Modelo de Regressão Potência

Para certas distribuições de valores envolvendo uma variável independente e outra dependente, podemos obter a função que descreve a associação entre tais variáveis e, conforme os Tópicos Especiais dos capítulos anteriores, já temos ferramentas que permitem o ajuste de curvas com comportamento linear, quadrático e exponencial. Neste Tópico Especial, apresentaremos os procedimentos para obter modelos relacionados à função potência ou curva geométrica.

Na construção de um diagrama de dispersão, podemos encontrar um conjunto de pontos cuja distribuição gráfica se aproxime de uma curva. Se o traçado de tal curva "se aproximar" de uma curva que representa a função potência, conforme o que foi estudado neste capítulo, então, para estabelecermos a relação entre as variáveis x e y, consideraremos $y = k \cdot x^n$. Para o desenvolvimento das fórmulas, escreveremos $k = a$ e $n = b$, de modo que $y = k \cdot x^n$ será reescrita como

$$y = a \cdot x^b$$

A seguir, conforme a Tabela 5.13, temos um exemplo de distribuição que pode ser ajustada pelo modelo da função potência.

Tabela 5.13 Índice de produção industrial e consumo aparente de papel e celulose

Índice de produção industrial (x)	100	105	110	113	120	132	140	152	160	171	180
Consumo aparente de papel e celulose (y)	2.000	2.150	2.600	2.225	2.800	3.200	3.600	4.000	4.200	4.250	4.320

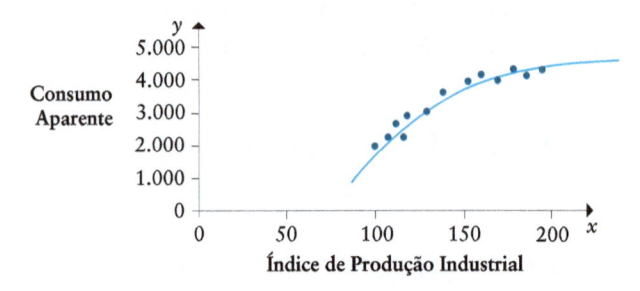

Figura 5.16 Índice de produção industrial e consumo aparente de papel e celulose.

Observando o gráfico da Figura 5.16, notamos que a curva traçada tem concavidade voltada para baixo, o que permite afirmar que, no modelo $y = a \cdot x^b$, temos o expoente b entre 0 e 1, isto é, $0 < b < 1$. Conforme os dados, a curva ajustada é crescente a taxas decrescentes.

Na Tabela 5.14 e Figura 5.17, temos outro exemplo em que a curva pode ser ajustada segundo $y = a \cdot x^b$.

Tabela 5.14 Quantidade ofertada em função da variação dos preços (R$)

Preço (R$) (x)	10	15	20	28	30	35	40	45	50
Quantidade ofertada (y)	500	650	1.300	2.500	2.750	4.000	5.500	7.560	11.200

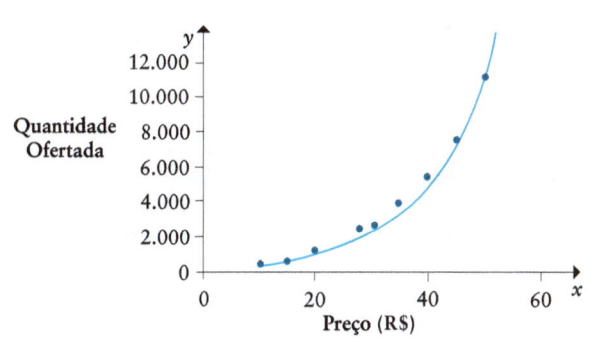

Figura 5.17 Quantidade ofertada em função da variação dos preços (R$).

Observando o gráfico da Figura 5.17, notamos que a curva traçada tem concavidade voltada para cima, o que permite afirmar que, no modelo $y = a \cdot x^b$, temos o expoente $b > 1$. Conforme os dados e o traçado, a curva ajustada é crescente a taxas crescentes.

Nas duas situações apresentadas para as curvas $y = a \cdot x^b$, com $b > 1$ e $0 < b < 1$, respectivamente, é possível escrever a função potência, utilizando o processo de linearização de modo parecido ao realizado no Tópico Especial do capítulo anterior. Isto é, os pontos que antes se aproximavam de curva geométrica por meio dos logaritmos se aproximarão de uma reta. Encontraremos os coeficientes da equação da reta por passos semelhantes aos discutidos no Tópico Especial do Capítulo 2, para, finalmente, determinar os coeficientes da função potência procurada.

O ajuste do modelo de regressão potência é dado por

$$y = \alpha \cdot x^\beta + \varepsilon$$

onde

- y é o valor observado (variável dependente)
- x é a variável explicativa (variável independente)
- α e β são os parâmetros do modelo
- ε é a componente aleatória (erro)

Como nos interessa determinar os parâmetros α e β, será necessário estimá-los por meio do emprego de dados amostrais. Na prática, trabalha-se com uma simplificação do modelo verdadeiro e desprezando-se a parcela ε, temos $y = \alpha \cdot x^\beta$.

Nesse sentido, o modelo estimado será dado por

$$\hat{y} = \hat{a} \cdot x^{\hat{b}}$$

onde $\hat{a}$ e $\hat{b}$ são os estimadores dos verdadeiros parâmetros α e β.

Aplicando logaritmo natural nos dois membros da expressão $\hat{y} = \hat{a} \cdot x^{\hat{b}}$, teremos

$$\ln \hat{y} = \ln(\hat{a} \cdot x^{\hat{b}})$$

Por meio das propriedades dos logaritmos, obtemos

$$\ln \hat{y} = \ln \hat{a} + \ln x^{\hat{b}}$$
$$\ln \hat{y} = \ln \hat{a} + \hat{b} \cdot \ln x$$

Fazendo em tal expressão $Y = \ln \hat{y}$, $A = \ln \hat{a}$ e $X = \ln x$, temos

$$Y = A + \hat{b} \cdot X$$

No processo de linearização, seguindo os passos descritos a seguir, calculamos A e $\hat{b}$. Estamos interessados em encontrar o modelo $\hat{y} = \hat{a} \cdot x^{\hat{b}}$ e, como o estimador $\hat{b}$ é obtido imediatamente, faltará apenas $\hat{a}$.

Sabemos que $A = \ln \hat{a}$ e que **ln** representa o logaritmo na base e ($\log_e$), então, pela definição de logaritmo, podemos fazer

$$A = \ln \hat{a}$$
$$\log_e \hat{a} = A$$
$$e^A = \hat{a}$$

Ou seja, o parâmetro $\hat{a}$ é obtido fazendo

$$\hat{a} = e^A$$

ou, aproximadamente,

$$\hat{a} \approx 2{,}71828^A$$

Para calcular os coeficientes $\hat{a}$ e $\hat{b}$ da função potência $\hat{y} = \hat{a} \cdot x^{\hat{b}}$, mais uma vez utilizaremos o método dos mínimos quadrados (M.M.Q.), seguindo os seguintes passos:

Passo 1 – Coleta dos dados, definidos pelas *n* observações de *x* e *y* (variáveis em estudo), e organização da planilha para obtenção dos somatórios necessários para a realização dos cálculos.

n	x	y	$\ln x = X$	$\ln y = Y$	$\ln x \cdot \ln y$	$\ln^2 x$
n_1	x_1	y_1	$\ln x_1$	$\ln y_1$	$\ln x_1 \cdot \ln y_1$	$(\ln^2 x_1)$
n_2	x_2	y_2	$\ln x_2$	$\ln y_2$	$\ln x_2 \cdot \ln y_2$	$(\ln^2 x_2)$
n_3	x_3	y_3	$\ln x_3$	$\ln y_3$	$\ln x_3 \cdot \ln y_3$	$(\ln^2 x_3)$
⋮	⋮	⋮	⋮	⋮	⋮	⋮
			$\Sigma \ln x$	$\Sigma \ln y$	$\Sigma \ln x \cdot \ln y$	$\Sigma \ln^2 x$

Passo 2 – Cálculo dos parâmetros A e $\hat{b}$

- $\hat{b} = \dfrac{n \cdot \Sigma \ln x \cdot \ln y - \Sigma \ln x \cdot \Sigma \ln y}{n \cdot \Sigma \ln^2 x - (\Sigma \ln x)^2}$

- $A = \dfrac{\Sigma \ln y - \hat{b} \cdot \Sigma \ln x}{n}$

Passo 3 – Cálculo de $\hat{a}$

- $A = \ln \hat{a} \Rightarrow \hat{a} = e^A$ (*A* calculado no **Passo 2**)

Passo 4 – Estabelecer o modelo potência;

- $\hat{y} = \hat{a} \cdot x^{\hat{b}}$; função ajustada.

■ Modelo de Regressão Hipérbole

A partir das funções potência, restabeleceremos o conceito de curvas de potência com expoentes inteiros negativos, designando em $y = k \cdot x^n$ os parâmetros $k = a$ e $n = -b$, o que leva a $y = a \cdot x^{-b}$ ou, simplesmente,

$$y = \frac{a}{x^b}$$

Para estabelecer o modelo de regressão hipérbole, estaremos interessados fundamentalmente em modelos e situações práticas em que o domínio será restrito para $x > 0$.

Vale a pena recordar que, quando construímos gráficos das funções $y = x^{-1}$, $y = x^{-2}$, verificamos que eles têm *assíntotas* em ambos os eixos x e y e, à medida que a variável x cresce, os valores da variável y decrescem ($x \uparrow$, $y \downarrow$) ou, ainda, à medida que a variável x decresce, os valores da variável y crescem ($x \downarrow$, $y \uparrow$).

Considerando as funções $y = x^{-1}$ e $y = x^{-2}$ para $x > 0$, ilustramos na Figura 5.18 os seus gráficos. Na prática, o preço P de um produto em função de sua demanda D exemplifica graficamente uma curva similar aos gráficos de $y = x^{-1}$ e $y = x^{-2}$, conforme a Figura 5.19.

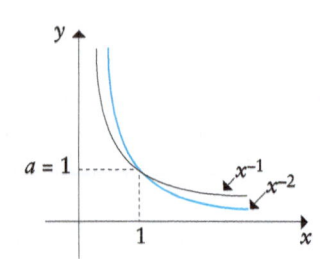

Figura 5.18 Curvas x^{-1} e x^{-2} (comparação gráfica).

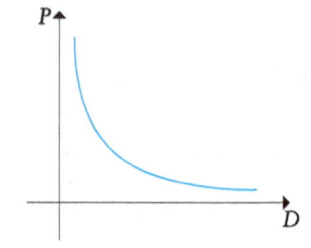

Figura 5.19 Gráfico do preço (*P*) *versus* a demanda (*D*) de um produto.

Observações:

- Para a obtenção dos modelos de regressão anteriores, denotamos os estimadores dos parâmetros utilizando "chapéu" (acento circunflexo) $\hat{a}$, $\hat{b}$ e $\hat{c}$ com a intenção de diferenciar os valores dos parâmetros para uma amostra da população em relação aos parâmetros calculados a partir de toda a população. Assim, o "chapéu" no parâmetro a ($\hat{a}$) significa que estamos trabalhando com um estimador calculado a partir de uma amostra representativa da população.

- Para o modelo de regressão hipérbole, por questões de simplicidade na construção dos gráficos e explicações, não usaremos a notação com "chapéu"; entretanto, ressaltamos que, para esse modelo de regressão, os parâmetros escritos somente com *a* e *b*, em vez de *â* e *b̂*, representarão estimadores calculados a partir de amostras representativas da população.

Na Figura 5.20, temos a comparação gráfica das curvas da forma $y = a \cdot x^{-b}$ para diferentes valores de *b*, onde $0 < b < 1$, $b = 1$ e $b > 1$.

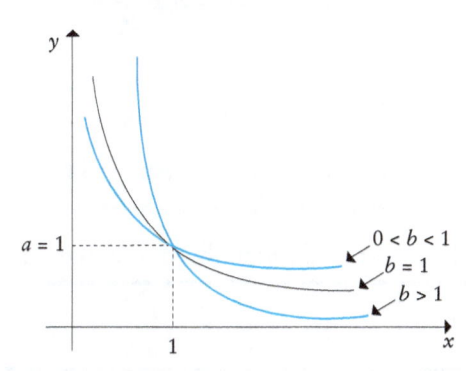

Figura 5.20 Representação gráfica de $y = a \cdot x^{-b}$ para possíveis variações de **b**.

A função hipérbole pode assumir uma segunda forma do tipo

$$Y = a + b \cdot X^{-1} \quad \text{ou} \quad Y = a - b \cdot X^{-1}$$

que pode ser reescrita como

$$Y = a + \frac{b}{X} \quad \text{ou} \quad Y = a - \frac{b}{X}$$

com $X > 0$, $a > 0$ e $Y > 0$, podemos esboçar seus traçados conforme as Figuras 5.21 e 5.22:

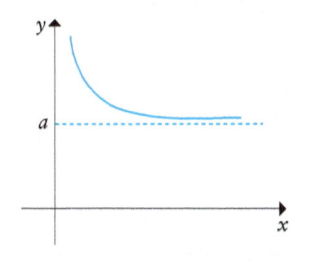

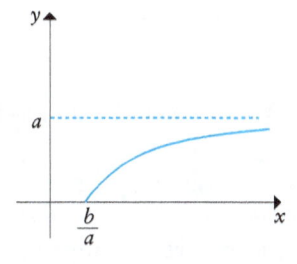

Figura 5.21 $Y = a + \frac{b}{X}$.

Figura 5.22 $Y = a - \frac{b}{X}$.

A mudança de variável que proporciona a forma linear é obtida quando adotamos $x = \dfrac{1}{X}$.

Assim, obtemos as funções ajustadas

$$Y = a \pm \dfrac{b}{X}$$

ou

$$Y = a \pm b \cdot x$$

A partir da última expressão, podemos obter os parâmetros a e b pelo método dos mínimos quadrados, cujos passos estão resumidos a seguir:

Passo 1 – Elaboração da planilha dos somatórios

X	Y	$x = \dfrac{1}{X}$	$x \cdot Y$	x^2
X_1	Y_1	$x_1 = \dfrac{1}{X_1}$	$x_1 \cdot Y_1$	x_1^2
X_2	Y_2	$x_2 = \dfrac{1}{X_2}$	$x_2 \cdot Y_2$	x_2^2
.	.	.	.	.
.	.	.	.	.
.	.	.	.	.
	ΣY	Σx	$\Sigma x \cdot Y$	Σx^2

Passo 2 – Cálculos dos parâmetros a e b

- $b = \dfrac{n \cdot \Sigma xY - \Sigma x \cdot \Sigma Y}{n \cdot \Sigma x^2 - (\Sigma x)^2}$
- $a = \dfrac{\Sigma Y - b \cdot \Sigma x}{n}$

Passo 3 – Construção do modelo ajustado

- $Y = a + \dfrac{b}{X}$ ou • $Y = a - \dfrac{b}{X}$

A função hipérbole também poderá se apresentar na forma

- $Y = \dfrac{1}{a + b \cdot X}$

com $a > 0$, $b > 0$ e $X > 0$, apresentando assim uma função decrescente com a concavidade voltada para cima, conforme a Figura 5.23.

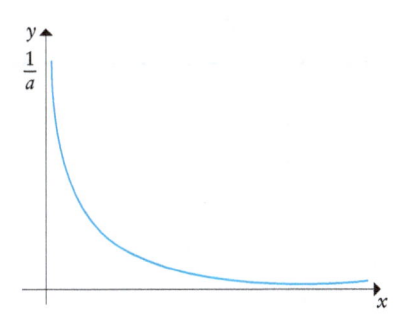

Figura 5.23 Hipérbole $Y = \dfrac{1}{a + b \cdot X}$, com $a > 0$, $b > 0$ e $X > 0$.

A expressão $Y = \dfrac{1}{a + b \cdot X}$ pode ser reescrita como

$$Y \cdot (a + b \cdot X) = 1$$

ou ainda

$$a + b \cdot X = \dfrac{1}{Y}$$

Na última expressão, se fizermos $\dfrac{1}{Y} = y$, linearizamos a hipérbole $Y = \dfrac{1}{a + b \cdot X}$, obtendo a função

$$y = a + b \cdot X$$

Da mesma forma procedida nos modelos anteriores, a seguir são descritos os passos necessários para a construção da hipérbole ajustada:

$$Y = \dfrac{1}{a + b \cdot X}$$

Passo 1 – Elaboração da construção da planilha

X	Y	$y = \dfrac{1}{Y}$	X^2	$X \cdot y$
X_1	Y_1	$y_1 = \dfrac{1}{Y_1}$	X_1^2	$X_1 \cdot y_1$
X_2	Y_2	$y_2 = \dfrac{1}{Y_2}$	X_2^2	$X_2 \cdot y_2$
⋮	⋮	⋮	⋮	⋮
ΣX		Σy	ΣX^2	$\Sigma X \cdot y$

Passo 2 – Cálculos dos coeficientes a e b

$$\bullet\ b = \frac{n \cdot \Sigma X \cdot y - \Sigma X \cdot \Sigma y}{n \cdot \Sigma X^2 - (\Sigma X)^2} \qquad \bullet\ a = \frac{\Sigma y - b \cdot \Sigma X}{n}$$

Passo 3 – Função hipérbole ajustada

$$\bullet\ Y = \frac{1}{a + b \cdot X}$$

■ Problemas – Regressão Potência:

1. Em uma empresa, um produto com estilo estritamente popular está para ser lançado no mercado. O Departamento de Marketing dessa empresa, orientado por pesquisas de seu público-alvo, tem em seu poder dados numéricos coletados, que caracterizam para esse produto um comportamento das vendas com crescimento acentuado, com boas expectativas futuras para um longo período.

   Alicerçado pelas informações confirmadas por seu público-alvo e corroborando com os objetivos da diretoria dessa empresa, o Departamento de Marketing tomou a decisão de estimar as vendas por meio de ajuste da *regressão potência*.

Capítulo 5 – Funções Potência, Polinomial, Racional e Inversa

A tabela que evidencia os dados coletados apresenta as variações de tempo em anos, relacionados com as expectativas mensuradas dos volumes das vendas.

Anos (x)	2003 1	2004 2	2005 3	2006 4	2007 5
Volume de vendas em unidades de 1.000 (y)	5.000	11.000	15.000	25.000	26.500

a) Construa o *sistema de dispersão*.

Dica Importante: *Você pode fazer uso de uma importante ferramenta muito utilizada – o* **Excel***, programa de planilha eletrônica – para obtenção de uma visualização rápida do ajuste a ser realizado, selecionando os dados coletados para as variáveis x = **tempo em anos** e y = **volume das expectativas das vendas**. Em seguida, utilize o assistente gráfico desse programa, clicando em dispersão (xy). Note que você poderá escolher o tipo de dispersão para melhor visualização gráfica da nuvem de pontos da pesquisa. Feito isso, avance até a última etapa do assistente gráfico para a visualização do gráfico.*

b) Observando o gráfico do sistema de dispersão, podemos afirmar que existe um crescimento do volume das vendas em função do tempo com tendência geométrica (*potência*)?

c) Realizadas e confirmadas as observações referentes aos itens (a) e (b), estabeleça a *regressão potência* de *y* = *vendas* sobre *x* = *tempo*.

d) Construa, em um mesmo sistema de eixos, a *dispersão* e a *curva potência* ajustada no item (c).

e) Estime as vendas para os anos 2008 e 2009.

2. Em uma pesquisa, cujo objetivo é estudar o consumo de cimento em kg/habitante, foram caracterizadas a demanda desse produto e a renda *per capita* em unidades monetárias de uma dada região nos últimos cinco anos. Como o interesse maior esteve em medir a demanda (*D*) de cimento em kg/hab., adotou-se a demanda observada como sendo a variável *y* do problema.

Anos	1	2	3	4	5
Renda *per capita* em unidades monetárias (x)	100	200	250	300	350
Consumo de cimento em kg/hab. em quantidades (y)	50	145	220	450	750

a) Construa o *sistema de dispersão* da pesquisa e observe o tipo de ajuste compatível no caso, se $b > 1$ ou $0 < b < 1$.

b) Construa o *modelo potência* $y = a \cdot x^b$ ($b > 1$) dado por:
$$\text{Demanda} = a \cdot (\text{renda})^b$$
- y = Demanda (quantidades kg/hab.) • x = renda *per capita* (u.m.)

c) Estime o nível de consumo de cimento (kg/hab.) quando o nível de renda *per capita* atingir 450 (u.m.).

d) Estime o nível de renda *per capita*, quando o consumo em kg/hab. atingir patamares iguais a 800 kg/hab.

e) Calcule e interprete a elasticidade renda e demanda e interprete o valor obtido.

Observação: A elasticidade pode ser calculada através da relação $E = b$, onde b é o coeficiente da curva ajustada $y = a \cdot x^b$ e E = Elasticidade renda da demanda.

■ Problemas – Regressão Hipérbole:

3. A empresa Lavax, produtora de eletrodomésticos, em fase de expansão de mercado, está visando a melhorias para o seu processo produtivo, tendo em vista o crescimento de suas vendas. Para isso, está analisando individualmente o custo por unidade produzida C_u, em $, em relação às suas quantidades produzidas. Os dados levantados dão os custos unitários (C_u) em função das quantidades produzidas (q) de um eletrodoméstico, gerando assim a tabela para estudos de viabilidade de produção.

Quantidade em unidades (x) ou (q)	10	20	40	60	80	100	150	200	250	300
Custo por unidade em ($) (y) ou ($C_u$)	76,00	60,00	57,00	56,50	55,00	52,80	52,60	51,90	51,50	50,20

a) Construa o *sistema de dispersão* e verifique que o tipo de ajuste compatível será $y = a + \dfrac{b}{x}$.

b) Construa o *modelo de regressão da hipérbole* $\left(C_u = a + \dfrac{b}{q}\right)$, procurando estabelecer em um mesmo sistema de eixos a dispersão e a curva ajustada.

c) À medida que aumentarmos o número de quantidades a serem produzidas, o que ocorrerá com os custos por unidade (C_u)?

d) Calcule os custos por unidade quando q = 320 unidades e q = 5 unidades.

e) Estime a produção (q), quando os custos se aproximarem de C_u = \$ 75,00 e C_u = \$ 52,30.

4. A empresa MHM, produtora de cosméticos, decidiu estudar a variação da demanda em relação aos preços de venda de um de seus produtos. No período estudado, a demanda apresentou queda acentuada no consumo em detrimento da elevação dos preços de mercado por ela praticada. Nessas condições, foram realizados um estudo e um levantamento de uma série histórica de consumo, a fim de observar e analisar o comportamento da demanda em relação aos preços até então praticados. Escolhendo a variável y como a demanda do produto e x como a variável que assumirá a variação dos preços por um período de sete meses, temos a tabela:

Meses	Dez. (Ano Anterior)	Jan.	Fev.	Mar.	Abr.	Maio	Jun.
Preços praticados (em \$) (x)	10	12	15	18	20	22	28
Demanda (em unidades) (y)	200	130	75	50	42	39	35

a) Construa a *regressão da demanda* $\left(y = \dfrac{1}{a + b \cdot x}\right)$; (modelo compatível à pesquisa).

b) Construa a *curva de regressão* e o *sistema de dispersão* em um mesmo sistema de eixos.

c) Qual deverá ser a demanda do produto, se o preço praticado em julho do período citado sofrer uma correção de 15% em relação ao mês anterior?

d) Projete a demanda para os preços a serem eventualmente praticados quando: x = preço = \$ 23,00 e x = preço = \$ 30,00.

e) Estime as projeções de preço quando a demanda do produto atingir os patamares em unidades vendidas iguais a: Demanda = 30 unidades e Demanda = 25 unidades.

capítulo **6**

O Conceito de Derivada

■ Objetivo do Capítulo

Neste capítulo, trabalhando os conceitos de *taxa de variação média* e *taxa de variação instantânea*, você chegará ao conceito de *derivada* de uma função em um ponto e seu significado numérico e gráfico. Fique atento à *derivada* de uma função, pois trata-se de um dos conceitos mais importantes do cálculo diferencial e integral. Neste capítulo, você terá contato com as primeiras aplicações da derivada na análise do comportamento local de uma função e, nos Capítulos 8 e 9, você estudará inúmeras aplicações da derivada na análise geral de uma função e de modelos da economia, administração e contabilidade. O Tópico Especial trará o estudo da *linearidade local* de uma função a partir da equação da reta tangente à curva em um ponto. Nesse tópico, você perceberá como a equação da reta tangente pode substituir a expressão de uma função em uma localidade determinada e como tal equação é útil para obter estimativas locais em fenômenos aplicados.

■ Taxa de Variação

Nesta seção, estudaremos o conceito de **taxa de variação** analisando a *taxa de variação média* e a *taxa de variação instantânea*. Tais análises permitirão entender o conceito de **derivada**, que tem grande aplicação nas mais variadas áreas do conhecimento. Naturalmente, nossa atenção estará voltada para a aplicação de tal conceito, principalmente nas áreas de administração, economia e contabilidade.

Taxa de Variação Média

No início do Capítulo 2, ao estudarmos o custo C para a produção de uma quantidade q de camisetas, estabelecemos o custo como função da quantidade produzida, ou seja, C = f(q). Vimos também que, para tal função, uma variação na quantidade de camisetas produzidas determinava uma variação correspondente nos custos de produção e assim pudemos definir que a **taxa de variação média**, ou simplesmente **taxa de variação** da variável dependente, C, em relação à variável independente, q, é dada pela razão

$$m = \frac{\text{variação em } C}{\text{variação em } q}$$

Em tal exemplo prático, por se tratar de uma função do 1º grau, salientamos que a *taxa de variação média* representa o *coeficiente angular* da reta que representa graficamente tal função. A equação de tal reta (ou função) é dada por y = f(x) = m · x + b.

Na verdade, o conceito de *taxa de variação média* não é exclusivo das funções de 1º grau. A taxa de variação média pode ser calculada para qualquer função. Se y representa a variável dependente e x a variável independente, então a taxa de variação média de y em relação a x é calculada pela razão

$$\textit{Taxa de variação média} = \frac{\text{variação em } y}{\text{variação em } x} = \frac{\Delta y}{\Delta x}$$

Vamos explorar mais atentamente tal conceito em uma situação prática que norteará o desenvolvimento deste capítulo.

Taxa de Variação Média em um Intervalo

No início do capítulo anterior, estudamos a *produção* como função do *insumo* disponibilizado no processo de produção. Nesse sentido, considerando que, para um grupo de operários em uma indústria de alimentos, a quantidade P de alimentos produzidos (ou industrializados) depende do número x de horas trabalhadas a partir do início do expediente e que tal produção é dada por $P = k \cdot x^2$ e fazendo $k = 1$, temos

$$P = x^2$$

onde P é dada em toneladas. Então, temos a produção como função do tempo x, ou seja, $P = f(x)$, e podemos escrever a produção como

$$f(x) = x^2$$

O instante do início do expediente é representado por $x = 0$, ou seja, 0h00. Vamos determinar a taxa de variação média da produção para o intervalo de tempo das 3h00 até as 4h00 e também para o intervalo das 4h00 até as 5h00 (ou seja, para $3 \leq x \leq 4$ e para $4 \leq x \leq 5$).

De acordo com a definição dada anteriormente, podemos dizer que a taxa de variação média para esse exemplo será:

$$\text{Taxa de variação média} = \frac{\text{variação em } P}{\text{variação em } x} = \frac{\Delta P}{\Delta x}$$

Para os intervalos de tempo estipulados acima, teremos

Taxa de variação média de $f(x)$ para o intervalo de 3 até 4 $= \dfrac{f(4) - f(3)}{4 - 3} = \dfrac{4^2 - 3^2}{1} = 16 - 9 = 7 \text{ ton/h}$

Taxa de variação média de $f(x)$ para o intervalo de 4 até 5 $= \dfrac{f(5) - f(4)}{5 - 4} = \dfrac{5^2 - 4^2}{1} = 25 - 16 = 9 \text{ ton/h}$

A taxa de variação média é obtida pela divisão de duas grandezas que, na prática, têm unidades de medida, então a taxa de variação média também tem unidade de medida que será dada pela divisão das duas unidades de medida envolvidas.

Percebemos tal fato ao notar que, para as taxas obtidas anteriormente, a **tonelada** é a unidade de medida da produção, então sua variação (ΔP) também é medida em *tonelada*, enquanto **hora** é a unidade de medida do tempo, então sua variação (Δx) também é medida em *hora*, assim a taxa de variação média foi medida em $\dfrac{\text{tonelada}}{\text{hora}}$:

$$\text{Taxa de variação média} = \frac{\Delta P}{\Delta x} \approx \frac{\text{tonelada}}{\text{hora}} = \text{ton/h}$$

Notamos também que, com o passar do tempo, as taxas de variação médias da produção aumentam e, como a produção é crescente, concluímos que a produção é crescente a taxas crescentes. O fato de as taxas de variação serem crescentes é observado graficamente, se notarmos que o gráfico de tal função é uma parábola com a concavidade voltada para cima.

A taxa de variação média sempre é calculada para intervalos da variável independente. Se escrevermos de maneira geral um intervalo de a até b, a taxa de variação média será dada por

$$\text{Taxa de variação média de } f(x) \text{ para o intervalo de } a \text{ até } b = \frac{f(b) - f(a)}{b - a}$$

Para essa forma de definir a taxa de variação média, podemos ainda considerar o "tamanho" do intervalo como sendo h, ou seja,

$$b - a = h$$

Ao isolarmos b, obtemos

$$b = a + h$$

e o intervalo de a até b passa a ser de a até $a + h$. Então, podemos escrever a taxa de variação média como

$$\text{Taxa de variação média de } f(x) \text{ para o intervalo de } a \text{ até } a + h = \frac{f(a + h) - f(a)}{h}$$

Perceberemos a seguir que escrever a taxa de variação média dessa forma pode ser bastante prático para a obtenção da taxa de variação instantânea.

Taxa de Variação Instantânea

Estudamos até agora a variação da produção para intervalos de tempo, como das 3h00 às 4h00 ou ainda das 4h00 às 5h00, e a taxa de variação média em um intervalo foi útil para analisar o comportamento da produção, pois dizer que a produção está variando a uma taxa de 7 ton/h significa que, em uma hora, são produzidas 7 toneladas. De modo análogo, dizer que a produção varia a uma taxa de 9 ton/h significa que, em uma hora, são produzidas 9 toneladas – produções essas referidas a intervalos de tempo distintos do processo de produção.

Sabemos que tais taxas foram calculadas para intervalos de tempo específicos. Nesse momento, cabe perguntar:

É possível calcular a taxa de variação da produção para um instante específico? Por exemplo, qual a taxa de variação da produção exatamente às 3 horas? Se é possível calcular tal taxa, como realizamos tal cálculo?

Na verdade, estudar o comportamento da produção em um instante específico nos remete ao desenvolvimento de "ferramentas" matemáticas que permitem estudar mais profundamente tal função e analisá-la de modo mais detalhado.

Para a primeira pergunta feita, a resposta é "sim"! Podemos calcular a taxa de variação da produção para um instante específico e, ao calcularmos tal taxa, vamos denominá-la **taxa de variação instantânea**.

Ao perguntarmos "*Qual a taxa de variação da produção exatamente às 3 horas?*", estamos perguntando: "*Qual a taxa de variação instantânea da produção no instante x = 3?*".

Para compreender como é possível o cálculo da taxa de variação instantânea da produção e qual o valor de tal taxa para o instante $x = 3$, vamos utilizar a seguinte ideia: *calcularemos várias taxas de variação médias para intervalos de tempo "muito pequenos", cada vez mais "próximos" do instante $x = 3$*.

Considerando o instante $x = 3$, vamos tomar para os cálculos das taxas de variação média o intervalo de 3 até $3 + h$, onde h representa o tamanho do intervalo; então, teremos

$$\text{Taxa de variação média de } f(x) \text{ para o intervalo de 3 até } 3 + h = \frac{f(3+h) - f(3)}{h} \quad \text{(I)}$$

- Fazendo $h = 0,1$, temos o intervalo de 3 até $3 + 0,1$ ou de 3 até 3,1:*

$$\text{Taxa de variação média de } f(x) \text{ para o intervalo de 3 até } 3 + 0,1 = \frac{f(3+0,1) - f(3)}{0,1} = \frac{f(3,1) - f(3)}{0,1}$$

---

* Ao fazer um acréscimo de $h = 0,1$ hora no instante $x = 3$, estamos acrescendo $0,1 \times 60$ min = 6 min às 3h00, assim estamos calculando a taxa de variação média da produção para o intervalo de tempo que vai das 3h00 até as 3h06 min.

Taxa de variação média
de $f(x)$ para o intervalo $= \dfrac{3{,}1^2 - 3^2}{0{,}1} = \dfrac{0{,}61}{0{,}1} = 6{,}1$
de 3 até 3,1

- Fazendo $h = 0{,}01$, temos o intervalo de 3 até $3 + 0{,}01$ ou de 3 até 3,01:

Taxa de variação média
de $f(x)$ para o intervalo $= \dfrac{f(3 + 0{,}01) - f(3)}{0{,}01} = \dfrac{f(3{,}01) - f(3)}{0{,}01}$
de 3 até $3 + 0{,}01$

Taxa de variação média
de $f(x)$ para o intervalo $= \dfrac{3{,}01^2 - 3^2}{0{,}01} = \dfrac{0{,}0601}{0{,}01} = 6{,}01$
de 3 até 3,01

- Fazendo $h = 0{,}001$, temos o intervalo de 3 até $3 + 0{,}001$ ou de 3 até 3,001:

Taxa de variação média
de $f(x)$ para o intervalo $= \dfrac{f(3 + 0{,}001) - f(3)}{0{,}001} = \dfrac{f(3{,}001) - f(3)}{0{,}001}$
de 3 até $3 + 0{,}001$

Taxa de variação média
de $f(x)$ para o intervalo $= \dfrac{3{,}001^2 - 3^2}{0{,}001} = \dfrac{0{,}006001}{0{,}001} = 6{,}001$
de 3 até 3,001

Assim, calculamos as taxas de variação média para intervalos de "3 até um instante pouco maior que 3" e notamos que tal taxa cada vez mais se "aproxima" do valor **6**.

Vamos agora calcular as taxas de variação média para intervalos de "um instante pouco menor que 3 até o instante 3" e verificar se, nesses casos, a taxa também vai se "aproximar" do valor 6. Para obter tais intervalos e calculá-los na expressão (I) basta tomar valores negativos para h:

- Fazendo $h = -0{,}1$, temos o intervalo de 3 até $3 + (-0{,}1)$ ou de 3,0 até 2,9:*

Taxa de variação média
de $f(x)$ para o intervalo $= \dfrac{f(3 - 0{,}1) - f(3)}{-0{,}1} = \dfrac{f(2{,}9) - f(3)}{-0{,}1}$
de 3 até $3 - 0{,}1$

Taxa de variação média
de $f(x)$ para o intervalo $= \dfrac{2{,}9^2 - 3^2}{-0{,}1} = \dfrac{-0{,}59}{-0{,}1} = 5{,}9$
de 3 até 2,9

---

* Ao fazer um "acréscimo" de h = –0,1 hora no instante $x = 3$, estamos diminuindo 0,1 × 60 min = 6 min de 3h00 horas, assim estamos calculando a taxa de variação média da produção para o intervalo de tempo que vai das 2h54 min até as 3h00.

- Fazendo $h = -0{,}01$, temos o intervalo de 3 até $3 + (-0{,}01)$ ou de 3 até 2,99:

$$\begin{array}{l}\text{Taxa de variação média} \\ \text{de } f(x) \text{ para o intervalo} \\ \text{de 3 até } 3 - 0{,}01\end{array} = \dfrac{f(3-0{,}01) - f(3)}{-0{,}01} = \dfrac{f(2{,}99) - f(3)}{-0{,}01}$$

$$\begin{array}{l}\text{Taxa de variação média} \\ \text{de } f(x) \text{ para o intervalo} \\ \text{de 3 até 2,99}\end{array} = \dfrac{2{,}99^2 - 3^2}{-0{,}01} = \dfrac{-0{,}0599}{-0{,}01} = 5{,}99$$

- Fazendo $h = -0{,}001$, temos o intervalo de 3 até $3 + (-0{,}001)$ ou de 3 até 2,999:

$$\begin{array}{l}\text{Taxa de variação média} \\ \text{de } f(x) \text{ para o intervalo} \\ \text{de 3 até } 3 - 0{,}001\end{array} = \dfrac{f(3-0{,}001) - f(3)}{-0{,}001} = \dfrac{f(2{,}999) - f(3)}{-0{,}001}$$

$$\begin{array}{l}\text{Taxa de variação média} \\ \text{de } f(x) \text{ para o intervalo} \\ \text{de 3 até 2,999}\end{array} = \dfrac{2{,}999^2 - 3^2}{-0{,}001} = \dfrac{-0{,}005999}{-0{,}001} = 5{,}999$$

Por esses últimos cálculos, onde os intervalos são obtidos fazendo h negativo, notamos que a taxa de variação média também se "aproxima" do valor **6**.

Então, dizemos que

$$\begin{array}{l}\text{Taxa de variação instantânea} \\ \text{de } f(x) \text{ em } x = 3\end{array} = 6 \text{ ton/h}$$

Tal resultado permite dizer que, às 3h00, a produção é de 6 toneladas/hora. Como a taxa de variação instantânea é calculada a partir de taxas de variação médias, é normal que se use para ambas a mesma unidade de medida (tonelada/hora).

O procedimento de tomar h "próximo" de zero e torná-lo "mais próximo ainda" de zero pode ser resumido por $h \to 0$. Na verdade, o cálculo da taxa de variação instantânea em $x = 3$ a partir das taxas de variação média para $h \to 0$ pode ser resumido na linguagem de limites por

$$\begin{array}{l}\text{Taxa de variação instantânea} \\ \text{de } f(x) \text{ em } x = 3\end{array} = \lim_{h \to 0} \left(\begin{array}{l}\text{Taxa de variação média de } f(x) \\ \text{para o intervalo de 3 até } 3 + h\end{array} \right)$$

$$\begin{array}{l}\text{Taxa de variação instantânea} \\ \text{de } f(x) \text{ em } x = 3\end{array} = \lim_{h \to 0} \dfrac{f(3+h) - f(3)}{h}$$

Considerando a taxa de variação instantânea assim definida, os três primeiros cálculos da taxa de variação média, com $h > 0$, resumem a tentativa de determinar o limite lateral

$$\lim_{h \to 0^+} \frac{f(3+h) - f(3)}{h} = 6$$

Os três últimos cálculos da taxa de variação média, com $h < 0$, resumem a tentativa de determinar o limite lateral

$$\lim_{h \to 0^-} \frac{f(3+h) - f(3)}{h} = 6$$

A conclusão de que

$$\lim_{h \to 0} \frac{f(3+h) - f(3)}{h} = 6$$

só é possível porque os *limites laterais são um número*, e tal número coincide nos dois limites laterais.

Caso os limites laterais resultem em números diferentes, ou um deles resulte em $+\infty$ ou $-\infty$, dizemos que o limite que dá origem aos limites laterais *não existe*, ou seja, a taxa de variação instantânea *não existe*.

Em resumo, podemos dizer que

$$\begin{array}{c}\text{Taxa de variação instantânea} \\ \text{de } f(x) \text{ em } x = a\end{array} = \lim_{h \to 0} \left(\begin{array}{c}\text{Taxa de variação média de } f(x) \\ \text{para o intervalo de } a \text{ até } a + h\end{array} \right)$$

ou simplesmente

$$\begin{array}{c}\text{Taxa de variação instantânea} \\ \text{de } f(x) \text{ em } x = a\end{array} = \lim_{h \to 0} \frac{f(a+h) - f(a)}{h}$$

■ Derivada de uma Função em um Ponto

Derivada de uma Função como Taxa de Variação Instantânea

A *taxa de variação instantânea da função* produção *no instante* $x = 3$ é muito importante e também recebe o nome **derivada da função** produção *no ponto* $x = 3$. Simbolizamos a taxa de variação instantânea, ou **derivada**, no ponto $x = 3$ por $f'(3)$.

Assim, de modo geral, *a derivada de uma função em um ponto é a taxa de variação instantânea da função no ponto*:

$$f'(a) = \frac{\text{Derivada da função } f(x)}{\text{no ponto } x = a} = \frac{\text{Taxa de variação instantânea}}{\text{de } f(x) \text{ em } x = a}$$

$$f'(a) = \frac{\text{Derivada da função } f(x)}{\text{no ponto } x = a} = \lim_{h \to 0} \frac{f(a+h) - f(a)}{h}$$

Logo, a derivada de uma função $f(x)$ em um ponto $x = a$ é dada por

$$f'(a) = \lim_{h \to 0} \frac{f(a+h) - f(a)}{h}$$

Devemos lembrar que tal limite só existe, ou seja, a derivada no ponto só existe, se os limites laterais resultarem em um mesmo número. Caso isso não ocorra, o limite no ponto $x = a$ não existe e, por consequência, a derivada não existe.

Para a função produção estudada, calculamos várias taxas de variação média; em seguida, por meio da taxa de variação instantânea no ponto $x = 3$, obtivemos a derivada $f'(3) = 6$. Vamos agora interpretar graficamente alguns desses resultados e estabelecer o significado gráfico da derivada da função no ponto.

■ Interpretação Gráfica da Derivada

Taxa de Variação Média como Inclinação da Reta Secante

Vamos analisar o significado gráfico da taxa de variação média. Sabemos que as taxas de variação médias da produção para os intervalos $3 \leq x \leq 4$ e $4 \leq x \leq 5$ são 7 ton/h e 9 ton/h, respectivamente. Tais valores foram obtidos fazendo

$$\text{Taxa de variação média} = \frac{\text{variação em } P = \Delta P}{\text{variação em } x = \Delta x}$$

Vale lembrar que, no caso de $3 \leq x \leq 4$, a variação em P foi obtida pelo cálculo

$$\Delta P = f(4) - f(3) = 4^2 - 3^2 = 16 - 9 = 7$$

e a variação em x foi obtida por

$$\Delta x = 4 - 3 = 1$$

Graficamente, na Figura 6.1, ao denotarmos os pontos A = (3; $f(3)$) = (3; 9) e B = (4; $f(4)$) = (4; 16), observamos ΔP como a subtração das ordenadas e Δx como a subtração das abscissas dos pontos A e B, e a *taxa de variação média* = $\dfrac{\Delta P}{\Delta x} = \dfrac{7}{1} = 7$ representa a **inclinação da reta secante** passando pelos pontos A e B na curva da produção.

Para o intervalo $4 \leq x \leq 5$, na Figura 6.2, ao denotarmos os pontos B = (4; 16) e C = (5; $f(5)$) = (5; 25), observamos novamente ΔP como a subtração das ordenadas, Δx como a subtração das abscissas dos pontos B e C e, de modo análogo ao da Figura 6.1, a *taxa de variação média* = $\dfrac{\Delta P}{\Delta x} = \dfrac{9}{1} = 9$

representa a **inclinação da reta secante** passando pelos pontos B e C na curva da produção.

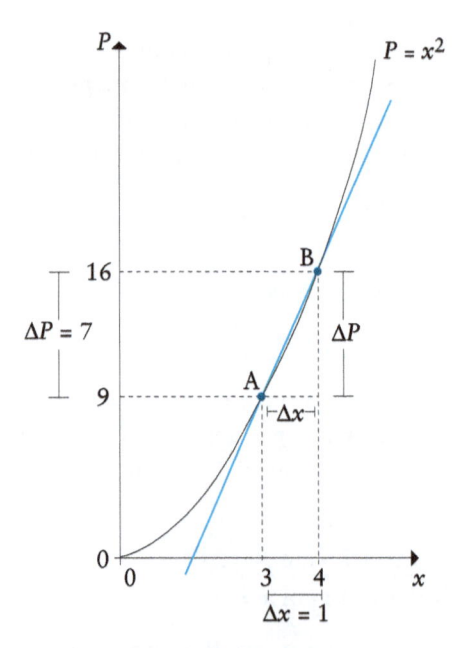

Figura 6.1 Taxa de variação média como inclinação da reta secante $\overleftrightarrow{AB}$.

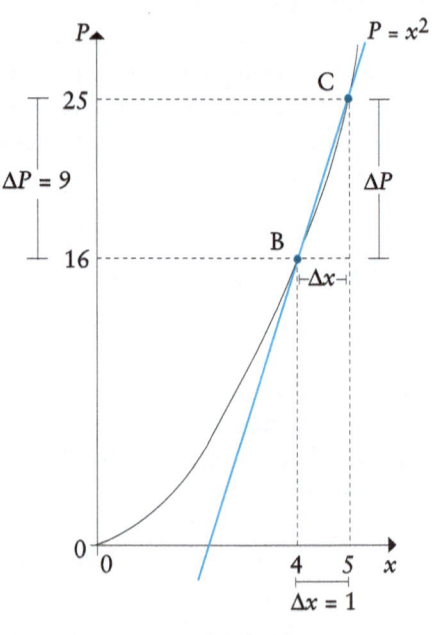

Figura 6.2 Taxa de variação média como inclinação da reta secante $\overleftrightarrow{BC}$.

Como observamos numericamente para a produção, a taxa de variação média para $4 \leq x \leq 5$ é maior que a taxa para $3 \leq x \leq 4$, o que é notado graficamente por uma "maior inclinação" da reta $\overrightarrow{BC}$ em relação à reta $\overrightarrow{AB}$.

Taxa de Variação Instantânea como Inclinação da Reta Tangente

Numericamente, para obter a taxa de variação instantânea, partimos da taxa de variação média. Graficamente, para obter a representação da taxa de variação instantânea, também partiremos da representação da taxa de variação média.

É interessante lembrar que a taxa de variação instantânea em $x = 3$ é dada por

$$\begin{array}{c} \text{Taxa de variação instantânea} \\ \text{de } f(x) \text{ em } x = 3 \end{array} = \lim_{h \to 0} \frac{f(3+h) - f(3)}{h}$$

Para obter o equivalente gráfico de tal limite, trabalhando graficamente com $h > 0$, procederemos da seguinte maneira:

- Na Figura 6.3, primeiramente tomamos o ponto P = (3; $f(3)$) = (3; 9)* representando a produção no instante $x = 3$; em seguida, fazemos um acréscimo h nesse instante, obtendo o instante $3 + h$ e o ponto correspondente Q = $(3 + h; f(3 + h))$ representando a produção em um instante posterior $x = 3$. Temos, assim, uma reta secante passando por $\overrightarrow{PQ}$, onde sua inclinação dá a

$$\begin{array}{c} \text{Taxa de variação média} \\ \text{de } f(x) \text{ para o intervalo} \\ \text{de } 3 \text{ até } 3 + h \end{array} = \frac{f(3+h) - f(3)}{h}$$

- Como devemos calcular o limite para $h \to 0$, na Figura 6.4, tomamos h cada vez menores, de tal modo que $3 + h$ se aproxima de 3. O ponto Q assume novas posições na curva e, consequentemente, a reta secante $\overrightarrow{PQ}$ também assume novas posições.

- Notamos então, na Figura 6.4, que, quando $h \to 0$, o ponto Q "tende" a uma posição limite. Tal posição limite é representada pelo ponto P.

---

* Note que tal ponto é o ponto A = (3; 9) da Figura 6.1.

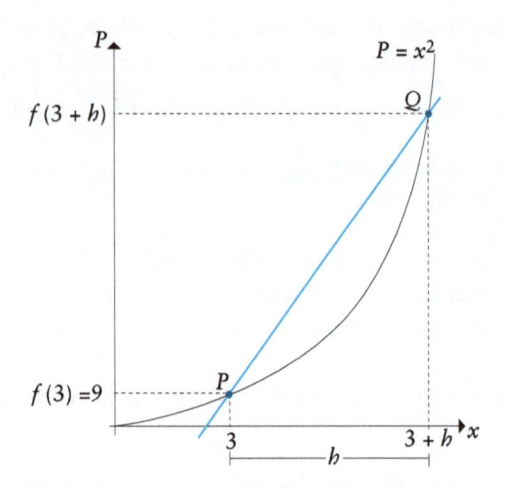

Figura 6.3 Taxa de variação média de f(x) para o intervalo de 3 até 3 + h como inclinação da reta $\overleftrightarrow{PQ}$.

- Assim, ainda na Figura 6.4, percebemos que, à medida que $h \to 0$, a reta secante $\overleftrightarrow{PQ}$ também "tende" para uma posição limite. Tal posição limite é representada pela **reta tangente à curva no ponto** P.
- Logo, os valores das inclinações das retas secantes ($\overleftrightarrow{PQ}$) tendem para o valor da inclinação da reta tangente à curva no ponto P.

Em resumo, quando $h \to 0$, temos:

$$Q \to P$$

Reta secante $\overleftrightarrow{PQ}$ → Reta tangente à curva no ponto P

Inclinação da reta secante → Inclinação da reta tangente à curva no ponto P

Ou seja, numericamente,

$$\begin{pmatrix} \text{Taxa de variação média de } f(x) \\ \text{para o intervalo de 3 até } 3 + h \end{pmatrix} \to \begin{pmatrix} \text{Taxa de variação instantânea} \\ \text{de } f(x) \text{ em } x = 3 \end{pmatrix}$$

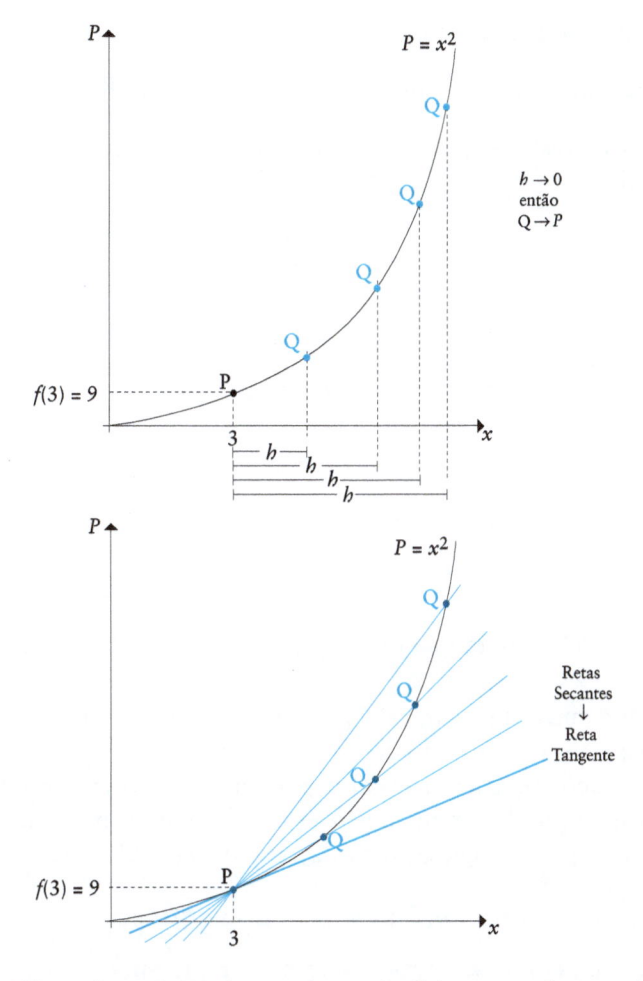

Figura 6.4 Taxa de variação instantânea de $f(x)$ em $x = 3$ como inclinação da reta tangente à curva no ponto P.

Como a taxa de variação média é representada pela inclinação da reta secante, é plausível concluir que

$$\text{Taxa de variação instantânea de } f(x) \text{ em } x = 3 = \text{Inclinação da reta tangente à curva no ponto P}$$

Já realizamos os cálculos do limite proposto e sabemos que

$$\text{Taxa de variação instantânea de } f(x) \text{ em } x = 3 = \lim_{h \to 0} \frac{f(3+h) - f(3)}{h} = 6 \text{ ton/h}$$

Então, graficamente, temos que

(Inclinação da reta tangente à curva no ponto P) = 6 ton/h

Podemos representar a reta tangente à curva no ponto $x = 3$, conforme a Figura 6.5.

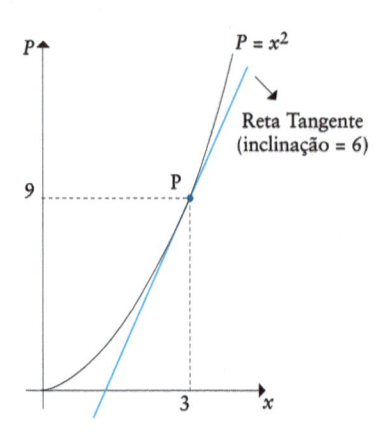

Figura 6.5 Reta tangente à curva $P = x^2$ no ponto P = (3; 9).

Como pudemos observar, as representações gráficas foram feitas para $h > 0$, ou seja, a representação do limite diz respeito a $h \to 0^+$. Salientamos que representações gráficas similares podem ser feitas com $h < 0$ e, a partir da representação do limite onde $h \to 0^-$, obtemos as mesmas conclusões a respeito da representação gráfica da taxa de variação instantânea.

Derivada como Inclinação da Reta Tangente

Sabemos que a taxa de variação instantânea representa a derivada de uma função no ponto, então visualizamos a **derivada de uma função em um ponto** pela *inclinação da reta tangente à curva* naquele ponto.

Dada a derivada de uma função em um ponto $x = a$ como

$$f'(a) = \lim_{h \to 0} \frac{f(a+h) - f(a)}{h}$$

graficamente, dizemos que

$f'(a)$ = Inclinação da reta tangente à curva $f(x)$ no ponto $x = a$

e obtemos a representação gráfica seguindo os mesmos passos realizados anteriormente:

- Na Figura 6.6, primeiramente tomamos o ponto P = (a; f(a)); em seguida, fazemos um acréscimo h nesse instante, obtendo o instante a + h e o ponto correspondente Q = (a + h; f(a + h)). Temos, assim, uma reta secante passando por $\overleftrightarrow{PQ}$, onde sua inclinação dá a

$$\begin{array}{c}\text{Taxa de variação média}\\ \text{de } f(x) \text{ para o intervalo}\\ \text{de } a \text{ até } a + h\end{array} = \frac{f(a + h) - f(a)}{h}$$

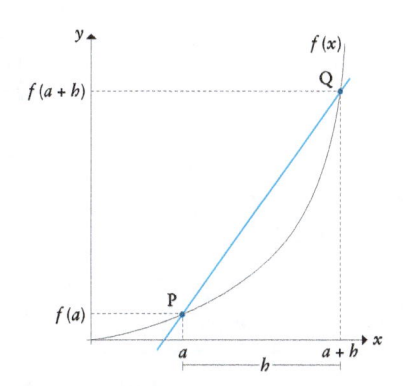

Figura 6.6 Taxa de variação média de f(x) para o intervalo de a até a + h como inclinação da reta $\overleftrightarrow{PQ}$.

- Na Figura 6.7, tomamos h cada vez menores, de tal modo que a + h se aproxima de a. O ponto Q assume novas posições na curva e, consequentemente, a reta secante $\overleftrightarrow{PQ}$ também assume novas posições.
- Notamos, na Figura 6.7, que, quando h → 0, o ponto Q "tende" a uma posição limite. Tal posição limite é representada pelo ponto P, ou seja, Q → P.
- Assim, percebemos que à medida que h → 0, a reta secante $\overleftrightarrow{PQ}$ também "tende" para uma posição limite. Tal posição limite é representada pela *reta tangente à curva no ponto* P, ou seja,

    Reta secante $\overleftrightarrow{PQ}$ → Reta tangente à curva no ponto P

- Logo, os valores das inclinações das retas secantes ($\overleftrightarrow{PQ}$) tendem para o valor da inclinação da reta tangente à curva no ponto P, ou seja,

Inclinação da reta secante → Inclinação da reta tangente à curva no ponto P

Numericamente,

$$\begin{pmatrix} \text{Taxa de variação média de } f(x) \\ \text{para o intervalo de } a \text{ até } a + h \end{pmatrix} \rightarrow \begin{pmatrix} \text{Taxa de variação instantânea} \\ \text{de } f(x) \text{ em } x = a \end{pmatrix} = f'(a)$$

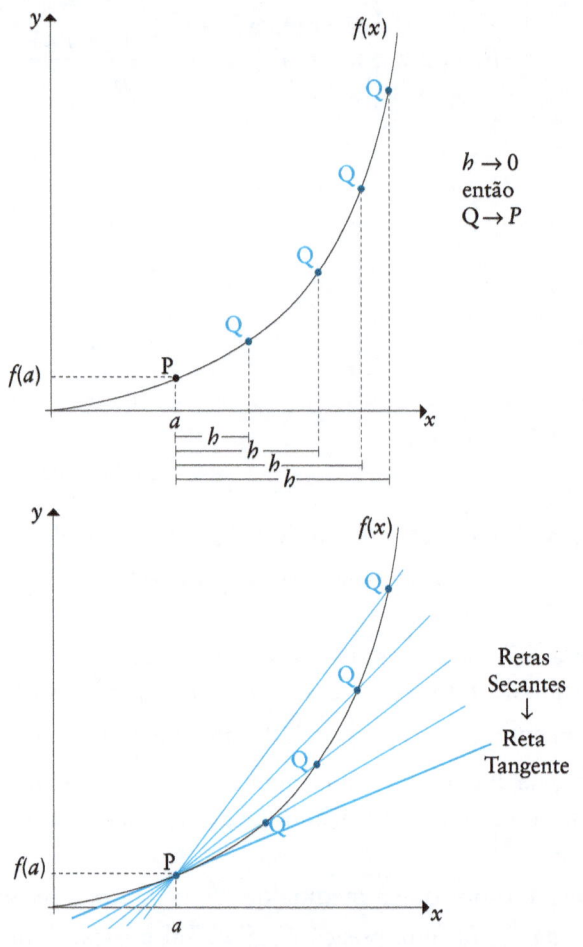

Figura 6.7 Derivada $f'(a)$ como inclinação da reta tangente à curva no ponto P.

Vale aqui observar que, para a função produção $f(x) = x^2$, ao analisar sua derivada em $x = 3$, estamos analisando o comportamento local da produção no instante 3h00. Em $x = 3$, temos $f(3) = 3^2 = 9$, ou seja, para $x = 3$ a produção é $P = 9$ ton. Relembrando que $f'(3) = 6$ ton/h, ou seja, o valor da derivada nesse ponto é 6, podemos compreender melhor o significado desse valor se representarmos graficamente a inclinação da reta tangente no ponto conforme a Figura 6.8.

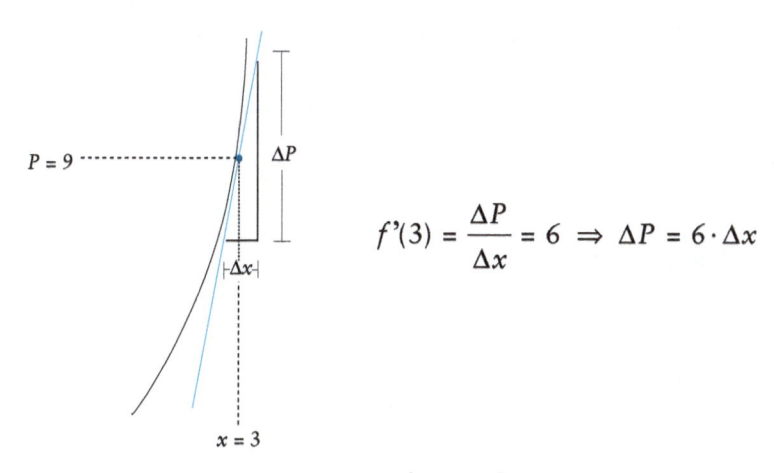

$$f'(3) = \frac{\Delta P}{\Delta x} = 6 \Rightarrow \Delta P = 6 \cdot \Delta x$$

Figura 6.8 Representação gráfica de f'(3) = 6.

Notamos então que *uma pequena variação em* x *próximo de* x = 3 *acarreta uma variação 6 vezes maior em* P*, próximo de* P = 9.

Numericamente, confirmamos isso pois, para um acréscimo no tempo de 1 milésimo próximo de $x = 3$, temos um acréscimo na produção de aproximadamente 6 milésimos próximo de $P = 9$.

Em outras palavras, fazendo $\Delta x = 0{,}001$, passamos de $x = 3$ para $x = 3{,}001$ e, consequentemente, de $f(3) = 9$ para $f(3{,}001) = 9{,}006001 \cong 9{,}006$.

Ou, ainda, se $\Delta x = 0{,}001$, temos

$$\Delta P = f(3{,}001) - f(3)$$
$$\Delta P = 9{,}006001 - 9$$
$$\Delta P = 0{,}006001$$
$$\Delta P \cong 0{,}006$$

Reta Tangente à Curva em um Ponto

Para a representação gráfica da derivada em um ponto, estamos sempre nos referindo à reta tangente à curva nesse ponto. Para a função produção, temos um esboço de tal curva conforme a Figura 6.5. É possível determinar a equação dessa reta.

Conforme o estudado no Capítulo 2, a equação de uma reta é dada por $y = m \cdot x + b$, onde m dá a inclinação da reta e b, o ponto em que a reta corta o eixo y.

Para a reta tangente à curva em um ponto, sua inclinação é dada pela derivada da função nesse ponto; assim, se o ponto é $x = a$, a inclinação será $m = f'(a)$.

Dessa forma, em nosso exemplo, a inclinação da reta tangente será dada por

$$m = f'(3) = 6$$

Sabendo que $m = 6$, na equação da reta tangente podemos escrever $y = 6x + b$. Falta então determinar o coeficiente b, que pode ser encontrado a partir do ponto em que a reta é tangente à curva. Para a produção, o ponto por onde passa a reta é dado por P = (3; $f(3)$) = (3; 9); assim, substituindo as coordenadas de (3; 9) em $y = 6x + b$, temos:

$$9 = 6 \cdot 3 + b$$
$$b = -9$$

Assim, a equação da reta tangente à curva da produção é dada por

$$y = 6x - 9$$

Tal reta, nas proximidades de $x = 3$, "se confunde com a curva", podendo "de certa forma" substituí-la. Veja a Figura 6.9, onde realizamos *zoom* próximo ao ponto de tangência.

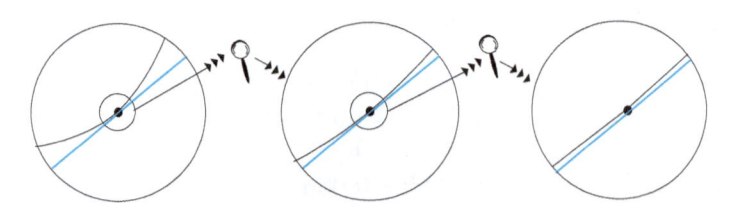

Figura 6.9 Reta tangente "se confundindo" com a curva no ponto de tangência.

A equação de tal reta é usada nos estudos de "linearidade local" de uma função, e tais aspectos, além de sua utilização, poderão ser estudados em detalhes no Tópico Especial no final deste capítulo.

Diferentes Derivadas para Diferentes Pontos e a Função Derivada

Para a função produção, se tomarmos diferentes pontos na curva, teremos diferentes retas tangentes, com diferentes inclinações e, como cada inclinação representa a derivada, tais inclinações representam diferentes derivadas. Em termos numéricos, para cada instante teremos diferentes taxas de variação instantânea da produção. Vamos calcular algumas derivadas para os pontos.

Vamos calcular a derivada dessa função para o instante 4h00, ou seja, vamos calcular

$$f'(4) = \lim_{h \to 0} \frac{f(4+h) - f(4)}{h}$$

Para tanto, vamos montar uma tabela onde verificaremos o comportamento dos limites laterais, analisando o valor de $\frac{f(4+h) - f(4)}{h}$ quando $h \to 0^+$ e quando $h \to 0^-$.

Tabela 6.1 Cálculo dos limites laterais para $\lim_{h \to 0} \frac{f(4+h) - f(4)}{h}$

h	$\frac{f(4+h) - f(4)}{h}$				
$h \downarrow$ 0^- −0,1	$\frac{f(4-0,1) - f(4)}{-0,1}$	$= \frac{f(3,9) - f(4)}{-0,1}$	$= \frac{3,9^2 - 4^2}{-0,1}$	$= 7,9$	$\frac{f(4+h) - f(4)}{h}$ $\downarrow$ 8
−0,01		... = 7,99			
−0,001		... = 7,999			
$h \downarrow$ 0^+ 0,1	$\frac{f(4+0,1) - f(4)}{0,1}$	$= \frac{f(4,1) - f(4)}{0,1}$	$= \frac{4,1^2 - 4^2}{0,1}$	$= 8,1$	$\frac{f(4+h) - f(4)}{h}$ $\downarrow$ 8
0,01		... = 8,01			
0,001		... = 8,001			

Pelos resultados na tabela, assumiremos que os limites laterais valem 8 e então podemos concluir que

$$f'(4) = \lim_{h \to 0} \frac{f(4+h) - f(4)}{h} = 8$$

Assim, no instante $x = 4$, a produção está variando a uma taxa de $f'(4) = 8$ ton/h ou, em outras palavras, a inclinação da reta tangente nesse ponto é $m = 8$. De modo análogo ao realizado para $f'(4) = 8$, podemos calcular numericamente outras derivadas para a função produção. A Tabela 6.2 resume os valores das derivadas para os pontos 1, 2, 3, 4, 5, 6 e 7.

Tabela 6.2 Valores de f'(a) para f(x) = x²

a	1	2	3	4	5	6	7
f'(a)	2	4	6	8	10	12	14

Dessa forma, podemos estabelecer uma relação de *associação de cada instante para um único valor de derivada* correspondente. Podemos então pensar em uma **função que dá a derivada para cada ponto x**. Ou seja, podemos escrever a derivada como uma função de x, e tal função será simbolizada por $f'(x)$.

Como também estamos simbolizando a função produção como função de x, isto é, $P = f(x)$, temos a função derivada da produção também simbolizada por P' ou $P' = f'(x)$.

Para a função produção são sugestivos os resultados das derivadas obtidas conforme a Tabela 6.2, pois cada resultado de $f'(a)$ é **o dobro** do valor do instante $x = a$. Para esse caso, parece plausível que $f'(x) = 2x$ ou $P' = 2x$.

Função Derivada

Na verdade, representando a *taxa de variação* da função $f(x)$ com respeito à variável x, definimos a **derivada de f(x)** em relação a x por

$$f'(x) = \lim_{h \to 0} \frac{f(x+h) - f(x)}{h}$$

Para a função $f(x) = x^2$, especulamos, a partir dos resultados obtidos na Tabela 6.2, que a função derivada é dada por $f'(x) = 2x$.

A partir da definição de função derivada, vamos verificar se tal função realmente representa a derivada da produção ou, em outras palavras, vamos calcular algebricamente a derivada de $f(x) = x^2$:

Pela definição

$$f'(x) = \lim_{h \to 0} \frac{f(x+h) - f(x)}{h}$$

Aplicando a função em $(x + h)$ e em x

$$f'(x) = \lim_{h \to 0} \frac{(x+h)^2 - x^2}{h}$$

$$f'(x) = \lim_{h \to 0} \frac{x^2 + 2xh + h^2 - x^2}{h}$$

$$f'(x) = \lim_{h \to 0} \frac{2xh + h^2}{h}$$

Colocando h em evidência e cancelando-o

$$f'(x) = \lim_{h \to 0} \frac{\cancel{h}(2x+h)}{\cancel{h}}$$

Em tal limite, quando $h \to 0$, temos $(2x + h) \to 2x$, então

$$f'(x) = \lim_{h \to 0} (2x + h) = 2x$$

Concluímos que, de fato, $f'(x) = 2x$.

Vamos agora recordar cada um dos conceitos discutidos durante este capítulo resolvendo os itens do problema proposto a seguir:

Problema: Na comercialização de um componente químico líquido, utilizado na fabricação de sabão e detergente, a receita R para a venda da quantidade q é dada por $R(q) = 5q^2$, onde a receita é dada em reais (R$) e a quantidade é dada em litros (l).

a) Determine a taxa de variação média da receita para o intervalo $4 \leq q \leq 6$. Qual é o seu significado gráfico?

Solução: Temos que *taxa de variação média* $= \dfrac{\text{variação em } R}{\text{variação em } q} = \dfrac{\Delta R}{\Delta q}$ ou ainda

Taxa de variação média de $R(q)$ para o intervalo de 4 até 6 $= \dfrac{R(6) - R(4)}{6 - 4} = \dfrac{5 \cdot 6^2 - 5 \cdot 4^2}{2} = \dfrac{180 - 80}{2} = \dfrac{100}{2} = 50$ R$/$l$

Graficamente, representa a inclinação da reta secante $\overrightarrow{AB}$, onde $A = (4; R(4)) = (4; 80)$ e $B = (6; R(6)) = (6; 180)$.

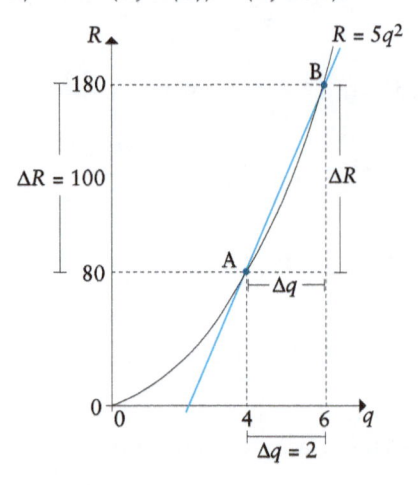

b) Determine, numericamente, a taxa de variação instantânea da receita para $q = 1$.

Solução: A taxa de variação instantânea para $q = 1$ é dada por

$$\text{Taxa de variação instantânea de } R(q) \text{ em } q = 1 = \lim_{h \to 0} \frac{R(1+h) - R(1)}{h}$$

Para calcular tal taxa, vamos estimar os limites laterais de acordo com a tabela a seguir. (Observação: Optamos por utilizar $h = \pm 0{,}1$, $h = \pm 0{,}01$ e $h = \pm 0{,}001$, mas poderíamos utilizar outros valores desde que $h \to 0$.)

	h	$\dfrac{R(1+h) - R(1)}{h}$				
$h \downarrow 0^-$	$-0{,}1$	$\dfrac{R(1-0{,}1) - R(1)}{-0{,}1}$	$= \dfrac{R(0{,}9) - R(1)}{-0{,}1}$	$= \dfrac{5 \cdot 0{,}9^2 - 5 \cdot 1^2}{-0{,}1}$	$= 9{,}5$	$\dfrac{R(1+h) - R(1)}{h}$ $\downarrow$ 10
	$-0{,}01$		$\ldots = 9{,}95$			
	$-0{,}001$		$\ldots = 9{,}995$			
$h \downarrow 0^+$	$0{,}1$	$\dfrac{R(1+0{,}1) - R(1)}{0{,}1}$	$= \dfrac{R(1{,}1) - R(1)}{0{,}1}$	$= \dfrac{5 \cdot 1{,}1^2 - 5 \cdot 1^2}{0{,}1}$	$= 10{,}5$	$\dfrac{R(1+h) - R(1)}{h}$ $\downarrow$ 10
	$0{,}01$		$\ldots = 10{,}05$			
	$0{,}001$		$\ldots = 10{,}005$			

Pelos resultados na tabela, assumiremos que os limites laterais valem 10 e então podemos concluir que

$$\text{Taxa de variação instantânea de } R(q) \text{ em } q = 1 = \lim_{h \to 0} \frac{R(1+h) - R(1)}{h} = 10$$

c) Determine a derivada da receita em $q = 1$. Qual a unidade de medida dessa derivada?

Solução: Queremos $R'(1)$ e, como a derivada da receita em $q = 1$ é a mesma que a taxa de variação instantânea de $R(q)$ em $q = 1$, já calculada no item anterior, então temos $R'(1) = 10$. Sua unidade de medida é R\$/l, que é a mesma unidade da taxa de variação média, ou da taxa de variação instantânea, que têm em seus cálculos a divisão de ΔR por Δq, ou seja, $\frac{\Delta R}{\Delta q} \approx \frac{\text{reais}}{\text{litros}} \approx \frac{R\$}{l}$. Podemos então escrever $R'(1) = 10$ R\$/l.

d) Qual o significado numérico e gráfico de tal valor?

Solução: Tal valor indica a taxa com que varia a receita quando a quantidade comercializada é 1l. Também podemos dizer que uma pequena variação em q, próximo de $q = 1$, acarreta uma variação 10 vezes maior em R, próximo a $R = 5$. Graficamente representa a inclinação da reta tangente à curva da receita no ponto P = $(1; R(1)) = (1; 5)$.

e) Determine a equação da reta tangente à curva para $q = 1$. Faça também a representação gráfica.

Solução: Sabemos que tal reta passa pelo ponto P = $(1; 5)$ e, em sua equação $y = m \cdot x + b$, o coeficiente m representa sua inclinação. Tal inclinação é dada pela derivada no ponto $q = 1$:

$$m = R'(1) = 10$$

Substituindo tal valor na equação da reta, temos

$$y = 10x + b$$

Nessa equação, para encontrar o valor de b, basta substituir em x e y as coordenadas do ponto P = $(1; 5)$ por onde passa a reta:

$$5 = 10 \cdot 1 + b$$
$$b = -5$$

Assim, a equação da reta tangente à curva da produção é dada por

$$y = 10x - 5$$

Representando graficamente, temos

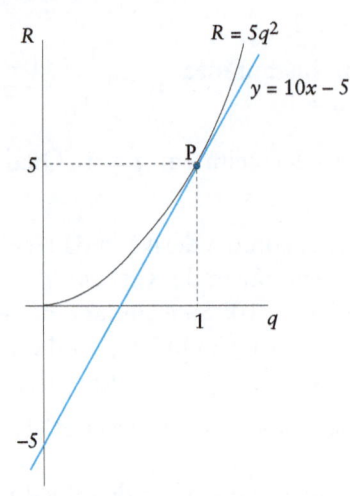

f) Encontre, algebricamente, a função derivada de R em relação a q.

Solução: Pela definição $f'(x) = \lim_{h \to 0} \dfrac{f(x+h) - f(x)}{h}$, a derivada $R'(q)$ será

$$R'(q) = \lim_{h \to 0} \dfrac{R(q+h) - R(q)}{h}$$

Aplicando a função em $(q + h)$ e em q

$$R'(q) = \lim_{h \to 0} \dfrac{5(q+h)^2 - 5q^2}{h}$$

$$R'(q) = \lim_{h \to 0} \dfrac{5(q^2 + 2qh + h^2) - 5q^2}{h}$$

$$R'(q) = \lim_{h \to 0} \dfrac{5q^2 + 10qh + 5h^2 - 5q^2}{h}$$

$$R'(q) = \lim_{h \to 0} \dfrac{10qh + 5h^2}{h}$$

Colocando h em evidência e cancelando-o

$$R'(q) = \lim_{h \to 0} \dfrac{\cancel{h}(10q + 5h)}{\cancel{h}}$$

Em tal limite, quando $h \to 0$, temos $5h \to 0$, de modo que $(10q + 5h) \to 10q$, então

$$R'(q) = \lim_{h \to 0} (10q + 5h) = 10q$$

Concluímos que $R'(q) = 10q$.

■ Exercícios

1. Em uma indústria química, considerou-se a produção de detergente como função do capital investido em equipamentos e estabeleceu-se $P(q) = 3q^2$, onde a produção P é dada em milhares de litros e o capital investido q é dado em milhares de reais.

   a) Determine a taxa de variação média da produção para o intervalo $3 \leq q \leq 5$. Qual é o seu significado gráfico?
   b) Estime, numericamente, a taxa de variação instantânea da produção para $q = 1$. (Utilize para as estimativas do limite $h = \pm 0{,}1$; $h = \pm 0{,}01$ e $h = \pm 0{,}001$.)
   c) Estime a derivada da produção em $q = 1$, ou seja, $P'(1)$. Qual a unidade de medida dessa derivada?
   d) Qual o significado numérico e gráfico da derivada encontrada no item anterior?
   e) Determine a equação da reta tangente à curva para $q = 1$. Faça também a representação gráfica.
   f) Encontre, algebricamente, a derivada de P em $q = 1$.
   g) Encontre, algebricamente, a função derivada de P em relação a q, ou seja, $P'(q)$.

2. O custo C para se beneficiar uma quantidade q de trigo é dado por $C(q) = q^2 + 400$, onde C é dado em reais (R\$) e q é dado em toneladas (ton).

   a) Determine a taxa de variação média do custo para o intervalo $1 \leq q \leq 5$. Qual é o seu significado gráfico?
   b) Estime, numericamente, a taxa de variação instantânea do custo para $q = 2$. (Utilize para as estimativas do limite $h = \pm 0{,}1$; $h = \pm 0{,}01$ e $h = \pm 0{,}001$.)
   c) Estime a derivada do custo em $q = 2$, ou seja, $C'(2)$. Qual a unidade de medida dessa derivada?
   d) Qual o significado numérico e gráfico da derivada encontrada no item anterior?

e) Determine a equação da reta tangente à curva para $q = 2$. Faça também a representação gráfica.
f) Encontre, algebricamente, $C'(2)$.
g) Encontre, algebricamente, a função derivada de C em relação a q, ou seja, $C'(q)$.

3. O custo C para a produção de uma quantidade q de componentes eletrônicos é representado pela função $C = f(q)$. O custo é dado em reais (R$) e a quantidade é dada em milhares de unidades.

   a) Qual o significado e a unidade de medida da derivada $f'(q)$?
   b) Em termos práticos, o que significa dizer que $f'(10) = 5$?
   c) Em uma produção industrial, o que você espera que seja maior, $f'(10)$ ou $f'(100)$?

4. O montante M de uma aplicação financeira a juros compostos é escrito como função do tempo x que o capital fica aplicado, ou seja, $M = f(x)$. O montante é dado em reais (R$) e o tempo é dado em meses.

   a) Qual o significado e a unidade de medida da derivada $f'(q)$?
   b) Em termos práticos, o que significa dizer que $f'(6) = 10$?
   c) Graficamente, o que significa dizer que $f'(6) = 10$? Faça uma representação gráfica.
   d) Ao longo do tempo, o que você espera que seja maior, $f'(6)$ ou $f'(12)$?

5. Uma ação é negociada na bolsa de valores e seu valor V é dado de acordo com o número t de dias de "pregão" transcorridos após a data em que tal ação começa a ser negociada ($t = 0$). O gráfico a seguir traz alguns valores, em reais (R$), de tal ação no decorrer do tempo.

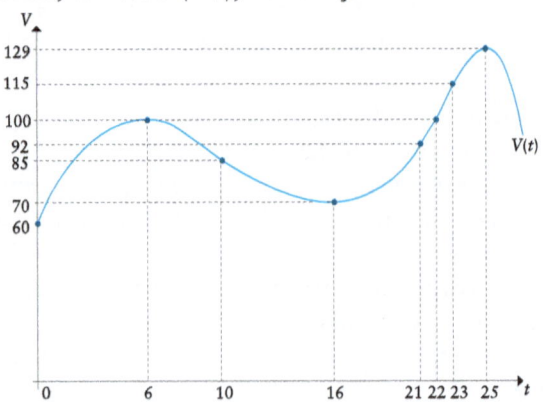

a) Qual a taxa de variação do valor da ação para o intervalo $0 \leq t \leq 6$? E para $21 \leq t \leq 23$? Para tais intervalos, a função é crescente ou decrescente? Compare a resposta com as taxas encontradas.

b) Qual a taxa de variação do valor da ação para o intervalo $6 \leq t \leq 10$? E para $10 \leq t \leq 16$? Para tais intervalos, a função é crescente ou decrescente? Compare a resposta com as taxas encontradas.

c) Qual a taxa de variação do valor da ação para o intervalo $6 \leq t \leq 22$? Qual o significado gráfico de tal taxa de variação?

d) Qual o significado da derivada $V'(t)$? Qual a sua unidade de medida?

e) Represente graficamente, com retas tangentes sobre o gráfico dado, aproximações para as derivadas $V'(6)$, $V'(10)$, $V'(16)$, $V'(21)$, $V'(23)$ e $V'(25)$. Para cada reta traçada, diga se $V'(t) > 0$, $V'(t) < 0$ ou $V'(t) = 0$.

6. Podemos enunciar a lei da demanda de um produto em relação ao preço da seguinte forma: "A demanda ou procura por um produto pelos consumidores no mercado geralmente aumenta quando o preço cai e diminui quando o preço aumenta". Assim, estabelecendo a demanda q como função do preço p, ou seja, $q = f(p)$, e considerando q dado em unidades e p dado em reais (R\$), responda:

    a) Qual o significado e a unidade de medida da derivada $f'(2)$?
    b) Você espera que $f'(2)$ seja negativa ou positiva? Justifique.

7. Para um produto, a receita R, em reais (R\$), ao se comercializar a quantidade q, em unidades, é dada pela função $R = -2q^2 + 1.000q$.

    a) Esboce o gráfico de R ressaltando os principais pontos.
    b) Determine a taxa de variação média da receita para os intervalos $100 \leq q \leq 200$; $200 \leq q \leq 300$ e $300 \leq q \leq 400$. Quais os seus significados gráficos?
    c) Estime, numericamente, a taxa de variação instantânea da receita para $q = 100$. (Utilize para as estimativas do limite $h = \pm 0,1$; $h = \pm 0,01$ e $h = \pm 0,001$.)
    d) Estime a derivada da receita em $q = 100$, ou seja, $R'(100)$. Qual a unidade de medida dessa derivada?
    e) Qual o significado numérico e gráfico da derivada encontrada no item anterior?
    f) Determine a equação da reta tangente à curva para $q = 100$. Faça também a representação gráfica.

g) Encontre, algebricamente, $R'(100)$.

h) Encontre, algebricamente, a função derivada de R em relação a q, ou seja, $R'(q)$.

i) Utilizando a função $R'(q)$ encontrada no item anterior, obtenha $R'(100)$, $R'(250)$, $R'(300)$ e represente sobre o gráfico do item (a) as retas tangentes relativas a essas derivadas.

j) Comente os sinais de $R'(100)$, $R'(250)$, $R'(300)$ e sua relação com o comportamento da função $R(q)$.

8. O montante, em reais (R$), de uma aplicação financeira no decorrer dos anos é dado por $M(x) = 50.000 \cdot 1{,}08^x$, onde x representa o ano após a aplicação e $x = 0$ o momento em que foi realizada a aplicação.

   a) Esboce o gráfico de $M(x)$.

   b) Determine a taxa de variação média do montante para o intervalo $2 \leq x \leq 6$. Qual o seu significado gráfico?

   c) Estime, numericamente, a taxa de variação instantânea do montante para $x = 3$. (Utilize para as estimativas do limite $h = \pm 0{,}1$; $h = \pm 0{,}001$ e $h = \pm 0{,}00001$. Observação: Para tais cálculos, considere todas as casas decimais de sua calculadora.)

   d) Estime a derivada do montante em $x = 3$, ou seja, $M'(3)$. Qual a unidade de medida dessa derivada?

   e) Qual o significado numérico e gráfico da derivada encontrada no item anterior?

   f) Determine a equação da reta tangente à curva para $x = 3$. Faça também a representação gráfica.

9. Em uma linha de produção, o número P de aparelhos eletrônicos montados por um grupo de funcionários depende do número q de horas trabalhadas em $P(q) = 1.000 q^{3/4}$, onde P é medida em unidades montadas, aproximadamente, por dia.

   a) Estime, numericamente, a derivada da produção para $q = 1$. Qual a unidade de medida dessa derivada? (Utilize para as estimativas do limite $h = \pm 0{,}1$; $h = \pm 0{,}01$ e $h = \pm 0{,}001$. Observação: Para tais cálculos, considere todas as casas decimais de sua calculadora.)

   b) Qual o significado numérico e gráfico da derivada encontrada no item anterior?

   c) Determine a equação da reta tangente à curva para $q = 1$. Faça também a representação gráfica.

   d) Entre $P'(1)$ e $P'(10)$, qual valor você espera que seja maior? Justifique.

10. Um produto, quando comercializado, apresenta as funções custo e receita dadas respectivamente por $C = 3q + 90$ e $R = 5q$, onde q é a quantidade comercializada que se supõe ser a mesma para custo e receita.

   a) Encontre numericamente o valor de $C'(1)$ e $C'(5)$ e compare tais valores. O que você pode concluir a respeito de tais derivadas? Justifique.
   b) Encontre algebricamente a função derivada $R'(q)$. Na prática, qual o significado de tal função?

11. A produção de um funcionário, quando relacionada ao número de horas trabalhadas, leva à função $P = -2t^2 + 24t + 128$.

   a) Esboce o gráfico ressaltando os principais pontos.
   b) Encontre, algebricamente, a função derivada $P'(t)$.
   c) Em que momento a produção é máxima? Utilizando $P'(t)$, encontrada no item anterior, calcule o valor da derivada para esse ponto. Represente graficamente a reta tangente nesse ponto.
   d) Utilizando $P'(t)$, encontrada no item (b), calcule o valor de $P'(8)$ e comente seu significado numérico.
   e) Comente o sinal de $P'(8)$ e sua relação com o comportamento da função $P(t)$.
   f) Encontre a equação da reta tangente à curva em $t = 8$ e represente-a sobre o gráfico esboçado no item (a).

12. Em uma safra, a quantidade q demandada pelos consumidores e o preço p de uma fruta estão relacionados de acordo com $q = 150.000p^{-2}$, onde a demanda é dada em quilos e o preço em reais por quilo (R\$/kg).

   a) Construa uma tabela que dê a demanda para os preços de 0,50; 1,00; 1,50; 2,00; 2,50; 5,00 e 10,00 R\$/kg para tal fruta e, a partir de tal tabela, esboce o gráfico de q.
   b) Estime, numericamente, a derivada da demanda para $p = 2,00$. Qual a unidade de medida dessa derivada? (Utilize para as estimativas do limite $h = \pm 0,1$; $h = \pm 0,01$ e $h = \pm 0,001$. Observação: Para tais cálculos, considere todas as casas decimais de sua calculadora.)
   c) Determine a equação da reta tangente à curva para $p = 3$. Faça também a representação gráfica.
   d) Qual o significado em termos práticos de $p \to \infty$? Observando os resultados e o gráfico do item (a), que valor se espera para $\lim_{p \to \infty} q$?

   Justifique.

e) Observando os resultados e o gráfico do item (a), que valor se espera para $\lim_{p \to \infty} q'$? Justifique.

f) Obtenha algebricamente a função derivada $q'(p)$.

13. O preço do trigo varia no decorrer dos meses de acordo com a função $p = 0{,}25t^2 - 2{,}5t + 60$ para um período de um ano, onde $t = 0$ representa o momento inicial de análise, $t = 1$ após 1 mês, $t = 2$ após 2 meses etc.

    a) Esboce o gráfico ressaltando os principais pontos.
    b) Encontre, algebricamente, a função derivada $p'(t)$.
    c) Em que momento o preço é mínimo? Utilizando $p'(t)$, encontrada no item anterior, calcule o valor da derivada para esse ponto. Represente graficamente a reta tangente nesse ponto.
    d) Utilizando $p'(t)$, encontrada no item (b), calcule o valor de $p'(7)$ e comente seu significado numérico.
    e) Comente o sinal de $p'(7)$ e sua relação com o comportamento da função $p'(t)$.
    f) Encontre a equação da reta tangente à curva em $t = 7$ e represente-a sobre o gráfico esboçado no item (a).

14. Para cada função dada a seguir, determine algebricamente o valor da derivada no ponto $x = 1$, seu significado numérico e gráfico, sua unidade de medida e a função derivada.

    a) $V(x) = 5x$ ➔ V é o valor de uma compra (R\$); x é a quantidade de carne comprada (kg).
    b) $q(x) = -10x + 50$ ➔ q é a demanda (unidades); x é o preço do produto (R\$).
    c) $i(x) = 10$ ➔ i é o índice percentual (%) de reajuste do salário; x é o salário de um indivíduo de uma classe de trabalhadores (R\$).
    d) $P(x) = x^3$ ➔ P é a produção (unidades); x é o capital (R\$) aplicado em equipamentos.
    e) $q(x) = \dfrac{1}{x}$ ➔ q é a demanda (milhares de unidades); x é o preço do produto (R\$).

TÓPICO ESPECIAL – Linearidade Local

Nos Tópicos Especiais dos capítulos anteriores, desenvolvemos modelos matemáticos que permitiram estudar alguns fenômenos cotidianos, e uma característica comum a esses modelos é a sua utilização no cálculo de estimativas das variáveis envolvidas nos fenômenos estudados. O cálculo de estimativas é muito utilizado nas áreas de administração, economia e contabilidade. Muitas vezes, temos funções cujas relações matemáticas que as descrevem se mostram complexas, e a realização dos cálculos de estimativas ou dos valores da variável dependente se mostra bastante trabalhosa. Nessas situações, em que a função $f(x)$ com a qual estamos lidando é complicada, para se calcular valores de y, usamos a reta tangente como uma forma mais simplificada para estabelecer estimativas de y, o que podemos chamar de linearidade local.

A ideia central deste tópico é a aproximação linear que podemos realizar para uma função $f(x)$ utilizando a reta tangente à curva em um ponto. A aproximação linear será utilizada para um pequeno intervalo de x próximo ao ponto. Utilizaremos a reta tangente à curva $f(x)$ para calcular estimativas da variável y para valores da variável x próximos do ponto que originou a reta tangente.

Com o intuito de exemplificar tal procedimento, construiremos a curva de custos em função das quantidades produzidas e destacando a reta tangente a essa curva em um ponto (q, C).

Tabela 6.3 Construção da função custo representada pela equação:
$C = 2q^3 - 20q^2 + 80q + 100$; $0 \leq q \leq 7$

Quantidade Produzida (q)	0	1	2	3	4	5	6	7
Custo Fixo (CF)	100	100	100	100	100	100	100	100
Custo Variável (CV)	0	62	96	114	128	150	192	266
Custo (C)	100	162	196	214	228	250	292	366

Olhando atentamente para o ponto A da Figura 6.10, notamos que, em uma vizinhança muito próxima ao ponto, o gráfico da curva de custos se aproxima muito da reta tangente, cuja inclinação é a derivada da função custo no ponto q, onde $C'(q) = \lim_{h \to 0} \dfrac{C(q+h) - C(q)}{h}$.

Verifica-se que, nas proximidades do ponto $A(q; C)$, o gráfico de (C) se parece muito com a reta tangente à curva no ponto.

A determinação da reta tangente no ponto $(q; C)$ se dará pela equação $y = m \cdot x + b$, onde $m = C'(q)$ é a inclinação da curva de custos no ponto considerado.

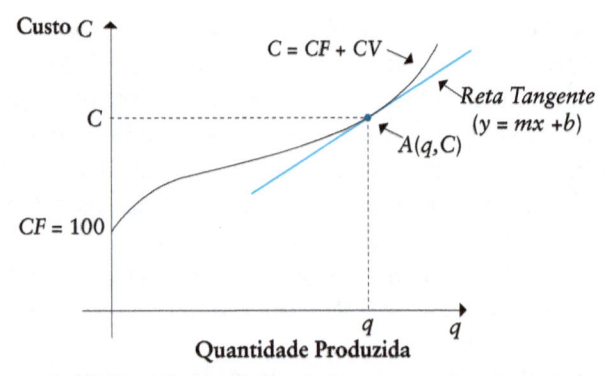

Figura 6.10 Função custo e tangente em um ponto (q; C).

Naturalmente, obteremos estimativas de y para uma curva $y = f(x)$ subestimadas, quando a reta tangente se posicionar abaixo da curva, e estimativas de y superestimadas, para uma reta tangente se posicionando acima da curva $y = f(x)$. Tais situações são expostas na Figura 6.11, onde temos uma reta tangente abaixo da curva, passando pelo ponto $A(q_2; C_2)$, e uma reta tangente acima da curva, passando pelo ponto $B(q_1; C_1)$.

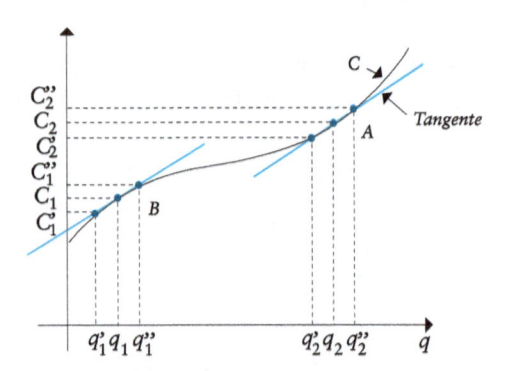

Figura 6.11 Tangentes para valores superestimados e subestimados do custo.

Cabe ressaltar que, à medida que nos afastamos de q_1 e q_2, as estimativas apresentarão um grau de erro mais elevado, erro este calculado pela diferença entre o valor real e o valor estimado.

Exemplo 1

Vamos estudar nesse exemplo a linearidade local da função $y = x^2$ nas vizinhanças do ponto $x = 2$.

De acordo com os cálculos realizados durante este capítulo, sabemos que a derivada da função $y = x^2$ é dada por $f'(x) = 2x$. Assim, o valor da derivada no ponto $x = 2$ será dado por $f'(2) = 2 \cdot 2 = 4$.

Como a derivada da função no ponto graficamente representa a inclinação da reta tangente à curva, temos que $f'(2) = 4$ é a inclinação da reta tangente à curva $y = x^2$ em $x = 2$.

Podemos estimar também a inclinação em $x = 2$ usando $m = f'(x) \cong \dfrac{\Delta y}{\Delta x}$ por meio dos dados da Tabela 6.4, onde temos valores aproximados da função $y = x^2$.

Tabela 6.4 Valores para $f(x) = x^2$

x ("próximo" de 2)	$y = x^2$ (valores aproximados)
2,001	4,0040
2,002	4,0080
2,003	4,0120
2,004	4,0160

$$m = f'(2) \cong \frac{\Delta y}{\Delta x} = \frac{4,0160 - 4,0120}{2,004 - 2,003} = 4,0000$$

ou

$$m = f'(2) \cong \frac{\Delta y}{\Delta x} = \frac{4,0120 - 4,0080}{2,003 - 2,002} = 4,0000$$

Verifica-se, pelas variações calculadas, que a inclinação é 4 próximo de $x = 2$, e tais aproximações traduzem um dos significados de $f'(2) = 4$. Na Figura 6.12 podemos visualizar uma aproximação da "inclinação" da curva $y = x^2$ próximo a $x = 2$.

Para determinar a equação da reta tangente, sabemos que $y = m \cdot x + b$, onde $m = f'(2) = 4$, e tal reta passa pelo ponto $x = 2$; e tal valor em $y = x^2$ leva a $f(2) = (2)^2 = 4$. Logo, a reta tangente passa por $(2; 4)$.

Em $y = m \cdot x + b$, substituindo $m = f'(2) = 4$ e o ponto $(x; y) = (2; 4)$, temos

$$4 = 4 \cdot (2) + b$$
$$b = -4$$

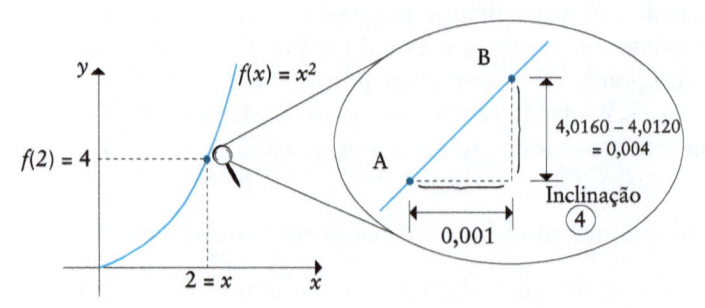

Figura 6.12 Curva $y = x^2$ próximo do ponto (2; 4).

Assim, $y = 4x - 4$ é a equação da reta tangente à curva $y = x^2$ em (2; 4). Na Figura 6.13, temos a representação gráfica de tal reta e da curva $y = x^2$.

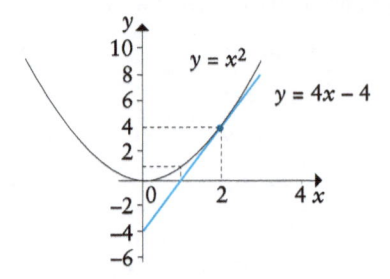

Figura 6.13 Gráfico de $y = x^2$ e reta tangente no ponto (2; 4).

Para a linearização de $y = x^2$ em $x = 2$, consideramos a reta tangente $y = 4x - 4$ e fazemos

$$y = f(x) \cong \text{(equação da reta tangente)}$$

Então, a aproximação linear correspondente é

$$f(x) = x^2 \cong 4x - 4$$

ou

$$x^2 \cong 4x - 4$$

A Tabela 6.5 traz valores da função calculados na expressão original ($y = x^2$), valores da função estimados por meio da equação da reta tangente ($y = 4x - 4$) e o erro dado pela diferença entre o valor real e o valor estimado, próximos a $x = 2$.

Tabela 6.5 Comparação entre cálculos dos valores reais e cálculos das estimativas para $y = x^2$

x	Curva Valores em $y = x^2$ (valores reais)	Reta Tangente Valores em $y = 4x - 4$ (valores estimados)	Erro = | Valor Real − Valor Estimado | E = | VR − VE |
1,10	$y = (1{,}1)^2 = 1{,}21$	$y = 4 \cdot (1{,}1) - 4 = 0{,}4$	0,810000
1,82	3,312400	3,280000	0,032400
1,90	3,610000	3,600000	0,010000
1,95	3,802500	3,800000	0,002500
1,98	3,920400	3,920000	0,000400
2,15	4,622500	4,600000	0,022500
2,23	4,972900	4,920000	0,052900
2,30	5,290000	5,200000	0,090000
2,35	5,522500	5,400000	0,122500
2,40	5,760000	5,600000	0,160000
2,90	8,410000	7,600000	0,810000

Nota-se facilmente, na coluna erro, que, para valores próximos de $x = 2$, as estimativas efetuadas pela reta tangente geram boas aproximações, enquanto que, para valores de x mais "distantes" de $x = 2$, temos estimativas com erros cada vez maiores e subestimados.

Exemplo 2

Seja a função $y = \sqrt{x + 10}$, definida pelas variáveis: $y = consumo$ (unidades) e $x = renda$ (u.m.). Iremos encontrar a linearização em $x = 6$ (u.m.) e construir uma tabela de estimativas para alguns valores de x, e comparar as estimativas obtidas com seus valores reais.

Para o cálculo da derivada no ponto $x = 6$, construiremos uma tabela estimando os limites laterais de $f'(6) = \lim_{h \to 0} \dfrac{f(6 + h) - f(6)}{h}$.

Tabela 6.6 Estimativa numérica para $\lim\limits_{h \to 0} \dfrac{f(6 + h) - f(6)}{h}$

	h	$\dfrac{f(a+h) - f(a)}{h}$ ou $\dfrac{f(6+h) - f(6)}{h}$		$\lim\limits_{h \to 0} \dfrac{f(6+h) - f(6)}{h}$
h ↓ 0^+	+0,1	$\dfrac{\sqrt{(6 + 0{,}1) + 10} - \sqrt{6 + 10}}{0{,}1}$	≅ 0,124805	$\dfrac{f(6+h) - f(6)}{h}$ ↓ 0,125000
	+0,01		≅ 0,124980	
	+0,001		≅ 0,124998	
	+0,0001		≅ 0,125000	
h ↓ 0^-	−0,1		≅ 0,125196	$\dfrac{f(6+h) - f(6)}{h}$ ↓ 0,125000
	−0,01		≅ 0,125020	
	−0,001		≅ 0,125002	
	−0,0001		≅ 0,125000	

Pelos cálculos realizados conforme mostra a Tabela 6.6, é razoável assumir que $f'(6) = \lim\limits_{h \to 0} \dfrac{f(6 + h) - f(6)}{h} = 0{,}125$ *, então $f'(6) = 0{,}125$, e tal valor é a inclinação da reta tangente em $x = 6$.

A reta tangente $y = m \cdot x + b$ tem $m = f'(6) = 0{,}125$ e passa pelo ponto $(6; f(6)) = (6; \sqrt{6 + 10}) = (6; 4)$, o que permite encontrar o parâmetro b:

$$y = m \cdot x + b$$
$$4 = 0{,}125 \cdot 6 + b$$
$$b = 3{,}25$$

---

* Pode-se provar que, de fato, $f'(6) = 0{,}125$. Tal verificação poderá ser feita após o desenvolvimento do próximo capítulo, em que estudaremos as técnicas de derivação.

Assim, $y = 0,125x + 3,25$ é a equação da reta tangente à curva $y = \sqrt{x + 10}$ no ponto (6; 4).

Para linearizar a curva em $x = 6$, fazemos $y = f(x) \approx$ (equação da reta tangente); então, a aproximação linear correspondente é

$$f(x) = \sqrt{x + 10} \approx 0,125x + 3,25$$

ou

$$\sqrt{x + 10} \approx 0,125x + 3,25$$

A Figura 6.14 mostra claramente tal aproximação linear, onde a reta tangente passa pelo ponto de tangência (6; 4), revelando boas aproximações superestimadas (reta acima da curva), quando x está próximo de 6.

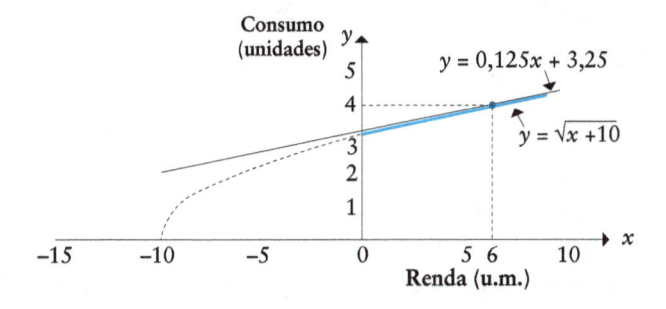

Figura 6.14 Função $y = \sqrt{x + 10}$ e reta tangente.

Na Tabela 6.7 temos estimativas para alguns valores de x calculados em $y = 0,125x + 3,25$ e a comparação das estimativas obtidas com seus valores reais calculados em $y = \sqrt{x + 10}$.

Tabela 6.7 Comparação entre cálculos dos valores reais e cálculos das estimativas para $y = \sqrt{x + 10}$

x	Curva $y = \sqrt{x + 10}$ (valores reais)	Reta Tangente Valores em $y = 0,125x + 3,25$ (estimativas de consumo)	Erro = | Valor Real – Valor Estimado | E = | VR – VE |
5,0	$y = \sqrt{5 + 10} \approx 3,872983$	$y = 0,125 \cdot 5,0 + 3,25 \approx 3,87500$	0,00202

Tabela 6.7 continuação

x	Curva $y = \sqrt{x+10}$ (valores reais)	Reta Tangente Valores em $y = 0,125x + 3,25$ (estimativas de consumo)	Erro = | Valor Real – Valor Estimado | $E = \|VR - VE\|$
5,5	≅ 3,937004	≅ 3,937500	0,0005
5,7	≅ 3,962323	≅ 3,962500	0,00018
5,8	≅ 3,974921	≅ 3,975000	0,00008
5,9	≅ 3,987480	≅ 3,987500	0,00002
6,1	≅ 4,012481	≅ 4,012500	0,00002
6,2	≅ 4,024922	≅ 4,025000	0,00008
6,3	≅ 4,037326	≅ 4,037500	0,00017
6,5	≅ 4,062019	≅ 4,062500	0,00048
7,0	≅ 4,123106	≅ 4,125000	0,00189
8,0	≅ 4,242641	≅ 4,250000	0,00736

Verificamos, por meio dos cálculos, a existência de uma boa aproximação gerada pelas estimativas da reta tangente ($y = 0,125x + 3,25$); no entanto, quando atribuímos valores para x, não tão próximos de $x = 6$, o grau de erro demonstra um certo crescimento. Fica evidenciado o fato de que as estimativas geradas serão superestimadas, uma vez que a reta tangente ($y = 0,125x + 3,25$) está acima da curva $y = \sqrt{x+10}$ em $x = 6$.

Exemplo 3

Um agricultor está investindo efetivamente na produção de soja, devido à grande rentabilidade financeira, dadas as exportações de grande volume do momento atual. Aproveitando as oportunidades de mercado, ele decidiu contratar mais trabalhadores (mão de obra) e adquirir máquinas agrícolas, com o intuito de aumentar consideravelmente o volume de sua produção. O volume de produção de soja em sacas/ano e o número de trabalhadores/ano estão configurados na tabela, caracterizando a função de produção $P = -q^3 + 81q$; $q \geq 0$, onde P = produção total de soja (sacas/ano) e q = unidades de mão de obra efetivamente empregadas na produção de grãos, permanecendo fixos outros fatores de produção.

Tabela 6.8 Produção de soja (sacas/ano) e número de trabalhadores contratados ao longo do período (n)

n (nº de anos)	0	1	2	3	4	5	6	7	8
q (mão de obra em unidades contratadas/ano)	0	1	2	3	4	5	6	7	8
P (produção de soja sacas/ano)	0	80	154	216	260	280	270	224	136

Com base nas informações apresentadas, encontraremos a linearização da função produção em $q = 2$ e $q = 6$, utilizando-as para estimar valores próximos a $q = 2$ e $q = 6$.

Linearização em q = 2

Se $P = -q^3 + 81q$, então sua derivada em $q = 2$ será dada por $P'(2)$, onde:

$$P'(2) = \lim_{h \to 0} \frac{f(2+h) - f(2)}{h} \cong 69$$

Assim, $P'(2) = 69$. (As estimativas para tal limite e para o limite quando $q = 6$, dado adiante, podem ser obtidas construindo uma tabela de aproximação e valores de h de modo análogo ao realizado nos exemplos anteriores. Deixamos tais cálculos a cargo do leitor.)

Como $P(2) = -2^3 + 81 \cdot 2 = 154$, temos o ponto $(2; P(2)) = (2; 154)$ e ainda $m = P'(2) = 69$. Substituindo tais valores na equação da reta tangente, temos:

$$P = m \cdot q + b$$
$$154 = 69 \cdot 2 + b$$
$$b = 16$$

Logo, $P = 69 \cdot q + 16$ é a linearização de $P = f(q)$ em $q = 2$.

Linearização em q = 6

A derivada em $q = 6$ é dada por $P'(6) = \lim_{h \to 0} \dfrac{f(6+h) - f(6)}{h} = -27$.

Como $P(6) = -6^3 + 81 \cdot 6 = 270$, temos o ponto $(6; P(6)) = (6; 270)$ e ainda $m = P'(6) = -27$. Substituindo tais valores na equação da reta tangente, temos:

$$P = m \cdot q + b$$
$$270 = -27 \cdot 6 + b$$
$$b = 432$$

Logo, $P = -27 \cdot q + 432$ é a linearização de $P = f(q)$ em $q = 6$.

De modo análogo ao realizado no exemplo anterior, temos na Figura 6.15 a curva da produção e as retas tangentes utilizadas na linearização de tais curvas. Temos também nas Tabelas 6.9 e 6.10 valores "reais" calculados na própria função produção e as comparações com valores calculados por meio das linearizações dadas pelas retas tangentes.

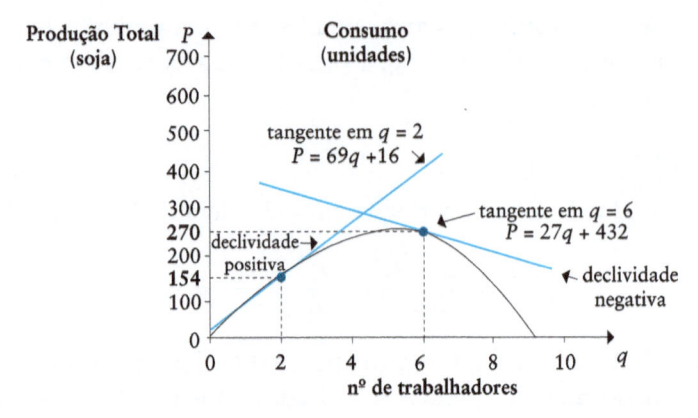

Figura 6.15 Gráfico produção e número de trabalhadores.

Tabela 6.9 Estimativas para a função produção $P = -q^3 + 81q$ nas vizinhanças de $q = 2$

q	Valor Real ($P = -q^3 + 81q$)	Estimativas ($P = 69q + 16$)	Erro
1,8	139,968	140,2	0,232
1,9	147,041	147,1	0,059
2,1	160,839	160,9	0,061
2,2	167,552	167,8	0,248

Tabela 6.10 Estimativas para a função produção $P = -q^3 + 81q$ nas vizinhanças de $q = 6$

q	Valor Real ($P = -q^3 + 81q$)	Estimativas ($P = -27q + 432$)	Erro
5,7	276,507	278,1	1,593
5,9	272,521	272,7	0,179
6,1	267,119	267,3	0,181
6,3	260,253	261,9	1,647

Na comparação efetuada entre os valores reais e suas respectivas estimativas, verificamos, através da coluna erro, que as aproximações lineares obtidas pelas retas tangentes em $q = 2$ e $q = 6$ apresentam pequena margem de erro para valores "q" próximos a $q = 2$ e $q = 6$.

■ Problemas

1. Encontre a linearização da função $y = \sqrt{x+1}$ em $x = 3$ e estime os valores para $x = 3,2$; $x = 3,3$; $x = 3,4$; $x = 3,5$; $x = 2,5$; $x = 2,7$; $x = 2,8$. Construa uma tabela para os valores reais e estimados, calculando o erro para cada valor de x. (Veja Exemplos 1, 2 e 3.)

2. A função $P = q^3$ é uma função que fornece a quantidade produzida (P) de um determinado produto em função da quantidade (q) de mão de obra. Encontre a linearização para $q = 1$, preenchendo a tabela a seguir com estimativas em torno de $q = 1$.
(Lembre que $f'(1) = \lim_{h \to 0} \dfrac{f(1+h) - f(1)}{h} = 3$ e $m = f'(1) = 3$ para $y = m \cdot x + b$.)

q	1,000	1,001	1,002	1,003	1,004	1,005	1,006
P	1,000	1,003	1,006	?	?	?	?

3. Encontre a equação da reta tangente à curva de custos definida por $C(q) = 2q^3 - 20q^2 + 80q + 100$, em $q = 5$ unidades; em seguida, calcule as estimativas para $q = 3,8$; $q = 4$; $q = 4,5$; $q = 5,5$; $q = 6$ e $q = 6,3$.

Sugestão: *Monte uma tabela com valores reais, estimativas e cálculos de erro, inferindo sobre as aproximações calculadas; em seguida, construa o gráfico da curva de custos e sua reta tangente em* q = 5 *unidades*.

4. Dada a tabela de dados que relaciona as variáveis **anos** e **custos** de produção de um produto, estime os custos para os dois anos seguintes, aproximando linearmente.

x = Anos	1997	1998	1999	2000	2002
y = Custos Produção ($)	500	780	1.100	1.350	1.520

5. A receita gerada pela venda de "q" unidades em uma empresa é dada por $R(q) = -2q^2 + 1000q$.
   a) Linearize a função em $q = 350$ unidades, efetuando estimativas para $q = 355$ unidades e $q = 342$ unidades.
   b) Construa o gráfico de $R(q)$ e a tangente em $q = 350$ unidades.

6. Considerando a função $C = 10 + 0,7x + 0,4\sqrt{x}$, sendo C = consumo em unidades e x = renda disponível ($), pede-se:
   a) O gráfico da função Consumo e Renda Disponível.
   b) Encontre a reta tangente à curva em $x = 4$ ($).
   c) O gráfico da função Consumo e da reta tangente em $x = 4$ ($).
   d) Faça as estimativas para $x = 4,3$ ($) e $x = 4,5$ ($), calculando o Erro. Erro = |Valor Real − Valor Estimado|

7. A tabela de dados está relacionando a produção (P) em unidades/mês e o número de trabalhadores (q) em homens/mês em uma certa fábrica de embalagens de médio porte.

(q) nº de trabalhadores/mês na produção de embalagens	0	2	4	6	8	10
(P) produção em unidades/mês	0	40	128	216	256	200

Com base nos dados tabelados, pede-se:
   a) Construa o *sistema de dispersão* para $P = f(q)$.
   b) Estabeleça a *regressão potência* conforme o Tópico Especial do Capítulo 5, fazendo **y = produção** sobre **x = número de trabalhadores/mês**.

c) Construa, em um mesmo sistema de eixos, a *dispersão* e a *curva potência* ajustada no item (b).
d) Utilizando a função da regressão potência obtida em (b), faça uma estimativa da derivada da produção em relação ao número de trabalhadores/mês para $q = 4$ (ou $x = 4$) e obtenha a equação da reta tangente à curva $P = f(q)$ no ponto $q = 4$.
e) Faça uso da equação da reta tangente estimada do item anterior, estabelecendo estimativas para $q = 7$, $q = 9$ e $q = 11$.
f) O que você poderia dizer a respeito das estimativas calculadas no item (e) em termos de confiabilidade?

capítulo **7**

Técnicas de Derivação

■ Objetivo do Capítulo

Neste capítulo, você estudará os procedimentos que permitem encontrar de maneira prática as funções derivadas, ou seja, dada uma função, você aplicará as técnicas de derivação para obter sua derivada. Trata-se de um capítulo em que o objetivo principal é obter de modo rápido a derivada de uma função dada, portanto é importante que você treine cada técnica apresentada. No Tópico Especial você complementará o estudo das técnicas de derivação trabalhando a técnica da derivação implícita.

Regras de Derivação

No capítulo anterior, para algumas funções onde era dada a expressão algébrica que a definia, obtivemos a função derivada a partir da definição. Por exemplo, dada $f(x) = x^2$, obtivemos a função derivada $f'(x) = 2x$ a partir da determinação do limite $f'(x) = \lim_{h \to 0} \dfrac{f(x+h) - f(x)}{h}$.

Notamos que, muitas vezes, o processo de determinação da função derivada é trabalhoso e, por isso, é interessante trabalhar com técnicas que permitam a determinação rápida da derivada. Nesta seção, estudaremos as principais regras de derivação necessárias para a obtenção das derivadas de maneira rápida e simplificada. Abordaremos apenas as regras necessárias para a derivação das funções abordadas em nosso curso.

Salientamos que nossa preocupação principal é apresentar as regras de maneira simplificada, deixando de lado as demonstrações e justificativas da validade de tais regras. Sugerimos ao leitor interessado nas demonstrações de tais regras a consulta de livros de cálculo indicados na bibliografia, em especial *Cálculo* – Volume 1, de James Stewart, onde constam as demonstrações de todas as regras apresentadas a seguir.

Entre os exemplos de aplicação para cada regra apresentada, procuramos utilizar funções já desenvolvidas nos capítulos anteriores.

Função Constante

Seja a função

$$f(x) = k$$

onde k é uma constante; então, sua derivada será

$$f'(x) = 0$$

De modo simplificado

$$y = k \Rightarrow y' = 0 \qquad (k \text{ é constante})$$

Exemplo: Derive

a) $y = 7$

b) $i(x) = 10$

Solução:

a) $y = 7 \Rightarrow y' = 0$

b) $i(x) = 10 \Rightarrow i'(x) = 0$

Função do 1º Grau

Seja a função do 1º grau

$$f(x) = m \cdot x + b$$

Então, sua derivada será

$$f'(x) = m$$

De modo simplificado

$$y = m \cdot x + b \Rightarrow y' = m$$

Exemplo: Derive

a) $f(x) = 3x + 5$ b) $q = -2p + 10$ c) $J = 500n$ d) $y = x$

Solução:

a) $f(x) = 3x + 5 \Rightarrow f'(x) = 3$ b) $q = -2p + 10 \Rightarrow q' = -2$
c) $J = 500n \Rightarrow J' = 500$ d) $y = x \Rightarrow y' = 1$

Constante Multiplicando Função

Seja a função $f(x)$ obtida pela multiplicação da função $u(x)$ pela constante k

$$f(x) = k \cdot u(x)$$

Sendo $u(x)$ derivável, então a derivada de $f(x)$ será

$$f'(x) = k \cdot u'(x)$$

De modo simplificado

$$y = k \cdot u \Rightarrow y' = k \cdot u' \qquad (k \text{ é constante})$$

Na função $y = k \cdot u$ para a obtenção de y', a constante k "espera" a determinação de u'.

Podemos dizer que a "derivada de uma 'constante vezes uma função'" é a "constante vezes a 'derivada da função'".

Exemplo: Dada $f(x) = 7 \cdot u(x)$, onde $u(x) = 3x + 5$, obtenha $f'(x)$.

Solução:
Se $f(x) = 7 \cdot u(x)$, então $f'(x) = 7 \cdot u'(x)$.
Para $u(x) = 3x + 5$, temos $u'(x) = 3$, assim

$$f'(x) = 7 \cdot u'(x) = 7 \cdot 3 = 21$$

Logo, $f'(x) = 21$.
Podemos confirmar a validade do resultado realizando primeiramente a multiplicação indicada para obter $f(x)$ e, em seguida, derivar tal função:

$$f(x) = 7 \cdot u(x) \Rightarrow f(x) = 7 \cdot (3x + 5) \Rightarrow f(x) = 21x + 35 \Rightarrow f'(x) = 21$$

Soma ou Diferença de Funções

Seja a função $f(x)$ obtida pela soma das funções $u(x)$ e $v(x)$

$$f(x) = u(x) + v(x)$$

sendo $u(x)$ e $v(x)$ deriváveis; então a derivada de $f(x)$ será

$$f'(x) = u'(x) + v'(x)$$

De modo simplificado

$$y = u + v \Rightarrow y' = u' + v'$$

Procedemos de modo análogo para a diferença das funções $u(x)$ e $v(x)$

$$f(x) = u(x) - v(x)$$

Sendo $u(x)$ e $v(x)$ deriváveis, então a derivada de $f(x)$ será

$$f'(x) = u'(x) - v'(x)$$

De modo simplificado

$$y = u - v \Rightarrow y' = u' - v'$$

Podemos dizer que a "derivada de uma 'soma/diferença de funções'" é a "soma/diferença das 'derivadas das funções'".

Exemplo: Dada $f(x) = u(x) + v(x)$, onde $u(x) = 3x + 5$ e $v(x) = 7x + 15$, obtenha $f'(x)$.

Solução:
Se $f(x) = u(x) + v(x)$, então $f'(x) = u'(x) + v'(x)$.
Se $u(x) = 3x + 5$, então $u'(x) = 3$ e, se $v(x) = 7x + 15$, então $v'(x) = 7$, assim

$$f'(x) = u'(x) + v'(x) = 3 + 7 = 10$$

Logo, $f'(x) = 10$.
Podemos confirmar a validade do resultado realizando primeiramente a soma indicada para obter $f(x)$ e, em seguida, derivar tal função:

$$f(x) = u(x) + v(x) \Rightarrow f(x) = 3x + 5 + 7x + 15 \Rightarrow f(x) = 10x + 20 \Rightarrow f'(x) = 10$$

Potência de x

Seja a função

$$f(x) = x^n$$

onde n é um número real, então sua derivada será

$$f'(x) = nx^{n-1}$$

De modo simplificado

$$y = x^n \Rightarrow y' = nx^{n-1} \qquad (n \text{ é real})$$

Exemplo: Derive

a) $f(x) = x^3$ b) $y = 15x^2$ c) $y = x^{-1}$

d) $P = 1.000 \cdot q^{\frac{3}{4}}$ e) $y = \dfrac{5.000.000}{x^{1,5}}$ f) $p(t) = t^3 - 6t^2 + 9t + 10$

Solução:

a) $f(x) = x^3 \Rightarrow f'(x) = 3x^{3-1} \Rightarrow f'(x) = 3x^2$

b) Em $y = 15x^2$, temos a constante 15 multiplicando x^2. Lembrando a regra

$$y = k \cdot u \Rightarrow y' = k \cdot u'$$

Em $y = 15x^2$, derivamos x^2 enquanto a constante 15 "espera", e a multiplicação é realizada ao final:

$y = 15x^2 \Rightarrow y' = 15 \cdot (2x^{2-1}) \Rightarrow y' = 15 \cdot (2x^1) \Rightarrow y' = 15 \cdot 2x \Rightarrow y' = 30x$

c) $y = x^{-1} \Rightarrow y' = -1x^{-1-1} \Rightarrow y' = -x^{-2}$

d) Em $P = 1.000 \cdot q^{\frac{3}{4}}$, temos a constante 1.000 multiplicando $q^{\frac{3}{4}}$.

Procedendo de maneira análoga ao item (b), derivamos $q^{\frac{3}{4}}$ enquanto a constante 1.000 "espera", e a multiplicação é realizada ao final.

$P = 1.000 \cdot q^{\frac{3}{4}} \Rightarrow P' = 1.000 \cdot \left(\frac{3}{4}q^{\frac{3}{4}-1}\right) \Rightarrow P' = 1.000 \cdot \left(\frac{3}{4}q^{\frac{3}{4}-\frac{4}{4}}\right) \Rightarrow$

$P' = 1.000 \cdot \left(\frac{3}{4}q^{-\frac{1}{4}}\right) \Rightarrow P' = 1.000 \cdot \frac{3}{4}q^{-\frac{1}{4}} \Rightarrow P' = 750q^{-\frac{1}{4}}$

e) Para derivar $y = \dfrac{5.000.000}{x^{1,5}}$, primeiramente devemos escrevê-la como uma potência de x

$y = \dfrac{5.000.000}{x^{1,5}} \Rightarrow y = 5.000.000 \cdot \dfrac{1}{x^{1,5}} \Rightarrow y = 5.000.000 \cdot x^{-1,5}$

e, para derivar $y = 5.000.000 \cdot x^{-1,5}$, vamos proceder de modo parecido ao dos itens (b) e (d)

$y = 5.000.000 \cdot x^{-1,5} \Rightarrow y' = 5.000.000 \cdot (-1,5x^{-1,5-1}) \Rightarrow y' = 5.000.000 \cdot (-1,5x^{-2,5}) \Rightarrow y' = 5.000.000 \cdot (-1,5)x^{-2,5} \Rightarrow y' = -7.500.000 \cdot x^{-2,5}$

A função original foi dada na forma hiperbólica, então também escreveremos a derivada na forma hiperbólica:

$y' = 7.500.000 \cdot x^{-2,5} \Rightarrow y' = -7.500.000 \cdot \dfrac{1}{x^{2,5}} \Rightarrow y' = -\dfrac{7.500.000}{x^{2,5}}$

f) Para derivar o polinômio $p(t) = t^3 - 6t^2 + 9t + 10$, associamos várias das regras mencionadas, chamando a atenção para o fato de que podemos considerar o polinômio como a soma/subtração de várias funções "menores" t^3, $6t^2$, $9t$ e 10:

$$p(t) = t^3 - 6t^2 + 9t + 10$$
$$p'(t) = 3t^{3-1} - 6 \cdot (2t^{2-1}) + 9 + 0$$
$$p'(t) = 3t^2 - 6 \cdot 2t + 9$$
$$p'(t) = 3t^2 - 12t + 9$$

Função Exponencial

Seja a função exponencial

$$f(x) = a^x$$

onde a é um número real tal que $a > 0$ e $a \neq 1$, então sua derivada será

$$f'(x) = a^x \cdot \ln a$$

De modo simplificado

$$y = a^x \Rightarrow y' = a^x \cdot \ln a \qquad (a > 0 \text{ e } a \neq 1)$$

Exemplo: Derive
a) $f(x) = 2^x$
b) $M(x) = 10.000 \cdot 1,05^x$

Solução:
a) $f(x) = 2^x \Rightarrow f'(x) = 2^x \cdot \ln 2$, que também pode ser escrita como $f'(x) = (\ln 2) \cdot 2^x$.

b) $M(x) = 10.000 \cdot 1,05^x \Rightarrow M'(x) = 10.000 \cdot (1,05^x \cdot \ln 1,05)$, que também pode ser escrita como $M'(x) = 10.000 \cdot (\ln 1,05) \cdot 1,05^x$.

Função Exponencial na Base e

Seja a função exponencial

$$f(x) = e^x$$

onde $e \cong 2,71828$. Então sua derivada será

$$f'(x) = e^x$$

De modo simplificado

$$y = e^x \Rightarrow y' = e^x$$

Exemplo: Derive
a) $f(x) = 5e^x$
b) $y = -2e^x + x^e + 3e$

Solução:
a) $f(x) = 5e^x \Rightarrow f'(x) = 5e^x$
b) $y = -2e^x + x^e + 3e \Rightarrow y' = -2e^x + ex^{e-1} + 0 \Rightarrow y' = -2e^x + ex^{e-1}$

Note que a derivada de x^e é obtida pela regra da potência de x e que a derivada de $3e$ é zero, pois trata-se de uma constante.

Logaritmo Natural

Seja a função obtida pelo logaritmo do módulo* de x

$$f(x) = ln|x|$$

Então, sua derivada será

$$f'(x) = \frac{1}{x}$$

De modo simplificado

$$y = \ln|x| \Rightarrow y' = \frac{1}{x}$$

Exemplo: Derive
a) $f(x) = 5 \ln |x|$
b) $x = 20{,}4959 \cdot \ln M - 188{,}7745$

Solução:

a) $f(x) = 5\ln|x| \Rightarrow f'(x) = 5 \cdot \frac{1}{x} \Rightarrow f'(x) = \frac{5}{x}$

b) $x = 20{,}4959 \cdot \ln M - 188{,}7745 \Rightarrow x' = 20{,}4959 \cdot \frac{1}{M} - 0 \Rightarrow x' = \frac{20{,}4959}{M}$

Nesse item, note que, ao escrevermos simplesmente $\ln M$, estamos supondo que tal logaritmo existe, isto é, $M > 0$ e, nessas condições, $x = \ln M$ é equivalente a $x = \ln|M|$.

---

* Definimos módulo de x por $|x| = \begin{cases} x \text{ se } x \geq 0 \\ -x \text{ se } x < 0 \end{cases}$, assim $|2| = 2$, pois $2 \geq 0$ e $|-2| = -(-2) = 2$, pois $-2 < 0$.

Produto de Funções

Seja a função $f(x)$ obtida pelo produto das funções $u(x)$ e $v(x)$

$$f(x) = u(x) \cdot v(x)$$

Sendo $u(x)$ e $v(x)$ deriváveis, então a derivada de $f(x)$ será

$$f'(x) = u'(x) \cdot v(x) + u(x) \cdot v'(x)$$

De modo simplificado

$$y = uv \Rightarrow y' = u'v + uv'$$

Exemplo: Derive
a) $f(x) = (5x + 10)(x^4 - 10x^2)$ b) $y = x^2 \cdot 3^x$

Solução:
a) Considerando $f(x) = u(x) \cdot v(x)$, então $f'(x) = u'(x) \cdot v(x) + u(x) \cdot v'(x)$.
Em $f(x) = (5x + 10)(x^4 - 20)$, considerando $u(x) = 5x + 10$, então $u'(x) = 5$ e, se $v(x) = x^4 - 20$, então $v'(x) = 4x^3$; assim

$$f'(x) = u'(x) \cdot v(x) + u(x) \cdot v'(x) = 5 \cdot (x^4 - 20) + (5x + 10) \cdot (4x^3)$$

Logo, $f'(x) = 5 \cdot (x^4 - 20) + (5x + 10) \cdot (4x^3)$.
Realizando os produtos indicados em $f'(x)$, obtemos

$$f'(x) = 5 \cdot (x^4 - 20) + (5x + 10) \cdot (4x^3)$$
$$f'(x) = 5x^4 - 100 + 20x^4 + 40x^3$$
$$f'(x) = 25x^4 + 40x^3 - 100$$

Podemos confirmar a validade do resultado realizando primeiramente a multiplicação das funções originais para obter $f(x)$ e, em seguida, derivar tal função:

$$f(x) = (5x + 10)(x^4 - 20)$$
$$f(x) = 5x^5 - 100x + 10x^4 - 200$$
$$f(x) = 5x^5 + 10x^4 - 100x - 200$$
$$f'(x) = 5 \cdot (5x^4) + 10 \cdot (4x^3) - 100 - 0$$
$$f'(x) = 25x^4 + 40x^3 - 100$$

b) Considerando $y = uv$, então $y' = u'v + uv'$.
Em $y = x^2 \cdot 3^x$, considerando $u = x^2$, então $u' = 2x$ e, se $v = 3^x$, então $v' = 3^x \cdot \ln 3$ ou $v' = (\ln 3) \cdot 3^x$; assim

$$y' = u'v + uv' = 2x \cdot 3^x + x^2 \cdot (\ln 3) \cdot 3^x$$

Logo, $y' = 2x \cdot 3^x + x^2 \cdot (\ln 3) \cdot 3^x$.

Podemos ainda colocar 3^x em evidência e reorganizar os termos de y' assim:

$$y' = 3^x \cdot [(\ln 3) x^2 + 2x]$$

Quociente de Funções

Seja a função $f(x)$ obtida pelo quociente das funções $u(x)$ e $v(x)$

$$f(x) = \frac{u(x)}{v(x)}$$

Sendo $u(x)$ e $v(x)$ deriváveis, então a derivada de $f(x)$ será

$$f'(x) = \frac{u'(x) \cdot v(x) - u(x) \cdot v'(x)}{[v(x)]^2}$$

De modo simplificado

$$y = \frac{u}{v} \quad \Rightarrow \quad y' = \frac{u'v - uv'}{v^2}$$

Exemplo: Derive

a) $f(x) = \dfrac{100x + 300}{x + 10}$ 	b) $y = \dfrac{5.000.000}{x^{1,5}}$

Solução:

a) Considerando $f(x) = \dfrac{u(x)}{v(x)}$, então $f'(x) = \dfrac{u'(x) \cdot v(x) - u(x) \cdot v'(x)}{[v(x)]^2}$.

Em $f(x) = \dfrac{100x + 300}{x + 10}$, considerando $u(x) = 100x + 300$, então $u'(x) = 100$ e, se $v(x) = x + 10$, então $v'(x) = 1$; assim

$$f'(x) = \frac{u'(x) \cdot v(x) - u(x) \cdot v'(x)}{[v(x)]^2}$$

$$f'(x) = \frac{100 \cdot (x + 10) - (100x + 300) \cdot 1}{(x+10)^2}$$

$$f'(x) = \frac{100x + 1.000 - 100x - 300}{x^2 + 2 \cdot x \cdot 10 + 10^2}$$

$$f'(x) = \frac{700}{x^2 + 20x + 100}$$

b) Considerando $y = \dfrac{u}{v}$, então $y' = \dfrac{u'v - uv'}{v^2}$.

Em $y = \dfrac{5.000.000}{x^{1,5}}$, considerando $u = 5.000.000$, então $u' = 0$ e, se $v = x^{1,5}$, então $v' = 1,5x^{0,5}$; assim

$$y' = \frac{u'v - uv'}{v^2}$$

$$y' = \frac{0 \cdot x^{1,5} - 5.000.000 \cdot 1,5x^{0,5}}{\left(x^{1,5}\right)^2}$$

$$y' = \frac{0 - 7.500.000\,x^{0,5}}{x^3}$$

$$y' = -7.500.000\,x^{0,5-3}$$

$$y' = -7.500.000\,x^{-2,5}$$

$$y' = -7.500.000\,\frac{1}{x^{2,5}}$$

$$y' = -\frac{7.500.000}{x^{2,5}}$$

Note que já havíamos obtido a derivada de $y = \dfrac{5.000.000}{x^{1,5}}$ no item (e) do exemplo da regra da potência.

Função Composta – Regra da Cadeia

Seja a função $f(x)$ obtida pela composição das funções $v(u)$ e $u(x)$

$$f(x) = v[u(x)]$$

Sendo $v(u)$ e $u(x)$ deriváveis, então a derivada de $f(x)$ será

$$f'(x) = v'[u(x)] \cdot u'(x)$$

De modo simplificado

$$y = v(u) \text{ (sendo } u \text{ uma função de } x) \Rightarrow y' = v'(u) \cdot u'$$

Para a memorização de tal regra, conhecida como a *Regra da Cadeia*, a seguir temos um procedimento que lhe pode ser útil:

- Identificamos na composição das funções uma função externa e outra interna, sendo a *função externa calculada na função interna*:

$$f(x) = \underset{\text{Função Interna}}{v\ \overset{\text{Função Externa}}{[u(x)]}}$$

- Então, pela Regra da Cadeia, a derivada da função composta é *"a derivada da função externa calculada na função interna* vezes *a derivada da função interna"*:

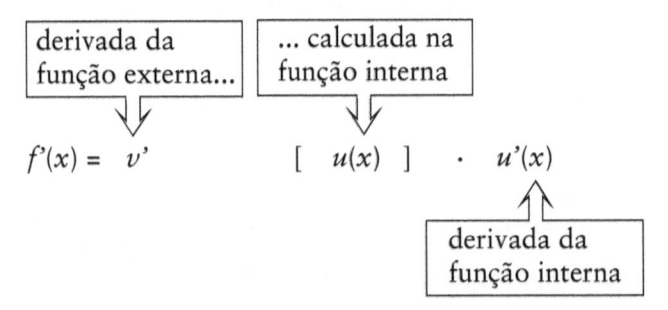

$$f'(x) = \underset{\text{derivada da função externa...}}{v'} \quad \underset{\text{...calculada na função interna}}{[\ u(x)\ ]} \cdot \underset{\text{derivada da função interna}}{u'(x)}$$

Exemplo: Derive $f(x) = (2x + 5)^3$

1ª Solução:
Primeiramente identificamos a composição das funções em $f(x) = (2x + 5)^3$, sendo $u(x) = 2x + 5$ e $v(u) = u^3$, de tal forma que $f(x) = v[u(x)]$, então

$$f'(x) = v'[u(x)] \cdot u'(x)$$

Calculando $v'[u(x)]$, ou seja, obtendo $v'(u)$ a partir de $v(u) = u^3$, temos

$$v'(u) = 3u^2$$

Lembrando que $u(x) = 2x + 5$, escrevemos $v'(u)$ em função de x

$$v'[u(x)] = 3 \cdot (2x + 5)^2$$

Devemos calcular $u'(x)$ para completar a Regra da Cadeia

$$u'(x) = 2$$

Assim, em $f'(x) = v'[u(x)] \cdot u'(x)$, temos

$$f'(x) = 3 \cdot (2x + 5)^2 \cdot 2$$
$$f'(x) = 6 \cdot (2x + 5)^2$$

Observação 1: Vale lembrar que, em $f(x) = (2x + 5)^3$, a *função externa* "manda" "elevar ao cubo" e o resultado $v'[u(x)] = 3 \cdot (2x + 5)^2$ é "*a derivada da função externa calculada na função interna*". Já a *função interna* é representada por $u(x) = 2x + 5$, cuja derivada é $u'(x) = 2$.

Assim,

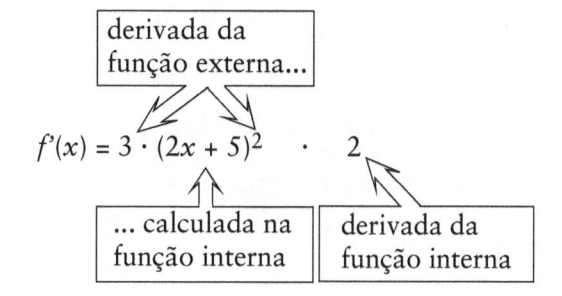

$$f'(x) = 3 \cdot (2x + 5)^2 \cdot 2$$

- $3 \cdot (2x + 5)^2$: derivada da função externa... calculada na função interna
- 2: derivada da função interna

2ª Solução:
Nessa solução, usaremos a notação simplificada, ou seja,

$$y = v(u) \text{ (sendo } u \text{ uma função de } x) \Rightarrow y' = v'(u) \cdot u'$$

Primeiramente, identificamos a composição das funções em $y = (2x + 5)^3$, sendo $u = 2x + 5$ e $v(u) = u^3$, de tal forma que $y = v(u)$, ou seja,

$$y = u^3$$

Calculamos então $v'(u)$ e u'

$$v(u) = u^3 \Rightarrow v'(u) = 3u^2 \quad \text{e} \quad u = 2x + 5 \Rightarrow u' = 2$$

Escrevemos a derivada de acordo com a regra da cadeia

$$y' = v'(u) \cdot u'$$
$$y' = 3u^2 \cdot 2$$
$$y' = 6u^2$$

Como $u = 2x + 5$, voltamos à variável inicial, x, escrevendo finalmente a resposta

$$y' = 6 \cdot (2x + 5)^2$$

Observação 2: Para exemplificar a regra da cadeia, escolhemos uma função bastante simples. Na verdade, a derivada de $y = (2x + 5)^3$ pode ser obtida sem a utilização da regra da cadeia. Dessa forma, tal função e sua derivada são convenientes para uma verificação rápida da regra da cadeia:

$$y = (2x + 5)^3$$
$$y = (2x)^3 + 3 \cdot (2x)^2 \cdot 5 + 3 \cdot 2x \cdot 5^2 + 5^3$$
$$y = 8x^3 + 60x^2 + 150x + 125$$
$$y' = 8 \cdot 3x^{3-1} + 60 \cdot 2x^{2-1} + 150 + 0$$
$$y' = 24x^2 + 120x + 150$$

que coincide com $y' = 6 \cdot (2x + 5)^2$ pois, ao desenvolvê-la, obtemos

$$y' = 6 \cdot (2x + 5)^2$$
$$y' = 6 \cdot (4x^2 + 20x + 25)$$
$$y' = 24x^2 + 120x + 150$$

Exemplo: Derive $f(x) = 2^{3x-7}$.

1ª Solução:
Primeiramente, identificamos a composição das funções em $f(x) = 2^{3x-7}$, sendo $u(x) = 3x - 7$ e $v(u) = 2^u$, de tal forma que $f(x) = v[u(x)]$; então

$$f'(x) = v'[u(x)] \cdot u'(x)$$

Calculando $v'[u(x)]$, ou seja, obtendo $v'(u)$ a partir de $v(u) = 2^u$, temos

$$v'(u) = 2^u \cdot \ln 2$$

Lembrando que $u(x) = 3x - 7$, escrevemos $v'(u)$ em função de x

$$v'[u(x)] = 2^{3x-7} \cdot \ln 2$$

Devemos calcular $u'(x)$ para completar a regra da cadeia

$$u'(x) = 3$$

Assim, em $f'(x) = v'[u(x)] \cdot u'(x)$, temos

$$f'(x) = (2^{3x-7} \cdot \ln 2) \cdot 3$$
$$f'(x) = 3 \cdot (\ln 2) \cdot 2^{3x-7}$$

2ª Solução:
Nessa solução, usaremos a notação simplificada, ou seja,

$$y = v(u) \text{ (sendo } u \text{ uma função de } x) \quad \Rightarrow \quad y' = v'(u) \cdot u'$$

Primeiramente, identificamos a composição das funções em $y = 2^{3x-7}$, sendo $u = 3x - 7$ e $v(u) = 2^u$, de tal forma que $y = v(u)$, ou seja,

$$y = 2^u$$

Calculamos então $v'(u)$ e u'

$$v(u) = 2^u \quad \Rightarrow \quad v'(u) = 2^u \cdot \ln 2 \quad \text{e} \quad u = 3x - 7 \quad \Rightarrow \quad u' = 3$$

Escrevemos a derivada de acordo com a regra da cadeia

$$y' = v'(u) \cdot u'$$
$$y' = (2^u \cdot \ln 2) \cdot 3$$
$$y' = 3 \cdot (\ln 2) \cdot 2^u$$

Como $u = 3x - 7$, voltamos à variável inicial, x, escrevendo finalmente a resposta

$$y' = 3 \cdot (\ln 2) \cdot 2^{3x-7}$$

A Notação de Leibniz

Para representar a derivada de $y = f(x)$, utilizamos até o momento a notação y' ou $f'(x)$. Apresentaremos agora outra notação, que foi desenvolvida primeiramente pelo matemático alemão Gottfried Wilhelm Leibniz (1646- -1716) e que, por esse motivo, é conhecida como notação de Leibniz.

A derivada de y em relação a x será representada por

$$\frac{dy}{dx}$$

Devemos entender $\dfrac{dy}{dx}$ como um **único símbolo** e **não** como a divisão de dy por dx. Por ora, em tal símbolo, dy e dx não devem ter significado se escritos isoladamente*.

O símbolo $\dfrac{dy}{dx}$ é sugestivo, pois "lembra" a divisão de uma "pequena" variação em y por uma "pequena" variação em x:

$\dfrac{dy}{dx}$ "lembra" $\dfrac{\Delta y}{\Delta x}$ (com Δy e Δx "pequenos")

Na verdade, na derivada $f'(x) = \lim\limits_{h \to 0} \dfrac{f(x+h) - f(x)}{h}$, ao considerarmos $\Delta y = f(x + h) - f(x)$ e $\Delta x = h$, reescrevemos $f'(x)$ por

$$f'(x) = \lim_{\Delta x \to 0} \dfrac{\Delta y}{\Delta x}$$

A notação de Leibniz é útil pois, de certa forma, lembra que a derivada é obtida pela divisão de uma variação de y associada a uma variação em x quando a variação em x tende a zero!

Exemplo: Considere o custo (C) como função da quantidade produzida (q), ou seja, $C = f(q)$, onde o custo é dado em reais (R\$) e a quantidade é dada em unidades. Usando a notação de Leibniz, represente a derivada do custo em relação à quantidade produzida. Obtenha também a unidade de medida.

Solução: A derivada do custo será obtida pelo limite do quociente da variação do custo (ΔC) pela variação na quantidade (Δq) quando $\Delta q \to 0$, que, pela notação de Leibniz, será escrita como $\dfrac{dC}{dq}$, sendo a unidade de medida obtida pela divisão de "reais" por "unidade", ou seja, $\dfrac{R\$}{\text{unidade}}$.

---

* Na verdade, veremos mais adiante o significado de dy ao definirmos o conceito da função diferencial.

Observação 1: Se queremos escrever a derivada de uma função com a primeira notação estudada, é necessário explicitar separadamente $f(x)$ para depois representar a derivada $f'(x)$, por exemplo:

$$f(x) = x^3 + 5x^2 - 7, \text{ então } f'(x) = 3x^2 + 10x$$

Nesse caso, a notação de Leibniz é mais sintética, pois podemos escrever diretamente

$$\frac{d}{dx}\left(x^3 + 5x^2 - 7\right) = 3x^2 + 10x$$

Observação 2: Para escrever a derivada de uma função $y = f(x)$ num ponto ($x = 3$, por exemplo), pela notação de Leibniz, escrevemos $\left.\frac{dy}{dx}\right|_{x=3}$. Nesse caso, a primeira notação estudada é mais sintética, pois escrevemos apenas $f'(3)$.

Regra da Cadeia com a Notação de Leibniz

Podemos escrever a regra da cadeia usando a notação de Leibniz. Lembrando que a função a ser derivada é obtida pela composição das funções $v(u)$ e $u(x)$, ou seja,

$$f(x) = v[u(x)]$$

ou, de maneira simplificada,

$$y = v(u) \qquad \text{(sendo } u \text{ uma função de } x\text{)}$$

Para usarmos a notação de Leibniz, devemos estar atentos a:
• A função original a ser derivada é uma função de x:

$$y = f(x) = v[u(x)]$$

ou, somente,

$$y = f(x)$$

Assim, procuramos a *derivada de* **y** *em relação a* **x**, o que será simbolizado por

$$y' = \frac{dy}{dx}$$

- Ao denotarmos de modo simplificado

$$y = v(u) \qquad \text{(sendo } u \text{ uma função de } x\text{)}$$

passamos a ler y como função de u, sendo possível obter *a derivada de* y *em relação a* **u**, o que será simbolizado por

$$\frac{dy}{du}$$

- u é uma função de x, então *a derivada de* **u** *em relação a* **x** será simbolizada por

$$\frac{du}{dx}$$

A partir da notação simplificada, podemos estruturar a regra da cadeia

$$y' = v'(u) \cdot u'$$

com a notação de Leibniz, por

$$\frac{dy}{dx} = \frac{dy}{du} \cdot \frac{du}{dx}$$

Em tal notação, $\dfrac{dy}{du}$ representa *a derivada da função externa calculada na função interna*, ou seja,

$$\frac{dy}{du} = v'(u)$$

e $\dfrac{du}{dx}$ representa *a derivada da função interna*, ou seja,

$$\frac{du}{dx} = u'$$

Logo, comparando as duas notações, temos

$$\begin{array}{ccc} y' & = & v'(u) \cdot u' \\ \downarrow & & \downarrow \quad\;\; \downarrow \\ \dfrac{dy}{dx} & = & \dfrac{dy}{du} \cdot \dfrac{du}{dx} \end{array}$$

Exemplo: Derive $y = e^{x^2+5x}$.

Solução: Para encontrar $\dfrac{dy}{dx}$, derivada de y em relação a x, precisamos encontrar $\dfrac{dy}{du}$, derivada de y em relação a u, e $\dfrac{du}{dx}$, derivada de u em relação a x. Na função composta $y = e^{x^2+5x}$, fazendo $u = x^2 + 5x$, escrevemos y em função de u, ou seja, $y = e^u$; assim:

- $y = e^u \;\Rightarrow\; \dfrac{dy}{du} = e^u \;\Rightarrow\; \dfrac{dy}{du} = e^{x^2+5x}$

- $u = x^2 + 5x \;\Rightarrow\; \dfrac{du}{dx} = 2x + 5$

Pela regra da cadeia, $\dfrac{dy}{dx} = \dfrac{dy}{du} \cdot \dfrac{du}{dx}$, obtemos

$$\dfrac{dy}{dx} = e^{x^2+5x} \cdot (2x+5)$$

Exemplo: Derive $y = \sqrt{10x+6}$.

Solução: Para encontrar $\dfrac{dy}{dx}$, derivada de y em relação a x, precisamos encontrar $\dfrac{dy}{du}$, derivada de y em relação a u, e $\dfrac{du}{dx}$, derivada de u em relação a x. Na função composta $y = \sqrt{10x+6}$, fazendo $u = 10x + 6$, escrevemos y em função de u, ou seja, $y = \sqrt{u}$; assim:

- $y = \sqrt{u}$ (a derivada de tal função é obtida pela regra da potência, então devemos escrever $\sqrt{u}$ como potência de u)

$$y = \sqrt{u} \Rightarrow y = u^{\frac{1}{2}} \Rightarrow \frac{dy}{du} = \frac{1}{2}u^{\frac{1}{2}-1} \Rightarrow \frac{dy}{du} = \frac{1}{2}u^{-\frac{1}{2}}$$

$$\frac{dy}{du} = \frac{1}{2} \cdot \left(\frac{1}{u^{\frac{1}{2}}}\right) \Rightarrow \frac{dy}{du} = \frac{1}{2} \cdot \frac{1}{\sqrt{u}} \Rightarrow \frac{dy}{du} = \frac{1}{2\sqrt{u}} \Rightarrow \frac{dy}{du} = \frac{1}{2\sqrt{10x+6}}$$

- $u = 10x + 6 \Rightarrow \dfrac{du}{dx} = 10$

Pela regra da cadeia, $\dfrac{dy}{dx} = \dfrac{dy}{du} \cdot \dfrac{du}{dx}$, obtemos

$$\frac{dy}{dx} = \frac{1}{2\sqrt{10x+6}} \cdot 10 \Rightarrow \frac{dy}{dx} = \frac{5}{\sqrt{10x+6}}$$

Derivada Segunda e Derivadas de Ordem Superior

Dada uma função $f(x)$, obtemos a função derivada $f'(x)$ e tal função representa a *taxa de variação* de $f(x)$. A **derivada segunda** de $f(x)$ é obtida simplesmente derivando-se a derivada $f'(x)$ ou, em outras palavras, a *derivada segunda de $f(x)$ é a* **derivada da derivada** *de $f(x)$*, ou ainda a *derivada segunda de $f(x)$ representa a taxa de variação da taxa de variação de $f(x)$*. Alguns dos símbolos usados para representar a derivada segunda são

$$y'' = f''(x) = \frac{d^2 y}{dx^2}$$

Observação:
- $f'(x)$ também é conhecida como *derivada primeira*, ou *derivada de primeira ordem de $f(x)$*.
- $f''(x)$ também é conhecida como *derivada segunda*, ou *derivada de segunda ordem de $f(x)$*.
- De modo parecido ao realizado para a derivada segunda, temos a *derivada terceira*, ou *derivada de terceira ordem de $f(x)$*. Obtemos a *derivada terceira*, $y''' = f'''(x) = \dfrac{d^3 y}{dx^3}$, derivando a *derivada segunda*, ou seja, derivando "três vezes" a função $f(x)$.
- Generalizando tal procedimento, temos a *derivada n-ésima*, ou *derivada de n-ésima ordem, ou ainda derivada de ordem n de $f(x)$*. Obtemos a

derivada n-ésima, $y^{(n)} = f^{(n)}(x) = \dfrac{d^n y}{dx^n}$, derivando "*n* vezes" a função $f(x)$.

Exemplo: Dada $f(x) = x^5$, obtenha sua derivada terceira.

Solução: Devemos derivar $f(x) = x^5$ três vezes, ou seja, vamos obter em sequência as derivadas primeira, segunda e terceira de $f(x)$:

- $f(x) = x^5 \Rightarrow f'(x) = 5x^{5-1} \Rightarrow f'(x) = 5x^4$
- $f'(x) = 5x^4 \Rightarrow f''(x) = 5 \cdot (4x^{4-1}) \Rightarrow f''(x) = 20x^3$
- $f''(x) = 20x^3 \Rightarrow f'''(x) = 20 \cdot (3x^{3-1}) \Rightarrow f'''(x) = 60x^2$

Diferencial

Na notação de Leibniz, dada uma função derivável $y = f(x)$, temos

$$\frac{dy}{dx} = f'(x)$$

e se considerarmos dy e dx como variáveis, podemos então escrever

$$dy = f'(x) \cdot dx$$

Assim, dy é uma função que depende de $f'(x)$ e da variável independente dx (o que faz de dx um número real qualquer); em outras palavras, *a diferencial dy* é uma função obtida pela multiplicação da derivada $f'(x)$ pela *diferencial dx*. Tal função é conhecida como **função diferencial** de $y = f(x)$.

Os processos de linearização local, análogos ao realizado no Tópico Especial do capítulo anterior, e os métodos de obtenção das funções integrais que serão discutidos no Capítulo 11 são exemplos de algumas das aplicações das diferenciais.

Exemplo: Dada a função $y = 10x^4$, obtenha a função diferencial num certo x.

Solução: Para escrever a função diferencial $dy = f'(x) \cdot dx$, basta obter $f'(x)$:

$$f'(x) = 10 \cdot (4x^{4-1}) \quad \Rightarrow \quad f'(x) = 40x^3$$

Assim, a diferencial dy é dada por $dy = 40x^3\, dx$.

Exemplo: Dada a função $P = 0{,}01q^3 - q$, obtenha a função diferencial num certo q.

Solução: Para escrever a função diferencial $dP = P'(q) \cdot dq$, basta obter $P'(q)$:

$$P'(q) = 0,01 \cdot (3q^{3-1}) - 1 \quad \Rightarrow \quad P'(q) = 0,03q^2 - 1$$

Assim, a diferencial dP é dada por $dP = (0,03q^2 - 1)\, dq$.

■ Exercícios

1. Para cada função a seguir, encontre a derivada:
   a) $y = 15$
   b) $i(x) = 1,5$
   c) $f(x) = 12x - 35$
   d) $q = -3p + 15$
   e) $J = 250n$
   f) $y = -x$
   g) $f(x) = x^4$
   h) $y = 20x^3$
   i) $y = x^{-2}$
   j) $y = -10x^{-1}$
   k) $P = 2.400 \cdot q^{5/6}$
   l) $y = \dfrac{800.000}{x^{1,7}}$
   m) $p(t) = 5t^3 + 10t^2 - 15t + 30$
   n) $f(x) = 5^x$
   o) $M(x) = 2.500 \cdot 1,03^x$
   p) $f(x) = 2e^x$
   q) $y = 5e^x + x^{5e} + \sqrt{5e}$
   r) $f(x) = -5\ln|x|$
   s) $x = 15,3458 \cdot \ln M - 234,6491$
   t) $f(x) = (3x - 20)(x^3 - 50x^2)$
   u) $y = x^5 \cdot 8^x$
   v) $f(x) = \dfrac{25x + 400}{x + 20}$
   w) $f(x) = (3x + 10)^3$
   x) $f(x) = 10^{5x-20}$
   y) $y = e^{x^2 - x}$
   z) $y = \sqrt{4x + 10}$

2. Para cada função a seguir, encontre a derivada, escreva a notação de Leibniz que a represente e a unidade de medida.
   a) $p = 0,0676t + 6,6104$ ➡ p é o preço (R\$) e t é o tempo (meses)
   b) $q = -2p + 10$ ➡ q é a demanda (unidades) e p é o preço (R\$)
   c) $P = -3q^2 + 90q + 525$ ➡ P é a produção medida (kg) e q é a quantidade de fertilizante (g/m²)
   d) $p = -q^2 + 8q + 9$ ➡ p é a produção (unidades) e q é a quantidade de insumo (kg)
   e) $v = -0,7q^2 + 5,6q + 6,3$ ➡ é a venda (unidades) e q é a quantidade de insumo (kg)
   f) $c_u = \dfrac{240}{q} + 50$ ➡ c_u é o custo unitário (R\$) e q é a quantidade (unidades)
   g) $v = \dfrac{250}{1 + 500 \cdot 0,5^t}$ ➡ v é a venda (milhares de unidades) e t é o tempo (meses)
   h) $v = \dfrac{t^2 - 6t + 12}{t^2 - 6t + 10}$ ➡ v é o valor de uma ação (R\$) e t é o tempo (dia)
   i) $c_u = \dfrac{200}{q} + 10$ ➡ c_u é o custo unitário (R\$) e q é a quantidade (unidades)
   j) $M = 5.000 \cdot 1,03^n$ ➡ M é o montante (R\$) e n é o período (mês)
   k) $y = 763.797 \cdot 1,02^x$ ➡ y é a população (habitantes) e x é o tempo (ano)

3. Para cada função a seguir, obtenha a derivada segunda:
   a) $P = 0,05q^3$
   b) $L = -2q^2 + 160q - 1.400$
   c) $E = t^2 - 8t + 210$
   d) $c_u = \dfrac{200}{q} + 10$
   e) $V = 35.000 \cdot 0,875^t$
   f) $y = \dfrac{10}{x^3}$
   g) $y = ax^2 + bx + c$

4. Para cada função a seguir, obtenha a função diferencial num certo x ou q:

   a) $y = x^{3/2}$
   b) $C = 3q + 60$
   c) $R = -2q^2 + 200q$
   d) $P = -3q^2 = 90q + 525$
   e) $P = 1.000q^{3/4}$

5. Para cada função a seguir, encontre a derivada, utilizando a regra da cadeia com a notação de Leibniz

   a) $y = (5x^2 + 2x)^4$ b) $y = e^{5x}$ c) $M = 240e^{-0,5t}$

   d) $q = \dfrac{1}{5 + 10p}$ e) $y = \dfrac{1.200.000}{(x - 300)^{1,3}}$ f) $y = \dfrac{a}{(x - r)^b}$

TÓPICO ESPECIAL – Derivação Implícita

Até agora escrevemos a maior parte das funções por meio da notação $y = f(x)$, ou seja, expressando a variável y explicitamente em função da variável x, como, por exemplo:

$$y = 100x^2 + 10x;\ y = 4x^3 - 10x^2 + 30x + 50;\ y = 3.500 \cdot 1,04^x\ \text{e}\ y = \dfrac{350}{x^2}$$

Contamos às vezes com situações em que a relação entre as variáveis x e y é definida implicitamente; por exemplo:

$$50x^2 - 10y = 30;\ -10x + 2y = 4\ \text{e}\ x^2 + y^2 = 4$$

Nesses exemplos, em que a função é dada na forma implícita, dizemos que y é uma função implícita de x e, para cada caso anterior, podemos explicitar a variável y em função de x simplesmente "isolando" a variável y:

- $50x^2 - 10y = 30 \Rightarrow -10y = 30 - 50x^2 \Rightarrow y = \dfrac{30 - 50x^2}{-10} \Rightarrow y = -3 + 5x^2$

- $-10x + 2y = 4 \Rightarrow 2y = 4 + 10x \Rightarrow y = \dfrac{4 + 10x}{2} \Rightarrow y = 2 + 5x$

- $x^2 + y^2 = 4 \Rightarrow y^2 = 4 - x^2 \Rightarrow y = \pm\sqrt{4 - x^2}$. Nesse caso, para que y represente uma função em relação a x, expressamos $y = \pm\sqrt{4 - x^2}$ separadamente em dois subcasos, $y = +\sqrt{4 - x^2}$ e $y = -\sqrt{4 - x^2}$, e os analisamos separadamente.

Para $y = +\sqrt{4 - x^2}$, temos y como função de x, que graficamente é representada por um semicírculo centrado na origem cujo raio é 2, com pontos localizados no eixo x e acima dele, considerando $-2 \le x \le 2$, conforme a Figura 7.1a.

Para $y = -\sqrt{4 - x^2}$, temos y como função de x, que graficamente é representada por um semicírculo centrado na origem cujo raio é 2, com pontos localizados no eixo x e abaixo dele, considerando $-2 \le x \le 2$, conforme a Figura 7.1b.

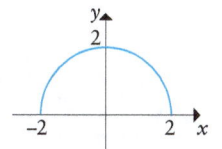

Figura 7.1a Semicírculo superior $y = \sqrt{4 - x^2}$.

Figura 7.1b Semicírculo inferior $y = -\sqrt{4 - x^2}$.

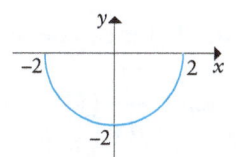

Quando uma função tem y e x escritos de forma explícita, obtemos a derivada usando técnicas de derivação, a exemplo do que foi feito durante este capítulo. Entretanto, existem funções expressas na forma implícita, cuja determinação da forma explícita é muito complicada, como, por exemplo:

- $x^2 + xy - y = xy^2$
- $\sqrt{x + y} + \sqrt{xy} = 6$
- $x^2 y + xy^2 = 10x$
- $2y^5 + 2x^2 y^2 + 20x^4 = 25$

Para tais relações, se desejamos obter suas derivadas, devemos usar a técnica de **derivação implícita**. Exemplificaremos tal técnica a seguir, ressaltando a utilização de regras já estudadas, como a regra do produto e a regra da cadeia:

Exemplo 1 – Determine a derivada de $y^3 = x$.

Solução: Buscamos y', ou seja, $\dfrac{dy}{dx}$. Primeiramente, obtemos a derivada com respeito a x nos dois lados da expressão $y^3 = x$.

$$y^3 = x \Rightarrow \frac{d}{dx}(y^3) = \frac{d}{dx}(x)$$

Como y é uma função (implícita) de x, temos que y^3 é uma função composta.

Para derivar y^3, utilizamos a regra da cadeia, ou seja,

$$\frac{d}{dx}(y^3) = 3y^2 \frac{d}{dx}(y) = 3y^2 \frac{dy}{dx}$$

onde $3y^2$ representa a "derivada da função de fora" e $\dfrac{d}{dx}(y)$ representa a "derivada da função de dentro".

Assim, para $\dfrac{d}{dx}(y^3) = \dfrac{d}{dx}(x)$, obtemos

$$3y^2 \cdot \frac{dy}{dx} = 1 \Rightarrow \frac{dy}{dx} = \frac{1}{3y^2}$$

Exemplo 2 – Determine $\dfrac{dy}{dx}$ para a equação $xy^2 + y^2 = 50$. Em seguida, obtenha o valor de tal derivada no ponto (–2; 1).

Solução: Derivando ambos os membros da equação com relação a x, temos:

$$\frac{d}{dx}(xy^2) + \frac{d}{dx}(y^2) = \frac{d}{dx}(50)$$

Para obter $\dfrac{d}{dx}(xy^2)$, utilizamos a regra do produto ($y = uv \Rightarrow y' = u'v + uv'$), ou seja, $\frac{d}{dx}(x) \cdot y^2 + x \cdot \frac{d}{dx}(y^2)$. Para obter $\frac{d}{dx}(y^2)$, utilizamos a regra da cadeia, ou seja, $\frac{d}{dx}(y^2) = 2y\frac{d}{dx}(y) = 2y \cdot \frac{dy}{dx}$, onde $2y$ é derivada da função de fora e $\frac{d}{dx}(y)$ é a derivada da função de dentro. Para obter $\frac{d}{dx}(50)$, usamos a derivada da função constante, ou seja, $\frac{d}{dx}(50) = 0$.

Assim, $\frac{d}{dx}(xy^2) + \frac{d}{dx}(y^2) = \frac{d}{dx}(50)$ resulta:

$$\frac{d}{dx}(x) \cdot y^2 + x \cdot \frac{d}{dx}(y^2) + \frac{d}{dx}(y^2) = 0$$

$$1 \cdot y^2 + x \cdot 2y\frac{dy}{dx} + 2y \cdot \frac{dy}{dx} = 0$$

Colocando $2y \cdot \frac{dy}{dx}$ em evidência e isolando $\frac{dy}{dx}$:

$$y^2 + 2y \cdot \frac{dy}{dx}(x+1) = 0$$

$$2y \cdot \frac{dy}{dx}(x+1) = -y^2$$

$$\frac{dy}{dx} = \frac{-y^2}{2y(x+1)}$$

Para o cálculo da derivada no ponto $(-2; 1)$, basta fazer $x = -2$ e $y = 1$ em $\frac{dy}{dx}$:

$$\frac{dy}{dx} = \frac{-1^2}{2 \cdot 1 \cdot (-2+1)} \Rightarrow \frac{dy}{dx} = \frac{-1}{-2} \Rightarrow \frac{dy}{dx} = \frac{1}{2}$$

Exemplo 3 – Dada a equação $x^2 + y^2 = 100$, pede-se:

a) Encontre $\dfrac{dy}{dx}$ por derivação implícita.

Solução: Derivando em relação a x ambos os membros da equação $x^2 + y^2 = 100$

$$\frac{d}{dx}(x^2 + y^2) = \frac{d}{dx}(100) \Rightarrow \frac{d}{dx}(x^2) + \frac{d}{dx}(y^2) = 0$$

Utilizando novamente a regra da cadeia para $\dfrac{d}{dx}(y^2)$,

$$2x + 2y \cdot \frac{dy}{dx} = 0$$

Resolvendo a equação para $\dfrac{dy}{dx}$, ao isolá-lo, obtemos

$$\frac{dy}{dx} = \frac{-2x}{2y} \Rightarrow \frac{dy}{dx} = -\frac{x}{y}$$

b) Determine a equação da reta tangente ao gráfico de $y = \sqrt{100 - x^2}$ no ponto (6; 8).

Solução: Note que $y = \sqrt{100 - x^2}$ é a parte positiva de y quando explicitamos y em função de x na expressão $x^2 + y^2 = 100$.

Primeiramente, encontramos a inclinação da reta tangente $y = mx + b$ à curva $y = \sqrt{100 - x^2}$ no ponto (6; 8), substituindo $x = 6$ e $y = 8$ na derivada $\dfrac{dy}{dx} = -\dfrac{x}{y}$:

$$m = \frac{dy}{dx} = -\frac{6}{8} \Rightarrow m = -0{,}75$$

Substituindo $x = 6$, $y = 8$ e $m = -0{,}75$ em $y = mx + b$, obtemos b:

$$8 = -0{,}75 \cdot 6 + b \Rightarrow b = 12{,}5$$

Assim, a equação da reta tangente é $y = -0,75x + 12,5$.

c) Monte uma tabela de valores de x e de estimativas de y para a função $y = \sqrt{100 - x^2}$, considerando como valores de x: 5,8; 5,9; 6,0; 6,1 e 6,2.

Solução: Baseado no conceito de linearidade local, faremos uso da equação da reta tangente com o objetivo de calcular valores aproximados de y.

x	5,8	5,9	6,0	6,1	6,2
y (estimativas) $y = -0,75x + 12,5$	8,1500	8,0750	8,0000	7,9250	7,8500
y (reais) $y = \sqrt{100 - x^2}$	8,1462	8,0740	8,0000	7,9240	7,8460
| Erro | = | estimativa – valor real |	0,0038	0,0010	0,0000	0,0010	0,0040

d) Construa o gráfico da função e da reta tangente no ponto (6; 8).

Solução:

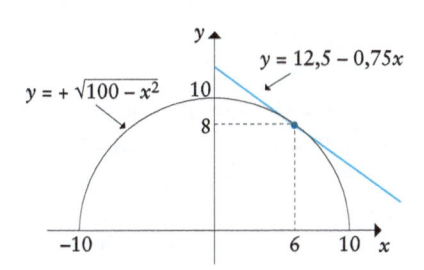

■ Problemas

1. Encontre $\dfrac{dy}{dx}$ para cada item a seguir:

   a) $y^4 = x$ b) $x^2 + y^2 = 16$ c) $x^2 - y^2 = 1$

   d) $\sqrt{x} + \sqrt{y} = 8$ e) $\sqrt{x^2 + y^2} + x^2 = 20$

2. Dada a equação $y^3 - xy = 3$, pede-se:

   a) Encontre por derivação implícita $\dfrac{dy}{dx}$.

b) Encontre a equação da reta tangente a $y^3 - xy = 3$ no ponto (8; 3).

c) Construa uma tabela com estimativas de y, conforme Exemplo 3 (c), utilizando os seguintes valores de x: 7,7; 7,8; 7,9; 8,0; 8,2; 8,4.

3. Dada a função Demanda $p + q^2 = 64$, onde p é o preço (em R$) e q é a quantidade demandada (em unidades), determine:

   a) $\dfrac{dq}{dp}$ e $\dfrac{dp}{dq}$

   b) Para $q = 6$ (unidades) e $p = 28$ (R$), calcule e interprete $\dfrac{dp}{dq}$ e $\dfrac{dq}{dp}$.

4. A empresa Cris produz dois modelos A e B de cintos de segurança, destinados aos automóveis de luxo, utilizando os mesmos recursos de produção em A e B. As quantidades a serem produzidas de A e B serão dadas por x_A e y_B, respectivamente, onde a equação que caracteriza a Curva de Possibilidade de Produção (C.P.P.) é dada por $x^2_A + y_B = 1.600$, se $x_A \geq 0$ e $y_B \geq 0$. Pede-se:

   a) Explicite y em função de x.
   b) Faça o esboço gráfico da C.P.P.
   c) Qual a quantidade máxima de produção de A?
   d) Qual a quantidade máxima de produção de B?
   e) Se A atingir o nível de produção $x_A = 20$ unidades, quanto produziríamos para B?
   f) Se B atingir o nível de produção $y_B = 700$ unidades, quanto produziríamos para A?
   g) Encontre $\dfrac{dy}{dx}$ para a equação $x^2_A + y_B = 1.600$. Obtenha também $\dfrac{dy}{dx}$ para $x_A = 30$ unidades e $y_B = 700$ unidades, interpretando o resultado obtido.

5. Uma empresa recuperadora de cartuchos de tinta para impressoras tem, como seus principais produtos, os tipos A e B, utilizando os mesmos recursos de produção nas quantidades x e y, respectivamente, para A e B. A função representativa da Curva de Possibilidade de Produção (C.P.P.) é caracterizada pela equação $x^2 + y^2 = 10.000$, onde x e y representam as quantidades a serem produzidas de A e B, respectivamente. Com base nas informações prestadas, pede-se:

a) Explicite y em função de x, sabendo que $x \geq 0$ e $y \geq 0$.
b) Construa o gráfico da Curva de Possibilidade de Produção (C.P.P.).
c) Quais as quantidades máximas de cada produto que poderão ser fabricadas?
d) Na hipótese de fabricarmos 60 unidades do tipo A, qual a quantidade a ser fabricada para o tipo B?
e) Se fabricarmos 20 unidades do tipo B, qual a quantidade a ser fabricada do tipo A?
f) Encontre $\dfrac{dy}{dx}$ para a Curva de Possibilidade de Produção $x^2 + y^2 = 10.000$.
g) Encontre a equação da reta tangente da função $y = +\sqrt{10.000 - x^2}$ em $x = 50$ unidades e estime os valores para as quantidades $x = 48$; $x = 49$; $x = 50$ e $x = 55$.
h) Construa uma tabela para os valores reais e estimados, calculando o erro para cada valor de x do item anterior. Ver Exemplo 3 (c).

capítulo 8
Aplicações das Derivadas no Estudo das Funções

■ Objetivo do Capítulo

Neste capítulo, você utilizará a derivada para estudar detalhadamente o comportamento das funções, determinando seus principais valores e pontos para a análise numérica e gráfica. Você perceberá como as derivadas primeira e segunda são úteis para determinar *intervalos de crescimento/decrescimento*; *pontos de máximo/mínimo*; diferentes *taxas de crescimento/decrescimento* e *pontos de inflexão* de uma função. No Tópico Especial você explorará em detalhes o significado dos *pontos de inflexão* de uma função, ressaltando suas aplicações práticas.

■ Máximos e Mínimos

No estudo de situações práticas ou fenômenos econômicos, administrativos e contábeis, é muito comum surgirem perguntas como: *Qual quantidade devo comercializar para que o lucro seja máximo? Qual quantidade devo armazenar em estoque para que o custo de estoque seja mínimo? Quanto devo aplicar em propaganda para que a receita seja máxima? Qual a quantidade de insumo a ser usada para que a produção seja máxima? Em que momentos, em um curto intervalo de tempo, devo comprar e vender as "ações" de uma empresa para que o lucro na operação seja máximo?...* Nos fenômenos citados, se o *lucro, custo, receita, produção...* são expressos por funções, então as respostas a tais perguntas envolvem pontos especiais, como os *pontos de máximo, de mínimo* e *de inflexão*.

Nesta seção e no decorrer do capítulo, estudaremos como a derivada de uma função é útil na análise de intervalos de crescimento – ou decrescimento –, assim como na determinação de pontos de máximo e de mínimo. Para tanto, estabeleceremos primeiramente a distinção entre o conceito de *máximo/mínimo* **local** e o conceito de *máximo/mínimo* **global**; em seguida, salientaremos situações em que a *derivada* **não** *existe*.

Máximo e Mínimo Locais

Para uma função $f(x)$, dizemos que o ponto c é ponto de **máximo local** (ou *máximo relativo*) se o valor $f(c)$ for o **maior valor** que a função assume para x numa vizinhança* de c.

Para uma função $f(x)$, dizemos que o ponto c é ponto de **mínimo local** (ou *mínimo relativo*) se o valor $f(c)$ for o **menor valor** que a função assume para x numa vizinhança de c.

As Figuras 8.1a e 8.1b representam, respectivamente, o ponto c como ponto de máximo local e mínimo local. Em outras palavras, se c é *máximo local*, então $f(c) \geq f(x)$ para todo x na vizinhança de c. De modo análogo, se c é *mínimo local*, então $f(c) \leq f(x)$ para todo x na vizinhança de c.

---

* Entenderemos que um ponto x está numa *vizinhança* do ponto c se x pertencer ao intervalo aberto $]a; b[$ ao qual c também pertence.

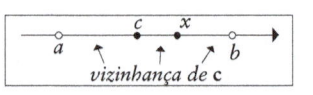

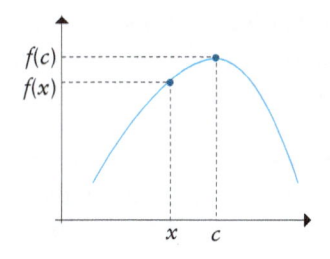

Capítulo 8 – Aplicações das Derivadas no Estudo das Funções

Figura 8.1a c como ponto de máximo.

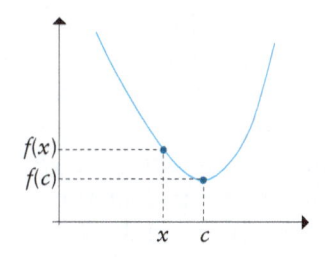

Figura 8.1b c como ponto de mínimo.

Máximo e Mínimo Globais

Para uma função $f(x)$, dizemos que o ponto c é ponto de **máximo global** (ou *máximo absoluto*) se o valor $f(c)$ for o **maior valor** que a função assume para todo x do domínio da função. De modo análogo, para uma função $f(x)$, dizemos que o ponto c é ponto de **mínimo global** (ou *mínimo absoluto*) se o valor $f(c)$ for o **menor valor** que a função assume para todo x do domínio da função.

A Figura 8.2 traz o gráfico de uma função $f(x)$ cujo domínio é o intervalo fechado [2; 23], onde podemos perceber as diferenças entre os pontos de máximo e mínimo locais e máximo e mínimo globais.

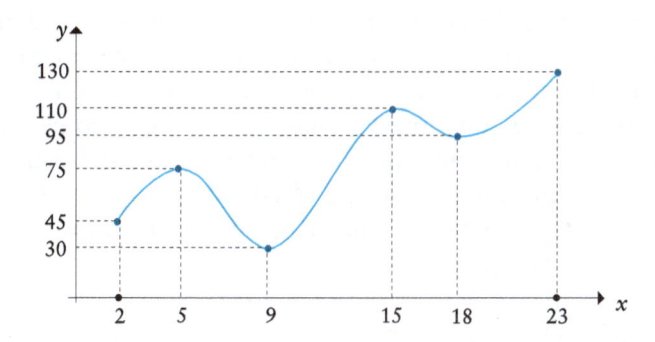

Figura 8.2 Máximos e mínimos locais e/ou globais para $f(x)$ de domínio [2; 23].

Primeiramente, salientamos que os pontos $x = 9$ e $x = 18$ são *mínimos locais*, pois na vizinhança de $x = 9$ o valor da função, $f(9) = 30$, é o menor possível e, do mesmo modo, na vizinhança de $x = 18$, o valor da função, $f(18) = 95$, também é o menor possível. O ponto $x = 9$ também é *mínimo global*, pois $f(9) = 30$ é o menor valor da função em todo o seu domínio.

Os pontos $x = 5$ e $x = 15$ são *máximos locais*, pois na vizinhança de $x = 5$ o valor da função, $f(5) = 75$, é o maior possível e, do mesmo modo, na vizinhança de $x = 15$, o valor da função, $f(15) = 110$, também é o maior possível.

O ponto $x = 23$ é *máximo global*, pois $f(23) = 130$ é o maior valor da função em todo o seu domínio. Nos pontos que limitam o intervalo, $x = 2$ e $x = 23$, *não é possível* dizer se são mínimo ou máximo **locais**, pois não é possível estabelecer a vizinhança para análise do comportamento da função.

Pontos onde a Derivada Não Existe Analisados Graficamente

Para um estudo mais completo de pontos de máximo e mínimo e pontos críticos*, é interessante notar situações onde a derivada não existe – em outras palavras, funções que apresentam em seu domínio pontos onde a função não é derivável.

Lembramos que a derivada de uma função $f(x)$ em um ponto $x = a$ é dada por

$$f'(a) = \lim_{h \to 0} \frac{f(a+h) - f(a)}{h}$$

e tal limite só existe, ou seja, a derivada no ponto só existe se os limites laterais resultarem em um mesmo número. Dentre os casos onde a derivada não existe, citaremos como exemplos situações onde os limites laterais resultam em números diferentes e situações em que o limite resulta em $+\infty$ ou $-\infty$.

Graficamente, é comum observar um "bico" no gráfico de uma função quando estamos em um ponto onde os limites laterais resultam em números diferentes e, por consequência, a derivada não existe. Analisando a Figura 8.3a no "bico" onde $x = 5$, não é possível visualizar qual seria a reta tangente à curva nesse ponto.

Situações em que o limite resulta em $+\infty$ podem indicar graficamente reta "vertical" tangente à curva no ponto onde está sendo calculado tal limite. Analisando a Figura 8.3b no ponto $x = 7$, temos uma reta vertical tangente à curva, o que indica que a derivada nesse ponto não existe.

---

* Os *pontos críticos* serão discutidos mais adiante.

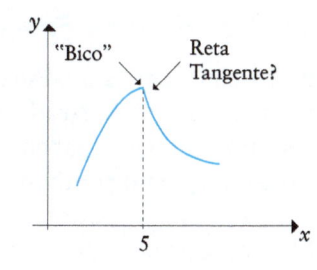

Capítulo 8 – Aplicações das Derivadas no Estudo das Funções

Figura 8.3a Não existe f'(5) ("bico").

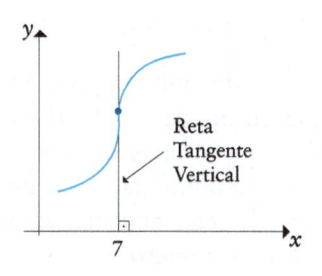

Figura 8.3b Não existe f'(7) ("tangente vertical").

A função $f(x) = |x|$ não é derivável no ponto $x = 0$, pois o limite lateral à esquerda é $\lim_{h \to 0^-} \dfrac{f(0+h) - f(0)}{h} = -1$, enquanto o limite lateral à direita é $\lim_{h \to 0^+} \dfrac{f(0+h) - f(0)}{h} = 1$, sendo que há um "bico" no gráfico em $x = 0$ (Ver Figura 8.4a). A função $f(x) = \sqrt[3]{x}$ não é derivável no ponto $x = 0$, pois resulta em $+\infty$ o limite que denotaria a derivada em $x = 0$, isto é, $\lim_{h \to 0} \dfrac{f(0+h) - f(0)}{h} = +\infty$. Nesse exemplo, percebemos uma tangente vertical no gráfico em $x = 0$ (Ver Figura 8.4b).

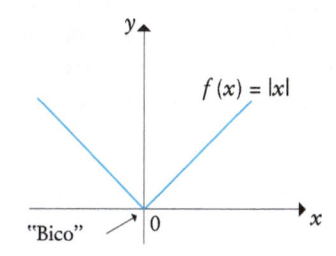

Figura 8.4a Não existe f'(0) ("bico").

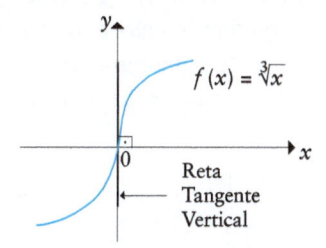

Figura 8.4b Não existe f'(0) ("tangente vertical").

Derivada e Crescimento/Decrescimento de uma Função

Uma propriedade muito importante que utilizaremos para a análise das funções e construção de seus gráficos relaciona o sinal da derivada de uma função e o comportamento de tal função em um intervalo. Sabemos que a derivada em um ponto dá a taxa de variação da função no ponto, bem como a inclinação da reta tangente no ponto. Por exemplo, se para uma função $f(x)$ a derivada no ponto $x = 2$ resultar $f'(2) = 5$, sabemos que é 5 a taxa de variação de $f(x)$ em $x = 2$, ou seja, um pequeno *aumento* em x próximo de $x = 2$ acarreta um *aumento* 5 vezes maior em $f(x)$. Em outras palavras, a função é *crescente* no ponto $x = 2$, pois sua taxa de variação é *positiva* nesse ponto. Na verdade, estendemos tal conclusão para um intervalo de x; assim, se a *derivada* de uma função é *positiva* em um intervalo, então a função é *crescente* nesse intervalo.

De modo análogo, se a *derivada* de uma função é *negativa* em um intervalo, então a função é *decrescente* nesse intervalo.

Lembramos ainda que é *zero* a derivada de uma *função constante*, então é razoável assumir que, se a *derivada* de uma função é *zero* em um intervalo, então a função é *constante* nesse intervalo.

Resumindo tais observações, temos:

- Se $f'(x) > 0$ em um intervalo, então $f(x)$ é *crescente* nesse intervalo.
- Se $f'(x) < 0$ em um intervalo, então $f(x)$ é *decrescente* nesse intervalo.
- Se $f'(x) = 0$ em um intervalo, então $f(x)$ é *constante* nesse intervalo.

Graficamente, a Figura 8.5a representa um caso onde $f'(x) > 0$ e, consequentemente, $f(x)$ é crescente; note que traçamos à curva uma reta tangente cuja inclinação é *positiva*. Na Figura 8.5b, temos um caso onde $f'(x) < 0$ e, consequentemente, $f(x)$ é decrescente; note que traçamos à curva uma reta tangente cuja inclinação é *negativa*. Já a Figura 8.5c traz um caso onde $f'(x) = 0$ e, consequentemente, $f(x)$ é constante; note que a reta tangente à curva é representada pela própria reta do gráfico e sua inclinação é *zero*.

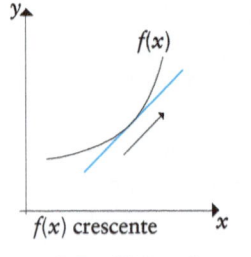

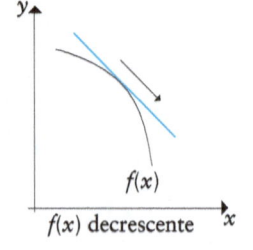

Figura 8.5a $f'(x) > 0$.   Figura 8.5b $f'(x) < 0$.   Figura 8.5c $f'(x) = 0$.

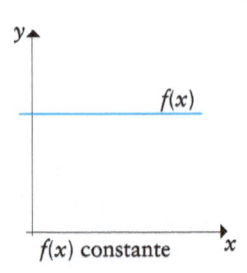

Pontos Críticos

Notamos que os pontos de máximo ou mínimo ocorrem em pontos especiais chamados de *pontos críticos*. Os pontos críticos não são apenas aqueles onde ocorre o máximo ou mínimo de uma função, logo, seu conceito é mais amplo:

> Um ponto c é chamado **ponto crítico** se $f'(c) = 0$ ou se $f'(c)$ não existir.*

Assim, para encontrarmos pontos críticos, devemos procurar pontos no domínio onde a *derivada vale zero* ou onde a *derivada não existe*.

Na Figura 8.6, temos a representação de três pontos críticos onde $f'(c) = 0$. Note que na Figura 8.6a temos o ponto crítico c como *ponto de máximo*; na Figura 8.6b, temos o ponto crítico c como *ponto de mínimo* e, na Figura 8.6c, temos o ponto crítico c não sendo máximo nem mínimo, pois a função continua crescente à esquerda e à direita de c. Nesses casos, temos inclinação zero para a reta tangente à curva no ponto crítico.

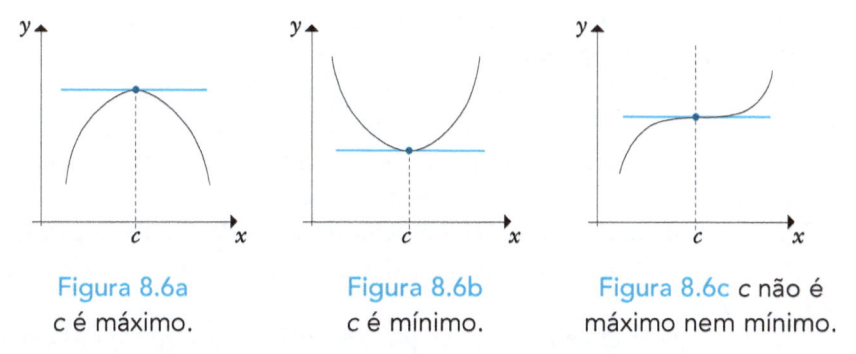

Figura 8.6a
c é máximo.

Figura 8.6b
c é mínimo.

Figura 8.6c c não é máximo nem mínimo.

Na Figura 8.7, temos a representação de três pontos críticos onde $f'(c)$ não existe. Note que na Figura 8.7a temos o ponto crítico c como *ponto de máximo*; na Figura 8.7b temos o ponto crítico c como *ponto de mínimo* e na Figura 8.7c temos o ponto crítico c não sendo máximo nem mínimo, pois a função continua decrescente à esquerda e à direita de c. Nos dois primei-

---

* O ponto c é um número do domínio de $f(x)$ e também é conhecido como **número crítico**. O valor da função calculada em c é conhecido como **valor crítico**, $f(c)$. O ponto do gráfico, de coordenadas $(c; f(c))$, também é chamado de *ponto crítico*; entretanto, em nosso texto, quando nos referirmos aos pontos críticos de uma função, estaremos interessados nos pontos do domínio onde $f'(x) = 0$ ou onde $f'(x)$ não existe.

ros casos, não é possível traçar retas tangentes à curva no ponto crítico e, no último caso, temos uma reta vertical tangente à curva no ponto crítico.

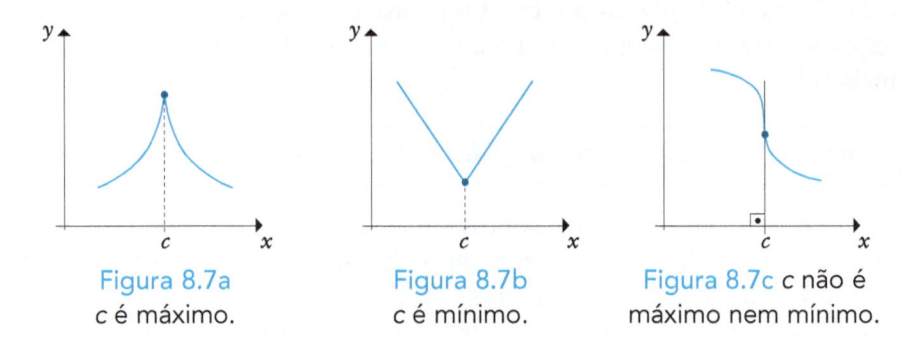

Figura 8.7a
c é máximo.

Figura 8.7b
c é mínimo.

Figura 8.7c c não é máximo nem mínimo.

Teste da Derivada Primeira

É interessante notar que, nos pontos críticos representados anteriormente em quatro casos (Figuras 8.6a, 8.6b, 8.7a e 8.7b), temos pontos de máximo local e pontos de mínimo local. Na verdade, é grande a ligação entre pontos críticos e pontos de máximo local ou mínimo local, e devemos estar atentos à seguinte propriedade:

"Para uma função contínua, se em seu domínio existirem pontos de máximo local ou mínimo local, tais pontos serão pontos críticos."

Em outras palavras, em um ponto de máximo local ou mínimo local, a derivada da função é zero ou a derivada não existe.

Tal propriedade auxilia na elaboração do **teste da derivada primeira**, que permite classificar se um ponto crítico é ou não ponto de máximo local ou mínimo local.

O teste consiste em encontrar os pontos críticos da função; tais pontos são "candidatos" a máximo ou mínimo local. Em seguida, calculando o valor da derivada primeira para pontos à esquerda e à direita dos pontos críticos, verificamos se a função é crescente ou decrescente entre tais pontos e, de acordo com o comportamento da função, concluímos se o ponto crítico é ou não máximo ou mínimo local.

Observando detalhadamente os pontos críticos dos itens (a), (b) e (c) das Figuras 8.6 e 8.7 redesenhados nas Figuras 8.8 e 8.9, percebemos que um ponto é **máximo local** se *à esquerda* dele a **derivada é positiva** e *à direita* dele a **derivada é negativa** (a função passou de *crescente* ($f'(x) > 0$) para *decrescente* ($f'(x) < 0$)). Ver Figuras 8.8a e 8.9a.

De modo análogo, nas Figuras 8.8b e 8.9b percebemos que um ponto é *mínimo local* se *à esquerda* dele a *derivada é negativa* e *à direita* dele a *derivada é positiva* (a função passou de *decrescente* ($f'(x) < 0$) para *crescente* ($f'(x) > 0$)).

Na Figura 8.8c o ponto *c não* é máximo nem mínimo local, pois a derivada é *positiva* em *ambos os lados* do ponto crítico *c* (a função é sempre *crescente* ($f'(x) > 0$)). Na Figura 8.9c o ponto *c não* é máximo nem mínimo local, pois a derivada é *negativa* em *ambos os lados* do ponto crítico *c* (a função é sempre *decrescente* ($f'(x) < 0$)).

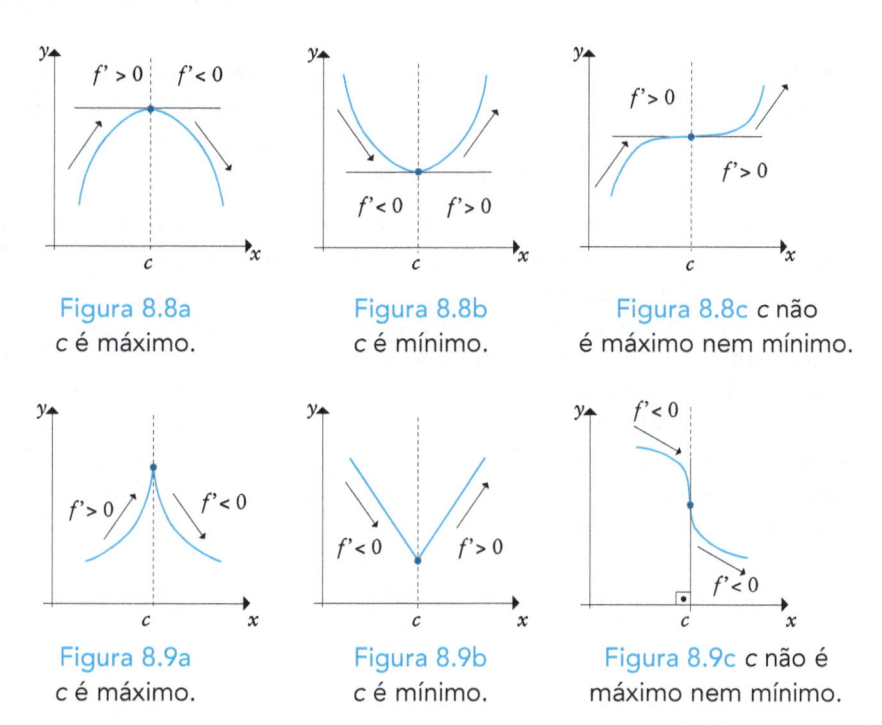

Figura 8.8a
c é máximo.

Figura 8.8b
c é mínimo.

Figura 8.8c c não
é máximo nem mínimo.

Figura 8.9a
c é máximo.

Figura 8.9b
c é mínimo.

Figura 8.9c c não é
máximo nem mínimo.

Podemos resumir o *teste da derivada primeira* nos seguintes passos:

- **Passo 1:** Determine os pontos críticos de $f(x)$ – resolvendo a equação $f'(x) = 0$ ou encontrando os pontos onde $f'(x)$ não existe.

- **Passo 2:** Marque os pontos críticos em uma reta numérica. Nos diferentes intervalos obtidos, escolha pontos para teste à direita e à esquerda de cada ponto crítico. Calcule a derivada primeira nos diferentes pontos de teste, determinando seu sinal ($f' > 0$) ou ($f' < 0$). Nos pontos de teste onde $f'(x) > 0$, temos $f(x)$ crescente (↗) e, nos pontos de teste onde $f'(x) < 0$ temos $f(x)$ decrescente (↘).

- **Passo 3:** Analisando o crescimento (↗) ou decrescimento (↘) de $f(x)$ à esquerda e à direita de cada ponto crítico, concluímos que o ponto é:

    → **Máximo Local** – se nele a função passa de *crescente* para *decrescente* à medida que x aumenta. Ou seja, caminhando na reta numérica, da esquerda para a direita, temos a *derivada* mudando de *positiva* para *negativa*. (↗ ↘)

    → **Mínimo Local** – se nele a função passa de *decrescente* para *crescente* à medida que x aumenta. Ou seja, caminhando na reta numérica, da esquerda para a direita, temos a *derivada* mudando de *negativa* para *positiva*. (↘ ↗)

    → **Nem Máximo, nem Mínimo Local** – se antes e depois dele a função permanece *crescente* ou *decrescente*. Ou seja, caminhando na reta numérica, temos a *derivada* com o mesmo sinal, *positiva* ou *negativa*, antes e depois do ponto crítico. (↗ ↗ ou ↘ ↘)

Como exemplo de uma interpretação para o teste da derivada primeira, temos na Figura 8.10 o esboço do gráfico de uma função que dá o "valor de uma 'ação'" negociada na bolsa de valores no decorrer dos dias x. No gráfico, os pontos de teste com seus respectivos sinais da derivada primeira estão assinalados acima da curva em intervalos limitados entre os pontos críticos. Nesse exemplo, temos como pontos de máximo $x = 2$ e $x = 13$; como ponto de mínimo $x = 7$; e os pontos $x = 10$ e $x = 20$ não são pontos de máximo nem de mínimo. No gráfico, as retas tangentes horizontais indicam que nesses pontos críticos $f'(x) = 0$ e a reta tangente vertical indica que $f'(x)$ não existe em $x = 10$.

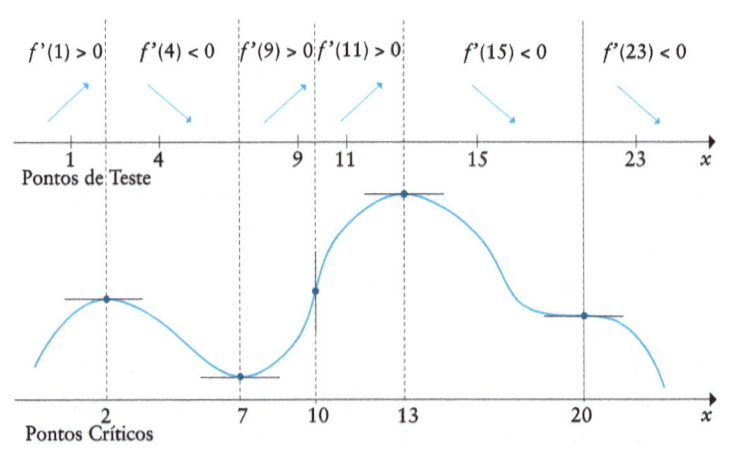

Figura 8.10 Pontos críticos e analisados segundo o teste da derivada primeira.

Capítulo 8 – Aplicações das Derivadas no Estudo das Funções

A seguir, usaremos o teste da derivada primeira para esboçar o gráfico de uma função polinomial. O gráfico de tal função foi esboçado no Capítulo 5 por meio da construção de uma tabela e, naquele momento, fizemos afirmações sobre os pontos de máximo e mínimo, mesmo sem ter a confirmação da validade de tais afirmações. Agora, com o uso do teste da derivada primeira, confirmaremos a validade das afirmações a respeito dos principais pontos encontrados casualmente naquela exposição.

Problema: O preço de um produto foi analisado no decorrer dos meses e constatou-se que pode ser aproximado pela função $p(t) = t^3 - 6t^2 + 9t + 10$, onde t representa o número do mês a partir do mês $t = 0$, que marca o início das análises. Esboce o gráfico da função para os cinco primeiros meses a partir do início das análises, indicando, se existirem, pontos de máximo ou mínimo (locais e globais) para o preço do produto.

Solução: Para usarmos o teste da derivada primeira na busca de máximos ou mínimos de $p(t) = t^3 - 6t^2 + 9t + 10$, devemos primeiramente encontrar $p'(t)$:

$$p(t) = t^3 - 6t^2 + 9t + 10$$
$$p'(t) = 3t^{3-1} - 6 \cdot 2t^{2-1} + 9 + 0$$
$$p'(t) = 3t^2 - 12t + 9$$

Seguindo os passos do teste da derivada primeira:

- **Passo 1:** Determinamos os pontos críticos de $p(t)$ – resolvendo a equação $p'(t) = 0$ ou encontrando os pontos onde $p'(t)$ não existe. Como a derivada $p'(t) = 3t^2 - 12t + 9$ existe para todo t real, os pontos críticos serão encontrados a partir de:

$$p'(t) = 0$$
$$3t^2 - 12t + 9 = 0 \quad \text{(resolvendo por Báskara)}$$
$$t = 1 \text{ ou } t = 3$$

Logo, $t = 1$ e $t = 3$ são os *pontos críticos* – "candidatos" a *máximo* ou *mínimo*.

- **Passo 2:** Marcamos os pontos críticos $t = 1$ e $t = 3$ em uma reta numérica. Nos diferentes intervalos obtidos, escolhemos pontos para teste à direita e à esquerda de $t = 1$ e $t = 3$.

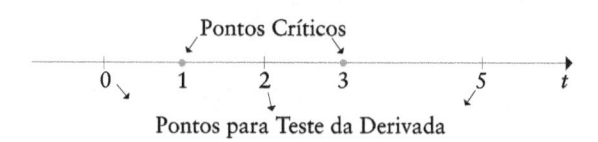

Pontos Críticos

0, 1, 2, 3, 5, t

Pontos para Teste da Derivada

Escolhemos para teste na derivada os pontos $t = 0$, $t = 2$ e $t = 5$, pois estão à esquerda e à direita dos pontos críticos e representam números de fácil substituição e cálculo em $p'(t)$. São inúmeras as escolhas possíveis, sendo $t = 0,5$, $t = 2,5$ e $t = 4$ uma delas.

Determinando o sinal da derivada em cada ponto de teste, temos:

$t = 0$: $p'(0) = 3 \cdot 0^2 - 12 \cdot 0 + 9 \Rightarrow p'(0) = 9 \Rightarrow p'(0) > 0 \Rightarrow p(t)$ *crescente* em $t = 0$

$t = 2$: $p'(2) = 3 \cdot 2^2 - 12 \cdot 2 + 9 \Rightarrow p'(2) = -3 \Rightarrow p'(2) < 0 \Rightarrow p(t)$ *decrescente* em $t = 2$

$t = 5$: $p'(5) = 3 \cdot 5^2 - 12 \cdot 5 + 9 \Rightarrow p'(5) = 24 \Rightarrow p'(5) > 0 \Rightarrow p(t)$ *crescente* em $t = 5$

Dos resultados obtidos, indicamos nos diferentes intervalos, acima dos pontos de teste, setas para o crescimento (↗) ou decrescimento (↘) de $p(t)$ no intervalo.

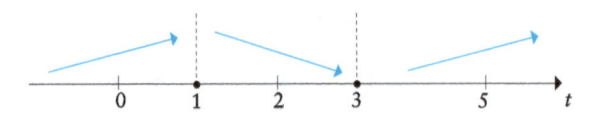

- **Passo 3**: Analisando o crescimento (↗) ou decrescimento (↘) de $p(t)$ à esquerda e à direita de cada ponto crítico, concluímos que:

  → o ponto $t = 1$ é *máximo local*, pois nele a função passa de *crescente* para *decrescente* à medida que t aumenta. Ou seja, caminhando na reta numérica, da esquerda para a direita, temos a *derivada* mudando de *positiva* para *negativa*. (↗ ↘)

  → o ponto $t = 3$ é *mínimo local*, pois nele a função passa de *decrescente* para *crescente* à medida que t aumenta. Ou seja, caminhando na reta numérica, da esquerda para a direita, temos a *derivada* mudando de *negativa* para *positiva*. (↘ ↗)

  Para esboçarmos o gráfico de $p(t)$, conforme solicitado, vamos determinar ainda o ***valor de mínimo local*** e o ***valor de máximo local***, bem como os valores de $p(t)$ para os extremos do intervalo.

  → O ***valor de máximo local*** é encontrado substituindo o ponto de máximo local na função original, ou seja, $t = 1$ em $p(t)$:

  $$p(1) = 1^3 - 6 \cdot 1^2 + 9 \cdot 1 + 10$$
  $$p(1) = 14$$

Este é o maior preço do produto para o tempo nas vizinhanças do mês $t = 1$.

➜ O *valor de mínimo local* é encontrado substituindo o ponto de mínimo local na função original, ou seja, $t = 3$ em $p(t)$:

$$p(3) = 3^3 - 6 \cdot 3^2 + 9 \cdot 3 + 10$$
$$p(3) = 10$$

Este é o menor preço do produto para o tempo nas vizinhanças do mês $t = 3$.

➜ O valor do preço no extremo esquerdo do intervalo é encontrado substituindo o mês que marca o início das análises na função original, ou seja, $t = 0$ em $p(t)$:

$$p(0) = 0^3 - 6 \cdot 0^2 + 9 \cdot 0 + 10$$
$$p(0) = 10$$

Este é o preço do produto no início das análises, ou seja, para o mês $t = 0$.

➜ O valor do preço no extremo direito do intervalo é encontrado substituindo o mês que marca o final do período de interesse na função original, ou seja, $t = 5$ em $p(t)$:

$$p(5) = 5^3 - 6 \cdot 5^2 + 9 \cdot 5 + 10$$
$$p(5) = 30$$

Este é o preço do produto no final do período de interesse, ou seja, para o mês $t = 5$.

A partir das informações reunidas, esboçamos o gráfico do preço:

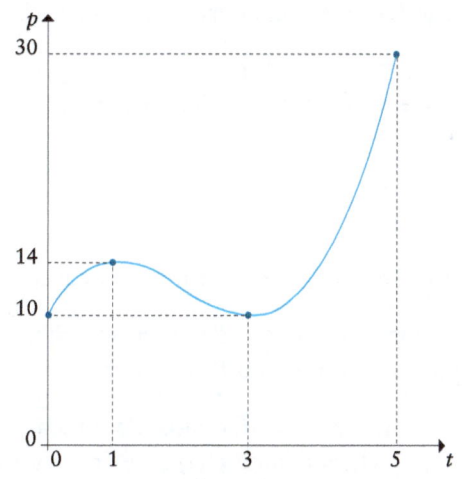

Figura 8.11 Preço $p(t) = t^3 - 6t^2 + 9t + 10$ de um produto no decorrer dos meses t.

Vale notar que, para o intervalo $0 \leq t \leq 5$, o ponto $t = 5$ é ponto de **máximo global**, pois o preço não ultrapassa o valor $p(5) = 30$; o ponto $t = 0$ é **mínimo global**, pois $p(0) = 10$ é o menor preço do produto para esse intervalo. Notamos ainda que $t = 3$, além de ser mínimo local, também é mínimo global, já que $p(3) = 10$.

Nesse problema, observamos que os preços são crescentes no intervalo do mês $t = 0$ ao mês $t = 1$, bem como do mês $t = 3$ ao mês $t = 5$ ($p'(t) > 0$). De modo análogo, observamos que os preços são decrescentes no intervalo do mês $t = 1$ ao mês $t = 3$ ($p'(t) < 0$). É interessante notar que nesse último intervalo temos um momento em que a **concavidade do gráfico muda**. Entre o mês $t = 1$ e o mês $t = 3$, a concavidade que estava voltada para baixo passa a estar voltada para cima. O ponto em que a mudança de concavidade ocorre é importante geométrica, numérica e algebricamente e está associado à derivada segunda, como discutiremos a partir daqui.

■ Derivada Segunda e Concavidade de um Gráfico

Lembramos que, dada uma função $f(x)$, após obtermos a função derivada $f'(x)$, podemos obter a **derivada segunda** de $f(x)$ simplesmente derivando a derivada $f'(x)$ ou, em outras palavras, a *derivada segunda de $f(x)$ é a derivada da derivada de $f(x)$*. A derivada segunda de $f(x)$ é simbolizada por $f''(x)$.

Exemplificando, se $f(x) = x^5$, sua derivada segunda é $f''(x) = 20x^3$, pois:

- $f(x) = x^5 \Rightarrow f'(x) = 5x^{5-1} \Rightarrow f'(x) = 5x^4$
- $f'(x) = 5x^4 \Rightarrow f''(x) = 5 \cdot (4x^{4-1}) \Rightarrow f''(x) = 20x^3$

Derivada Segunda e Comportamento da Derivada Primeira

Lembrando a propriedade que relaciona uma função e sua derivada:

- Se $f'(x) > 0$ em um intervalo, então $f(x)$ é **crescente** nesse intervalo.
- Se $f'(x) < 0$ em um intervalo, então $f(x)$ é **decrescente** nesse intervalo.

Como a derivada segunda é a derivada da função derivada, ou seja, $f''(x)$ é a derivada de $f'(x)$, podemos reescrever a propriedade acima relacionando a derivada segunda e o crescimento ou decrescimento da derivada primeira.

Capítulo 8 – Aplicações das Derivadas no Estudo das Funções

- Se $f''(x) > 0$ em um intervalo, então $f'(x)$ é *crescente* nesse intervalo.
- Se $f''(x) < 0$ em um intervalo, então $f'(x)$ é *decrescente* nesse intervalo.

A partir da primeira linha dessa propriedade, se procurarmos uma função $f(x)$ que graficamente apresente $f'(x)$ **crescente**, podemos estabelecer uma conexão gráfica entre a derivada segunda $(f''(x))$ e a função $f(x)$ inicial. *Procurar uma função $f(x)$ que graficamente apresente $f'(x)$ crescente significa procurar uma curva com retas tangentes cujas inclinações aumentam à medida que x aumenta.*

Exemplos de tais curvas são esboçados na Figura 8.12.

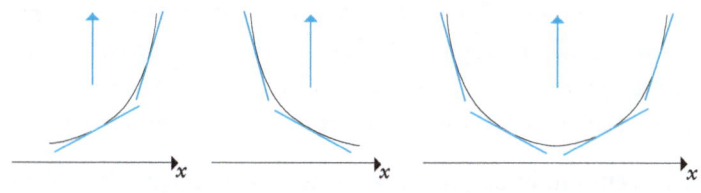

Figura 8.12 Retas tangentes com inclinações aumentando à medida que x aumenta.

A partir da segunda linha da propriedade anterior, se procurarmos uma função $f(x)$ que graficamente apresente $f'(x)$ **decrescente**, podemos estabelecer uma conexão gráfica entre a derivada segunda $(f''(x))$ e a função $f(x)$ inicial. *Procurar uma função $f(x)$ que graficamente apresente $f'(x)$ decrescente significa procurar uma curva com retas tangentes cujas inclinações diminuam à medida que x aumenta.*

Exemplos de tais curvas são esboçados na Figura 8.13.

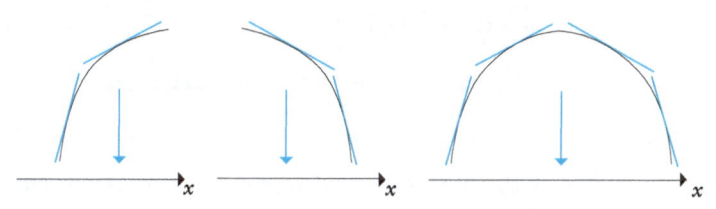

Figura 8.13 Retas tangentes com inclinações diminuindo à medida que x aumenta.

Para fazer os três esboços da Figura 8.12, partimos do fato de que $f''(x) > 0$ e notamos que, nos três casos, a *concavidade* de $f(x)$ está voltada *para cima*. Para fazer os três esboços da Figura 8.13, partimos do fato de que $f''(x) < 0$ e notamos que, nos três casos, a *concavidade* de $f(x)$ está voltada *para baixo*.

Em resumo:

- Se $f''(x) > 0$ em um intervalo, então $f(x)$ tem **concavidade** voltada *para cima* nesse intervalo. ∪
- Se $f''(x) < 0$ em um intervalo, então $f(x)$ tem **concavidade** voltada *para baixo* nesse intervalo. ∩

Derivada Segunda e Taxas de Crescimento/Decrescimento

Lembre que, *"se $f''(x) > 0$ em um intervalo, então $f'(x)$ é **crescente** nesse intervalo e, de modo análogo, se $f''(x) < 0$ em um intervalo, então $f'(x)$ é **decrescente** nesse intervalo"*. Como $f'(x)$ representa a *taxa de variação* de $f(x)$, então reescrevemos a afirmação anterior do seguinte modo:

- Se $f''(x) > 0$ em um intervalo, então a taxa de variação de $f(x)$ é **crescente** nesse intervalo.
- Se $f''(x) < 0$ em um intervalo, então a taxa de variação de $f(x)$ é **decrescente** nesse intervalo.

Em termos práticos, se associamos o sinal da derivada primeira com o sinal da derivada segunda, podemos determinar o comportamento das diferentes taxas de crescimento (ou decrescimento) de uma função. Em outras palavras, $f'(x)$ determina *"se"* $f(x)$ cresce ou decresce, enquanto $f''(x)$ determina *"como"* $f(x)$ cresce ou decresce.

Fazendo as combinações dos sinais das derivadas primeira e segunda, obtemos o comportamento da função $f(x)$.

- Se $f'(x) > 0$ e $f''(x) > 0$, então $f(x)$ é *crescente* a *taxas crescentes*
- Se $f'(x) > 0$ e $f''(x) < 0$, então $f(x)$ é *crescente* a *taxas decrescentes*
- Se $f'(x) < 0$ e $f''(x) > 0$, então $f(x)$ é *decrescente* a *taxas crescentes*
- Se $f'(x) < 0$ e $f''(x) < 0$, então $f(x)$ é *decrescente* a *taxas decrescentes*

Exemplo: O número P de aparelhos eletrônicos montados por um grupo de funcionários depende do número q de horas trabalhadas, e foi estabelecida a função dessa produção como $P = 1.000 q^{\frac{3}{4}}$, onde P é medida em unidades montadas, aproximadamente, por dia. Analisar o crescimento/decrescimento e as respectivas taxas para tal produção.

Capítulo 8 – Aplicações das Derivadas no Estudo das Funções

Solução: Determinando primeiramente as derivadas primeira e segunda da produção:

$$P = 1.000 \cdot q^{\frac{3}{4}} \Rightarrow P' = 1.000 \cdot \left(\frac{3}{4} q^{\frac{3}{4}-1}\right) \Rightarrow P' = 1.000 \cdot \left(\frac{3}{4} q^{\frac{3}{4}-\frac{4}{4}}\right) \Rightarrow P' = 750 q^{-\frac{1}{4}}$$

$$P' = 750 q^{-\frac{1}{4}} \Rightarrow P'' = 750 \cdot \left(-\frac{1}{4} q^{-\frac{1}{4}-1}\right) \Rightarrow P'' = 750 \cdot \left(-\frac{1}{4} q^{-\frac{1}{4}-\frac{4}{4}}\right) \Rightarrow P'' = -187,5 q^{-\frac{5}{4}}$$

temos, então, $P' = 750 q^{-\frac{1}{4}}$ e $P'' = -187,5 q^{-\frac{5}{4}}$. Considerando o domínio $q > 0$ (número positivo de horas trabalhadas), temos que $q^{-\frac{1}{4}} > 0$ e $q^{-\frac{5}{4}} > 0$, o que resulta em

$$P' = 750 q^{-\frac{1}{4}} > 0 \text{ e } P'' = -187,5 q^{-\frac{5}{4}} < 0$$

Na tabela, confirmamos os sinais das derivadas $P' > 0$ e $P'' < 0$:

"chute"→	1	10	10.000	...	Sinal
$P' = 750q^{-1/4}$	750,000	421,756	75,000	...	$P' > 0$
$P'' = -187,5q^{-5/4}$	-187,500	-10,544	-0,002	...	$P'' < 0$

Assim, considerando apenas $q > 0$ (número positivo de horas), temos $P' > 0$ e $P'' < 0$, o que permite concluir:

- $P' > 0$, então a função P é *crescente*. (↗)
- $P'' < 0$, então a função P tem *concavidade* para *baixo*. (↓)
- $P' > 0$ e $P'' < 0$ denotam que a *produção P é crescente a taxas decrescentes*.

Tal exemplo também é discutido no Capítulo 5, onde o crescimento a taxas decrescentes para a produção é verificado numérica e graficamente. Um esboço da forma gráfica da produção é notado ao lado.

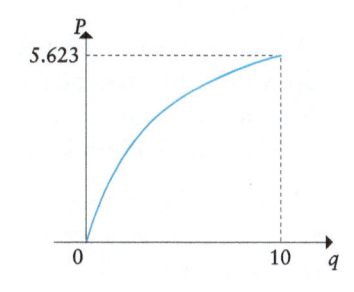

Teste da Derivada Segunda

A derivada segunda também pode ser utilizada para verificar se um ponto crítico obtido a partir de $f'(x) = 0$ é ponto de máximo ou mínimo local.

A ideia básica consiste em notar que, graficamente, um ponto onde $f'(x) = 0$ e que tem nele a concavidade voltada para baixo é um ponto de máximo local (ver Figura 8.14a). De modo análogo, um ponto onde $f'(x) = 0$ e que tem nele a concavidade voltada para cima é um ponto de mínimo local (ver Figura 8.14b).

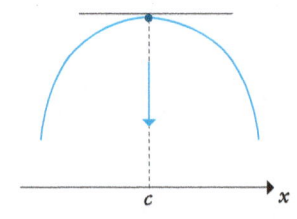

Figura 8.14a c máximo
($f'(c) = 0$ e $f''(c) < 0$).

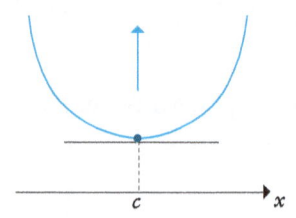

Figura 8.14b c mínimo
($f'(c) = 0$ e $f''(c) > 0$).

Para detectar pontos de máximo ou mínimo local com auxílio da derivada segunda, utilizamos os passos do *teste da derivada segunda*:

- **Passo 1:** Determine os pontos críticos $x = c$ do tipo $f'(c) = 0$ resolvendo a equação $f'(x) = 0$.

- **Passo 2:** Marque os pontos críticos em uma reta numérica e:
  → Calculando a derivada segunda em um ponto crítico, se $f(c)'' < 0$, indica que $f(x)$ tem *concavidade para baixo* em $x = c$, que assim é ponto de *máximo local*.

  → Calculando a derivada segunda em um ponto crítico, se $f(c)'' > 0$, indica que $f(x)$ tem *concavidade para cima* em $x = c$, que assim é ponto de *mínimo local*.

  → Se não existir a derivada segunda em um ponto crítico, ou se calculando a derivada segunda em um ponto crítico se obtiver $f''(c) = 0$, **não podemos concluir** se o ponto é de máximo, mínimo local ou se existe um máximo ou mínimo local nesse ponto crítico.

Nessa última observação do teste da derivada segunda, se não podemos tirar uma conclusão a respeito do ponto crítico, convém utilizar o teste da derivada primeira.

Ponto de Inflexão

No primeiro problema resolvido neste capítulo, onde o preço para um produto é dado por $p(t) = t^3 - 6t^2 + 9t + 10$, o gráfico esboçado na Figura 8.11 tem a **mudança de concavidade** em um ponto no intervalo do mês $t = 1$ ao mês $t = 3$. Esse ponto é chamado **ponto de inflexão**. No Tópico Especial deste capítulo, serão exploradas propriedades e aplicações práticas do ponto de inflexão. A seguir, temos a definição e o modo como obter o ponto de inflexão.

- **Ponto de inflexão** é aquele onde há **mudança de concavidade** no gráfico de uma função.

Supondo que um ponto $x = c$ é ponto de inflexão de $f(x)$, sabemos que a concavidade muda em tal ponto, ou seja, quando passamos pelo ponto, o sinal da derivada segunda muda de negativo para positivo ($f''(x) < 0$ para $f''(x) > 0$) ou de positivo para negativo ($f''(x) > 0$ para $f''(x) < 0$), o que sugere que, no ponto, a *derivada segunda vale zero* ou *não existe* no ponto de inflexão ($f''(c) = 0$ ou $f''(c)$ não existe). A Figura 8.15 traz exemplos onde $x = c$ representa pontos de inflexão.

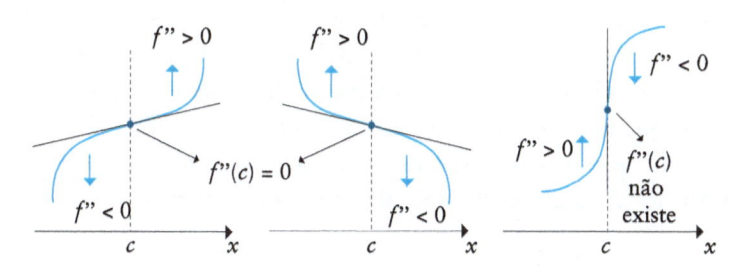

Figura 8.15 Mudança de concavidade indicando ponto de inflexão em $x = c$.

Como Encontrar um Ponto de Inflexão

Como observamos anteriormente:

- *Em um ponto de inflexão, além de ocorrer* **mudança de concavidade**, *a derivada segunda* **vale zero** *ou* **não existe**.

Usamos tal propriedade para encontrar um ponto de inflexão e, nessa busca, estruturamos os passos:

- **Passo 1:** Determine os pontos que são "candidatos" a inflexão de f(x), resolvendo a equação $f''(x) = 0$ ou encontrando os pontos onde $f''(x)$ não existe.

- **Passo2:** Marque tais pontos em uma reta numérica. Nos diferentes intervalos obtidos, escolha pontos para teste à esquerda e à direita de cada ponto. Calcule a derivada segunda nos diferentes pontos de teste, determinando seu sinal ($f'' > 0$) ou ($f'' < 0$). Nos pontos de teste onde $f''(x) > 0$, a concavidade de f(x) é voltada para cima (↑) e, nos pontos de teste onde $f''(x) < 0$, a concavidade de f(x) é voltada para baixo (↓).

- **Passo 3:** Concluímos que o ponto é de inflexão se houver *mudança das concavidades* analisadas à esquerda e à direita do ponto. (↑↓ ou ↓↑)

Exploraremos, no problema seguinte, algumas das propriedades relativas à derivada segunda. Note que se trata do primeiro problema deste capítulo, cuja função teve o gráfico esboçado com auxílio exclusivo da derivada primeira. Na solução que propomos agora, serão discutidos aspectos complementares e será determinado o ponto de inflexão de tal gráfico.

Problema: O preço de um produto foi analisado no decorrer dos meses e constatou-se que pode ser aproximado pela função $p(t) = t^3 - 6t^2 + 9t + 10$, onde t representa o número do mês a partir do mês $t = 0$, que marca o início das análises. Esboce o gráfico da função para os cinco primeiros meses a partir do início das análises, indicando, se existirem, pontos de máximo ou mínimo (locais e globais), além de pontos de inflexão para o preço do produto.

Solução: Para localizar pontos de inflexão, além de usar o teste da derivada segunda na busca de máximos ou mínimos de $p(t) = t^3 - 6t^2 + 9t + 10$, devemos primeiramente encontrar $p'(t)$ e $p''(t)$:

$$p(t) = t^3 - 6t^2 + 9t + 10$$
$$p'(t) = 3t^{3-1} - 6 \cdot 2t^{2-1} + 9 + 0$$
$$p'(t) = 3t^2 - 12t + 9$$
$$p''(t) = 3 \cdot 2t^{2-1} - 12 + 0$$
$$p''(t) = 6t - 12$$

Seguindo os passos do teste da derivada segunda:

- **Passo 1:** Determinamos os pontos críticos de $p(t)$ resolvendo a equação $p'(t) = 0^*$. Como a derivada $p'(t) = 3t^2 - 12t + 9$ existe para todo t real, os pontos críticos serão encontrados a partir de:
$$p'(t) = 0$$
$$3t^2 - 12t + 9 = 0 \quad \text{(resolvendo por Báskara)}$$
$$t = 1 \text{ ou } t = 3$$

Logo, $t = 1$ e $t = 3$ são os *pontos críticos* – "candidatos" a *máximo* ou *mínimo*.

- **Passo 2:** Marcamos os pontos críticos em uma reta numérica e calculamos a derivada segunda em cada ponto crítico determinando a concavidade de $p(t)$:

$t = 1$: $p''(1) = 6 \cdot 1 - 12 \Rightarrow p''(1) = -6 \Rightarrow p''(1) < 0 \Rightarrow p(t)$ é *côncava para baixo* em $t = 1$

$t = 3$: $p''(3) = 6 \cdot 3 - 12 \Rightarrow p''(3) = 6 \Rightarrow p''(3) > 0 \Rightarrow p(t)$ é *côncava para cima* em $t = 3$

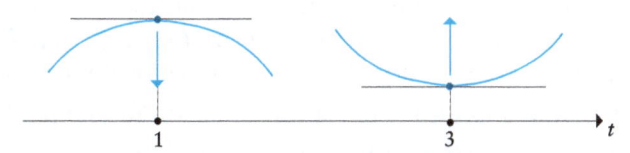

De acordo com cada concavidade, concluímos que

→ o ponto $t = 1$ é *máximo local*, pois nele a função tem **concavidade para baixo**.

→ o ponto $t = 3$ é *mínimo local*, pois nele a função tem **concavidade para cima**.

Para determinar *pontos de inflexão*, seguimos os passos indicados na teoria:

- **Passo 1:** Determinamos os pontos que são "candidatos" a inflexão de $p(t)$ resolvendo a equação $p''(t) = 0$ ou encontrando os pontos onde $p''(t)$ não existe:

$$6t - 12 = 0$$
$$t = 2$$

Logo, $t = 2$ é o ponto "candidato" a *ponto de inflexão*.

---

* Nesse teste, interessa-nos apenas pontos do tipo $p'(t) = 0$. Caso existam pontos críticos onde $p'(t)$ não existe, ou pontos onde o teste da derivada segunda não é conclusivo, devemos usar o teste da derivada primeira.

- **Passo 2:** Marcamos $t = 2$ em uma reta numérica e escolhemos pontos para teste à sua esquerda e à sua direita. Calculamos então a derivada segunda em cada ponto de teste. Nesse caso, convém escolher para teste os pontos $t = 1$ e $t = 3$ já usados no teste da derivada segunda, pois já sabemos os sinais da derivada segunda (e as respectivas concavidades) para tais pontos.

$t = 1 \Rightarrow p''(1) = -6 \Rightarrow p''(1) < 0 \Rightarrow p(t)$ é *côncava para baixo* em $t = 1$ ($\downarrow$).
$t = 3 \Rightarrow p''(3) = 6 \Rightarrow p''(3) > 0 \Rightarrow p(t)$ é *côncava para cima* em $t = 3$ ($\uparrow$).

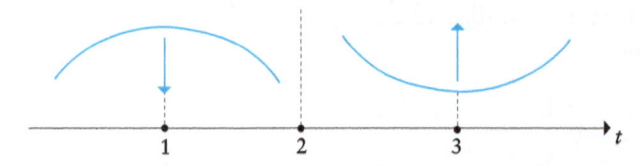

- **Passo 3:** Concluímos que $t = 2$ é ponto de inflexão, pois houve **mudança das concavidades** analisadas à sua esquerda e à sua direita ($\downarrow \uparrow$). Para esboçarmos o gráfico de $p(t)$ conforme solicitado, vamos determinar ainda o *valor de mínimo local*, o *valor de máximo local*, o **valor na inflexão**, bem como os valores de $p(t)$ para os extremos do intervalo.

→ O *valor de máximo local* é encontrado substituindo o ponto de máximo local na função original, ou seja, $t = 1$ em $p(t)$:

$$p(1) = 1^3 - 6 \cdot 1^2 + 9 \cdot 1 + 10$$
$$p(1) = 14$$

Este é o maior preço do produto para o tempo nas vizinhanças do mês $t = 1$.

→ O *valor de mínimo local* é encontrado substituindo o ponto de mínimo local na função original, ou seja, $t = 3$ em $p(t)$:

$$p(3) = 3^3 - 6 \cdot 3^2 + 9 \cdot 3 + 10$$
$$p(3) = 10$$

Este é o menor preço do produto para o tempo nas vizinhanças do mês $t = 3$.

→ O *valor na inflexão* é encontrado substituindo o ponto de inflexão na função original, ou seja, $t = 2$ em $p(t)$:

$$p(2) = 2^3 - 6 \cdot 2^2 + 9 \cdot 2 + 10$$
$$p(2) = 12$$

→ O valor do preço no extremo esquerdo do intervalo é encontrado substituindo o mês que marca o início das análises na função original, ou seja, $t = 0$, em $p(t)$:

$$p(0) = 0^3 - 6 \cdot 0^2 + 9 \cdot 0 + 10 \Rightarrow p(0) = 10$$

Este é o preço do produto no início das análises, ou seja, para o mês $t = 0$.

→ O valor do preço no extremo direito do intervalo é encontrado substituindo o mês que marca o final do período de interesse na função original, ou seja, $t = 5$, em $p(t)$:

$$p(5) = 5^3 - 6 \cdot 5^2 + 9 \cdot 5 + 10 \Rightarrow p(5) = 30$$

Este é o preço do produto no final do período de interesse, ou seja, para o mês $t = 5$.

A partir das informações reunidas, esboçamos o gráfico do preço:

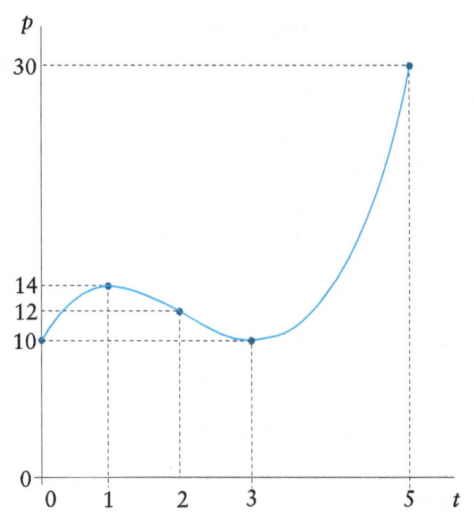

Figura 8.16 Preço $p(t) = t^3 - 6t^2 + 9t + 10$ de um produto no decorrer dos meses t.

Vale notar que, para o intervalo $0 \le t \le 5$, o ponto $t = 5$ é ponto de *máximo global*, o ponto $t = 0$ é *mínimo global* e $t = 3$ é mínimo local e global.

Nesse problema, observamos para os diferentes intervalos que os **preços** são:

→ *crescentes a taxas decrescentes* do mês $t = 0$ ao mês $t = 1$, pois $p' > 0$ e $p'' < 0$ (p cresce com concavidade para baixo).

→ *decrescentes a taxas decrescentes* do mês $t = 1$ ao mês $t = 2$, pois $p' < 0$ e $p'' < 0$ (p decresce com concavidade para baixo).

→ **decrescentes a taxas crescentes** do mês $t = 2$ ao mês $t = 3$, pois $p' < 0$ e $p'' > 0$ (p decresce com concavidade para cima).

→ **crescentes a taxas crescentes** do mês $t = 3$ ao mês $t = 5$, pois $p' > 0$ e $p'' > 0$ (p cresce com concavidade para cima).

■ Observações Gerais

Observação 1: Vale ressaltar que *"nem todo ponto onde a derivada primeira é zero é ponto de máximo ou mínimo local"* (ver Figura 8.8c). No teste da derivada primeira, podemos encontrar pontos críticos da forma $f'(c) = 0$, tais que, no estudo numérico dos sinais da derivada primeira à esquerda e à direita de $x = c$, temos a função **permanecendo** *crescente* ou *decrescente*. Ou seja, caminhando na reta numérica, temos a **derivada** com o mesmo sinal, **positiva** ou **negativa**, antes e após $x = c$ (↗↗ ou ↘↘). Nesses casos, temos um ponto de inflexão em $x = c$.

Na Figura 8.17, temos o esboço do gráfico de $f(x) = x^3 + 1$, sendo crítico o ponto $x = 0$. Notamos que a derivada $f'(x) = 3x^2$ vale zero em $x = 0$, é positiva à esquerda e à direita de $x = 0$, indicando que $f(x)$ é crescente antes e após $x = 0$ ao caminharmos na reta numérica (↗↗). Nesse exemplo, $x = 0$ **não** representa ponto de máximo nem de mínimo, e sim ponto de inflexão.

Testando a derivada $f'(x) = 3x^2$ em:

- $x = -1$: $f'(-1) = 3 \cdot (-1)^2 = 3$
  $f'(-1) > 0 \Rightarrow f(x)$ é crescente em $x = -1$
- $x = 0$: $f'(0) = 3 \cdot 0^2 = 0$ (ponto crítico)
- $x = 1$: $f'(1) = 3 \cdot 1^2 = 3$
  $f'(1) > 0 \Rightarrow f(x)$ é crescente em $x = 1$

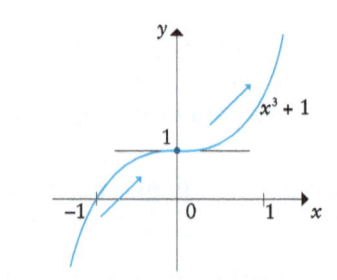

Figura 8.17 Gráfico de $f(x) = x^3 + 1$.

Observação 2: Vale ressaltar que *"nem todo ponto onde a derivada segunda é zero é ponto de inflexão"*. Procurando pontos de inflexão, partimos de pontos $x = c$ tais que $f''(c) = 0$, e tais pontos são de inflexão somente se neles houver **mudança de concavidade.** (↑↓ ou ↓↑)

Na Figura 8.18, temos o esboço do gráfico de $f(x) = x^4$, sendo candidato a inflexão o ponto $x = 0$, pois a derivada segunda $f''(x) = 12x^2$ vale zero em $x = 0$ e é positiva à esquerda e à direita de $x = 0$, indicando que $f(x)$ tem concavidade voltada para cima antes e após $x = 0$ ao caminharmos na reta numérica (↑ ↑). Nesse exemplo, $x = 0$ **não** representa ponto de inflexão.

Testando a derivada em:

- $x = -1$: $f''(-1) = 12 \cdot (-1)^2 = 12$
  $f''(-1) > 0 \Rightarrow f(x)$ é côncava para cima (↑)
- $x = 0$: $f''(0) = 12 \cdot 0^2 = 0$ "possível" inflexão
- $x = 1$: $f''(1) = 12 \cdot 1^2 = 12$
  $f''(1) > 0 \Rightarrow f(x)$ é côncava para cima (↑)

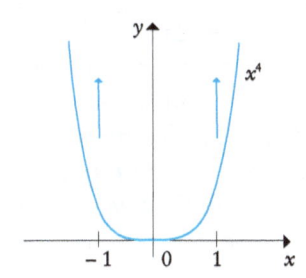

Figura 8.18 Gráfico de $f(x) = x^4$.

■ Exercícios

1. O gráfico traz o valor em reais (R$) da moeda norte-americana no decorrer dos dias t.

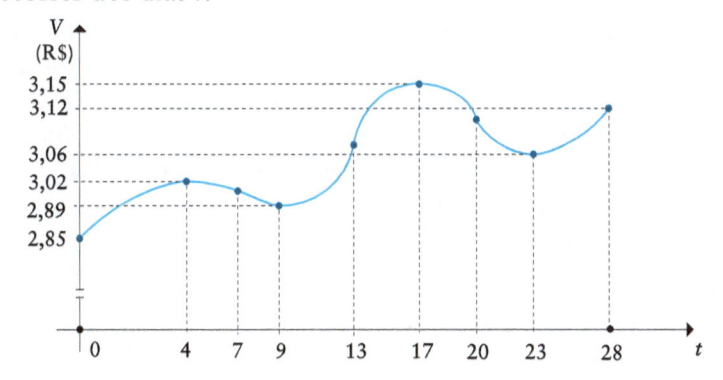

A partir dos valores do dólar observados no gráfico, responda:
a) Quais os pontos de máximo/mínimo local e global (se existirem)? Justifique cada resposta.
b) Quais os intervalos de crescimento do valor do dólar? Indique o sinal da derivada primeira nesses intervalos.
c) Quais os intervalos de decrescimento do valor do dólar? Indique o sinal da derivada primeira nesses intervalos.
d) Supondo que $t = 7$, $t = 13$ e $t = 20$ sejam pontos de inflexão, determine os intervalos onde a concavidade é voltada para cima e onde é voltada para baixo, indicando o sinal da derivada segunda nesses intervalos.
e) Associando os resultados dos itens anteriores, estabeleça os intervalos de crescimento/decrescimento com as diferentes taxas de crescimento/decrescimento indicando o sinal das derivadas primeira e segunda para cada intervalo.

*Em cada exercício a seguir, é dada uma função cujo domínio é o conjunto dos números reais. Para cada um deles, esboce o gráfico utilizando **apenas o teste da derivada primeira** e indicando: pontos de máximo e mínimo (local e/ou global), se existirem, bem como os valores da função nesses pontos; ponto onde a curva cruza o eixo y; intervalos de crescimento/decrescimento da função, bem como o sinal da derivada primeira nesses intervalos.*

2. $f(x) = x^3 - 9x^2 + 15x + 50$
3. $f(x) = -x^3 + 3x^2 + 24x + 100$
4. $f(x) = x^2 - 6x + 20$
5. $f(x) = x^4 - 18x^2 + 100$
6. $f(x) = 10x^5$

*Em cada exercício a seguir, é dada uma função cujo domínio é o conjunto dos números reais. Para cada um deles, esboce o gráfico utilizando o **teste da derivada segunda** e indicando: pontos de máximo e mínimo (local e/ou global) e inflexão, se existirem, bem como os valores da função nesses pontos; ponto onde a curva cruza o eixo y; intervalos de crescimento/decrescimento e as taxas de crescimento/decrescimento da função, bem como o sinal da derivada primeira e segunda nesses intervalos.*

7. $f(x) = x^3 - 12x^2 + 36x + 10$
8. $f(x) = -x^3 + 15x^2$
9. $f(x) = -x^2 + 10x + 24$
10. $f(x) = 2x^4 - 8x^3 + 100$

Em cada exercício a seguir, é dada uma função associada a uma situação prática. Para cada um deles, realize os itens:
   a) Esboce o gráfico utilizando o **teste da derivada primeira** e indicando: os pontos de máximo ou mínimo local e/ou global, se existirem; os valores de máximo ou mínimo local e/ou global, se existirem, interpretando seus significados práticos; os pontos extremos dos intervalos onde as funções são definidas.

   b) Verifique quais os intervalos de crescimento/decrescimento da função, indicando o sinal da derivada primeira nesses intervalos.

11. $L(x) = x^3 - 30x^2 + 300x - 400$ (Lucro L para quantidade x vendida; $0 \leq x \leq 20$)

12. $P(t) = -t^3 + 12t^2$ (Produção P de um operário no decorrer das t horas; $0 \leq t \leq 12$)

13. $N(t) = t^2 - 20t + 150$ (Unidades N vendidas no decorrer dos t dias; $0 \leq t \leq 30$)

14. $L(q) = -q^4 + 8q^2 - 7$ (Lucro L para quantidade q vendida; $0 \leq q \leq 5$)

15. $P(q) = 9.000 q^{\frac{1}{3}}$ (Produção P para a quantidade q de insumo; $q \geq 0$)

Em cada exercício a seguir, é dada uma função associada a uma situação prática. Para cada um deles, realize os itens:
   a) Esboce o gráfico utilizando o **teste da derivada segunda** e indicando: os pontos de máximo ou mínimo local e/ou global, se existirem; os valores de máximo ou mínimo local e/ou global, se existirem, interpretando seus significados práticos; os pontos extremos dos intervalos onde as funções são definidas.

   b) Verifique quais os intervalos de crescimento/decrescimento da função, indicando o sinal da derivada primeira nesses intervalos.

   c) Encontre, se existir(em), ponto(s) de inflexão e verifique os intervalos onde a concavidade é voltada para cima e onde é voltada para baixo, indicando o sinal da derivada segunda nesses intervalos.

   d) Associando os resultados dos itens anteriores, estabeleça os intervalos de crescimento/decrescimento com as diferentes taxas de crescimento/decrescimento, indicando o sinal das derivadas primeira e segunda para cada intervalo.

16. $q(t) = t^3 - 18t^2 + 60t + 300$ (Demanda q no decorrer dos meses t; $0 \leq t \leq 18$)

17. $R(q) = -q^3 + 30q^2$ (Receita R para quantidade q vendida; $0 \leq q \leq 30$)

18. $L(q) = -q^2 + 20q - 84$ (Lucro L para quantidade q vendida; $0 \leq q \leq 15$)

19. $V(t) = t^4 - 20t^3 + 100t^2 + 50$ (Vendas V no decorrer dos meses t; $0 \leq t \leq 12$)

20. $M(x) = 5.000 \cdot 1{,}03^x$ (Montante M no decorrer dos meses x; $x \geq 0$)

TÓPICO ESPECIAL – Ponto de Inflexão e seu Significado Prático

Veremos a seguir o significado prático do ponto de inflexão e como tal significado pode ser explorado em problemas das áreas econômica e administrativa.

Convém lembrar que, para uma função:

• Em um ponto de inflexão, além de ocorrer **mudança de concavidade**, a derivada segunda **vale zero** ou **não existe**.

Ao analisar as inclinações das retas tangentes à curva que representa uma função, notamos que, no ponto de inflexão, a inclinação da reta é a **maior** ou **menor** possível, quando comparada com inclinações próximas ao ponto de inflexão, conforme notamos na Figura 8.19.

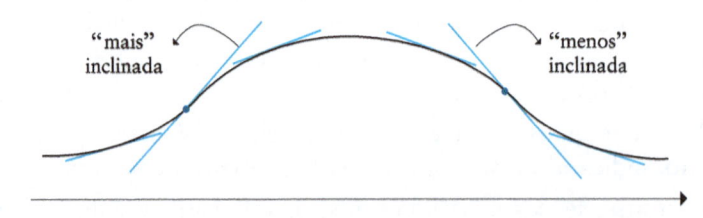

Figura 8.19 Ponto de inflexão: onde ocorre a maior/menor inclinação da reta tangente.

Como a inclinação da reta tangente à curva é a representação gráfica da derivada, *no ponto de inflexão, onde a inclinação é **maior** ou **menor**, dizemos que:*

- *Há o maior valor da derivada primeira ou o maior valor da taxa de variação.*
- *Há o menor valor da derivada primeira ou o menor valor da taxa de variação.*

Assim, *no ponto de inflexão*, há o maior (ou menor) valor da taxa de variação ou, em outras palavras, há a maior (ou menor) "velocidade" de crescimento/decrescimento de uma função. A seguir, temos exemplos de como tal informação pode ser útil:

→ Se $P(x)$ representa a produção para uma quantidade x de insumo e assumindo que a produção é crescente, o ponto de inflexão de $P(x)$ dá a quantidade de insumo em que a produtividade (ou rendimento ou ainda a taxa de variação da produção) é máxima (ou mínima). (Ver Figura 8.20.)

→ Seja $V(x)$ o valor de uma "ação" negociada na bolsa de valores no decorrer dos dias x. Se os valores estiverem crescendo, o ponto de inflexão representa o momento em que os valores estão crescendo mais rapidamente (ou mais lentamente). Logo, na compra seguida da venda de uma ação em um curto intervalo de tempo, o ponto de inflexão representa o momento de maior (ou menor) rentabilidade. (Veja a Figura 8.20.)

→ Seja $R(x)$ a receita obtida a partir da aplicação de uma quantia x em propaganda. Assumindo que a receita é crescente, o ponto de inflexão representa o nível de aplicação em propaganda que proporciona o "mais rápido" (ou "mais lento") crescimento da receita. (Ver Figura 8.20.)

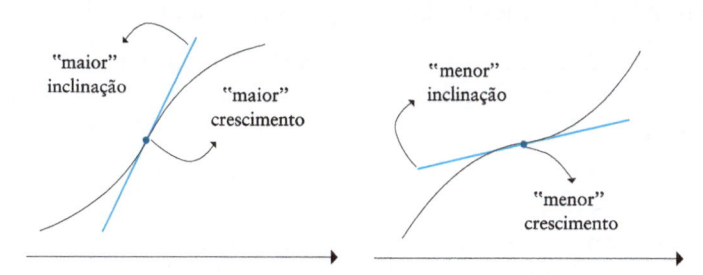

Figura 8.20 Inflexão em uma função crescente: maior ou menor crescimento da função.

Problemas

1. Em uma plantação, analisou-se a produção P de grãos em relação à quantidade x de fertilizante utilizada. Sendo a produção medida em

toneladas e o fertilizante medido em g/m², estabeleceu-se que $P(x) = -2x^3 + 60x^2 + 10.000$.

a) Esboce o gráfico de $P(x)$ indicando o ponto de inflexão, bem como os pontos de máximo/mínimo, se existirem.
b) Analisando o traçado gráfico de $P(x)$, determine qual o significado do ponto de inflexão.
c) Qual a taxa de variação de $P(x)$ no ponto de inflexão? Compare-a com as taxas de variação para as quantidades de fertilizante uma unidade inferior e uma unidade superior à do ponto de inflexão.

2. O custo C (em milhares de R$) para a produção x (em milhares de unidades) de um produto é dado por $C(x) = x^3 - 12x^2 + 68x + 200$.

a) Esboce o gráfico de $C(x)$ indicando o ponto de inflexão, bem como os pontos de máximo/mínimo, se existirem.
b) Analisando o traçado gráfico de $C(x)$, determine qual o significado do ponto de inflexão.
c) Qual a taxa de variação de $C(x)$ no ponto de inflexão? Compare-a com as taxas de variação para as quantidades produzidas mil unidades inferior e mil unidades superior à do ponto de inflexão.

3. A produção P de um funcionário é dada por $P(t) = -t^3 + 12t^2$, onde P é dada em unidades e t é dado em horas, com $0 \le t \le 12$.

a) Determine o ponto de inflexão para $P(t)$.
b) Analisando o crescimento/decrescimento e as concavidades de $P(t)$ em relação à inflexão, interprete o significado de tal ponto.

4. Para um produto, a receita R (em R$) foi associada à quantidade q investida em propaganda (em milhares de R$), e tal associação é expressa por $R(q) = -q^3 + 150q^2 + 50.000$, onde $0 \le q \le 110$.

a) Esboce o gráfico de $R(q)$ indicando o ponto de inflexão, bem como os pontos de máximo/mínimo, se existirem.
b) Analisando o traçado gráfico de $R(q)$, determine qual o significado do ponto de inflexão.
c) Qual a taxa de variação de $R(q)$ no ponto de inflexão? Compare-a com as taxas de variação para as quantias aplicadas mil unidades inferior e mil unidades superior à do ponto de inflexão.

capítulo 9
Aplicações das Derivadas nas Áreas Econômica e Administrativa

■ Objetivo do Capítulo

Neste capítulo, você analisará alguns dos usos mais importantes das derivadas em economia e administração. Você estudará o significado econômico da *marginalidade* avaliando o *custo marginal*, *custo médio marginal*, *receita marginal* e *lucro marginal*. Outra aplicação das derivadas envolve o conceito de *elasticidade* associada ao preço e à demanda de um produto e sua relação com a receita, bem como a elasticidade associada à renda e à demanda. Será também discutida a *propensão marginal a consumir e a poupar* a partir das derivadas. No Tópico Especial será discutido o *Modelo de Lote Econômico*, enfatizando a importância da determinação do *lote econômico de compra* de um produto.

■ Funções Marginais

Nesta seção, estudaremos algumas *funções marginais* como, por exemplo, o *custo marginal*, a *receita marginal*, o *lucro marginal* e o *custo médio marginal*. Em outra seção, mais adiante, analisaremos a *propensão marginal a consumir* e a *propensão marginal a poupar*. Em todas as análises, será necessário ter a clareza do significado econômico da palavra *marginal*. O significado da palavra *marginal* pode ser estendido a outras funções, sendo natural pensar em *produção marginal* e *produção média marginal* de maneira análoga à que discutiremos no *custo marginal*, *custo médio marginal* etc.

O Custo Marginal na Produção de Eletroeletrônicos

Para entender o significado econômico do termo "marginal", vamos analisar a seguinte situação:

"Em uma indústria de eletroeletrônicos, na produção de q unidades de um certo tipo de aparelho, o custo C em reais (R$) foi estudado e pôde-se estabelecer que $C = 0{,}1q^3 - 18q^2 + 1.500q + 10.000$. Nessas condições, vamos responder e relacionar as respostas das perguntas: Qual o custo quando são produzidos 50 aparelhos? Qual o custo na produção do 51º aparelho? Qual a taxa de variação do custo em relação à quantidade quando $q = 50$?"

• Para determinar o custo quando são produzidos 50 aparelhos, basta substituir $q = 50$ na função custo:

$$q = 50 \Rightarrow C(50) = 0{,}1 \cdot 50^3 - 18 \cdot 50^2 + 1.500 \cdot 50 + 10.000 = 52.500$$
$$C(50) = 52.500$$

Então, para a fabricação de 50 aparelhos, o custo é de R$ 52.500,00.

• Para determinar o custo na produção do 51º aparelho, como já sabemos qual o custo para fabricar 50 aparelhos, basta calcular o custo para fabricar 51 unidades

$$q = 51 \Rightarrow C(51) = 0{,}1 \cdot 51^3 - 18 \cdot 51^2 + 1.500 \cdot 51 + 10.000 = 52.947{,}10$$
$$C(51) = 52.947{,}10$$

e calcular a diferença dos custos

$$C(51) - C(50) = 52.947{,}10 - 52.500{,}00 = 447{,}10$$

Então, para a fabricação do 51º aparelho, o custo é de R$ 447,10. Ou seja, nesse caso, foram gastos R$ 447,10 por uma unidade.

Também podemos interpretar tal resultado de outra maneira; no nível de produção de 50 unidades, o *custo adicional para a produção de mais uma unidade é de* R$ 447,10.

• Para determinar a taxa de variação do custo, em relação a q quando $q = 50$, lembramos que a taxa de variação no ponto $q = 50$ é sinônimo da *derivada* da função C no ponto $q = 50$, ou seja, devemos calcular $C'(50)$. Portanto, calcularemos a função derivada do custo, $C'(q)$, e substituiremos $q = 50$ nessa função:

$$C(q) = 0{,}1q^3 - 18q^2 + 1.500q + 10.000$$
$$C'(q) = 0{,}1 \cdot 3q^{3-1} - 18 \cdot 2q^{2-1} + 1.500 + 0$$
$$C'(q) = 0{,}3q^2 - 36q + 1.500$$
$$q = 50 \Rightarrow C'(50) = 0{,}3 \cdot 50^2 - 36 \cdot 50 + 1.500 = 450$$
$$C'(50) = 450$$

Então, a taxa de variação do custo em $q = 50$ é $C'(50) = 450$ (R$/unidade).

Lembrando que, para a fabricação do 51º aparelho, o custo encontrado para uma unidade é de R$ 447,10, notamos que tal valor *"é próximo"* da taxa de variação 450 (R$ / unidade) em $q = 50$.

Nossa intenção é mostrar que não é casual a proximidade entre os valores 447,10 e 450 encontrados, ou seja, vamos mostrar a seguir o vínculo existente entre o custo na fabricação do 51º aparelho e a taxa de variação em $q = 50$.

Como obtivemos o valor R$ 447,10 fazendo $C(51) - C(50)$, podemos reescrever essa diferença como $C(50 + 1) - C(50)$. Se dividirmos essa diferença dos custos pela diferença das quantidades, que nesse caso é 1 unidade, obtemos *a taxa de variação média* do custo em relação à quantidade no intervalo de 50 até 51, ou seja,

$$\text{Taxa de variação média de } C(q) \text{ para o intervalo de 50 até } 50 + 1 = \frac{C(51) - C(50)}{1} = \frac{C(50+1) - C(50)}{1} = \frac{447{,}10}{\text{(R\$/unidade)}}$$

e nessa divisão, se representamos a variação de 1 unidade em q como $h = 1$, obtemos a *taxa de variação média** para a função $C(q)$ no intervalo de 50 até $50 + h$:

---

* Sugerimos que o leitor releia as definições de *taxa de variação média, taxa de variação instantânea, derivada de uma função em um ponto* e *função derivada*, expostas no Capítulo 6.

Taxa de variação média de $C(q)$ para o intervalo de 50 até $50 + h$ = $\dfrac{C(50+h) - C(50)}{h}$

Como a *derivada da função Custo no ponto* $q = 50$ é obtida ao calcular o limite da divisão $\dfrac{C(50+h) - C(50)}{h}$ para $h \to 0$, temos

$$C'(50) = \lim_{h \to 0} \dfrac{C(50+h) - C(50)}{h} = 450 \text{ (R\$ / unidade)}$$

então, percebemos que o valor de 447,10 (R$ / unidade) é uma aproximação de tal limite em que se considerou apenas $h = 1$.*

Naturalmente, na situação prática que estamos discutindo, se considerarmos outros níveis de produção, obtemos outros valores de custos, de acréscimos de custo para acréscimos de 1 unidade produzida e, consequentemente, de taxas de variação média e de derivada.

Em nosso exemplo, o acréscimo de custo para o acréscimo de 1 unidade produzida, $C(51) - C(50) = 447{,}10$, é conhecido como **custo marginal**. Assim, R$ 447,10 é o *custo marginal* para produção quando esta é de 50 eletroeletrônicos, ou seja, para o exemplo, o *custo marginal* representa o custo adicional para a produção de mais 1 unidade quando já se produziram 50 eletroeletrônicos.

Percebemos pelos cálculos que tal valor pode ser aproximado pelo cálculo da derivada do custo, $C'(q)$, no ponto $q = 50$, ou seja, $C'(50)$. Como tal aproximação é bastante razoável e como o significado da derivada do custo em um ponto está intimamente ligado ao cálculo do custo marginal, além, é claro, da rapidez e praticidade de calcular o custo marginal a partir da derivada do custo, os economistas costumam também considerar o **Custo Marginal**, em um nível de produção dado, *como a derivada da função Custo em um ponto dado*.

Assim, *embora o cálculo da derivada do custo em $q = 50$ represente uma "aproximação do valor real" do acréscimo do custo para produzir a 51ª unidade, consideraremos tal aproximação como o custo marginal na pro-*

---

* Relembrando o significado gráfico de tais valores, temos que a taxa de variação média do custo para o acréscimo de 1 unidade na quantidade produzida (447,10 (R$ / unidade) em $q = 50$ representa a *inclinação da reta secante* à curva do custo pelos pontos (50; 52.500) e (51; 52.947,10); enquanto a derivada C'(50) = 450 (R$ / unidade) representa a *inclinação da reta tangente* à curva do custo no ponto (50; 52.500).

Capítulo 9 – Aplicações das Derivadas nas Áreas Econômica e Administrativa

dução ao nível $q = 50$. Em outras palavras, calcular o custo marginal no nível de produção $q = 50$ é equivalente a calcular C'(50):

$$\text{Custo Marginal em } [q = 50] = C'(50)$$

Considerando ainda a função Custo $C = 0{,}1q^3 - 18q^2 + 1.500q + 10.000$ e sua derivada $C'(q) = 0{,}3q^2 - 36q + 1.500$, montamos a Tabela 9.1, que traz para diferentes níveis de produção diferentes valores para o custo marginal (calculados pela diferença $C(a + 1) - C(a)$ e pela derivada $C'(a)$ no nível de produção $q = a$).

Tabela 9.1 Custo marginal calculado ora por $C(a + 1) - C(a)$ e ora por $C'(a)$

Quantidade Produzida $q = a$	Custo $C(a)$	Custo Marginal $(C(a + 1) - C(a))$	Custo Marginal $(C'(a))$
...	...	...	...
50	52.500,00	_____	450,00
51	52.947,00	447,10	(***)
...	...	...	...
65	58.912,50	_____	427,50
66	59.341,60	429,10	(***)
...	...	...	...
150	167.500,00	_____	2.850,00
151	170.377,10	2.877,10	(***)

(***) *Observação: Embora seja simples a obtenção de C'(51), C'(66) e C'(101), omitimos tais valores por questões didáticas.*

Pela tabela, para o nível de produção $q = 65$ eletroeletrônicos, temos o custo marginal C'(65) = 427,50, que é uma boa aproximação para o custo real (429,10) na produção do 66º eletroeletrônico.

Função Custo Marginal e Outras Funções Marginais

Como notamos, para cada nível de produção temos um custo marginal, o que motiva a determinação da ***função Custo Marginal***. Assim, em análises econômicas e administrativas, definimos a **função Custo Marginal**, simbolizada por C_{mg}, como a **derivada da função Custo**:

$$C_{mg} = \text{Função Custo Marginal} = C'(q)$$

Por exemplo, se o custo é dado por $C = 0{,}1q^3 - 18q^2 + 1.500q + 10.000$, então a função Custo Marginal será $C_{mg} = C'(q) = 0{,}3q^2 - 36q + 1.500$.

Em diversas análises, economistas e administradores têm o interesse em lidar com o custo marginal, pois é interessante saber como variam os custos em determinados níveis de produção na medida em que ocorrem variações nas quantidades produzidas ou, em outras palavras, além de conhecer os custos envolvidos em um nível de produção, também é importante saber a que taxa tal custo está variando nesse nível de produção.

Analisar a variação de uma grandeza (por exemplo, o custo) em relação ao acréscimo de uma unidade na outra grandeza à qual está vinculada (por exemplo, a quantidade produzida) é útil no ramo econômico/administrativo para tomada de decisões. Assim, é útil e comum estender para outras situações práticas e análises os raciocínios desenvolvidos que nos levaram a conceituar o *Custo Marginal*. Dessa forma, temos:

- A **Receita Marginal** nos dá a variação da receita correspondente ao aumento de uma unidade na venda de um produto. A **função Receita Marginal** é obtida pela **derivada** da **Função Receita**. Se a função Receita é simbolizada por $R(q)$, então:

$$R_{mg} = \text{Função Receita Marginal} = R'(q)$$

É comum analisar a receita vinculada ao custo, associando custo e receita para uma mesma quantidade produzida/vendida. Sob esse aspecto, podemos calcular o lucro para um certo nível de produção/venda e, consequentemente, estabelecer o Lucro Marginal.

- O **Lucro Marginal** nos dá a variação do lucro correspondente ao aumento de uma unidade na venda de um produto. A **função Lucro Marginal** é obtida pela **derivada** da **função Lucro**. Se a função lucro é simbolizada por $L(q)$, então:

$$L_{mg} = \text{Função Lucro Marginal} = L'(q)$$

Capítulo 9 – Aplicações das Derivadas nas Áreas Econômica e Administrativa

- O **Custo Médio Marginal** nos dá a variação do custo médio de um produto* correspondente ao aumento de uma unidade na produção dele. A **função Custo Médio Marginal** é obtida pela **derivada** da **função Custo Médio**. Se a função custo médio é simbolizada por $C_{me}(q)$, então:

$$C_{memg} = \text{Função Custo Médio Marginal} = C'_{me}(q)$$

- A **Produção Marginal** nos dá a variação da produção correspondente ao aumento de uma unidade na quantidade do *insumo* utilizado na produção**. A **função Produção Marginal** é obtida pela **derivada** da **função Produção**. Se a função produção é simbolizada por $P(q)$, então:

$$P_{mg} = \text{Função Produção Marginal} = P'(q)$$

De maneira análoga, definem-se e estudam-se outras funções marginais, sendo mais adiante discutidas também as funções **Propensão Marginal a Consumir** e **Propensão Marginal a Poupar**. Como pudemos observar, nesses contextos, o significado da palavra "marginal" é "a derivada de" e remete à análise aproximada da *variação de uma grandeza em relação ao acréscimo de uma unidade na outra grandeza à qual está vinculada.*

A seguir, analisaremos alguns problemas e situações envolvendo algumas funções marginais.

Custo Marginal

Problema: Em uma empresa de confecção têxtil, o custo, em reais, para produzir q calças é dado por $C(q) = 0,001q^3 - 0,3q^2 + 45q + 5.000$.
a) Obtenha a função Custo Marginal.

Solução: É necessário apenas derivar a função custo:

$$C_{mg} = C'(q) = 0,001 \cdot 3q^{3-1} - 0,3 \cdot 2q^{2-1} + 45 + 0$$
$$C_{mg} = 0,003q^2 - 0,6q + 45$$

---

* Lembramos que a função Custo Médio, C_{me}, é obtida dividindo-se a função Custo, $C(q)$, pela quantidade q produzida, ou seja, $C_{me} = \dfrac{C(q)}{q}$. Ver Exercícios 14 (Capítulo 5), 7 e 8 (Capítulo 1).

** Consideramos, para simplificação das análises, um único fator de produção (ou capital, ou mão de obra, ou matéria-prima etc.) como o insumo utilizado na produção. Ver Capítulo 5.

b) Obtenha o custo marginal aos níveis $q = 50$, $q = 100$ e $q = 200$, explicando seus significados.

Solução: É necessário apenas substituir os valores $q = 50$, $q = 100$ e $q = 200$ em C_{mg}.

$q = 50 \Rightarrow C_{mg}(50) = 0{,}003 \cdot 50^2 - 0{,}6 \cdot 50 + 45 \Rightarrow C_{mg}(50) = 22{,}50$
$q = 100 \Rightarrow C_{mg}(100) = 0{,}003 \cdot 100^2 - 0{,}6 \cdot 100 + 45 \Rightarrow C_{mg}(100) = 15{,}00$
$q = 200 \Rightarrow C_{mg}(200) = 0{,}003 \cdot 200^2 - 0{,}6 \cdot 200 + 45 \Rightarrow C_{mg}(200) = 45{,}00$

Assim, R$ 22,50, R$ 15,00 e R$ 45,00 são os valores aproximados para produzir, respectivamente, a 51ª, a 101ª e a 201ª calça.

c) Calcule o valor real para produzir a 201ª calça e compare o resultado com o obtido no item anterior.

Solução: É necessário calcular a diferença dos custos $C(201) - C(200)$

$C(201) = 0{,}001 \cdot 201^3 - 0{,}3 \cdot 201^2 + 45 \cdot 201 + 5.000 = 10.045{,}301$
$C(200) = 0{,}001 \cdot 200^3 - 0{,}3 \cdot 200^2 + 45 \cdot 200 + 5.000 = 10.000{,}00$
Valor Real $= C(201) - C(200) = 10.045{,}301 - 10.000{,}00 \cong 45{,}30$

Notamos que o valor real, R$ 45,30, difere do valor encontrado no item anterior, $C_{mg}(200) = 45{,}00$, em apenas R$ 0,30.

Receita Marginal

Vale relembrar que a receita na venda de um produto é dada por

$$R = p \cdot q$$

onde p é o preço em função da quantidade demandada q.

Lembramos que a **Receita Marginal** é obtida a partir da derivada da Receita.

Problema: Em uma fábrica de pneus, o preço de um tipo de pneu é dado por

$$p = -0{,}4q + 400 \qquad (0 \leq q \leq 1.000)$$

a) Obtenha a função Receita.

Solução: Como a receita é dada por $R = p \cdot q$, temos

$$R(q) = (-0{,}4q + 400) \cdot q$$
$$R(q) = -0{,}4q^2 + 400q$$

Capítulo 9 – Aplicações das Derivadas nas Áreas Econômica e Administrativa

b) Obtenha a função Receita Marginal.

Solução: É necessário apenas derivar a função Receita:

$$R_{mg} = R'(q) = -0{,}4 \cdot 2q^{2-1} + 400$$
$$R_{mg} = -0{,}8q + 400$$

c) Obtenha a receita marginal aos níveis $q = 400$, $q = 500$ e $q = 600$, interpretando seus significados.

Solução: É necessário apenas substituir os valores $q = 400$, $q = 500$ e $q = 600$ em R_{mg}.

$q = 400 \Rightarrow R_{mg}(400) = -0{,}8 \cdot 400 + 400 \Rightarrow R_{mg}(400) = 80{,}00$
$q = 500 \Rightarrow R_{mg}(500) = -0{,}8 \cdot 500 + 400 \Rightarrow R_{mg}(500) = 0$
$q = 600 \Rightarrow R_{mg}(600) = -0{,}8 \cdot 600 + 400 \Rightarrow R_{mg}(600) = -80{,}00$

Assim, R$ 80,00 é o valor aproximado da receita na venda do 401º pneu.

Em $q = 500$, obtemos receita marginal nula, ou seja, é zero o valor aproximado na venda do 501º pneu. Isso indica que, em $q = 500$, a receita é máxima e, para essa função, vendas em níveis superiores a 500 pneus resultarão em *receitas menores*, pois o *preço é decrescente* de acordo com a demanda ($p = -0{,}4q + 400$). Na verdade, notamos que a *receita* também é *decrescente* a partir de $q = 500$, pois a *receita marginal* é *negativa* em $q = 600$, $R_{mg}(600) = -80{,}00$. O valor $-80{,}00$ indica que, na venda do 601º pneu, haverá um decréscimo de R$ 80,00 na receita.

d) Esboce o gráfico da receita marginal e interprete seu crescimento ou decrescimento e intervalos em que a receita marginal é positiva ou negativa, relacionando tais resultados.

Solução: O gráfico de $R_{mg} = -0{,}8q + 400$ é uma reta.

- Corta o eixo R_{mg} quando $q = 0$: $R_{mg} = -0{,}8 \cdot 0 + 400 \Rightarrow R_{mg} = 400$.
- Corta o eixo q quando $R_{mg} = 0$: $0 = -0{,}8 \cdot q + 400 \Rightarrow q = 500$.
- O valor limite de R_{mg} no intervalo $0 \leq q \leq 1.000$ é

$q = 1.000 \Rightarrow R_{mg}(1.000) = -0{,}8 \cdot 1.000 + 400 \Rightarrow R_{mg}(1.000) = -400$

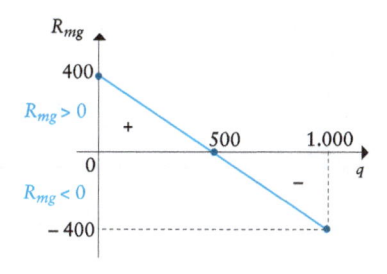

- R_{mg} é *decrescente*, ou seja, a taxa de variação da receita é *decrescente*. Isso indica que, à medida que as vendas crescem, ou seja, à medida que q cresce, as *variações da receita diminuem*.

- R_{mg} é *positiva* em $0 \leq q < 500$, ou seja, a taxa de variação da receita é *positiva* nesse intervalo. Logo, as *variações da receita* são *positivas*, indicando receita *crescente*.

- R_{mg} é *negativa* em $500 < q \leq 1.000$, ou seja, a taxa de variação da receita é *negativa* nesse intervalo. Logo, as *variações da receita* são *negativas*, indicando receita *decrescente*.

e) Esboce o gráfico da receita.

Solução: Reunindo as informações dos itens anteriores e calculando a receita nos valores extremos e no ponto de máximo, obtemos o gráfico ao lado.

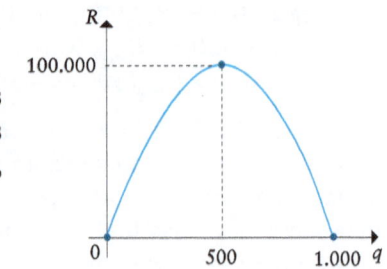

Lucro Marginal

Vale relembrar que o lucro é dado subtraindo-se da receita o valor do custo:

$$L = R - C$$

Lembramos que o **Lucro Marginal** *é obtido a partir da derivada do Lucro*.

Na análise do lucro na comercialização de um produto, é interessante avaliar a quantidade a ser comercializada para obter o *lucro máximo*. No capítulo anterior, vimos que os pontos de máximo ocorrem em pontos críticos especiais e que é muito comum encontrar o ponto máximo de uma função $f(x)$ onde $f'(x) = 0$ com $f''(x) < 0$, ou seja, é comum encontrar ponto de máximo onde a derivada primeira é nula e a derivada segunda é negativa. De modo análogo, para a função Lucro, o lucro máximo costuma ocorrer onde $L'(q) = 0$ e $L''(q) < 0$. A Figura 9.1 ilustra tal situação.

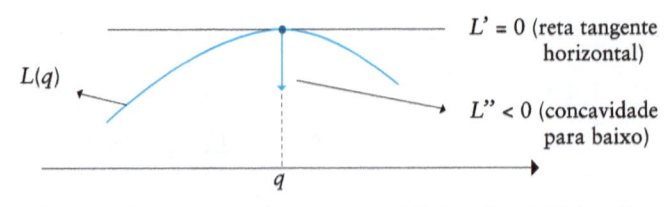

Figura 9.1 Lucro máximo com $L'(q) = 0$ e $L''(q) < 0$.

Na prática, fazemos *lucro marginal* nulo e, para os valores encontrados, verificamos se $L" < 0$ nesses pontos.

Problema: Uma empresa de pneus tem a receita na venda de um tipo de pneu dada por

$$R(q) = -0{,}4q^2 + 400q \qquad (0 \le q \le 1.000)$$

conforme o problema anterior. Suponha que o custo para a produção dos pneus seja dado por

$$C(q) = 80q + 28.000$$

a) Obtenha a função Lucro.

Solução: Obtemos a função Lucro fazendo

$$L(q) = R(q) - C(q)$$
$$L(q) = -0{,}4q^2 + 400q - (80q + 28.000)$$
$$L(q) = -0{,}4q^2 + 320q - 28.000$$

b) Obtenha a função Lucro Marginal.

Solução: É necessário apenas derivar a função Lucro:

$$L_{mg} = L'(q) = -0{,}4 \cdot 2q^{2-1} + 320 - 0$$
$$L_{mg} = -0{,}8q + 320$$

c) Obtenha o lucro marginal aos níveis $q = 300$ e $q = 600$, interpretando os resultados.

Solução: É necessário apenas substituir os valores $q = 300$ e $q = 600$ em L_{mg}.

$q = 300 \Rightarrow L_{mg}(300) = -0{,}8 \cdot 300 + 320 \Rightarrow L_{mg}(300) = 80{,}00$
$q = 600 \Rightarrow L_{mg}(600) = -0{,}8 \cdot 600 + 320 \Rightarrow L_{mg}(600) = -160{,}00$

Assim, R$ 80,00 é o valor aproximado do lucro na venda do 301º pneu.
O valor –160,00 indica que, na venda do 601º pneu, haverá um decréscimo de R$ 160,00 no lucro, pois o lucro marginal é negativo, o que indica lucro decrescente.

d) Obtenha a quantidade que dá lucro máximo a partir das derivadas do lucro.

Solução: Igualamos lucro marginal a zero e verificamos se o ponto encontrado faz com que $L" < 0$, o que indicará ponto de máximo.

$$L_{mg} = L'(q) = 0$$
$$-0,8q + 320 = 0$$
$$q = 400$$

Obtendo a derivada segunda do lucro:

$$L'(q) = -0,8q + 320$$
$$L''(q) = -0,8$$

Notamos que $L''(q) < 0$ para qualquer valor de q, ou seja, $L''(400) < 0$ para qualquer outro q, o que indica que $q = 400$ é a quantidade que dá lucro máximo.

Custo Médio Marginal

Lembramos que o *Custo Médio*, ou *Custo Unitário*, é dado por

$$C_{me} = \frac{C(q)}{q}$$

Por exemplo, se para um certo produto o custo para produzir $q = 20$ unidades é $C(20) = 500$ (R\$), o custo médio, ou custo para produzir cada uma das 20 unidades, em média, será

$$C_{me} = \frac{C(20)}{20} = \frac{500}{20} = 25 \text{ (R\$/unidade)}$$

Lembramos que o *Custo Médio Marginal* é obtido pela derivada do Custo Médio.

Podemos obter o custo médio mínimo usando sua derivada. Basta fazer tal derivada valer zero, ou seja, fazemos o custo médio marginal igual a zero encontrando o ponto crítico que, nesse caso, é mínimo*.

Analisando atentamente a derivada do custo médio, temos

$$\left(C_{me}\right)' = \left(\frac{C(q)}{q}\right)' \text{ **}$$

---

* De modo geral, à medida que a produção cresce, $C''_{me}(q) > 0$.

** Para essa derivada, usamos a regra do quociente: $y = \frac{u}{v} \Rightarrow y' = \frac{u'v - uv'}{v^2}$.

$$C_{memg} = \left(C_{me}\right)' = \frac{C'(q) \cdot q - C(q) \cdot 1}{q^2}$$

$$C_{memg} = \frac{C'(q) \cdot q - C(q)}{q^2}$$

Fazendo o custo médio marginal valer zero, $C_{memg} = 0$, temos

$$0 = \frac{C'(q) \cdot q - C(q)}{q^2}$$

Tal divisão é zero somente se o numerador for zero, ou seja,

$$C'(q) \cdot q - C(q) = 0$$

nessa equação, isolando $C'(q)$, temos

$$C'(q) \cdot q = C(q)$$

$$C'(q) = \frac{C(q)}{q}$$

Como $C'(q)$ representa o *custo marginal* e $\frac{C(q)}{q}$ representa o *custo médio*, concluímos que:

O *custo médio mínimo* ocorre em um ponto em que o *custo marginal* é igual ao *custo médio*:

$$C_{mg} = C_{me}$$

Problema: Em uma fábrica de móveis, o custo ao produzir q unidades de um sofá é

$$C(q) = 5q^2 + 200q + 500$$

a) Obtenha as funções Custo Marginal C_{mg}, Custo Médio C_{me} e Custo Médio Marginal C_{memg}.

Solução: O custo marginal é obtido derivando a função custo:

$$C_{mg} = C'(q) = 5 \cdot 2q^{2-1} + 200 + 0$$
$$C_{mg} = 10q + 200$$

O custo médio é obtido dividindo-se a função custo por q:

$$C_{me} = \frac{C(q)}{q} = \frac{5q^2 + 200q + 500}{q} = \frac{5q^2}{q} + \frac{200q}{q} + \frac{500}{q}$$

$$C_{me} = 5q + 200 + \frac{500}{q}$$

O custo médio marginal é obtido derivando a função Custo Médio.

Reescrevendo $C_{me} = 5q + 200 + \dfrac{500}{q}$ como $C_{me} = 5q + 200 + 500q^{-1}$ e derivando

$$\left(C_{me}\right)' = C_{memg} = 5 + 0 + 500 \cdot (-1)q^{-1-1} = 5 - 500q^{-2}$$

$$C_{memg} = 5 - \frac{500}{q^2}$$

b) Obtenha o custo médio mínimo.

Solução: O custo médio mínimo pode ser obtido fazendo a derivada do custo médio (custo médio marginal) valer zero e testando o valor encontrado na derivada segunda do custo médio:

$$\left(C_{me}\right)' = C_{memg} = 0$$

$$5 - \frac{500}{q^2} = 0 \Rightarrow 5 = \frac{500}{q^2} \Rightarrow 5q^2 = 500 \Rightarrow q^2 = 100 \Rightarrow q = \pm\sqrt{100} \Rightarrow q = 10$$

Devemos testar $q = 10$ na derivada segunda do custo médio.

Reescrevendo $\left(C_{me}\right)' = 5 - \dfrac{500}{q^2}$ como $\left(C_{me}\right)' = 5 - 500q^{-2}$, temos

$$\left(C_{me}\right)'' = 0 - 500 \cdot (-2)q^{-2-1} = 1.000q^{-3}$$

$$\left(C_{me}\right)'' = \frac{1.000}{q^3}$$

Capítulo 9 – Aplicações das Derivadas nas Áreas Econômica e Administrativa

$$q = 10 \Rightarrow \left(C_{me}\right)'' = \frac{1.000}{10^3} = \frac{1.000}{1.000} = 1 \Rightarrow \left(C_{me}\right)'' > 0$$

Assim, o ponto $q = 10$ representa o valor onde o custo médio é mínimo. Poderíamos ter encontrado tal valor lembrando que o *custo médio mínimo ocorre em um ponto onde o custo marginal é igual ao custo médio*, ou seja, $C_{mg} = C_{me}$, o que leva a

$$10q + 200 = 5q + 200 + \frac{500}{q} \Rightarrow 10q - 5q + 200 - 200 - \frac{500}{q} = 0 \Rightarrow$$

$$5q - \frac{500}{q} = 0 \Rightarrow 5q = \frac{500}{q} \Rightarrow 5q^2 = 500 \Rightarrow q^2 = 100 \Rightarrow q = \pm 10 \Rightarrow q = 10$$

Assim, o custo médio mínimo ocorre quando são produzidos 10 sofás e será

$$C_{me}(10) = 5 \cdot 10 + 200 + \frac{500}{10} = 300 \text{ (R\$/unidade)}$$

c) Esboce o gráfico do custo médio.

Solução: Como já analisamos o comportamento das derivadas primeira e segunda do custo médio em $q = 10$, concluindo que é ponto de mínimo, vale ainda observar:

• Na função $C_{me} = 5q + 200 + \frac{500}{q}$, não podemos ter $q = 0$ e, para uma produção positiva de sofás ($q > 0$), investigamos o que ocorre com C_{me} se $q \to 0^+$:

Para $q \to 0^+$, temos $5q \to 0$ e $\frac{500}{q} \to +\infty$, o que faz com que $C_{me} = 5q + 200 + \frac{500}{q} \to +\infty$, originando uma curva assíntota ao eixo vertical.

• Se $q \to +\infty$, analisando apenas $\frac{500}{q}$, temos $\frac{500}{q} \to 0$ e a curva de $C_{me} = 5q + 200 + \frac{500}{q}$ tenderá como uma assíntota para a reta $C_{me} \cong 5q + 200 + 0$ ou $C_{me} \cong 5q + 200$.

Reunindo tais informações, traçamos o gráfico

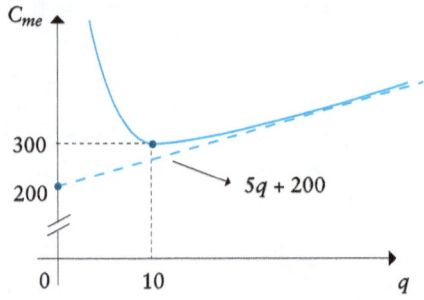

d) Esboce sobrepostos os gráficos do custo médio e do custo marginal.

Solução: Ao esboçarmos a reta do custo marginal $C_{mg} = 10q + 200$ sobreposto ao gráfico de C_{me}, observamos o encontro dos gráficos no ponto $q = 10$, que dá o custo médio mínimo.

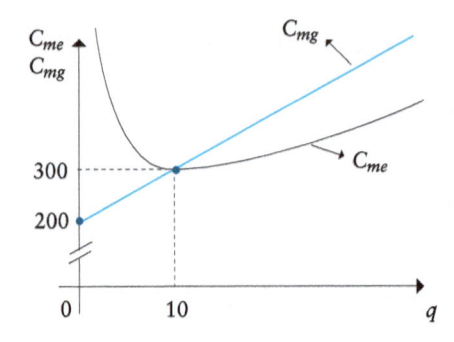

■ Elasticidade

Elasticidade-Preço da Demanda

Sabemos que, em relação aos consumidores, a demanda de um produto pode ser associada a seu preço. Em geral, se o preço aumenta, a demanda diminui.

Para produtos diferentes, existem diferentes comportamentos de mudança da demanda em relação às variações de preços. Por exemplo, se houver um considerável aumento no preço do sal, a demanda dos consumidores praticamente não se altera, uma vez que tal produto é indispensável e tem pouco peso no orçamento doméstico; entretanto, se houver um considerável aumento no preço da carne bovina, a demanda se alterará,

Capítulo 9 – Aplicações das Derivadas nas Áreas Econômica e Administrativa

uma vez que tal produto pode ser substituído por outros tipos de carnes, além de ter grande peso no orçamento doméstico.

Assim, de maneiras diferenciadas, a demanda por um produto é "sensível" à mudança dos preços. Avaliaremos a "sensibilidade" da demanda em relação às mudanças de preços com o auxílio do conceito de *elasticidade-preço da demanda*. Nesse contexto, medir a "elasticidade" da demanda significa medir a "sensibilidade" da demanda em relação à variação do preço.

Para nossos cálculos, se ocorrer a variação na demanda, então a *variação percentual* da demanda q em relação à demanda anterior será

$$\text{Variação Percentual da Demanda} = 100 \, \frac{\text{variação na quantidade}}{\text{quantidade anterior}}$$

Se usarmos a notação funcional, $q(p)$ é a demanda como função do preço p ou, simplesmente, q é a demanda para um certo preço p e Δq é a variação da quantidade ou variação da demanda. Então, temos:

$$\text{Variação Percentual em } q = 100 \, \frac{\Delta q}{q}$$

Lembrando que a derivada* de $f(x)$ também é escrita como

$$f'(x) = \lim_{\Delta x \to 0} \frac{\Delta y}{\Delta x}$$

e reescrita com os símbolos para a função $q(p)$, temos

$$q'(p) = \lim_{\Delta p \to 0} \frac{\Delta q}{\Delta p}$$

Podemos dizer que, de maneira aproximada, a derivada é dada por

$$q'(p) \cong \frac{\Delta q}{\Delta p}$$

o que permite escrever a variação Δq como o produto de $q'(p)$ por Δp:

$$\Delta q \cong q'(p) \cdot \Delta p$$

---

* Ver notação de Leibniz, no Capítulo 7.

Reescrevendo Δq na variação percentual, teremos, de modo aproximado,

$$\text{Variação Percentual em } q \cong 100 \frac{q'(p)\Delta p}{q}$$

ou ainda, pela notação de Leibniz, escrevemos $q'(p) = \dfrac{dq}{dp}$, obtendo na expressão anterior

$$\text{Variação Percentual em } q \cong 100 \frac{\dfrac{dq}{dp}\Delta p}{q}$$

Tal expressão pode ser usada para avaliar a *elasticidade* da demanda em relação ao preço. Entretanto, os economistas costumam avaliar a variação da demanda em relação ao aumento de 1% no preço, o que dá uma variação de preço $\Delta p = 0{,}01p$, logo

$$\text{Variação Percentual em } q \cong 100 \frac{\dfrac{dq}{dp} 0{,}01 p}{q}$$

$$\text{Variação Percentual em } q \cong \frac{100 \cdot \dfrac{dq}{dp} \cdot 0{,}01 p}{q} = \frac{\dfrac{dq}{dp} \cdot p}{q} = \frac{dq}{dp} \cdot \frac{p}{q}$$

Em resumo,

$$\text{Variação Percentual em } q \cong \frac{dq}{dp} \cdot \frac{p}{q}$$

O lado direito da aproximação da variação percentual em q é conhecido como **elasticidade-preço da demanda**. Denotando a elasticidade da demanda pela letra E, temos

$$E = \frac{dq}{dp} \cdot \frac{p}{q}$$

e tal medida dá *aproximadamente a variação percentual da demanda mediante o aumento de 1% no preço*.

Problema: A demanda para um certo produto é dada por $q = 100 - 5p$, onde o preço varia no intervalo $0 \leq p \leq 20$.

a) Obtenha a função que dá a elasticidade-preço da demanda para cada preço.

Solução: A elasticidade-preço da demanda será $E = \dfrac{dq}{dp} \cdot \dfrac{p}{q}$, assim calcularemos a derivada $\dfrac{dq}{dp}$ e substituiremos $q = 100 - 5p$ na expressão E:

$$E = \frac{d}{dp}(100 - 5p) \cdot \frac{p}{100 - 5p}$$

$$E = (0 - 5) \cdot \frac{p}{100 - 5p} = -5 \cdot \frac{p}{100 - 5p}$$

$$E = -\frac{5p}{100 - 5p}$$

b) Obtenha a elasticidade para os preços $p = 5$, $p = 10$ e $p = 15$ e interprete as respostas.

Solução: Basta substituir $p = 5$, $p = 10$ e $p = 15$ na função $E = -\dfrac{5p}{100 - 5p}$:

- $p = 5 \Rightarrow E = -\dfrac{5 \cdot 5}{100 - 5 \cdot 5} \Rightarrow E = -0{,}3333... \Rightarrow E \cong -0{,}33$

- $p = 10 \Rightarrow E = -\dfrac{5 \cdot 10}{100 - 5 \cdot 10} \Rightarrow E = -1$

- $p = 15 \Rightarrow E = -\dfrac{5 \cdot 15}{100 - 5 \cdot 15} \Rightarrow E = -3$

Para $p = 5$, temos a elasticidade $E \cong -0{,}33$, o que indica que, se ocorrer um aumento de 1% para o preço $p = 5$, a demanda diminuirá 0,33%, aproximadamente. Já para o preço $p = 10$, a elasticidade é $E = -1$, indicando que, se ocorrer um aumento de 1% no preço, a demanda cairá 1%, aproximadamente. Para o preço $p = 15$, a elasticidade é $E = -3$, indicando que, se ocorrer um aumento de 1% no preço, a demanda cairá 3%, aproximadamente.

Classificação da Elasticidade-Preço da Demanda

No problema anterior, notamos que, para o preço $p = 5$, a elasticidade $E \cong -0,33$ indica uma diminuição em percentual (0,33%) na demanda *menor* que 1% de aumento no preço. Nessa situação, classificamos a demanda como sendo *inelástica* em relação ao preço; em outras palavras, a demanda é pouco "sensível" à variação do preço em um determinado nível. Para o mesmo problema, em outro nível de preço, temos $p = 15$ com elasticidade $E = -3$, indicando uma diminuição em percentual (3%) na demanda *maior* que 1% de aumento no preço. Nessa situação, classificamos a demanda como sendo *elástica* em relação ao preço; em outras palavras, a demanda é bastante "sensível" à variação do preço em um determinado nível. Existem níveis de preços, como em $p = 10$ no problema anterior, em que um aumento de 1% no preço acarreta uma diminuição de 1% na demanda; nessa situação, dizemos que a demanda tem **elasticidade unitária** em relação ao preço.

Como em geral a elasticidade-preço da demanda é negativa, para classificar a demanda, calculamos o módulo de E e o comparamos a 1, que representa 1%:

$$E \cong -0,33 \Rightarrow |E| = |-0,33| = 0,33 \Rightarrow |E| < 1 \Rightarrow \text{Demanda Inelástica}$$
$$E = -3 \Rightarrow |E| = |-3| = 3 \Rightarrow |E| > 1 \Rightarrow \text{Demanda Elástica}$$
$$E = -1 \Rightarrow |E| = |-1| = 1 \Rightarrow |E| = 1 \Rightarrow \text{Demanda de Elasticidade Unitária}$$

Em resumo, a classificação da elasticidade-preço da demanda:

- Se $|E| < 1$, então a demanda é *inelástica* em relação ao preço.
- Se $|E| > 1$, então a demanda é *elástica* em relação ao preço.
- Se $|E| = 1$, então a demanda tem *elasticidade unitária* em relação ao preço.

Elasticidade-Renda da Demanda

Podemos também analisar a variação da demanda e, consequentemente, sua elasticidade em relação a outros fatores como, por exemplo, produção, custos, oferta e renda. Como exemplo e de maneira análoga à realizada para a demanda em função do preço, podemos definir a *elasticidade-renda da demanda*, que mede a sensibilidade da demanda mediante o aumento em 1% na renda do consumidor. Se a demanda q é uma função da renda r, então a *elasticidade-renda da demanda* será dada por

$$E = \frac{dq}{dr} \cdot \frac{r}{q}$$

Para a maioria dos produtos, a demanda aumenta quando a renda aumenta, assim consideraremos apenas a elasticidade positiva, que pode ser classificada do seguinte modo:

- Se $E < 1$, então a demanda é *inelástica* em relação à renda.
- Se $E > 1$, então a demanda é *elástica* em relação à renda.
- Se $E = 1$, então a demanda tem *elasticidade unitária* em relação à renda.

Relação entre Receita e Elasticidade-Preço da Demanda

A partir da elasticidade, podemos tirar conclusões a respeito do aumento ou da diminuição da receita. Vamos estabelecer a receita como função do preço e obter a derivada em relação ao preço:

$$R(p) = p \cdot q$$
$$R'(p) = (p \cdot q)'$$

Pela regra do produto

$$R'(p) = p' \cdot q + p \cdot q'$$
$$R'(p) = 1 \cdot q + p \cdot q'$$
$$R'(p) = q + p \cdot q'$$

Multiplicando o lado direito da expressão por $\frac{q}{q}$

$$R'(p) = \frac{q}{q}(q + p \cdot q')$$
$$R'(p) = \frac{q}{q}q + \frac{q}{q}p \cdot q'$$
$$R'(p) = q + q\frac{p}{q} \cdot q'$$

Colocando q em evidência

$$R'(p) = q\left(1 + \frac{p}{q} \cdot q'\right)$$

Nessa expressão, usando a notação de Leibniz representando a derivada de R em relação ao preço por $\dfrac{dR}{dp}$ e a derivada da demanda em relação ao preço por $\dfrac{dq}{dp}$, temos

$$\frac{dR}{dp} = q\left(1 + \frac{p}{q} \cdot \frac{dq}{dp}\right)$$

E como a elasticidade é dada por $E = \dfrac{dq}{dp} \cdot \dfrac{p}{q}$, podemos escrever

$$\frac{dR}{dp} = q(1+E)$$

Podemos usar tal relação para estabelecer o comportamento da receita a partir dos valores da elasticidade, conforme o exemplo a seguir:

Exemplo: No problema anterior, para um certo produto, a demanda é dada por $q = 100 - 5p$, onde o preço varia no intervalo $0 \le p \le 20$. Com base nesses dados, conseguimos concluir que $p = 5 \Rightarrow E \cong -0{,}33$; $p = 10 \Rightarrow E = -1$ e $p = 15 \Rightarrow E = -3$. Sabendo que a receita em função do preço é dada por $R(p) = p \cdot q$, analise o comportamento da receita a partir da elasticidade-preço da demanda.

Solução: A derivada da receita em relação ao preço pode ser expressa por $\dfrac{dR}{dp} = q(1+E)$. Calculando as quantidades para cada nível de preço, temos

- $p = 5 \Rightarrow q = 100 - 5 \cdot 5 \Rightarrow q = 75$
- $p = 10 \Rightarrow q = 100 - 5 \cdot 10 \Rightarrow q = 50$
- $p = 15 \Rightarrow q = 100 - 5 \cdot 15 \Rightarrow q = 25$

Então, para cada nível de preço, teremos:

- $p=5; q=75$ e $E \cong -0{,}33 \Rightarrow \dfrac{dR}{dp} \cong 75(1-0{,}33) = 50{,}25 \Rightarrow \dfrac{dR}{dp} \cong 50{,}25 \Rightarrow \dfrac{dR}{dp} > 0$

Como a derivada é positiva, a receita é crescente, ou seja, um aumento de preço em $p = 5$ proporciona um aumento na receita. Observe que $|E| < 1$.

- $p = 10$; $q = 50$ e $E = -1 \Rightarrow \dfrac{dR}{dp} = 50(1-1) = 0 \Rightarrow \dfrac{dR}{dp} = 0$

Como a derivada é nula, a receita é constante, ou seja, um aumento de preço em $p = 10$ não altera a receita. Observe que $|E| = 1$.

- $p = 15$; $q = 25$ e $E = -3 \Rightarrow \dfrac{dR}{dp} = 25(1-3) = -50 \Rightarrow \dfrac{dR}{dp} = -50 \Rightarrow \dfrac{dR}{dp} < 0$

Como a derivada é negativa, a receita é decrescente, ou seja, um aumento de preço em $p = 15$ proporciona queda na receita. Observe que $|E| > 1$.

Tal exemplo ilustra o fato de o comportamento da receita em função do preço depender da elasticidade-preço da demanda no nível de preço estudado, uma vez que em

$$\frac{dR}{dp} = q(1+E)$$

as quantidades q são sempre positivas e o sinal de $\dfrac{dR}{dp}$ depende do valor de E.

Em resumo:

Considerando a receita como função do preço e E a elasticidade-preço da demanda, ocorrendo um pequeno *aumento* no preço:

- Se $|E| < 1$, a receita *aumenta*.
- Se $|E| > 1$, a receita *diminui*.
- Se $|E| = 1$, a receita permanece *constante*.

Problema: Para um certo produto, a demanda q e o preço p são relacionados por $q = 200 - 2p$ ($0 \leq p \leq 100$).

a) Obtenha os intervalos de preço para os quais a demanda é inelástica, elástica e tem elasticidade unitária.

Solução: A elasticidade-preço da demanda é $E = \dfrac{dq}{dp} \cdot \dfrac{p}{q}$; assim, calculando a derivada $\dfrac{dq}{dp}$ e substituindo $q = 200 - 2p$ na expressão E:

$$E = \frac{d}{dp}(200 - 2p) \cdot \frac{p}{200 - 2p}$$

$$E = (0 - 2) \cdot \frac{p}{200 - 2p} = -2 \cdot \frac{p}{200 - 2p}$$

$$E = -\frac{2p}{200 - 2p} \qquad (p \neq 100)$$

- A demanda terá elasticidade unitária quando $|E| = 1$:

$$|E| = 1 \Rightarrow \left| -\frac{2p}{200 - 2p} \right| = 1$$

Como $0 \leq p \leq 100$ e $p \neq 100$, temos que $200 - 2p > 0$, o que significa que $-\frac{2p}{200 - 2p} < 0$, então $\left| -\frac{2p}{200 - 2p} \right| = -\left(-\frac{2p}{200 - 2p} \right) = \frac{2p}{200 - 2p}$.

De um modo geral, nesse tipo de problema, para a resolução do módulo, simplesmente mudaremos o sinal da expressão interna.

$$\left| -\frac{2p}{200 - 2p} \right| = 1 \Rightarrow \frac{2p}{200 - 2p} = 1 \Rightarrow 2p = 200 - 2p \Rightarrow 4p = 200 \Rightarrow p = 50$$

Assim, a demanda tem elasticidade unitária para $p = 50$.

- A demanda será inelástica quando $|E| < 1$:

$$|E| < 1 \Rightarrow \left| -\frac{2p}{200 - 2p} \right| < 1 \Rightarrow \frac{2p}{200 - 2p} < 1 \Rightarrow 2p < 200 - 2p \Rightarrow p < 50$$

Assim, a demanda é inelástica para $p < 50$, mais precisamente para $0 \leq p < 50$.

- A demanda será elástica quando $|E| > 1$:

$$|E| > 1 \Rightarrow \left| -\frac{2p}{200 - 2p} \right| > 1 \Rightarrow \frac{2p}{200 - 2p} > 1 \Rightarrow 2p > 200 - 2p \Rightarrow p > 50$$

Assim, a demanda é elástica para $p > 50$, mais precisamente para $50 < p < 100$.

b) A partir dos resultados obtidos no item (a), descreva o comportamento da receita.

Considerando a receita como função do preço e E a elasticidade-preço da demanda, sabemos que para um pequeno *aumento* no preço:

- Para $0 \leq p < 50$, temos $|E| < 1$, o que indica que a receita *aumenta* nesse intervalo.
- Para $50 < p < 100$, temos $|E| > 1$, indicando que a receita *diminui* nesse intervalo.
- Para $p = 50$, temos $|E| = 1$, assim a receita permanece *constante* nesse nível de preço. Associando às duas conclusões anteriores, temos, para $p = 50$, a *receita máxima*.

c) Obtenha a receita como função do preço e esboce os gráficos da demanda e receita. Indique no gráfico da demanda os intervalos correspondentes às diferentes elasticidades. Indique no gráfico da receita os intervalos de crescimento e decrescimento, bem como o ponto de máximo, associados à elasticidade.

Solução: A função Receita será dada por $R(p) = p \cdot q$ e, como $q = 200 - 2p$, temos

$$R = p \cdot (200 - 2p)$$
$$R = 200p - 2p^2$$

Tal gráfico será uma parábola com concavidade voltada para baixo, cruzando o eixo p quando $R = 0$, ou seja,

$$200p - 2p^2 = 0 \Rightarrow p = 0 \text{ ou } p = 100$$

e a receita será máxima para $p = 50$, ou seja,

$$R(50) = 200 \cdot 50 - 2 \cdot 50^2 = 5.000 \Rightarrow R(50) = 5.000$$

O gráfico da demanda $q = 200 - 2p$ será uma reta que cruza:

- o eixo p, quando $q = 0$: $q = 0 \Rightarrow 200 - 2p = 0 \Rightarrow p = 100$
- o eixo q, quando $p = 0$: $p = 0 \Rightarrow q = 200 - 2 \cdot 0 = 200 \Rightarrow q = 200$

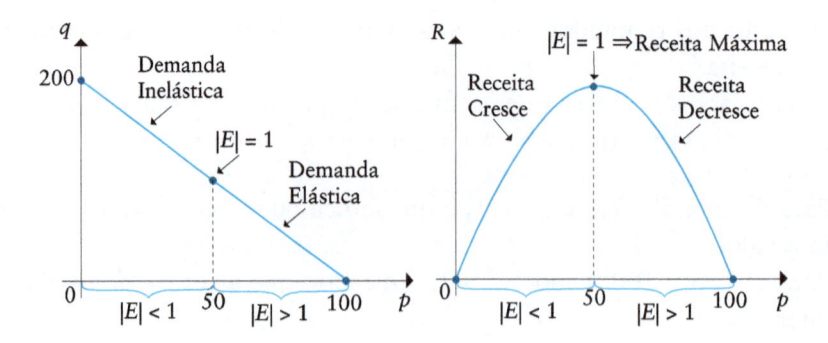

Propensão Marginal a Consumir e a Poupar

Ao analisar o comportamento da economia em um mercado, percebe-se que a renda das famílias é o fator que mais influencia no consumo e na poupança dessas famílias. Nesse sentido, para nossas análises, iremos supor o consumo c como função da renda y, $c = f(y)$, e a poupança s como função da renda y, $s = f(y)$. Tais funções são crescentes, pois se supõe que o aumento da renda resulte em aumentos no consumo e na poupança.

De modo simplificado, podemos dizer que, para as famílias, o consumo somado à poupança se iguala à renda, ou seja,

$$\text{Renda} = \text{Consumo} + \text{Poupança}$$

ou

$$y = c + s$$

Naturalmente, temos que a poupança das famílias é dada pela diferença entre renda e consumo, ou seja,

$$\text{Poupança} = \text{Renda} - \text{Consumo}$$

ou

$$s = y - c$$

Como o consumo c é função da renda y, é comum analisar a variação no consumo correspondente à variação da renda; em outras palavras, *a taxa de variação do consumo em relação à renda*; de modo prático, *a derivada do consumo em relação à renda*. Tal derivada também é conhecida como **Propensão Marginal a Consumir**, que mede em quanto aumenta o consumo quando há o aumento de uma unidade na renda. Simbolizando $c = f(y)$, temos algumas maneiras de simbolizar a *Propensão Marginal a Consumir*: $c_{mg} = c'(y) = \dfrac{dc}{dy}$.

De modo análogo, a poupança s é função da renda y e é comum analisar a variação na poupança correspondente à variação da renda; em outras palavras, *a taxa de variação da poupança em relação à renda*; de modo prático, *a derivada da poupança em relação à renda*. Tal taxa também é conhecida como **Propensão Marginal a Poupar**, que mede em quanto aumenta a poupança quando há o aumento de uma unidade na renda. Simbolizando $s = f(y)$, temos algumas maneiras de simbolizar a *Propensão Marginal a Poupar*: $s_{mg} = s'(y) = \dfrac{ds}{dy}$.

Vimos que $y = c + s$ e, nessa expressão, derivando em relação a y, temos

$$\frac{d}{dy}(y) = \frac{dc}{dy} + \frac{ds}{dy}$$

$$1 = \frac{dc}{dy} + \frac{ds}{dy}$$

ou seja, a soma da Propensão Marginal a Consumir com a Propensão Marginal a Poupar resulta em 1:

$$c_{mg} + s_{mg} = 1$$

Como as funções c e s são crescentes, as derivadas indicadas são positivas, assim temos $0 < \dfrac{dc}{dy} < 1$ e $0 < \dfrac{ds}{dy} < 1$, com $\dfrac{dc}{dy} = 1 - \dfrac{ds}{dy}$ ou $\dfrac{ds}{dy} = 1 - \dfrac{dc}{dy}$, ou seja,

- $c_{mg} = 1 - s_{mg}$ ou $s_{mg} = 1 - c_{mg}$ (onde $0 < c_{mg} < 1$ e $0 < s_{mg} < 1$)

De um modo geral, costumamos utilizar funções de primeiro grau para expressar as funções do consumo e da poupança.

Problema: Para uma certa população, a função do consumo é dada por $c = 0,7y + 210$, onde y é a renda dos consumidores.

a) Determine a função poupança s.

Solução: Como Poupança = Renda − Consumo, ou seja, $s = y - c$, temos

$$s = y - (0{,}7y + 210)$$
$$s = y - 0{,}7y - 210$$
$$s = 0{,}3y - 210$$

b) Determine a Propensão Marginal a Consumir e a Propensão Marginal a Poupar e interprete os resultados.

Solução: A Propensão Marginal a Consumir será dada pela derivada

$$c_{mg} = c'(y) = 0{,}7$$

e a Propensão Marginal a Poupar será dada por

$$s_{mg} = s'(y) = 0{,}3$$

Como $c_{mg} = 0{,}7$, temos que o aumento de uma unidade na renda y acarreta um aumento de 0,7 no consumo. De modo análogo, $s_{mg} = 0{,}3$ indica que o aumento de uma unidade na renda y acarreta um aumento de 0,3 na poupança.

Vale notar que $c_{mg} + s_{mg} = 0{,}7 + 0{,}3 = 1$.

c) Esboce o gráfico da função $c = y$. O que tal gráfico representa?

Solução: Esboçando o gráfico, temos uma reta que passa pela origem e que divide o primeiro quadrante ao meio. Tal gráfico indica níveis em que o consumo é igual à renda, ou seja, toda a renda é dirigida para o consumo; assim, por exemplo, se a renda é $y = 100$, o consumo será $c = y = 100$.

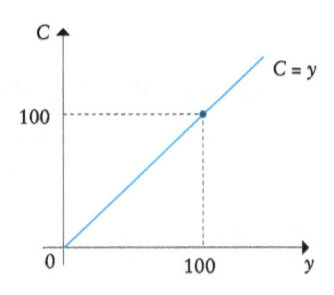

d) Esboce, sobrepostos, os gráficos das funções consumo, poupança e $c = y$, interpretando o ponto em que o gráfico do consumo encontra a reta $c = y$.

Solução: O consumo $c = 0{,}7y + 210$ é representado pela reta cuja inclinação é 0,7 (Propensão Marginal a Consumir) e que corta

- o eixo y, quando $c = 0$: $c = 0 \Rightarrow 0{,}7y + 210 = 0 \Rightarrow y = -300$
- o eixo c, quando $y = 0$: $y = 0 \Rightarrow c = 0{,}7 \cdot 0 + 210 \Rightarrow c = 210$

A poupança $s = 0{,}3y - 210$ é representada pela reta cuja inclinação é 0,3 (Propensão Marginal a Poupar) e que corta

- o eixo y, quando $s = 0$: $s = 0 \Rightarrow 0{,}3y - 210 = 0 \Rightarrow y = 700$
- o eixo s, quando $y = 0$: $y = 0 \Rightarrow s = 0{,}3 \cdot 0 - 210 \Rightarrow s = -210$

Notamos ainda que o gráfico $c = y$ encontra o consumo $c = 0{,}7y + 210$ em

$$y = 0{,}7y + 210 \Rightarrow y - 0{,}7y = 210 \Rightarrow 0{,}3y = 210 \Rightarrow y = 700$$

Esboços sobrepostos, temos

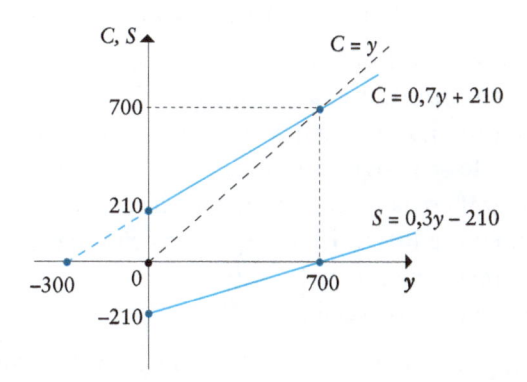

Pelo gráfico, notamos que $y = 700$ representa o nível de renda em que o consumo é igual à renda, ou seja, onde a poupança é nula (poupança cruzando o eixo y). Para níveis de renda inferiores a $y = 700$, os consumidores estão consumindo mais do que dispõem em renda, ou seja, a poupança é negativa (os consumidores estão gastando recursos poupados). Para níveis de renda superiores a $y = 700$, temos poupança positiva, indicando que é poupado o excedente da renda, em relação ao consumo.

■ Exercícios

1. Na fabricação de um produto, o custo, em reais, para produzir q unidades é dado por $C(q) = 0{,}1q^3 - 3q^2 + 36q + 100$.

   a) Obtenha a função Custo Marginal.

b) Obtenha o custo marginal aos níveis $q = 5$, $q = 10$ e $q = 15$, explicando seus significados.

c) Calcule o valor real para produzir a 11ª unidade e compare o resultado com o obtido no item anterior.

2. Em uma empresa, o custo, em reais, para produzir q unidades de televisores é dado por $C(q) = 0{,}02q^3 - 6q^2 + 900q + 10.000$.

   a) Obtenha a função Custo Marginal.

   b) Obtenha o custo marginal aos níveis $q = 50$, $q = 100$ e $q = 150$, explicando seus significados.

   c) Calcule o valor real para produzir a 101ª unidade e compare o resultado com o obtido no item anterior.

3. Em uma fábrica de ventiladores, o preço de um tipo de ventilador é dado por $p = -2q + 800$, onde $0 \leq q \leq 400$.

   a) Obtenha a função Receita.

   b) Obtenha a função Receita Marginal.

   c) Obtenha a receita marginal aos níveis $q = 100$, $q = 200$ e $q = 300$, interpretando seus significados.

   d) Esboce o gráfico da receita marginal e interprete seu crescimento ou decrescimento e intervalos em que a receita marginal é positiva ou negativa, relacionando tais resultados.

   e) Esboce o gráfico da receita.

4. Em uma indústria têxtil, o preço de um tipo de toalha é dado por $p = 0{,}001q + 10$, onde $0 \leq q \leq 10.000$.

   a) Obtenha a função Receita.

   b) Obtenha a função Receita Marginal.

   c) Obtenha a receita marginal aos níveis $q = 4.000$, $q = 5.000$ e $q = 6.000$, interpretando seus significados.

   d) Esboce o gráfico da receita marginal e interprete seu crescimento ou decrescimento e intervalos em que a receita marginal é positiva ou negativa, relacionando tais resultados.

   e) Esboce o gráfico da receita.

5. Em uma fábrica de ventiladores, a receita na venda de um tipo de ventilador é dada por $R(q) = -2q^2 + 800q$, onde $0 \leq q \leq 400$, conforme o Problema 3. Suponha que o custo para a produção dos ventiladores seja dado por $C(q) = 200q + 25.000$.

a) Obtenha a função Lucro.
b) Obtenha a função Lucro Marginal.
c) Obtenha o lucro marginal aos níveis $q = 100$ e $q = 200$, interpretando os resultados.
d) Obtenha a quantidade que dá o lucro máximo a partir das derivadas do lucro.

6. Em uma indústria têxtil, a receita na venda de um tipo de toalha é dada por $R(q) = -0,001q^2 + 10q$, onde $0 \leq q \leq 10.000$, conforme o Problema 4. Suponha que o custo para a produção das toalhas seja dado por $C(q) = 2q + 12.000$.

    a) Obtenha a função Lucro.
    b) Obtenha a função Lucro Marginal.
    c) Obtenha o lucro marginal aos níveis $q = 3.000$ e $q = 5.000$, interpretando os resultados.
    d) Obtenha a quantidade que dá o lucro máximo a partir das derivadas do lucro.

7. Em uma fábrica de portões eletrônicos, o custo ao se produzir q unidades de um tipo de portão é $C = 5q^2 + 50q + 125$.

    a) Obtenha as funções Custo Marginal C_{mg}, Custo Médio C_{me} e Custo Médio Marginal C_{memg}.
    b) Obtenha o número de portões produzidos que dá o custo médio mínimo. Obtenha também o custo médio mínimo.
    c) Esboce o gráfico do custo médio.
    d) Esboce, sobrepostos, os gráficos do custo médio e do custo marginal.

8. Na construção civil, o custo C para construir um prédio depende do número q de andares que são construídos. Para um certo tipo de prédio, não considerando a parte de acabamento, constatou-se que o custo, em milhares de reais, ao construir q andares é dado por $C = 6q^2 + 2q + 96$.

    a) Obtenha as funções Custo Marginal C_{mg}, Custo Médio C_{me} e Custo Médio Marginal C_{memg}.
    b) Obtenha o número de andares a serem construídos que dá o custo médio mínimo. Obtenha também o custo médio mínimo por andar construído.
    c) Esboce o gráfico do custo médio.
    d) Esboce, sobrepostos, os gráficos do custo médio e do custo marginal.

9. A demanda para um certo produto é dada por $q = 300 - 10p$, onde o preço varia no intervalo $0 \le p \le 30$.

   a) Obtenha a função que dá a elasticidade-preço da demanda para cada preço.

   b) Obtenha a elasticidade para os preços $p = 10$, $p = 15$ e $p = 20$ e interprete as respostas.

10. Considere a demanda para um certo produto, conforme o problema anterior, ou seja, $q = 300 - 10p$, com $0 \le p \le 30$. Sabendo que a receita em função do preço é dada por $R(p) = p \cdot q$, analise o comportamento da receita a partir da elasticidade-preço da demanda para os preços $p = 10$, $p = 15$ e $p = 20$.

11. A demanda para um certo produto é dada por $q = 1.000 - 20p$, onde o preço varia no intervalo $0 \le p \le 50$.

    a) Obtenha a função que dá a elasticidade-preço da demanda para cada preço.

    b) Obtenha a elasticidade para os preços $p = 20$, $p = 25$ e $p = 30$ e interprete as respostas.

12. Considere a demanda para um certo produto, conforme o problema anterior, ou seja, $q = 1.000 - 20p$, com $0 \le p \le 50$. Sabendo que a receita em função do preço é dada por $R(p) = p \cdot q$, analise o comportamento da receita a partir da elasticidade-preço da demanda para os preços $p = 20$, $p = 25$ e $p = 30$.

13. A demanda para um certo produto é dada por $q = r^2 + 160.000$, onde r é a renda do consumidor.

    a) Obtenha a função que dá a elasticidade-renda da demanda para cada renda.

    b) Obtenha a elasticidade para as rendas $r = 300$, $r = 400$ e $r = 600$ e classifique a demanda conforme as elasticidades obtidas, interpretando os resultados.

14. Para um certo produto, a demanda q e o preço p são relacionados por $q = 600 - 3p$, com $0 \le p \le 200$.

    a) Obtenha os intervalos de preço para os quais a demanda é inelástica, elástica e tem elasticidade unitária.

    b) A partir dos resultados obtidos no item (a), descreva o comportamento da receita.

c) Obtenha a receita como função do preço e esboce os gráficos da demanda e receita. Indique no gráfico da demanda os intervalos correspondentes às diferentes elasticidades. Indique no gráfico da receita os intervalos de crescimento e decrescimento, bem como o ponto de máximo, associados à elasticidade.

15. Para um certo produto, a demanda q e o preço p são relacionados por $q = 50 - p$, com $0 \leq p \leq 50$.

    a) Obtenha os intervalos de preço para os quais a demanda é inelástica, elástica e tem elasticidade unitária.
    b) A partir dos resultados obtidos no item (a), descreva o comportamento da receita.
    c) Obtenha a receita como função do preço e esboce os gráficos da demanda e receita. Indique no gráfico da demanda os intervalos correspondentes às diferentes elasticidades. Indique no gráfico da receita os intervalos de crescimento e decrescimento, bem como o ponto de máximo, associados à elasticidade.

16. Para uma certa população, a função do consumo é dada por $c = 0{,}8y + 320$, onde y é a renda dos consumidores.

    a) Determine a função poupança s.
    b) Determine a Propensão Marginal a Consumir e a Propensão Marginal a Poupar e interprete os resultados.
    c) Esboce o gráfico da função $c = y$. O que tal gráfico representa?
    d) Esboce, sobrepostos, os gráficos das funções consumo, poupança e $c = y$, interpretando o ponto em que o gráfico do consumo encontra a reta $c = y$.

17. Para uma certa população, a função do consumo é dada por $c = 0{,}6y + 240$, onde y é a renda dos consumidores.

    a) Determine a função poupança s.
    b) Determine a Propensão Marginal a Consumir e a Propensão Marginal a Poupar e interprete os resultados.
    c) Esboce o gráfico da função $c = y$. O que tal gráfico representa?
    d) Esboce, sobrepostos, os gráficos das funções consumo, poupança e $c = y$, interpretando o ponto em que o gráfico do consumo encontra a reta $c = y$.

TÓPICO ESPECIAL – Modelo de Lote Econômico

■ Lote Econômico de Compra

O objetivo principal de se calcular o Lote Econômico de Compra (LEC) é a determinação da quantidade ideal a ser comprada correspondente a um custo total mínimo para um período de tempo (t), que, na maioria das vezes, é adotado anualmente.

Esse sistema (LEC) tem a missão de gerir a compra de materiais ou insumos destinados à própria empresa, procurando reduzir o custo total, que é formado pelos custos de pedidos ou custos de aquisição e pelo custo de estocar ou armazenar. Portanto, o Lote Econômico de Compra se traduz numericamente no valor correspondente à quantidade que implica um custo total mínimo ($C_{T(mínimo)}$).

É lógico que o custo total está intimamente ligado em função de várias grandezas a serem definidas, tais como:

- D: demanda anual de mercadorias ou materiais em unidades, representada pela expectativa anual de unidades a serem vendidas ou consumidas no período de tempo (t) por seus clientes, ressaltando que a taxa de consumo é constante ao longo do tempo, consumindo quantidades iguais por unidade de períodos.

- C_P: custos do pedido ou de aquisição levam aos custos de preparação e inspeção durante a entrega, mais custos de transportes, que incluem taxas e fretes.

- C_E: custo associado à existência de estoque ou custo unitário de manutenção, ou ainda custo de estocagem.

Nesse caso, a empresa conta com um problema latente originado pelo volume de compras e pela expectativa da demanda de seus clientes, gerando a necessidade de sempre possuir um estoque satisfatório, de modo a atender os níveis de demanda de seus clientes. Vale lembrar que o custo de estoque (C_E) aumenta linearmente à medida que as quantidades estocadas aumentam, incidindo sobre ele custos de armazenagem, depreciação, oportunidade de capital, seguros e obsolescência.

- Q_{MED}: é o estoque médio de materiais ou mercadorias ao longo de um período de tempo (t) dado por $\frac{Q}{2}$, que identifica a quantidade média de estoque de materiais ao longo do tempo ou período (t). Deve-se ressaltar que a quantidade em estoque $\frac{Q}{2}$ é definida de forma intuitiva, para efeito de cálculo, já que ocorrem estoques diferentes a cada instante considerado.

A hipótese definida para uma taxa da demanda constante ao longo do tempo e para que o tempo de espera entre o pedido e a entrega seja também constante determina uma forma de gráfico de evolução do nível de estoque chamado de "gráfico dente de serra", conforme a Figura 9.2, e respectiva exemplificação numérica.

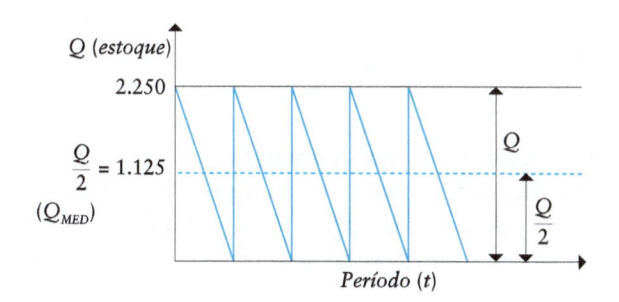

Figura 9.2 $\frac{Q}{2} = Q_{MED} = 1.125$ é o estoque médio e

Q = 2.250 é o nível de estoque máximo.

- Q: é igual à quantidade a ser comprada ou, mais precisamente, igual ao lote econômico de compras (LEC). Portanto, podemos escrever que $Q = LEC$.

Como foi comentado anteriormente, podemos definir o custo total como sendo a soma dos custos de pedidos com os custos de estocagem. Assim temos

$$C_T = C_P + C_E, \text{ sendo que:}$$

- C_P = (custos de pedidos) × (número de pedidos anuais)
- C_E = (custo de estocar ou de armazenar uma unidade/ano) × (número médio de unidades no estoque)

Vale elucidar que o número de pedidos anuais (N) pode ser escrito na forma $N = \dfrac{D}{Q}$, onde D é a demanda anual e Q é a quantidade a ser comprada; logo, o custo de pedido anual é denotado por:

$$C_P \cdot \frac{D}{Q} = C_{P(anual)}$$

O custo de estocagem anual representa o custo relativo à estocagem do estoque médio, sendo escrito por $C_{E(anual)} = \dfrac{Q}{2} \cdot C_E$, de onde se conclui que o custo total anual é dado pela soma de $C_{E(anual)} + C_{P(anual)}$:

$$C_T = C_P \cdot \frac{D}{Q} + C_E \cdot \frac{Q}{2}$$

O gráfico da Figura 9.3 identifica separadamente o comportamento de cada componente de custo, estocar e pedir, pertencente à fórmula de custo total (C_T) para uma dada quantidade Q a ser adquirida em um instante (t).

Na figura, a dá os custos de estocagem; b dá os custos de pedidos e C_T o custo total.

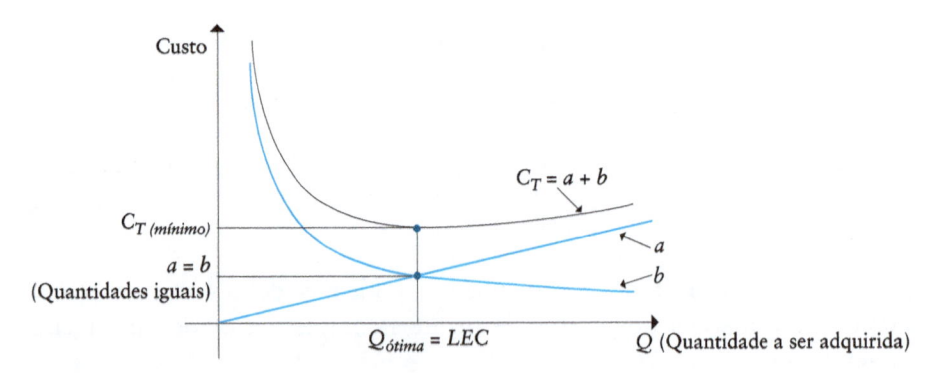

Figura 9.3 Curva de custo total anual em estoque ($C_T = a + b$); curva de custos de pedidos (b) e a reta de custos de estocagem (a).

Na Figura 9.3, percebemos facilmente quando as curvas de custos de estocagem (a) e de pedidos (b) se cruzam, determinando, por consequência, a quantidade Q a ser comprada ou adquirida a um custo total mínimo $(C_{T(mínimo)})$.

Diante dessa observação para um valor de Q a ser comprado (LEC) a função Custo Total (C_T) apresenta um ponto de mínimo $(C_{T(mínimo)})$. Então, esse ponto poderá ser obtido fazendo $\frac{dC_T}{dQ} = 0$. Logo, da função original, temos que: $C_T = C_P \cdot \frac{D}{Q^1} + C_E \cdot \frac{Q}{2}$, onde C_P, D e C_E são constantes. Podemos ainda escrever $C_T = C_P \cdot D \cdot Q^{-1} + \frac{C_E}{2} \cdot Q$, portanto:

$$\frac{dC_T}{dQ} = C_P \cdot D \cdot (-1) \cdot Q^{-1-1} + \frac{C_E}{2} = -C_P \cdot D \cdot Q^{-2} + \frac{C_E}{2}$$

$$\frac{dC_T}{dQ} = -\frac{C_P \cdot D}{Q^2} + \frac{C_E}{2}$$

Como $\frac{dC_T}{dQ} = 0$ no ponto de mínimo, temos $-\frac{C_P \cdot D}{Q^2} + \frac{C_E}{2} = 0$.

Isolando Q, obtemos $\frac{C_E}{2} = \frac{C_P \cdot D}{Q^2}$ e finalmente

$$Q = \sqrt{\frac{2C_P \cdot D}{C_E}}$$

Como $Q = LEC$, então $LEC = \sqrt{\frac{2C_P \cdot D}{C_E}}$. Concluímos que $Q = LEC$ é igual à quantidade ótima a ser comprada a um custo total mínimo $(C_{T(mínimo)})$.

Exemplo 1 – Uma distribuidora de ração para animais estima que a demanda seja de 10.000 unidades (sacos de 15 kg) para o próximo ano, sendo vendidas a uma taxa uniforme ao longo do período. Os custos de estocagem anual são da ordem de 500$ por unidade, dado que o custo para se fazer um pedido (encomenda) ao fabricante está computado em 1.000$.

a) Determine o LEC, isto é, a quantidade ótima que minimiza o custo total anual.

Solução: As variáveis do problema são $D = 10.000$ *unidades*; $C_P = 1.000\$$ e $C_E = 500\$$;

logo, $LEC = \sqrt{\dfrac{2 \cdot C_P \cdot D}{C_E}} = \sqrt{\dfrac{2 \cdot 1.000 \cdot 10.000}{500}} = 200$ *unidades*.

Portanto, $LEC = Q_{ótima} = 200$ *unidades* compradas a cada vez.

b) Calcule o custo total mínimo anual

Solução: Como $C_T = C_P \cdot \dfrac{D}{LEC} + C_E \cdot \dfrac{LEC}{2}$, temos

$$C_{T(mínimo)} = 1.000 \cdot \dfrac{10.000}{200} + 500 \cdot \dfrac{200}{2} \Rightarrow C_{T(mínimo)} = 100.000\$$$

c) Qual o número de pedidos (encomendas) que a distribuidora deve fazer ao longo do ano a fim de minimizar os custos de encomenda e estoque?

Solução: Como $N_{(n^o\ pedidos)} = \dfrac{D}{Q_{ótima}}$, temos $N = \dfrac{10.000}{200} = 50$ pedidos

por ano; na prática, a distribuidora efetuará 50 pedidos por ano, cada um com 200 unidades de sacos de 15 kg.

d) Para o caso de a distribuidora adquirir um lote de 400 unidades ($Q = 400$ *unidades*), qual a estimativa de custo total anual?

Solução: Para $Q = 400$ *unidades*, tem-se $C_T = 1.000 \cdot \dfrac{10.000}{400} + 500 \cdot \dfrac{400}{2}$,

o que resulta

$$C_{T(400)} = 125.000\$$$

e) Construa, em um mesmo sistema de eixos (Q × custos associados aos estoques), as funções de $C_{T(anual)}$, $C_{P(anual)}$ e $C_{E(anual)}$, identificando $Q_{ótimo} = LEC$ e $C_{T(mínimo\ anual)}$; em seguida, mostre algebricamente que

$$C_P = C_E \text{ e } \frac{dC_T}{dQ} = 0 \quad \text{(ponto mínimo da função custo total).}$$

Solução Determinando separadamente as funções de custos associados aos estoques:

Como o custo de pedido anual é escrito por $C_{P(anual)} = C_p \cdot \dfrac{D}{Q} = 1.000 \cdot \dfrac{10.000}{Q}$

$\dfrac{10.000.000}{Q}$ é a função de custo de pedidos anuais.

E o custo de estocagem anual é escrito por $C_{E(anual)} = C_E \cdot \dfrac{Q}{2} = 500 \cdot \dfrac{Q}{2}$, então

250Q é a função de estocagem anual.

Sabemos que a função Custo Total anual é a soma das funções de custos de estocagem e pedidos, resultando $C_{T(anual)} = \dfrac{10.000.000}{Q} + 250Q$.

Na tabela, os valores de Q utilizados no cálculo de C_P, C_E e C_T auxiliam na construção gráfica:

Q	C_P	C_E	C_T
0		0,00	
50	200.000,00	12.500,00	212.500,00
100	100.000,00	25.000,00	125.000,00
150	66.666,67	37.500,00	104.166,67
200	50.000,00	50.000,00	100.000,00
250	40.000,00	62.500,00	102.500,00
300	33.333,33	75.000,00	108.333,33
350	28.571,43	87.500,00	116.071,43
400	25.000,00	100.000,00	125.000,00

Modelo de Lote Econômico de Compras

[Gráfico: Custo vs Q, mostrando $C_T = \frac{10.000.000}{Q} + 250Q$, $C_E = 250Q$, $C_P = \frac{10.000.000}{Q}$, com ponto mínimo absoluto em (200, 100.000), $C_{T(mínimo)} = 100.000$, $C_E = C_P = 50.000$, $Q_{ótima} = LEC = 200$]

O ponto $Q_{ótimo} = LEC = 200$ *unidades* também pode ser obtido algebricamente igualando-se as funções $C_P = \dfrac{10.000.000}{Q}$ e $C_E = 250Q$:

$$\dfrac{10.000.000}{Q} = 250Q \Rightarrow 250Q^2 = 10.000.000 \Rightarrow Q = \sqrt{\dfrac{10.000.000}{250}}$$

Logo, $Q = 200$ *unidades* e substituindo em qualquer uma das funções anteriores:

$$C_E = 250 \cdot (200) = 50.000\$ \text{ ou } C_P = \dfrac{10.000.000}{200} = 50.000\$ \text{ ; logo, con-}$$

cluímos:

$$LEC = 200 \quad \text{e} \quad C_E = C_P = 50.000\$$$

Nota: *Veja o gráfico de custos de estoque.*

O custo total mínimo anual será obtido por meio da derivada $\dfrac{dC_T}{dQ} = 0$, definida anteriormente para determinar o *LEC*.

Sendo $C_T = \dfrac{10.000.000}{Q} + 250Q$, encontraremos por meio da derivada o mínimo absoluto da função Custo Total no intervalo $0 < Q \leq 10.000$.

Como $C'_T = -1 \cdot 10.000.000 \cdot Q^{-2} + 250$, temos $C'_T = -\dfrac{10.000.000}{Q^2} + 250$,

e igualando a função derivada a zero ($C'_T = 0$):

$$-\frac{10.000.000}{Q^2} + 250 = 0 \implies -\frac{10.000.000}{Q^2} = -250$$

Multiplicando por (–1) e reagrupando, teremos

$$Q = +\sqrt{\frac{10.000.000}{250}} = 200 \text{ unidades.}$$

Logo, $Q = 200$ unidades $= LEC$, que, substituído em C_T, leva a

$$C_T = \frac{10.000.000}{200} + 250 \cdot (200) \implies C_{T(mínimo)} = 100.000\$ \text{ (custo total mínimo)}$$

Nota: No próximo exemplo, procuraremos adaptar o Lote Econômico de Compra (LEC), com o objetivo de calcular o **Lote Econômico de Fabricação** (LEF)* para uma empresa que fabrica um determinado produto. Para essa aplicação, o sistema de produção a ser considerado é o sistema de produção intermitente por lotes. Vale lembrar ainda que $LEF = Q_{ótima}$ a ser fabricada.

$$LEF = \sqrt{\frac{2 \cdot C_{prep} \cdot D}{C_E}}, \text{ onde:}$$

- C_{prep} = custo unitário de preparação de máquinas anualmente
- $C_E = p \cdot (a + i)$, sendo C_E igual ao custo de estocagem por unidade por ano (onde p é o custo unitário médio de fabricação e $(a + i)$ é a taxa que compreende juros e estocagem)

Exemplo 2 – Um fabricante de cozinhas planejadas estima, para o próximo ano, que a demanda de mercado para modelos planejados a fim de atingir

---

* Para mais detalhes, consultar: Moreira, D. A. *Administração da Produção e Operações*. São Paulo: Pioneira, 1996.

a faixa A de renda da população possui expectativas de consumo em torno de 1.000 unidades. O custo gerado para preparação de máquinas está estimado por volta de 10.000 u.m., sendo o custo unitário médio de fabricação avaliado em 3.000 u.m., incidindo sobre ele uma taxa total de 40% que inclui estocagem e juros. Calcule:

a) O número de cozinhas planejadas para atingir a faixa A de renda da população (*LEF*).

Solução: Determinando as variáveis do problema, temos $D = 1.000$ unidades por ano; $C_{prep} = 10.000$ *u.m.*; $C_E = p \cdot (a + i) = 3.000 \cdot (0,4) = 1.200$ *u.m.* por unidade e por ano.

$$LEF = \sqrt{\frac{2 \cdot C_{prep} \cdot D}{C_E}} = \sqrt{\frac{2 \cdot 10.000 \cdot 1.000}{1.200}} = 129 \text{ unidades}.$$

Assim, $LEF = Q_{ótima} = 129$ unidades a serem fabricadas.

b) O custo total anual em estoque.

Solução: O custo total anual será dado por $C_T = C_{prep} \cdot \frac{D}{LEF} + C_E \cdot \frac{LEF}{2}$;

logo

$$C_T = 10.000 \cdot \frac{1.000}{129} + 1.200 \cdot \frac{129}{2} \Rightarrow C_T = 154.919,4 \ u.m.$$

■ Problemas

1. Uma pequena indústria de conservas está planejando fabricar geleias de morango em recipientes de 500 g. Para isso, realizou uma pesquisa de mercado determinando uma demanda anual em torno de 60.000 unidades com crescimento uniforme. O custo de encomenda de cada pedido de recipientes junto ao fornecedor é de 300$, dado que o custo anual de estoque de cada recipiente vazio é de 0,6$.
    a) Qual a quantidade ótima a ser pedida em unidades por vez (*LEC*)?
    b) Quantos pedidos devem ser realizados ao longo de um ano para efeito de planejamento?

c) Qual deveria ser a estimativa de custo anual do projeto?

d) Expresse a função Custo Total anual em função da variável Q e calcule o custo mínimo anual. Lembre-se de que $\left(\dfrac{dC_T}{dQ} = 0\right)$.

2. A retífica de motores Retmotor utiliza 15.000 anéis por ano em sua linha de montagem de motores a gasolina. O custo anual de armazenagem é de 2.800 u.m. e para colocar um pedido ao fornecedor são gastos cerca de 16.000 u.m. anualmente.

   a) Calcule o Lote Econômico de Compras.
   b) Calcule o custo total anual em estoque.
   c) Qual o custo total anual para a compra de 520 unidades e 350 unidades?
   d) Qual deveria ser o novo Lote Econômico de Compras para esse componente, caso a empresa passe a utilizar 20.000 anéis por ano em sua linha de montagem, permanecendo iguais as outras quantidades?
   e) Faça um esboço gráfico das curvas de C_T, C_P e C_E, para essa nova situação do item (d), identificando graficamente a quantidade ótima a ser comprada de cada vez e o custo total anual mínimo.

3. O gerente de um restaurante *fast food* estima que a demanda de um item para o próximo mês (30 dias) comercializado atinja os níveis de vendas em torno de 1.600 unidades a uma taxa constante. Diante dos cálculos realizados por essa gerência, verificou-se que o custo de cada pedido para reposição de estoques espaçados uniformemente durante o mês era da ordem de 20$, e o custo de estoque, 0,4$/mês.

   a) Qual a quantidade ótima (LEC) a ser pedida em unidades por vez?
   b) Quantos pedidos devem ser feitos ao longo do mês?
   c) Qual o custo total mensal mínimo?
   d) Expresse as funções de $C_{T(mensal)}$, $C_{P(mensal)}$ e $C_{E(mensal)}$ em função da quantidade Q.
   e) Aproveitando as funções obtidas no item anterior, gere uma tabela para valores de Q iguais a 100, 200, 300, 400, 500 e 600; em seguida, calcule para cada valor atribuído de Q os valores correspondentes às funções: custo de pedido (mensal), custo de estocagem (mensal) e custo total (mensal). *Sugestão: Procure seguir o modelo da tabela a seguir, o qual facilitará a construção gráfica do próximo*

item. A tabela e o gráfico poderão ser construídos utilizando a planilha de dados e o assistente gráfico do Excel.

Quantidade de Compra	Custo de Pedido	Custo de Estocagem	Custo Total
Q	$C_P \cdot \dfrac{D}{Q}$	$C_E \cdot \dfrac{Q}{2}$	$C_T = C_P \cdot \dfrac{D}{Q} + C_E \cdot \dfrac{Q}{2}$
100	...	...	...

f) Construa o gráfico das curvas de custos (C_T, C_P e C_E) em um mesmo sistema de eixos, identificando graficamente os pontos $Q = LEC$ e $C_{T(\text{mínimo mensal})}$.

4. A Microtex fabrica placas de CPU, modelo AZX para microcomputadores, e estima que a demanda anual estará em torno de 80.000 unidades para o próximo ano. O custo unitário médio de fabricação está computado em 28.000 u.m., incidindo sobre ele uma taxa de 30% que engloba armazenagem e juros. O custo de preparação de máquinas está avaliado em 18.500 u.m.

   a) Quantas placas do modelo AZX deverão ser produzidas?
   b) Qual o custo anual $\left(C_{T(\text{anual})}\right)$?

capítulo **10**

O Conceito de Integral

■ Objetivo do Capítulo

Neste capítulo, será estudado, com abordagens práticas, o conceito de *integral*. Com tal conceito, você verá, por exemplo, que é possível obter a variação total da produção em um intervalo a partir da taxa de variação da produção. Você obterá estimativas numéricas para a *integral definida* e analisará a interpretação gráfica definida a partir do conceito de área. Você verá como a integral definida pode ser útil na determinação do *valor médio* de uma função. Você aprenderá como calcular *a área entre duas curvas* e um dos significados do *Teorema Fundamental do Cálculo*, assuntos necessários em aplicações práticas expostas mais adiante, no Capítulo 12. No Tópico Especial, será apresentada a Regra de Simpson, como uma técnica útil nas estimativas numéricas das integrais definidas.

■ Integral Definida a partir de Somas

Variação da Produção a partir da Taxa de Variação

No Capítulo 6, estudamos a derivada relacionada à taxa de variação da função. No caso da produção P, dependendo do tempo x, estabelecemos a função produção, representada por $P(x)$, e de maneira simplificada podemos escrever a taxa de variação média da produção em relação a um intervalo de tempo Δx como

$$\text{Taxa de variação média da produção} = \frac{\text{variação em } P}{\text{variação em } x} = \frac{\Delta P}{\Delta x}$$

ou simplesmente

$$\text{Taxa média} = \frac{\Delta P}{\Delta x}$$

É fácil notar que na relação $\text{Taxa média} = \dfrac{\Delta P}{\Delta x}$, se conhecemos ΔP e Δx, encontramos a taxa. De modo análogo, se conhecemos a *taxa média* e Δx, encontramos ΔP, ou seja, conhecendo a *taxa média* e a variação do tempo, encontramos a variação média da produção, fazendo

$$\Delta P = \text{Taxa} \times \Delta x$$

Na análise seguinte, vamos utilizar a mesma função do Capítulo 6, ou seja, consideraremos a produção dada por $P(x) = x^2$ e consequentemente sua derivada $P'(x) = 2x$. Lembramos que a derivada $P'(x) = 2x$ representa a taxa de variação instantânea da produção em relação ao tempo.

Estamos interessados em encontrar a variação da produção, ΔP, a partir da *taxa*, $P'(x) = 2x$, e da variação do tempo, Δx. A variação da produção será analisada em um intervalo de tempo específico, que, para nossos cálculos, será $2 \leq x \leq 7$.

A Figura 10.1 apresenta o gráfico da taxa de variação da produção $P'(x) = 2x$, onde ressaltamos o intervalo de tempo $2 \leq x \leq 7$.

Para a taxa dada pela função $P'(x) = 2x$, é possível calcular de maneira rápida a variação ΔP, pois a taxa é representada por uma função do 1º grau; entretanto desenvolveremos alguns raciocínios e passos que serão

Capítulo 10 – O Conceito de Integral

úteis para o cálculo da variação ΔP a partir de taxas representadas por funções mais sofisticadas.

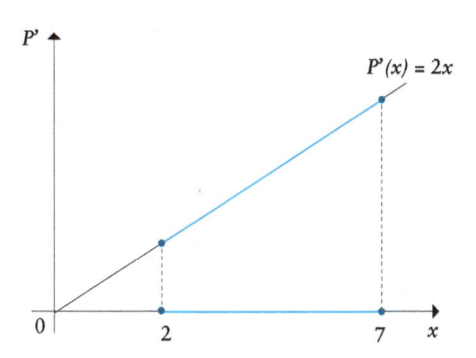

Figura 10.1 $P'(x) = 2x$: taxa de variação da produção para o intervalo $2 \leq x \leq 7$.

A ideia central a ser desenvolvida no cálculo de ΔP consiste em *estimar a variação média da produção* $\Delta P =$ *Taxa* $\times \Delta x$ *considerando a "taxa constante" para pequenos subintervalos de tempo dentro do intervalo de tempo maior*, que nesse caso é $2 \leq x \leq 7$.

Primeiramente, dividimos $2 \leq x \leq 7$ em 5 subintervalos de mesmo tamanho, obtendo os subintervalos $2 \leq x \leq 3$, $3 \leq x \leq 4$, $4 \leq x \leq 5$, $5 \leq x \leq 6$ e $6 \leq x \leq 7$. Em cada subintervalo tomamos os respectivos pontos médios 2,5; 3,5; 4,5; 5,5 e 6,5. Em seguida, assumimos que a taxa de variação da produção é *constante* em cada subintervalo. A estimativa para cada taxa constante será calculada pelo valor da taxa no ponto médio de cada subintervalo, conforme a Figura 10.2.

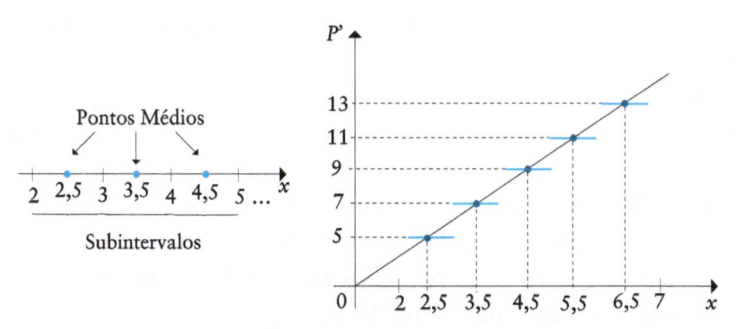

Figura 10.2 Subintervalos, pontos médios e a taxa constante nesses subintervalos.

Assim, no subintervalo 2 ≤ x ≤ 3, consideramos que a taxa permanecerá constante e seu valor será dado por P'(x) calculada no ponto médio x = 2,5, ou seja, P'(2,5) = 2 · 2,5 = 5. Na Tabela 10.1 temos os valores para a taxa em cada subintervalo, calculada nos respectivos pontos médios.

Tabela 10.1 P'(x) a partir dos pontos médios dos subintervalos

Pontos Médios (x)	2,5	3,5	4,5	5,5	6,5
Taxa (P'(x))	5	7	9	11	13

Fazendo uma estimativa para a variação da produção ΔP usando a fórmula $\Delta P = Taxa \times \Delta x$ no subintervalo 2 ≤ x ≤ 3, temos $Taxa = P'(2,5) = 5$ e $\Delta x = 3 - 2 = 1$.

$$\Delta P = 5 \times 1 = 5$$

Logo, a estimativa da variação da produção no subintervalo 2 ≤ x ≤ 3 é $\Delta P = 5$.

De maneira análoga à realizada para o subintervalo 2 ≤ x ≤ 3, podemos obter estimativas da variação da produção para os outros subintervalos e obtemos a estimativa da variação total da produção no intervalo 2 ≤ x ≤ 7, pela soma de cada estimativa:

$$\Delta P = 5 \times 1 + 7 \times 1 + 9 \times 1 + 11 \times 1 + 13 \times 1 = 45$$

Logo, $\Delta P = 45$ é uma estimativa da variação da produção no intervalo 2 ≤ x ≤ 7.

Podemos interpretar graficamente cada variação da produção nos subintervalos. Notamos que no subintervalo 2 ≤ x ≤ 3, graficamente, $\Delta P = 5 \times 1 = 5$ representa a área do retângulo de base $\Delta x = 1$ e altura $P'(2,5) = 5$. Da mesma forma, no subintervalo 3 ≤ x ≤ 4, graficamente, $\Delta P = 7 \times 1 = 7$ representa a área do retângulo de base $\Delta x = 1$ e altura $P'(3,5) = 7$. A variação total $\Delta P = 45$ foi obtida somando as áreas dos retângulos representados na Figura 10.3.

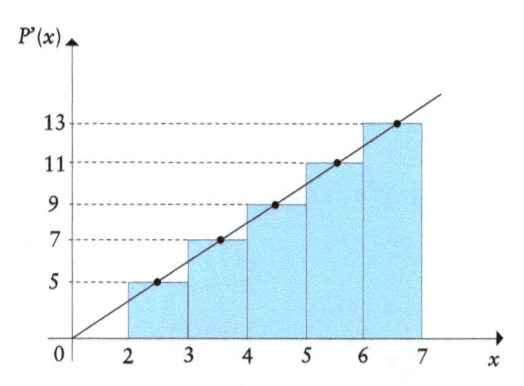

Figura 10.3 Variação da produção como soma das áreas dos retângulos nos subintervalos.

Lembramos que a taxa de variação da produção $P'(x) = 2x$ foi obtida a partir da função produção $P(x) = x^2$ e, uma vez que temos tal função, a variação total da produção para $2 \leq x \leq 7$ poderia ter sido obtida fazendo apenas

$$P(7) - P(2) = 7^2 - 2^2 = 49 - 4 = 45$$

Pudemos verificar que, de fato, $\Delta P = 45$, pois já conhecíamos a função original $P(x) = x^2$, mas nem sempre conhecemos tal função, ou seja, muitas vezes conhecemos apenas a taxa de variação P' sem conhecer a função original P. No Capítulo 11 serão trabalhados métodos para determinar algebricamente a função P a partir de P'.

No exemplo anterior, notamos que o procedimento utilizado para estimar ΔP em um intervalo a partir de subintervalos e o cálculo de P' nos pontos médios dos subintervalos resultou no valor exato $\Delta P = 45$, conforme verificado por $P(7) - P(2) = 45$. O método utilizado deu o valor exato, pois lidamos com uma função de 1º grau para P'; entretanto, se P' apresentar uma função cujo gráfico é uma curva, tal procedimento dará uma estimativa do valor real de ΔP.

A seguir será tratado tal procedimento de estimar ΔP para uma função P' cujo gráfico será uma curva diferente da reta que representa a função do 1º grau, embora os passos a serem seguidos sejam os mesmos usados no exemplo anterior.

Estimativa para a Variação da Produção a partir da Taxa de Variação

Estamos interessados em obter a variação de P em um intervalo que vai de a até b a partir de sua taxa de variação $P' = f(x)$. Para tanto, seguiremos os passos:

- **Passo 1:** Dividir o intervalo $a \leq x \leq b$ em "n subintervalos". O tamanho de Δx de cada subintervalo será dado por:

$$\Delta x = \frac{b-a}{n}$$

- **Passo 2:** Tomar os pontos médios de cada subintervalo, que serão simbolizados por $x_1, x_2, x_3, \ldots, x_n$.

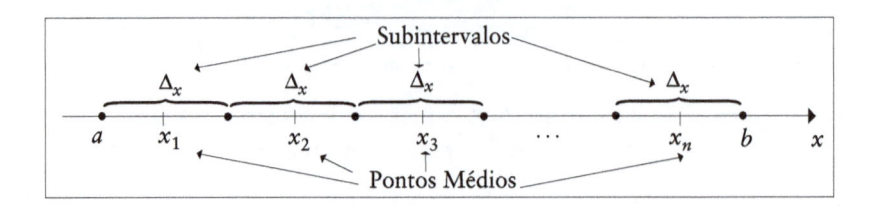

- **Passo 3:** Calcular o valor da função para cada ponto médio: $f(x_1)$, $f(x_2)$, $f(x_3)$, ..., $f(x_n)$. Tais valores representam a taxa constante em cada subintervalo.

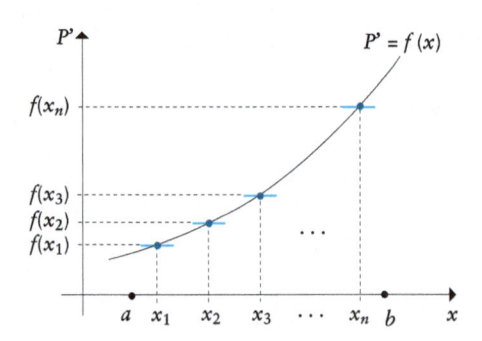

- **Passo 4:** Obter o valor da variação total de P por meio da soma:

Variação Total de $P = f(x_1) \cdot \Delta x + f(x_2) \cdot \Delta x + f(x_3) \cdot \Delta x + \ldots + f(x_n) \cdot \Delta x$

Assim, temos uma estimativa da variação total de P em um intervalo de a até b calculada a partir de sua taxa de variação $P' = f(x)$.

Graficamente, a estimativa da variação total é dada por uma estimativa da área entre a curva de P' e o eixo x. Essa estimativa gráfica é dada pela soma das áreas dos retângulos abaixo da curva.

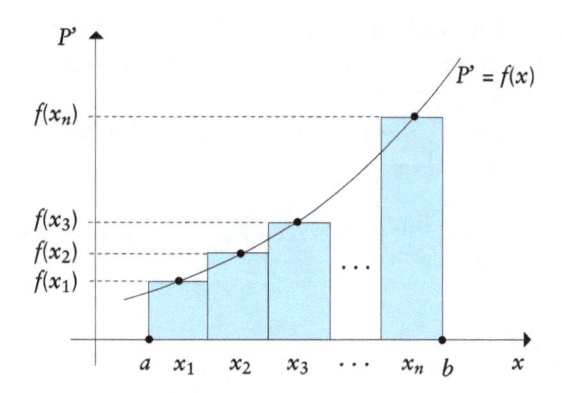

Figura 10.4 Variação total de P(x) como área aproximada abaixo da curva P'(x) = f(x).

Variação da Produção e Integral Definida

Tratamos de uma estimativa. E se quiséssemos melhorar a estimativa ou obter o valor exato da variação total de P? Isso é possível com o auxílio da teoria dos limites. Para tanto, primeiramente observamos que é possível melhorar o valor da estimativa e o preenchimento da área entre o eixo x e a curva, se diminuirmos a largura dos subintervalos (largura dos retângulos) conforme a Figura 10.5.

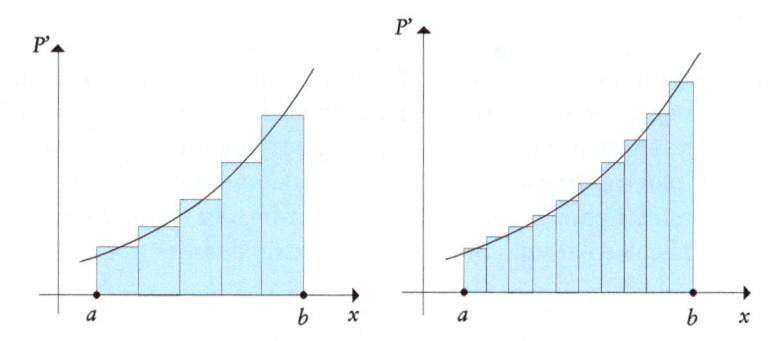

Figura 10.5 Melhor preenchimento abaixo da curva com número maior de retângulos.

Então, o ideal é fazer com que o número de subintervalos (ou de retângulos) "cresça tanto quanto se queira" ou, em outras palavras, o ideal é fazer com que o número de subintervalos (ou de retângulos) "tenda a infinito". Assim, o tamanho Δx de cada subintervalo (ou a largura de cada retângulo) "tende a zero".

Podemos escrever tal ideia com notação de limites, obtendo assim a variação total, e exata, da produção

$$\text{Variação total de } P \text{ no intervalo de } a \text{ até } b = \lim_{n \to \infty} (f(x_1) \cdot \Delta x + f(x_2) \cdot \Delta x + f(x_3) \cdot \Delta x + \ldots + f(x_n) \cdot \Delta x)$$

com $\Delta x = \dfrac{b-a}{n}$.

O segundo termo dessa expressão é uma soma infinita. Tal soma também é conhecida como *integral definida* de $f(x)$ no intervalo de a até b e é simbolizada por $\int_a^b f(x)dx$.

Assim, temos

$$\int_a^b f(x)dx = \lim_{n \to \infty} (f(x_1) \cdot \Delta x + f(x_2) \cdot \Delta x + f(x_3) \cdot \Delta x + \ldots + f(x_n) \cdot \Delta x)$$

onde $\Delta x = \dfrac{b-a}{n}$ e $x_1, x_2, x_3, \ldots, x_n$ são pontos* dos n subintervalos do intervalo $[a; b]$.

Naturalmente, é difícil realizar cálculos numéricos para a obtenção de uma aproximação de uma soma infinita. O limite que expressa a integral definida nos dá a ideia do processo para obter de maneira exata a variação total de uma função a partir da taxa de variação de tal função. Logo, para nossos exemplos e exercícios neste capítulo, estaremos interessados na obtenção de *estimativas* para a integral definida. Assim, em vez de tomar $n \to \infty$, faremos os cálculos para um número finito de subdivisões (retângulos).

---

* Escolhemos para nossos cálculos $x_1, x_2, \ldots$ como pontos médios de cada subintervalo, mas tais pontos não precisam ser necessariamente os pontos médios. É necessário apenas que $x_1, x_2, \ldots$ sejam pontos dos subintervalos.

Exemplo: Dada a função $R'(q) = q^3$ que mede a taxa de variação da receita (ou seja, receita marginal), obtenha uma estimativa para a variação total da receita no intervalo de $q = 4$ até $q = 24$.

Solução: Chamando $R'(q) = f(q) = q^3$, estamos interessados em obter uma estimativa para integral definida $\int_4^{24} f(q)dq$. Para uma estimativa do limite

$$\int_4^{24} f(q)dq = \lim_{n \to \infty} (f(q_1) \cdot \Delta q + f(q_2) \cdot \Delta q + f(q_3) \cdot \Delta q + \ldots + f(q_n) \cdot \Delta q)$$

tomaremos 10 subdivisões para o intervalo $4 \leq q \leq 24$, ou seja, faremos $n = 10$.

Para obter tal estimativa, procederemos seguindo os mesmos passos utilizados na determinação da variação total da produção.

- **Passo 1:** Dividimos o intervalo $4 \leq q \leq 24$ em $n = 10$ subintervalos. O tamanho Δq de cada subintervalo será dado por:

$$\Delta q = \frac{b-a}{n} \Rightarrow \Delta q = \frac{24-4}{10} = \frac{20}{10} = 2 \Rightarrow \Delta q = 2$$

- **Passo 2:** Tomar os pontos médios de cada subintervalo, que serão simbolizados por $q_1, q_2, q_3, \ldots, q_{10}$.

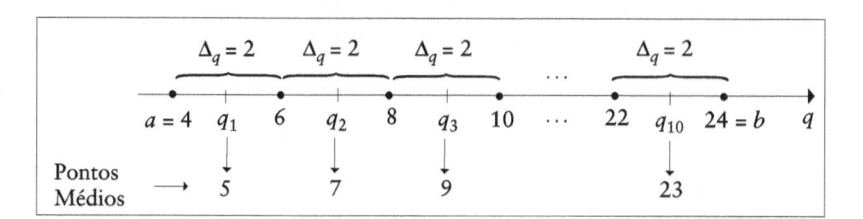

- **Passo 3:** Calcular o valor da função para cada ponto médio: $f(q_1), f(q_2), f(q_3), \ldots, f(q_{10})$. Tais valores representam a taxa constante em cada subintervalo.

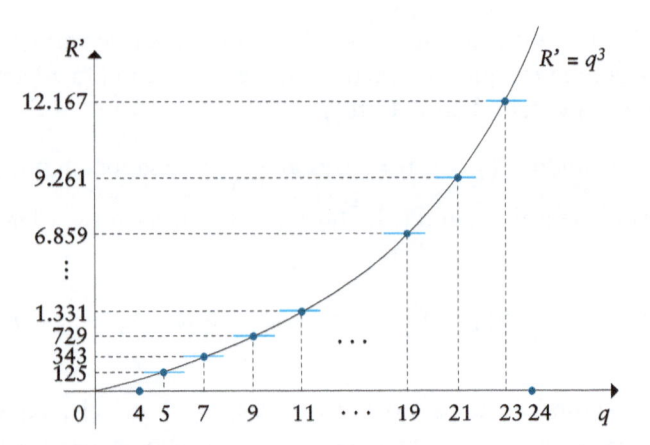

[Figura: gráfico de R' vs q com curva R' = q³, marcando pontos 125, 343, 729, 1.331, ..., 6.859, 9.261, 12.167 em q = 5, 7, 9, 11, ..., 19, 21, 23]

- **Passo 4:** Obter o valor da variação total de R por meio da soma:

Variação Total de $R = f(q_1) \cdot \Delta q + f(q_2) \cdot \Delta q + f(q_3) \cdot \Delta q + ... + f(q_{10}) \cdot \Delta q$
Variação Total de $R = f(5) \cdot 2 + f(7) \cdot 2 + f(9) \cdot 2 + ... + f(23) \cdot 2$
Variação Total de $R = 5^3 \cdot 2 + 7^3 \cdot 2 + 9^3 \cdot 2 + ... + 23^3 \cdot 2$
Variação Total de $R = 125 \cdot 2 + 343 \cdot 2 + 729 \cdot 2 + ... + 12.167 \cdot 2$
Variação Total de $R = 250 + 686 + 1.458 + ... + 24.334$
Variação Total de $R = 82.600$

Assim, temos uma estimativa da variação total de R em um intervalo de $q = 4$ até $q = 24$ calculada a partir de sua taxa de variação $R'(q) = f(q) = q^3$.

Graficamente, a estimativa da variação total é dada por uma estimativa da área entre a curva de R' e o eixo q. Essa estimativa gráfica é dada pela soma das áreas dos retângulos abaixo da curva.

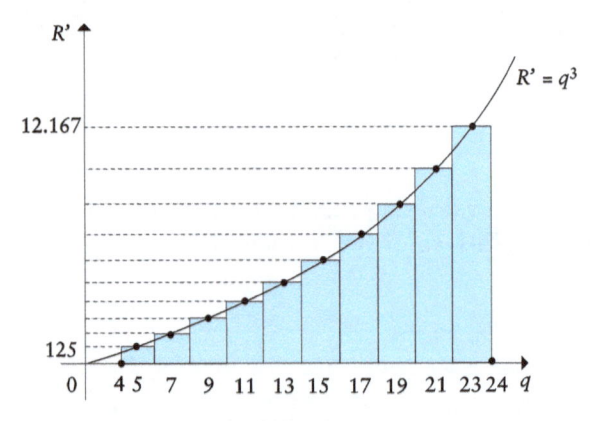

[Figura: gráfico de R' vs q com curva R' = q³ e retângulos abaixo da curva nos intervalos de q = 4 a 24]

Figura 10.6 Variação total de R(q) como área aproximada abaixo da curva $R'(q) = f(q)$.

Concluímos que $\Delta R = 82.600$ é uma estimativa da variação total da receita R no intervalo de $q = 4$ até $q = 24$. Tal estimativa foi calculada a partir de sua taxa de variação, ou receita marginal, $R'(q) = q^3$.

■ Integral Definida como Área

Integral Definida para f(x) Positiva

Nos exemplos anteriores, a soma $f(x_1) \cdot \Delta x + f(x_2) \cdot \Delta x + \ldots + f(x_n) \cdot \Delta x$ que definia a integral $\int_a^b f(x)dx$ teve como interpretação gráfica a soma de retângulos, cuja base é Δx e cuja altura é o valor da função nos pontos médios dos subintervalos $f(x_1), f(x_2), \ldots, f(x_n)$. Quando o número de retângulos tende a infinito, tais "retângulos" de "bases infinitamente pequenas" e altura como o valor da função em cada x do intervalo permitem preencher perfeitamente a área entre a curva de $f(x)$ e o eixo x.

Tal fato sugere que:

$$\text{Área abaixo do gráfico de } f(x) \text{ e acima do eixo } x \text{ no intervalo de } a \text{ até } b = \int_a^b f(x)dx$$

para $f(x)$ positiva e $a < b$.

A Figura 10.7 traz a integral definida de uma função positiva como a área entre a curva, que representa a função, e o eixo x.

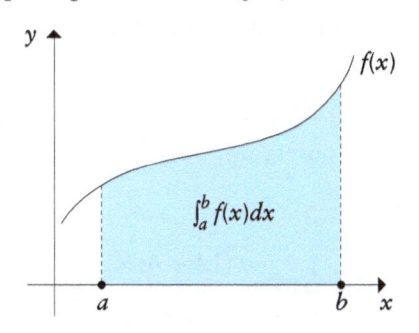

Figura 10.7 Integral definida como área entre a curva e o eixo x.

Exemplo: Sendo $P'(x) = 2x$ a função que dá a taxa de variação da produção, obtenha *graficamente* a variação total da produção no intervalo $2 \le x \le 7$.

Solução: Observe que tal função é a mesma utilizada no início deste capítulo. Queremos obter a variação total da produção a partir de sua taxa de variação em um intervalo, ou seja, chamando $P'(x) = f(x) = 2x$ estamos interessados em obter o valor da integral $\int_2^7 f(x)dx$ ou $\int_2^7 2x\,dx$. Como foi solicitada a obtenção da integral por meio de gráficos, lembramos que tal integral é representada graficamente pela área entre o gráfico de $f(x) = 2x$ e o eixo x no intervalo $2 \leq x \leq 7$.

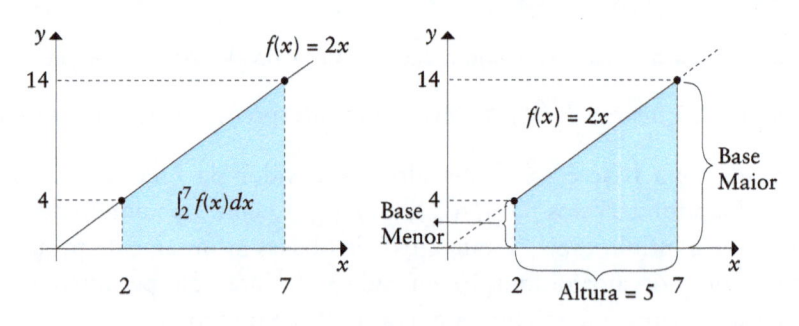

Notando nesse caso que $\int_2^7 2x\,dx =$ (Área do Trapézio), devemos lembrar que

$$\text{Área do Trapézio} = \frac{(\text{Base Maior} + \text{Base Menor}) \times \text{Altura}}{2}$$

para a função $f(x) = 2x$, com o auxílio da figura:

- Base Maior será $f(7) = 2 \cdot 7 = 14$
- Base Menor será $f(2) = 2 \cdot 2 = 4$
- Altura será a largura do intervalo, ou seja, $7 - 2 = 5$

Calculando a área:

$$\text{Área do Trapézio} = \frac{(14 + 4) \times 5}{2} = \frac{18 \times 5}{2} = 45$$

obtemos o valor da integral definida, ou seja, $\int_2^7 2x\,dx = 45$, o que indica que, no intervalo $2 \leq x \leq 7$, a variação total da produção é 45. Note que foi possível calcular a área exata entre a reta e o eixo x no intervalo, ou seja, tal resultado confirma a validade das estimativas feitas anteriormente, seguindo outros procedimentos de cálculo.

Integral Definida para f(x) Negativa

Nos exemplos anteriores, a integral foi calculada em intervalos em que a função $f(x)$ era positiva, ou seja, onde o gráfico de $f(x)$ estava acima do eixo x. É comum aparecerem situações em que o gráfico de $f(x)$ está abaixo do eixo x no intervalo. Nesses casos, é *negativo* o valor da integral definida.

Basta notar na Figura 10.8 que o cálculo dos valores de $f(x)$ nos pontos médios resultam em números negativos, enquanto Δx permanece positivo na soma que compõe a definição da integral definida. Ou seja, temos $f(x_1) \cdot \Delta x + f(x_2) \cdot \Delta x + ... + f(x_n) \cdot \Delta x < 0$, pois cada parcela $f(x_1) \cdot \Delta x$, $f(x_2) \cdot \Delta x$, ... é negativa, já que $f(x_1) < 0$, $f(x_2) < 0$, ... e $\Delta x > 0$.

Para funções cujos gráficos apresentam curvas que ficam tanto abaixo como acima do eixo x, podemos interpretar a integral definida como a soma e a subtração de várias áreas entre a curva e o eixo, conforme o caso.

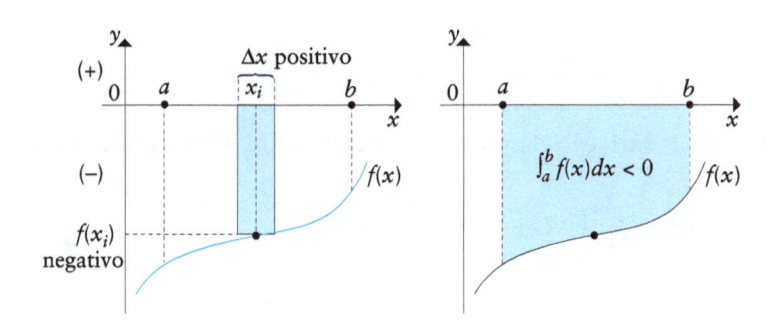

Figura 10.8 Integral definida negativa para curva de f(x) abaixo do eixo x.

Na Figura 10.9, a integral definida é dada como a soma das áreas A_1 e A_3 subtraindo-se a área A_2.

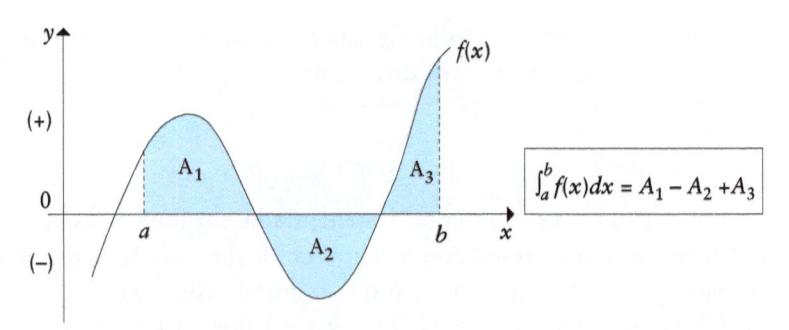

Figura 10.9 Integral como soma e subtração de áreas.

$$\int_a^b f(x)dx = A_1 - A_2 + A_3$$

Problema: Em uma empresa, na comercialização de um certo produto, a taxa de variação da receita, ou seja, a receita marginal, é dada segundo o gráfico a seguir:

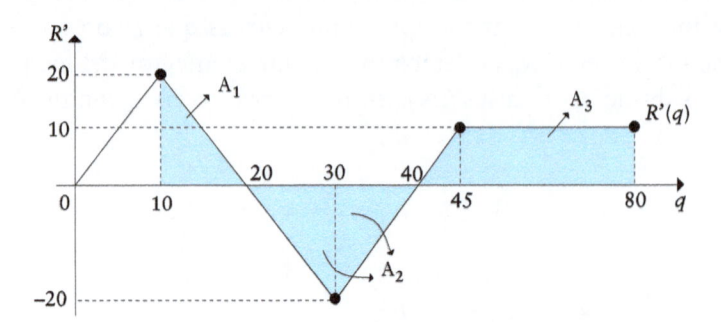

Obtenha a variação da receita conforme cada integral solicitada:

a) $\int_{10}^{20} R'(q)dq$, $\int_{20}^{40} R'(q)dq$ e $\int_{40}^{80} R'(q)dq$.

Solução:

- A integral $\int_{10}^{20} R'(q)dq$ é representada pela área A_1:

$$A_1 = \text{Área do Triângulo} = \frac{\text{Base} \times \text{Altura}}{2} = \frac{(20-10) \times 20}{2} = \frac{10 \times 20}{2} = 100$$

Assim, a variação da receita no intervalo $10 \le q \le 20$ será $\int_{10}^{20} R'(q)dq = 100$.

- A integral $\int_{20}^{40} R'(q)dq$ é representada pela área A_2 com sinal negativo:

$$A_2 = \text{Área do Triângulo} = \frac{\text{Base} \times \text{Altura}}{2} = \frac{(40-20) \times 20}{2} = \frac{20 \times 20}{2} = 200$$

Assim, a variação da receita no intervalo $20 \le q \le 40$ será $\int_{20}^{40} R'(q)dq = -200$.

- A integral $\int_{40}^{80} R'(q)dq$ é representada pela área A_3:

$$A_3 = \text{Área do Trapézio} = \frac{(\text{Base Maior} + \text{Base Menor}) \times \text{Altura}}{2}$$

$$A_3 = \frac{[(80-40)+(80-45)] \times 10}{2} = \frac{(40+35) \times 10}{2} = \frac{75 \times 10}{2} = 375$$

Assim, a variação da receita no intervalo $40 \le q \le 80$ será $\int_{40}^{80} R'(q)dq = 375$.

b) $\int_{10}^{40} R'(q)dq$.

Tal integral é obtida pela soma das integrais:

$$\int_{10}^{40} R'(q)dq = \int_{10}^{20} R'(q)dq + \int_{20}^{40} R'(q)dq$$

$$\int_{10}^{40} R'(q)dq = A_1 - A_2$$

$$\int_{10}^{40} R'(q)dq = 100 - 200 = -100$$

c) $\int_{10}^{80} R'(q)dq$.

Do mesmo modo que o item anterior

$$\int_{10}^{80} R'(q)dq = \int_{10}^{20} R'(q)dq + \int_{20}^{40} R'(q)dq + \int_{40}^{80} R'(q)dq$$

$$\int_{10}^{80} R'(q)dq = A_1 - A_2 + A_3$$

$$\int_{10}^{80} R'(q)dq = 100 - 200 + 375 = 275$$

Cálculo da Área entre Curvas

Como veremos em aplicações práticas nos capítulos seguintes, é útil calcular a área compreendida entre duas curvas que representam funções.

Para desenvolver tal cálculo, vamos supor duas funções $f(x)$ e $g(x)$, sendo $f(x) \geq g(x)$ em um intervalo $a \leq x \leq b$, ou seja, graficamente a curva de $f(x)$ está acima da curva de $g(x)$ na região delimitada pelas retas verticais $x = a$ e $x = b$, conforme a Figura 10.10.

Notamos que, para obter a área entre as curvas de $f(x)$ e $g(x)$, basta subtrair da área maior a área menor, sendo a área maior dada entre $f(x)$ e o eixo x e a área menor dada entre $g(x)$ e o eixo x.

Como subtraímos duas áreas, podemos interpretar tal operação por meio de uma subtração de integrais. A área maior é dada por $\int_a^b f(x)dx$ e a a área menor é dada por $\int_a^b g(x)dx$; então a área entre as curvas $f(x)$ e $g(x)$ no intervalo $a \leq x \leq b$ será:

$$\text{Área entre Curvas} = \int_a^b f(x)dx - \int_a^b g(x)dx$$

ou

$$\text{Área entre Curvas} = \int_a^b (f(x) - g(x))dx.$$

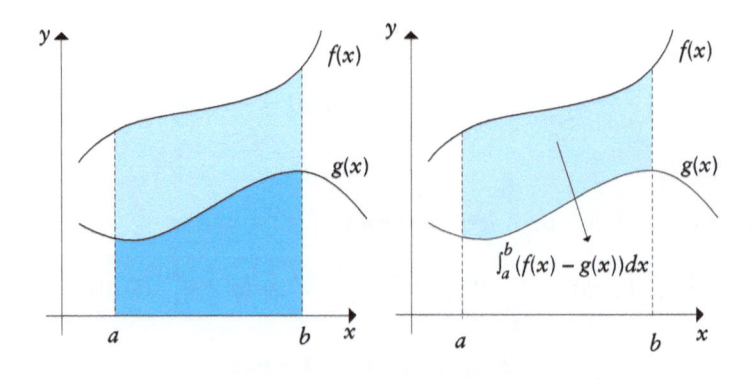

Figura 10.10 Área entre curvas como $\int_a^b (f(x) - g(x))dx$.

Problema: Estime a área compreendida entre as curvas $f(x) = 4x$ e $g(x) = x^3$ no intervalo $0 \le x \le 2$ e faça uma representação gráfica.

Solução 1: Sabemos que a estimativa da área será dada por

$$\text{Área entre Curvas} = \int_a^b f(x)dx - \int_a^b g(x)dx$$

$$\text{Área entre Curvas} = \int_0^2 4x\,dx - \int_0^2 x^3 dx$$

Estimando numericamente as integrais, realizamos os cálculos com $n = 10$ subdivisões do intervalo $0 \le x \le 2$ e obtemos $\int_0^2 4x\,dx = 8{,}00$ e $\int_0^2 x^3 dx = 3{,}98$; assim

$$\text{Área entre Curvas} = 8{,}00 - 3{,}98 = 4{,}02$$

Solução 2: Sabemos que a estimativa da área também pode ser escrita como

$$\text{Área entre Curvas} = \int_a^b (f(x) - g(x))dx$$

$$\text{Área entre Curvas} = \int_0^2 (4x - x^3)dx$$

Estimando numericamente tal integral, realizamos os cálculos com $n = 10$ subdivisões do intervalo $0 \le x \le 2$ e obtemos $\int_0^2 (4x - x^3)\,dx = 4{,}02$; assim

$$\text{Área entre Curvas} = 4{,}02$$

Graficamente, note que no intervalo $0 \le x \le 2$ a função $f(x) = 4x$ tem a curva com traçado acima da curva $g(x) = x^3$. Nos próximos capítulos, realizaremos o cálculo exato de tais integrais, dispensando, assim, as aproximações.

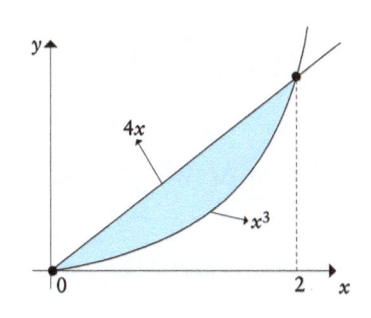

▪ Valor Médio e Integral Definida

Uma das aplicações da integral definida está em calcular o valor médio de uma função. Os raciocínios descritos a seguir nos mostrarão como isso é possível.

Vamos considerar para nossos cálculos o valor V de uma ação no decorrer dos dias t. Se temos os valores dados dia a dia, discretamente, conforme a Tabela 10.2, relembramos que é fácil obter o valor médio pelo cálculo da média aritmética simples:

$$\text{Valor Médio} = \frac{V(t_1) + V(t_2) + V(t_3) + \ldots + V(t_n)}{n}$$

$$\text{Valor Médio} = \frac{42{,}50 + 44{,}00 + 47{,}00 + \ldots + 51{,}00}{10} = 46{,}40$$

Tabela 10.2 Valores de uma ação negociada na bolsa de valores

Tempo (t)	t_1	t_2	t_3	t_4	t_5	t_6	t_7	t_8	t_9	t_{10}
Dias	1	2	3	4	5	6	7	8	9	10
V (t)	$V(t_1)$	$V(t_2)$	$V(t_3)$	$V(t_4)$	$V(t_5)$	$V(t_6)$	$V(t_7)$	$V(t_8)$	$V(t_9)$	$V(t_{10})$
Valor	42,50	44,00	47,00	46,50	45,00	47,50	47,00	45,50	48,00	51,00

Entretanto, se tivermos uma função relacionando o valor V com o tempo t, podemos relacionar a integral definida $\int_a^b V(t)\,dt$ com o valor médio da função $V(t)$ em um intervalo de tempo $a \leq t \leq b$.

Primeiramente, lembramos que tal integral definida é dada por

$$\int_a^b V(t)\,dt = \lim_{n \to \infty} (V(t_1) \cdot \Delta t + V(t_2) \cdot \Delta t + V(t_3) \cdot \Delta t + \ldots + V(t_n) \cdot \Delta t)$$

Onde $\Delta t = \dfrac{b-a}{n}$, ou seja, podemos escrever $n = \dfrac{b-a}{\Delta t}$.

Como $\text{Valor Médio} = \dfrac{V(t_1) + V(t_2) + V(t_3) + \ldots + V(t_n)}{n}$, vamos supor que tal valor médio é calculado para um intervalo de tempo idêntico ao da integral, ou seja, $a \leq t \leq b$ e os diferentes instantes $t_1, t_2, t_3, \ldots, t_n$ são obtidos nos n subintervalos de tamanho $\Delta t = \dfrac{b-a}{n}$. Assim, substituindo $n = \dfrac{b-a}{\Delta t}$, no valor médio acima, obtemos:

$$\text{Valor Médio} = \dfrac{V(t_1) + V(t_2) + V(t_3) + \ldots + V(t_n)}{\dfrac{b-a}{\Delta t}}; \text{ com algumas passagens}$$

$$\text{Valor Médio} = [V(t_1) + V(t_2) + V(t_3) + \ldots + V(t_n)] \cdot \dfrac{\Delta t}{b-a}$$

$$\text{Valor Médio} = \dfrac{1}{b-a} \cdot [V(t_1) + V(t_2) + V(t_3) + \ldots + V(t_n)] \cdot \Delta t$$

$$\text{Valor Médio} = \dfrac{1}{b-a} \cdot [V(t_1) \cdot \Delta t + V(t_2) \cdot \Delta t + V(t_3) \cdot \Delta t + \ldots + V(t_n) \cdot \Delta t]$$

Notamos que, na parte entre colchetes, temos a soma que dá origem à integral definida; assim, se tomarmos um $n \to \infty$ podemos escrever

$$\text{Valor Médio} = \dfrac{1}{b-a} \cdot \left(\lim_{n \to \infty} [V(t_1) \cdot \Delta t + V(t_2) \cdot \Delta t + V(t_3) \cdot \Delta t + \ldots + V(t_n) \cdot \Delta t] \right)$$

que, expresso em termos de integrais, pode ser escrito como

$$\text{Valor Médio} = \dfrac{1}{b-a} \cdot \int_a^b V(t)\,dt$$

Assim, podemos encontrar o **valor médio** de uma função $f(x)$ em um intervalo $a \leq x \leq b$ pela fórmula

$$\text{Valor Médio} = \dfrac{1}{b-a} \cdot \int_a^b f(x)\,dx$$

Problema: A receita, em reais, na venda de um produto é dada por $R(x) = 2x$, onde x representa a quantidade comercializada. Determine o valor médio da receita para a comercialização de $x = 2$ até $x = 7$.

Solução: O valor médio da receita no intervalo $2 \leq x \leq 7$ será

$$\text{Valor Médio} = \frac{1}{7-2} \cdot \int_2^7 R(x)\,dx$$

$$\text{Valor Médio} = \frac{1}{5} \cdot \int_2^7 2x\,dx$$

Em exemplos anteriores, já calculamos a integral, obtendo $\int_2^7 2x\,dx = 45$; assim

$$\text{Valor Médio} = \frac{1}{5} \cdot 45 = 9$$

ou seja, o valor médio da receita no intervalo $x = 2$ até $x = 7$ é de R$ 9,00.

■ Primitivas e Teorema Fundamental do Cálculo

Primitivas

No início do capítulo, foram dadas a função produção $P(x) = x^2$ e sua derivada $P'(x) = 2x$. A função $P(x) = x^2$ também é conhecida como uma **primitiva** da função $P'(x) = 2x$. De um modo geral, a primitiva (ou antiderivada) de $f(x)$ é uma função que, quando derivada, resulta em $f(x)$. Assim, $F(x)$ é uma primitiva de $f(x)$ se $F'(x) = f(x)$.

- Uma função $F(x)$ é uma primitiva de $f(x)$ em um intervalo se $F'(x) = f(x)$ para todo x do intervalo.

Exemplo: Verifique que $F(x) = \dfrac{x^4}{4}$ é uma primitiva de $f(x) = x^3$.

Solução: Queremos verificar que $F'(x) = f(x)$, então vamos obter a derivada de $F(x)$:

$$F(x) = \frac{x^4}{4} \Rightarrow F(x) = \frac{1}{4}x^4 \xrightarrow{\text{derivando}} F'(x) = \frac{1}{4} \cdot 4x^{4-1} \Rightarrow F'(x) = x^3$$

Assim, temos que $F(x)$ é uma primitiva de $f(x)$.

Para o exemplo anterior, é interessante notar que a primitiva de $f(x) = x^3$ não é única. Na verdade, as funções $H(x) = \dfrac{x^4}{4} + 1$ e $I(x) = \dfrac{x^4}{4} + 10$ também representam primitivas de $f(x) = x^3$ pois, ao derivá-las, obtemos $f(x)$:

$$H(x) = \frac{x^4}{4} + 1 \Rightarrow H(x) = \frac{1}{4}x^4 + 1 \xrightarrow{derivando} H'(x) = \frac{1}{4} \cdot 4x^{4-1} + 0 \Rightarrow H'(x) = x^3$$

$$I(x) = \frac{x^4}{4} + 10 \Rightarrow I(x) = \frac{1}{4}x^4 + 10 \xrightarrow{derivando} I'(x) = \frac{1}{4} \cdot 4x^{4-1} + 0 \Rightarrow I'(x) = x^3$$

Percebemos que $H(x)$ e $I(x)$ são diferentes de $F(x)$ apenas pelas constantes 1 e 10, que foram somadas a $F(x)$, respectivamente. Isso permite dizer que, *se $F(x)$ é uma primitiva de $f(x)$, então $F(x) + C$ também será uma primitiva de $f(x)$, onde C é uma constante qualquer.*

Teorema Fundamental do Cálculo

No início do capítulo, foram dadas a função produção $P(x) = x^2$ e sua derivada, ou taxa de variação, $f(x) = P'(x) = 2x$, e estimamos a variação total da produção ΔP para o intervalo $2 \leq x \leq 7$ por meio da soma das variações da produção ΔP para os n subintervalos de tempo Δx, onde $\Delta x = \dfrac{7-2}{n}$ dá o tamanho de cada subintervalo:

Variação Total de $P = f(x_1) \cdot \Delta x + f(x_2) \cdot \Delta x + f(x_3) \cdot \Delta x + ... + f(x_n) \cdot \Delta x$

Sabemos que, no intervalo $2 \leq x \leq 7$, se o número de subdivisões aumentar indefinidamente, $n \to \infty$, podemos escrever a variação total da produção por meio da integral

$$\text{Variação Total de } P = \int_2^7 f(x)\,dx$$

Como $f(x) = P'(x) = 2x$, a variação total da produção $P(x) = x^2$ será dada por

$$\text{Variação Total de } P = \int_2^7 2x\,dx$$

Ressaltamos que a *variação total* da produção em um intervalo é dada pela *integral da taxa de variação* da produção no intervalo.

A integral descrita já foi calculada e obtivemos $\int_2^7 2x\,dx = 45$; assim

Variação Total de $P = 45$

Vale ressaltar que, até agora, todos os cálculos foram realizados a partir da *taxa de variação* da produção, ou seja, a partir de $f(x) = P'(x) = 2x$. Entretanto, se notamos que a produção é dada por $P(x) = x^2$, podemos calcular facilmente tal variação, fazendo a subtração entre a produção final e a produção inicial, calculadas em $x = 7$ e $x = 2$, respectivamente:

Variação Total de $P = P(7) - P(2) = 7^2 - 2^2 = 49 - 4 = 45$

Na verdade, nos cálculos apresentados na integral e nessa última linha, lidamos com a *taxa de variação* da produção $f(x) = 2x$ e uma *primitiva* $P(x) = x^2$. Isso sugere que

Variação Total de $P = \int_2^7 2x\,dx = P(7) - P(2)$

Variação Total de $P = \int_2^7 2x\,dx = 7^2 - 2^2 = 45$

ou, em outras palavras, o cálculo da integral definida de uma função em um intervalo é obtido calculando a diferença dos valores de uma primitiva nos extremos do intervalo.

Costumamos generalizar tal resultado, conhecido como **Teorema Fundamental do Cálculo**, da seguinte forma:

Dada uma função $f(x)$ contínua em um intervalo $a \leq x \leq b$, então

$$\int_a^b f(x)\,dx = F(b) - F(a)$$

onde $F(x)$ é uma primitiva de $f(x)$, ou seja, $F'(x) = f(x)$.

Assim, conhecendo uma função $F(x)$ que, quando derivada, resulta em $f(x)$, podemos calcular a integral definida de $f(x)$ em um intervalo $a \leq x \leq b$ fazendo a subtração de $F(x)$ calculada no limite superior e no limite inferior do intervalo.

Entendendo $f(x)$ como a taxa de variação de uma função $F(x)$, podemos dizer que a integral definida da taxa de variação de uma função em um intervalo dá a variação total da função no intervalo.

Observamos que, com tal teorema, para o cálculo da integral definida de uma função, se conhecemos uma primitiva da função, não é mais necessário realizar as somas como no início do capítulo. No próximo capítulo, estudaremos técnicas que permitem encontrar as primitivas das funções.

Exemplo: Dada a função $R'(q) = q^3$ que mede a taxa de variação da receita (ou seja, receita marginal), obtenha a variação total da receita no intervalo de $q = 4$ até $q = 24$.

Solução: Chamando $R'(q) = f(q) = q^3$, a variação total da receita será $\int_4^{24} f(q)\,dq$.

Para utilizarmos o Teorema Fundamental do Cálculo, precisamos de uma primitiva de $f(q) = q^3$. Pelo exemplo anterior de primitivas, sabemos que $F(q) = \dfrac{q^4}{4}$ é uma primitiva de $f(q) = q^3$.

Pelo Teorema Fundamental do Cálculo, $\int_a^b f(x)\,dx = F(b) - F(a)$; então

$$\int_4^{24} f(q)\,dq = F(24) - F(4) = \frac{24^4}{4} - \frac{4^4}{4} = 82.944 - 64 = 82.880$$

Assim, a variação total da receita é 82.880.

Problema: O custo, em reais, para a fabricação de x unidades de um produto é dado por $C(x) = 3x^2 + 100$. Obtenha o valor médio do custo quando são produzidos de $x = 10$ a $x = 30$ unidades.

Solução: Sabemos que o valor médio de uma função em um intervalo $a \le x \le b$ é

$$\text{Valor Médio} = \frac{1}{b-a} \cdot \int_a^b f(x)\,dx$$

Então, o valor médio do custo no intervalo $10 \le x \le 30$ será

$$\text{Valor Médio} = \frac{1}{30-10} \cdot \int_{10}^{30} C(x)\,dx$$

Para calcular $\int_{10}^{30} C(x)\,dx$ pelo Teorema Fundamental do Cálculo, precisamos de uma primitiva de $C(x) = 3x^2 + 100$. A função $F(x) = x^3 + 100x$ é uma primitiva, pois

$$F(x) = x^3 + 100x \xrightarrow{\text{derivando}} F'(x) = 3x^{3-1} + 100 \Rightarrow F'(x) = 3x^2 + 100$$

Pelo Teorema Fundamental do Cálculo, $\int_a^b f(x)\,dx = F(b) - F(a)$; então

$$\int_{10}^{30} C(x)\,dx = F(30) - F(10) = (30^3 + 100 \cdot 30) - (10^3 + 100 \cdot 10) = 30.000 - 2.000 = 28.000$$

Logo, $\int_{10}^{30} C(x)\,dx = 28.000$ que, na fórmula do valor médio, resulta em

$$\text{Valor Médio} = \frac{1}{30-10} \cdot \int_{10}^{30} C(x)\,dx = \frac{1}{20} \cdot 28.000 = 1.400$$

Assim, o valor médio do custo é R$ 1.400,00.

■ Exercícios

1. Para um produto, a taxa de variação da produção em relação à quantidade de insumo x é dada por $P'(x) = x^2$.

    a) Obtenha uma estimativa da variação total da produção no intervalo de $x = 4$ até $x = 14$, considerando para seus cálculos $n = 5$ subdivisões (retângulos).

    b) Faça uma representação gráfica da estimativa da variação total da produção obtida no item anterior.

2. Na comercialização de um produto, a taxa de variação da receita em relação à quantidade x comercializada, ou seja, a receita marginal, é dada por $R'(x) = 3x^2$.

    a) Obtenha uma estimativa da variação total da receita quando são comercializados de $x = 10$ até $x = 20$, considerando para seus cálculos $n = 5$ subdivisões (retângulos).

    b) Faça uma representação gráfica da estimativa da variação total da receita obtida no item anterior.

3. Na fabricação de um produto, a taxa de variação do custo em relação à quantidade q produzida, ou seja, o custo marginal, é dada por $C'(q) = q^2 + 100$. Obtenha uma estimativa da variação total do custo quando são produzidos de $q = 1$ até $q = 5$, considerando para seus cálculos $n = 10$ subdivisões (retângulos).

4. Na comercialização de um produto, a taxa de variação do lucro em relação à quantidade q comercializada, ou seja, o lucro marginal, é dada por $L'(q) = -q^2 + 8q - 7$. Obtenha uma estimativa da variação total do lucro quando são comercializados de $q = 2$ até $q = 7$, considerando para seus cálculos $n = 10$ subdivisões (retângulos).

5. Obtenha o valor da integral $\int_2^8 5x\,dx$ geometricamente a partir do gráfico de $f(x) = 5x$.

6. Obtenha o valor da integral $\int_1^5 (2x + 4)\,dx$ geometricamente a partir do gráfico de $f(x) = 2x + 4$.

7. Em uma empresa, na comercialização de um certo produto, a taxa de variação da receita, ou seja, a receita marginal, é dada segundo o gráfico a seguir:

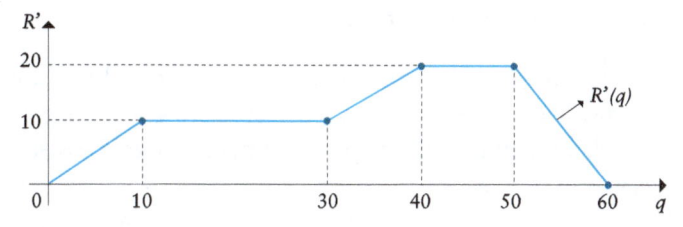

Obtenha a variação da receita conforme cada integral solicitada:

a) $\int_0^{10} R'(q)\,dq$, $\int_{10}^{30} R'(q)\,dq$ e $\int_{30}^{40} R'(q)\,dq$

b) $\int_{10}^{40} R'(q)\,dq$

c) $\int_{30}^{60} R'(q)\,dq$

8. Em uma empresa, na comercialização de um certo produto, a taxa de variação do lucro, ou seja, o lucro marginal, é dada segundo o gráfico a seguir:

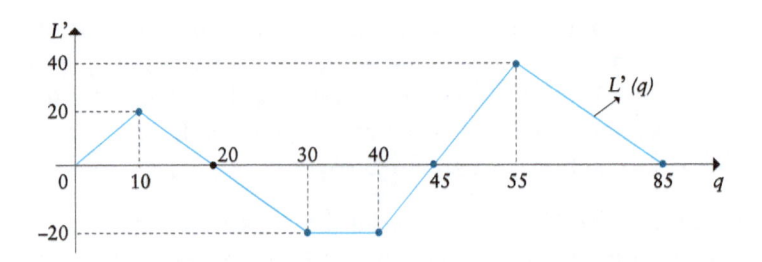

Obtenha a variação do lucro conforme cada integral solicitada:

a) $\int_0^{20} L'(q)dq$, $\int_{20}^{45} L'(q)dq$ e $\int_{45}^{85} L'(q)dq$

b) $\int_{10}^{30} L'(q)dq$

c) $\int_{30}^{85} L'(q)dq$

9. Determine a área compreendida entre as curvas $f(x) = 12x$ e $g(x) = 3x^2$ no intervalo $0 \leq x \leq 4$, sabendo que $\int_0^4 12x\,dx = 96$ e $\int_0^4 3x^2\,dx = 64$. Faça também uma representação gráfica.

10. Determine a área compreendida entre as retas $f(x) = 2x + 12$ e $g(x) = 5x$ no intervalo $1 \leq x \leq 4$ e faça uma representação gráfica. (Sugestão: para o cálculo das integrais, esboce primeiramente os gráficos separados de $f(x)$ e $g(x)$.)

11. O valor da "ação" de uma empresa negociada na bolsa de valores no decorrer dos dias x é dado por $V(x) = x + 10$. Qual o valor médio da ação no intervalo de dias de $x = 10$ até $x = 15$? (Sugestão: obtenha geometricamente o valor da integral.)

12. O preço de um produto no decorrer dos meses x é dado por $p = x^2 + 100$. Obtenha uma estimativa do preço médio do produto no intervalo de meses de $x = 5$ até $x = 10$. (Observação: Obtenha a estimativa do valor da integral usando $n = 10$ subdivisões.)

13. Para cada item, dadas as funções, verifique que $F(x)$ é uma primitiva de $f(x)$:

a) $F(x) = \dfrac{x^5}{5}$ e $f(x) = x^4$ b) $F(x) = x^3 + 5x^2 - 7$ e $f(x) = 3x^2 + 10x$

14. Para cada item, são dadas as funções $G(x)$, $H(x)$ e $f(x)$. Verifique se $G(x)$ e/ou $H(x)$ representam ou não primitivas da função $f(x)$.
    a) $G(x) = x^6$, $H(x) = 3x^2$ e $f(x) = 6x$
    b) $G(x) = x^4 + 1$, $H(x) = x^4 - 15$ e $f(x) = 4x^3$
    c) $G(x) = 5x^2 + 1$, $H(x) = 5x^2 + 2x$ e $f(x) = 10x + 1$

15. Sabendo que $F(x) = x^3$ é uma primitiva da função $f(x) = 3x^2$, obtenha $\int_1^3 f(x)dx$.

16. Sabendo que $F(x) = x^2 + x$ é uma primitiva da função $f(x) = 2x + 1$, obtenha $\int_2^5 f(x)dx$.

17. Sabendo que $F(x) = 2x^3 + 5x$ é uma primitiva da função $f(x) = 6x^2 + 5$, obtenha $\int_1^2 (6x^2+5)dx$.

18. Em um grande magazine, as vendas V, em unidades, de um produto no decorrer dos dias x podem ser expressas pela função $V(x) = 6x + 120$. Determine o número médio de unidades vendidas do dia $x = 5$ até o dia $x = 10$. (Sugestão: resolva graficamente a integral envolvida ou use o fato de que $F(x) = 3x^2 + 120x$ representa uma primitiva da função $V(x)$.)

TÓPICO ESPECIAL – Regra de Simpson (Integração Numérica)

Para algumas integrais definidas apresentadas neste capítulo, obtivemos aproximações numéricas de seu valor utilizando subintervalos e os pontos médios desses subintervalos. Existem outros métodos que permitem estimar numericamente o valor de uma integral definida, e a Regra de Simpson é um desses métodos. A integração numérica é muito utilizada quando nos deparamos com funções cujas primitivas são complexas ou ainda quando as funções que estamos trabalhando foram geradas por situações empíricas ou experimentais.

Com o intuito de minimizar tais dificuldades, faremos uso da Regra de Simpson para calcular as integrais definidas, obtendo, na maioria dos casos, uma boa aproximação.

A seguir, temos a regra para a obtenção da integração numérica em um intervalo $[a; b]$ com $f(x) \geq 0$, sendo n um número par de subintervalos de $[a; b]$:

Regra de Simpson

$$\int_a^b f(x)dx \cong \frac{\Delta x}{3} [f(x_0) + 4f(x_1) + 2f(x_2) + 4f(x_3) + 2f(x_4) + ... + 4f(x_{n-1}) + f(x_n)]$$

onde: $\Delta x = \frac{b-a}{n}$; n é par e $x_0, x_1, x_2, ..., x_{n-1}, x_n$ são os extremos dos subintervalos.

O padrão dos coeficientes de $f(x)$ será sempre: 1, 4, 2, 4, 2, 4, 2, ... , 4, 2, 4, 1.

Exemplo: Obtenha uma aproximação de $\int_2^3 \sqrt{x}\,dx$ utilizando a Regra de Simpson com $n = 10$ subdivisões.

Solução: De acordo com a fórmula dada, $a = 2$ e $b = 3$; então:

$$\Delta x = \frac{b-a}{n} = \frac{3-2}{10} = \frac{1}{10} = 0,1$$

portanto, teremos $n = 10$ subintervalos de comprimento $\Delta x = 0,1$; logo, os extremos dos subintervalos são $x_0 = 2$, $x_1 = 2,1$, $x_2 = 2,2$, $x_3 = 2,3$, $x_4 = 2,4$, ... , $x_9 = 2,9$ e $x_{10} = 3$

$$\int_2^3 \sqrt{x}\,dx = \frac{\Delta x}{3} [f(2) + 4f(2,1) + 2f(2,2) + 4f(2,3) + 2f(2,4) + 4f(2,5) + 2f(2,6) +$$

$$+ 4f(2,7) + 2f(2,8) + 4f(2,9) + f(3)]$$

$$\int_2^3 \sqrt{x}\,dx = \frac{0,1}{3} [1,41 + 5,80 + 2,97 + 6,07 + 3,10 + 6,32 + 3,22 + 6,57 + 3,35 +$$

$$+ 6,81 + 1,73] =$$

$$= \int_2^3 \sqrt{x}\,dx = \frac{0,1}{3} [47,35],\text{ o que indica que } \int_2^3 \sqrt{x}\,dx \cong 1,58.$$

Exemplo: Um órgão de pesquisas econômicas do governo está utilizando um índice econômico para medir as taxas de inflação $i(t)$ em um período mensal de janeiro a setembro. Utilize a Regra de Simpson para calcular a variação total de inflação no período (t).

Meses	Jan.	Fev.	Mar.	Abr.	Maio	Jun.	Jul.	Ago.	Set.
(t)	1	2	3	4	5	6	7	8	9
Taxas de inflação $i'(t)$ (% por mês)	2,0	2,5	3,0	1,5	2,7	2,3	2,1	1,0	3,0

Solução: Se $i(t)$ representa a inflação e $i'(t)$ sua taxa, a integral $\int_1^9 i'(t)dt$ nos fornece o valor estimado da variação total da inflação de $t = 1$ a $t = 9$. Resolvendo tal integral pela Regra de Simpson, é conveniente escolher $n = 8$ subintervalos,

$$n = 8 \Rightarrow \Delta t = \frac{b-a}{n} = \frac{9-1}{8} = \frac{8}{8} = 1 \Rightarrow \Delta t = 1$$

Então, os extremos dos subintervalos são $t_0 = 1, t_1 = 2, t_2 = 3, \ldots, t_7 = 8$ e $t_8 = 9$.

$$\int_1^9 i'(t)dt \approx \frac{\Delta t}{3}[i'(1) + 4i'(2) + 2i'(3) + 4i'(4) + 2i'(5) + 4i'(6) + 2i'(7) + 4i'(8) + i'(9)]$$

$$\int_1^9 i'(t)dt \approx \frac{1}{3}[2,0 + 4(2,5) + 2(3,0) + 4(1,5) + 2(2,7) + 4(2,3) + 2(2,1) + 4(1,0) + 3]$$

$$\int_1^9 i'(t)dt \approx 0,33[2,0 + 10,0 + 6,0 + 6,0 + 5,4 + 9,2 + 4,2 + 4,0 + 3,0] \approx 16,43$$

$$\int_1^9 i'(t)dt \approx 16,43$$

Assim, a variação total da inflação no período de janeiro a setembro é aproximadamente 16,43%.

■ Problemas

1. Utilize a Regra de Simpson para aproximar $\int_1^4 \frac{1}{x}dx$ com $n = 6$ subdivisões.

2. Para os itens a seguir, calcule Simpson com $n = 4$ subdivisões (use o arredondamento com quatro casas decimais).

   a) $\int_0^3 x^3 \, dx$ b) $\int_2^4 e^x \, dx$ c) $\int_0^2 x \cdot e^x \, dx$ d) $\int_1^2 (x^2 + x) \, dx$

   e) $\int_0^5 \sqrt{x+1} \, dx$

3. Uma corretora detém uma carteira de títulos, tendo apresentado rendimento médio mensal de acordo com as taxas dadas na tabela e medidas em porcentagem por mês. Estime através da Regra de Simpson a porcentagem total de aumento da carteira ao longo de um período quadrimestral.

(t)	1	2	3	4	5
i'(t)	6,5	4,8	8,2	10,5	5,4

4. Use a Regra de Simpson para estimar a área sob o gráfico de $y = f(x)$.

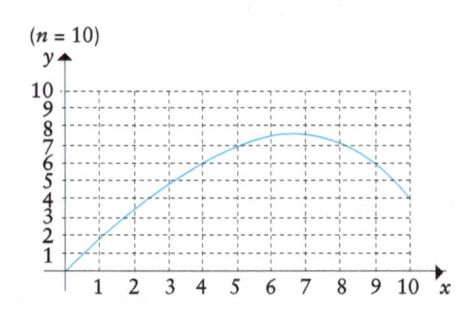

   ($n = 10$)

5. O nível de consumo é dado pela função $C = \sqrt{x + 100}$, onde x representa a variação de tempo em anos e C o consumo em unidades.

   a) Esboce, com o auxílio de uma tabela, o gráfico da função consumo para os cinco primeiros anos.

   b) Obtenha uma aproximação de $\int_0^5 \sqrt{x + 100} \cdot dx$ utilizando a Regra de Simpson para estimar o consumo médio no período de cinco anos. (Use $n = 10$ subdivisões.)

capítulo 11
Técnicas de Integração

■ Objetivo do Capítulo

Neste capítulo, você estudará os procedimentos que permitem encontrar a *integral indefinida* de uma função, ou seja, dada uma função, você aplicará as técnicas de integração para obter sua *integral indefinida*. Trata-se de um capítulo em que o objetivo principal é obter de modo rápido a *primitiva*, ou *integral indefinida* de uma função dada, portanto é importante que você treine cada técnica apresentada. Você treinará também uma maneira de obter a *integral definida* de uma função a partir de sua *integral indefinida* e do Teorema Fundamental do Cálculo. No Tópico Especial, você complementará o estudo das técnicas de integração trabalhando a técnica que permite obter algumas *integrais impróprias*.

■ Integral Indefinida

No capítulo anterior, utilizamos a *integral definida* em muitas situações práticas e vimos uma maneira de calcular a *integral definida* utilizando o Teorema Fundamental do Cálculo, que pode ser enunciado assim: "Dada uma função $f(x)$ contínua em um intervalo $a \leq x \leq b$, então $\int_a^b f(x)dx = F(b) - F(a)$, onde $F(x)$ é uma **primitiva** de $f(x)$, ou seja, $F'(x) = f(x)$".

Logo, notamos que é importante conhecer uma função primitiva da função $f(x)$. Neste capítulo, estudaremos técnicas que permitem encontrar as primitivas de algumas funções. Tais técnicas são chamadas de *técnicas de integração*. Como no Capítulo 7 ("Técnicas de derivação"), serão apresentadas as técnicas de integração necessárias para a obtenção das primitivas, de maneira rápida e simplificada. Nesse contexto, chamaremos de *integração* o processo de obtenção das primitivas. Abordaremos apenas as regras necessárias para a integração das funções utilizadas em nosso curso.

Salientamos que nossa preocupação principal é apresentar as regras de maneira simplificada, deixando de lado as demonstrações e justificativas da validade de tais regras. Sugerimos ao leitor interessado nas demonstrações de tais regras a consulta de livros de cálculo indicados na bibliografia, em especial o livro *Cálculo* – Volume 1, de James Stewart, onde constam as demonstrações das regras apresentadas a seguir.

Para cada técnica apresentada, procuramos, sempre que possível, exemplificá-la com funções já desenvolvidas nos capítulos anteriores.

Primitivas e Integral Indefinida

Lembramos que uma função $F(x)$ é uma primitiva de $f(x)$ em um intervalo se $F'(x) = f(x)$ para todo x do intervalo. Por exemplo, $F(x) = x^2$ é uma primitiva de $f(x) = 2x$, pois $F'(x) = 2x^{2-1} = 2x$, para todo x no conjunto $\mathbb{R}$ dos números reais.

Vale lembrar também que, *se $F(x)$ é uma primitiva de $f(x)$, então $F(x) + C$ também será uma primitiva de $f(x)$, onde C é uma constante qualquer.* Por exemplo, $F(x) = x^2$ não é a única primitiva de $f(x) = 2x$, pois funções como $G(x) = x^2 + 1$ e $H(x) = x^2 + 10$ também representam primitivas de $f(x) = 2x$, já que $G'(x) = 2x^{2-1} + 0 = 2x$ e $H'(x) = 2x^{2-1} + 0 = 2x$.

Quando encontramos uma função primitiva $F(x)$, de uma função $f(x)$, costumamos simbolizar tal fato representando

$$\int f(x)dx = F(x)$$

ou, de forma equivalente, $F'(x) = f(x)$.

Costumamos dizer que $\int f(x)\,dx$ é a **integral indefinida** de $f(x)$. Na integral indefinida $\int f(x)\,dx = F(x)$, dizemos que $f(x)$ é o ***integrando*** e, na escrita da primitiva $F(x)$, escrevemos a constante C, também chamada de *constante de integração*.

Exemplo: Sabemos que $F(x) = x^2 + C$ é uma primitiva de $f(x) = 2x$; então, escrevemos a *integral indefinida* de $f(x) = 2x$ como

$$\int 2x\,dx = x^2 + C$$

onde $f(x) = 2x$ é o *integrando*. Tal integrando pode ser obtido pela derivada de $x^2 + C$:

$$F'(x) = 2x^{2-1} + 0 \Rightarrow F'(x) = 2x$$

Salientamos que o objetivo deste capítulo é apresentar técnicas para encontrar as primitivas e, consequentemente, as *integrais indefinidas* de uma função, assim como calcular as *integrais definidas* com o auxílio do Teorema Fundamental do Cálculo.

■ Regras Básicas de Integração

A seguir serão apresentadas as regras básicas de integração.

Função Constante

Seja a função

$$f(x) = k$$

onde k é uma constante; então, sua integral indefinida será

$$\int k\,dx = kx + C \qquad (k\text{ é constante})$$

Exemplo: Calcule cada uma das integrais indefinidas:
a) $\int 7dx$ \qquad b) $\int dx$

Solução:
a) $\int 7dx = 7x + C$ \qquad b) $\int dx = \int 1dx = 1x + C = x + C$

Sugestão: Verifique a validade de cada regra calculando a derivada das funções primitivas encontradas. Lembrando que $\int f(x)\,dx = F(x)$ significa que $F'(x) = f(x)$ (ou seja, derivando a primitiva, encontramos o integrando $f(x)$), podemos verificar que a regra $\int k\,dx = kx + C$ está correta, pois derivando a primitiva $F(x) = kx + C$

$$F'(x) = k + 0 = k \Rightarrow F'(x) = k$$

encontramos o integrando $f(x) = k$.

Para o exemplo:

- $\int 7\,dx = 7x + C$, derivando a primitiva $F(x) = 7x + C$

$$F'(x) = 7 + 0 = 7 \Rightarrow F'(x) = 7$$

encontramos o integrando $f(x) = 7$.

- $\int dx = \int 1\,dx = x + C$, derivando a primitiva $F(x) = x + C$

$$F'(x) = 1 + 0 = 1 \Rightarrow F'(x) = 1$$

encontramos o integrando $f(x) = 1$.

Potência de x

Seja a função

$$f(x) = x^n$$

onde n é um número real diferente de -1; então, sua integral indefinida será

$$\int x^n\,dx = \frac{x^{n+1}}{n+1} + C \qquad (n \text{ é real e } n \neq -1)$$

Exemplo: Calcule cada uma das integrais indefinidas:

a) $\int x^2\,dx$ b) $\int x^5\,dx$ c) $\int x\,dx$ d) $\int x^{-3}\,dx$ e) $\int q^{\frac{3}{4}}\,dq$ f) $\int \frac{1}{x^2}\,dx$

Solução:

a) $\int x^2\,dx = \frac{x^{2+1}}{2+1} + C = \frac{x^3}{3} + C \Rightarrow \int x^2\,dx = \frac{x^3}{3} + C$

b) $\int x^5 dx = \dfrac{x^{5+1}}{5+1} + C = \dfrac{x^6}{6} + C \Rightarrow \int x^5 dx = \dfrac{x^6}{6} + C$

c) $\int x\,dx = \int x^1 dx = \dfrac{x^{1+1}}{1+1} + C = \dfrac{x^2}{2} + C \Rightarrow \int x\,dx = \dfrac{x^2}{2} + C$

d) $\int x^{-3} dx = \dfrac{x^{-3+1}}{-3+1} + C = \dfrac{x^{-2}}{-2} + C = -\dfrac{x^{-2}}{2} + C \Rightarrow \int x^{-3} dx = -\dfrac{x^{-2}}{2} + C$

e) $\int q^{\frac{3}{4}} dq = \dfrac{q^{\frac{3}{4}+1}}{\frac{3}{4}+1} + C = \dfrac{q^{\frac{3}{4}+\frac{4}{4}}}{\frac{3}{4}+\frac{4}{4}} + C = \dfrac{q^{\frac{7}{4}}}{\frac{7}{4}} + C = \dfrac{4}{7} q^{\frac{7}{4}} + C \Rightarrow$

$\int q^{\frac{3}{4}} dq = \dfrac{4}{7} q^{\frac{7}{4}} + C$

f) $\int \dfrac{1}{x^2} dx = \int x^{-2} dx = \dfrac{x^{-2+1}}{-2+1} + C = \dfrac{x^{-1}}{-1} + C = -x^{-1} + C = -\dfrac{1}{x} + C \Rightarrow$

$\int \dfrac{1}{x^2} dx = -\dfrac{1}{x} + C$

Constante Multiplicando Função

Seja a função $f(x)$ obtida pela multiplicação da função $u(x)$ pela constante k

$$f(x) = k \cdot u(x)$$

Então, a integral indefinida de $f(x)$ será

$$\int k \cdot u(x)\, dx = k \cdot \int u(x)\, dx$$

De modo simplificado

$$\int k \cdot u\, dx = k \cdot \int u\, dx \qquad (k \text{ é contante})$$

Na função $y = k \cdot u$, para a obtenção da integral de y, a constante k "espera" a determinação da integral de u.

Podemos dizer que a "integral de uma 'constante vezes uma função'" é a "constante vezes a 'integral da função'".

Exemplo: Calcule a integral indefinida $\int 5x^3\, dx$.

Solução:

$$\int 5x^3 dx = 5\int x^3 dx = 5\left(\frac{x^{3+1}}{3+1}\right) + C = 5 \cdot \frac{x^4}{4} + C = \frac{5x^4}{4} + C$$

$$\Rightarrow \int 5x^3 dx = \frac{5x^4}{4} + C$$

Soma ou Diferença de Funções

Seja a função $f(x)$ obtida pela soma das funções $u(x)$ e $v(x)$

$$f(x) = u(x) + v(x)$$

Então, a integral indefinida de $f(x)$ será

$$\int [u(x) + v(x)]dx = \int u(x)dx + \int v(x)dx$$

De modo simplificado

$$\int (u + v)dx = \int u\, dx + \int v\, dx$$

Procedemos de modo análogo para a diferença das funções $u(x)$ e $v(x)$

$$f(x) = u(x) - v(x)$$

Então, a integral indefinida de $f(x)$ será

$$\int [u(x) - v(x)]dx = \int u(x)dx - \int v(x)dx$$

De modo simplificado

$$\int (u - v)dx = \int u\, dx - \int v\, dx$$

Podemos dizer que a "integral de uma 'soma/diferença de funções'" é a "soma/diferença das 'integrais das funções'".

Exemplo: Calcule cada uma das integrais indefinidas:
a) $\int (x^2 - x)dx$

Solução 1: Denotando separadamente as integrais de x^2 e de x para, em seguida, aplicar a regra da potência de x, temos

$$\int (x^2 - x)dx = \int x^2 dx - \int x dx = \frac{x^{2+1}}{2+1} - \frac{x^{1+1}}{1+1} + C = \frac{x^3}{3} - \frac{x^2}{2} + C$$

Solução 2: De modo abreviado, também é comum aplicar a regra da potência de x em x^2 e em x sem indicar separadamente as integrais:

$$\int (x^2 - x)dx = \frac{x^{2+1}}{2+1} - \frac{x^{1+1}}{1+1} + C = \frac{x^3}{3} - \frac{x^2}{2} + C$$

b) $\int (7x^3 - 10x + 5)dx$

Solução 1: Denotando separadamente as integrais, temos

$\int (7x^3 - 10x + 5)dx = \int 7x^3 dx - \int 10x\, dx + \int 5\, dx = 7\int x^3 dx - 10\int x\, dx + \int 5\, dx =$

$7\dfrac{x^{3+1}}{3+1} - 10\dfrac{x^{1+1}}{1+1} + 5x + C = 7\dfrac{x^4}{4} - 10\dfrac{x^2}{2} + 5x + C = \dfrac{7x^4}{4} - 5x^2 + 5x + C$

Assim, $\int (7x^3 - 10x + 5)\, dx = \dfrac{7x^4}{4} - 5x^2 + 5x + C.$

Solução 2: De modo abreviado, também é comum aplicar as regras da potência de x, da constante que multiplica a função e da função constante, conforme o caso, sem indicar separadamente as integrais:

$\int (7x^3 - 10x + 5)dx = 7\dfrac{x^4}{4} - 10\dfrac{x^2}{2} + 5x + C = \dfrac{7x^4}{4} - 5x^2 + 5x + C$

Função $f(x) = \dfrac{1}{x}$

A primitiva da função $f(x) = \dfrac{1}{x}$ é $F(x) = \ln|x|$ (logaritmo natural do módulo de x), o que permite escrever a integral

$$\int \frac{1}{x} dx = \ln|x| + C$$

Exemplo: Calcule a integral indefinida $\int \dfrac{3}{x} dx.$

Solução: Com o auxílio da regra $\int k \cdot u\, dx = k \cdot \int u\, dx$, fazemos

$\int \dfrac{3}{x} dx = \int 3\dfrac{1}{x} dx = 3\int \dfrac{1}{x} dx = 3\ln|x| + C \Rightarrow \int \dfrac{3}{x} dx = 3\ln|x| + C$

Função Exponencial

Seja a função exponencial

$$f(x) = a^x$$

onde a é um número real tal que $a > 0$ e $a \neq 1$; então, sua integral indefinida será

$$\int a^x \, dx = \frac{1}{\ln a} a^x + C \qquad (a > 0 \text{ e } a \neq 1)$$

Exemplo: Calcule cada uma das integrais indefinidas:
a) $\int 2^x \, dx$ 　　　b) $\int 10.000 \cdot 1,05^x \, dx$

Solução:

a) $\int 2^x \, dx = \dfrac{1}{\ln 2} 2^x + C = \dfrac{2^x}{\ln 2} + C \;\Rightarrow\; \int 2^x \, dx = \dfrac{2^x}{\ln 2} + C$

b) $\int 10.000 \cdot 1,05^x \, dx = 10.000 \int 1,05^x \, dx = 10.000 \dfrac{1}{\ln 1,05} 1,05^x + C$

$= \dfrac{10.000}{\ln 1,05} 1,05^x + C$

Assim, $\int 10.000 \cdot 1,05^x \, dx = \dfrac{10.000}{\ln 1,05} 1,05^x + C$

Função Exponencial na Base e

Seja a função exponencial

$$f(x) = e^x$$

onde $e \cong 2,71828$; então, sua integral indefinida será

$$\int e^x \, dx = e^x + C$$

Exemplo: Calcule cada uma das integrais indefinidas:
a) $\int 5e^x \, dx$ 　　　b) $\int (-2e^x + x^e + 3e) \, dx$

Solução:

a) $\int 5e^x \, dx = 5 \int e^x \, dx = 5e^x + C \;\Rightarrow\; \int 5e^x \, dx = 5e^x + C$

b) $\int(-2e^x + x^e + 3e)dx = -2\int e^x\,dx + \int x^e\,dx + \int 3e\,dx =$

$= -2e^x + \dfrac{x^{e+1}}{e+1} + 3ex + C$

Assim, $\int(-2e^x + x^e + 3e)dx = -2e^x + \dfrac{x^{e+1}}{e+1} + 3ex + C.$

Nesse item, lembre que $e \cong 2{,}71828$ é constante, portanto temos, no segundo termo, x "elevado à constante e" (usamos, portanto, a regra da integral de uma potência de x) e, no terceiro termo, temos a integral de $3e$, que é constante (usamos, portanto, a regra da integral de uma constante).

■ Integração por Substituição

Um Exemplo do Método da Integração por Substituição

Como estudado até o momento, procurar a integral indefinida de uma função $f(x)$ significa procurar uma função cuja derivada resulta no integrando $f(x)$.

Para as integrais indefinidas obtidas até aqui, podemos calcular suas derivadas de maneira simples obtendo os respectivos integrandos, usando, para tanto, as regras básicas de derivação. Estudaremos a seguir o *método da integração por substituição*, o qual permite encontrar integrais indefinidas mais elaboradas. Para tais integrais indefinidas, se quisermos obter o integrando a partir de suas derivadas, necessitamos da regra da cadeia no processo de derivação. Assim, costumamos dizer que o método de integração por substituição está diretamente relacionado com a regra da cadeia para derivadas.

No exemplo a seguir, utilizamos o método da substituição para obter a integral indefinida.

Exemplo: Calcule a integral indefinida $\int 2x \cdot (x^2 - 1)^4 dx$.

Solução: Estamos interessados em encontrar uma função cuja derivada resulta em $2x \cdot (x^2 - 1)^4$. Observando que $2x$ pode ser entendido como a derivada de $x^2 - 1$, fazemos a substituição da expressão $x^2 - 1$ por uma nova variável u, $u = x^2 - 1$. Lembrando que, se $u = f(x)$, podemos escrever a diferencial* como $du = u'(x) \cdot dx$. Nesse exemplo, temos $du = 2x\,dx$, o que permite rearranjar os termos do integrando e reescrever a integral indefinida a partir da nova variável u por meio de substituições convenientes:

$$\int 2x \cdot (x^2-1)^4 dx = \int \underbrace{(x^2-1)^4}_{u}\, \underbrace{2x\,dx}_{du} = \int u^4\,du$$

Com tais substituições, transformamos a integral $\int 2x \cdot (x^2-1)^4\,dx$ na integral $\int u^4\,du$, que é obtida pela regra da potência.

$$\int 2x \cdot (x^2-1)^4 dx = \int u^4\,du = \frac{u^{4+1}}{4+1} + C = \frac{u^5}{5} + C$$

Como nosso integrando original é uma função que depende de x, fazemos novamente a substituição $u = x^2 - 1$ e obtemos a integral indefinida desejada

$$\int 2x \cdot (x^2-1)^4 dx = \int u^4\,du = \frac{u^5}{5} + C = \frac{(x^2-1)^5}{5} + C$$

Assim, $\int 2x \cdot (x^2-1)^4 dx = \dfrac{(x^2-1)^5}{5} + C$.

Observamos novamente que, para derivar $\dfrac{(x^2-1)^5}{5} + C$ e obter $2x \cdot (x^2-1)^4$, é necessária a utilização da regra da cadeia. Deixamos tal verificação a cargo do leitor.

Passos para Aplicar o Método da Substituição

Podemos formalizar o método da substituição ao observar que, no exemplo anterior, temos no integrando uma função composta $f(u)$ multiplicada

---

* Na notação de Leibniz, dada uma função derivável $u = f(x)$, temos $\dfrac{du}{dx} = u'(x)$ e, se considerarmos du e dx como variáveis, podemos então escrever $du = u'(x) \cdot dx$. Para detalhes sobre a diferencial, rever o Capítulo 7, "Técnicas de derivação".

pela derivada da função interna, $u'(x)$. A derivada surge escrita na forma da diferencial $du = u'(x) \, dx$. Ou seja, reescrevendo em

$$\int 2x \cdot (x^2 - 1)^4 \, dx = \int (x^2 - 1)^4 \, 2x \, dx$$

a função composta $f(u) = u^4$, com a função interna $u = x^2 - 1$ e a diferencial $du = 2x \, dx$, que é $du = u'(x) \, dx$, obtemos

$$\int (x^2 - 1)^4 \, 2x \, dx = \int u^4 \, du = \int f(u) \, du = \int f(u(x)) \cdot u'(x) \, dx$$

e, dessa igualdade, interessam-nos os dois últimos termos $\int f(u) \, du = \int f(u(x)) \cdot u'(x) \, dx$, que nos indicam como sistematizar o método da integração por substituição:

"Se em um intervalo a função $u(x)$ é diferenciável e a função composta $f(u)$ é contínua, então

$$\int f(u(x)) \cdot u'(x) \, dx = \int f(u) \, du$$

nesse intervalo."

Para melhor organizar o método da integração por substituição, podemos fazê-lo seguindo estes passos:

- **Passo 1:** Procurar identificar a "função interna" $u(x)$ na composta $f(u(x))$ presente na integral $\int f(u(x)) \cdot u'(x) dx$.

- **Passo 2:** Calcular a diferencial $du = u'(x) \cdot dx$.

- **Passo 3:** Substituir por u a função $u(x)$ e por du o termo $u'(x) \, dx$ na integral $\int f(u(x)) \cdot u'(x) dx$, obtendo assim a integral $\int f(u) \, du$.

- **Passo 4:** Calcular a integral $\int f(u) \, du$.

- **Passo 5:** Substituir pela função $u(x)$ a variável u expressa no resultado de $\int f(u) \, du$, para obter finalmente a integral desejada, em função de x.

Observação: Após o **Passo2**, às vezes é necessário realizar "ajustes" na expressão envolvendo as diferenciais, para que seja possível a substituição no **Passo 3** e a execução dos demais passos com pequenas variações na notação, como veremos no segundo exemplo dos expostos a seguir.

Exemplo: Calcule a integral indefinida $\int (x^3 - 7)^5 \, 3x^2 \, dx$.

Solução: Seguindo os passos indicados, temos:

- **Passo 1:** Identificamos a "função interna" $u(x) = x^3 - 7$ na composta $f(u(x))$ presente na integral $\int f(u(x)) \cdot u'(x)\, dx$.

- **Passo 2:** Calculando a diferencial $du = u'(x) \cdot dx$, temos $du = 3x^2\, dx$.

- **Passo 3:** Substituindo por u a função $u(x) = x^3 - 7$ e por du o termo $3x^2\, dx$ na integral $\int (x^3 - 7)^5\, 3x^2\, dx$, obtemos a integral $\int u^5\, du$:

$$\int \underbrace{(x^3 - 7)^5}_{u} \underbrace{3x^2 dx}_{du} = \int u^5\, du$$

- **Passo 4:** Calculando a integral $\int u^5\, du$, temos

$$\int u^5\, du = \frac{u^{5+1}}{5+1} + C = \frac{u^6}{6} + C \Rightarrow \int u^5\, du = \frac{u^6}{6} + C$$

- **Passo 5:** Substituindo pela função $u(x) = x^3 - 7$ a variável u expressa no resultado de $\int u^5\, du = \frac{u^6}{6} + C$, obtemos a integral desejada, em função de x.

$$\int (x^3 - 7)^5\, 3x^2\, dx = \int u^5\, du = \frac{u^6}{6} + C = \frac{(x^3 - 7)^6}{6} + C$$

Logo, $\int (x^3 - 7)^5\, 3x^2\, dx = \dfrac{(x^3 - 7)^6}{6} + C.$

Exemplo: Obtenha a integral indefinida $\int e^{x^2} x\, dx$.

Solução: Seguindo os passos indicados, temos:

- **Passo 1:** Identificamos a "função interna" $u(x) = x^2$ na composta $f(u(x))$.

- **Passo 2:** Calculando a diferencial $du = u'(x) \cdot dx$, temos $du = 2x\, dx$.

Notamos, nesse caso, que em $\int e^{x^2} x\, dx$ não aparece o termo $2x\, dx$, mas sim o termo $x\, dx$. Isso não impedirá o cálculo da integral pois, se isolarmos $x\, dx$ em $du = 2x\, dx$, temos

$$xdx = \frac{du}{2} \text{ ou } xdx = \frac{1}{2}du$$

o que indica que substituiremos xdx por $\frac{1}{2}du$ na integral $\int e^{x^2} x\, dx$, "ajustando" assim a escolha de u e du.

- **Passo 3:** Substituindo por u a função $u(x) = x^2$ e por $\frac{1}{2}du$ o termo xdx na integral $\int e^{x^2} x\, dx$, obtemos a integral $\int e^u \left(\frac{1}{2}du\right)$:

$$\int e^{\overbrace{x^2}^{u}} \underbrace{xdx}_{\frac{1}{2}du} = \int e^u \left(\frac{1}{2}du\right)$$

- **Passo 4:** Para o cálculo da integral $\int e^u \left(\frac{1}{2}du\right)$, consideramos $\frac{1}{2}$ multiplicando a função $f(u) = e^u$, o que permite escrever:

$$\int e^u \left(\frac{1}{2}du\right) = \int \frac{1}{2} e^u\, du = \frac{1}{2}\int e^u\, du = \frac{1}{2}e^u + C \Rightarrow \int e^u \left(\frac{1}{2}du\right) = \frac{1}{2}e^u + C$$

- **Passo 5:** Substituindo pela função $u(x) = x^2$ a variável u expressa no resultado de $\int e^u \left(\frac{1}{2}du\right) = \frac{1}{2}e^u + C$, obtemos a integral desejada, em função de x.

$$\int e^{x^2} x\, dx = \int e^u \left(\frac{1}{2}du\right) = \frac{1}{2}e^u + C = \frac{1}{2}e^{x^2} + C$$

Logo, $\int e^{x^2} x\, dx = \frac{1}{2}e^{x^2} + C$.

■ Integração por Partes

É interessante notar que, nas duas primeiras integrais indefinidas trabalhadas pelo método da integração por substituição, os integrandos apresentaram funções que podiam ser lidas como produtos entre uma função composta e a derivada da "função interna". No último exemplo, a função apresentada no integrando também pôde ser trabalhada pelo método da substituição, bastando fazer um pequeno "ajuste", pois os fatores do produto apresentado pelo integrando em muito se "aproximavam" de uma função composta e da derivada da função interna.

Entretanto, existem integrais cujos integrandos apresentam produtos que *não* podem ser lidos, ou "ajustados", como produtos entre uma função composta e a derivada da "função interna". Logo, existem integrais em que o integrando apresenta o produto de duas funções, cuja integração *não* pode ser obtida pelo método da integração por substituição. Nesses casos, é interessante dispor de outros métodos de integração que permitam calcular a integral em que o integrando apresente um produto entre duas funções. Um desses métodos é dado pela *integração por partes*, que apresentaremos nesta seção.

O método de integração por substituição está baseado na regra da cadeia da derivação; de modo análogo, *a integração por partes está baseada na derivação pela regra do produto*.

Convém relembrar a regra do produto: *seja a função* $h(x) = f(x) \cdot g(x)$ *obtida pelo produto das funções deriváveis* $f(x)$ *e* $g(x)$; *então, a derivada de* $h(x)$ *será*

$$h'(x) = f'(x) \cdot g(x) + f(x) \cdot g'(x)$$

que também pode ser escrita como

$$[f(x) \cdot g(x)]' = f'(x) \cdot g(x) + f(x) \cdot g'(x)$$

No início do capítulo, vimos que, quando encontramos uma função primitiva $F(x)$, de uma função $f(x)$, costumamos simbolizar tal fato representando

$$\int f(x)\, dx = F(x)$$

ou seja, $F'(x) = f(x)$.

Já que $F'(x) = f(x)$, podemos, nessa integral, substituir o integrando $f(x)$ por $F'(x)$, o que nos permite afirmar que

$$\int F'(x)\, dx = F(x)$$

sendo tal fato útil na obtenção do método da integração por partes, como veremos logo a seguir.

Na expressão da derivada de um produto de funções

$$[f(x) \cdot g(x)]' = f'(x) \cdot g(x) + f(x) \cdot g'(x)$$

calculamos a integral indefinida, em ambos os lados da igualdade, obtendo

$$\int [f(x) \cdot g(x)]' \, dx = \int [f'(x) \cdot g(x) + f(x) \cdot g'(x)] \, dx$$

No lado esquerdo da igualdade, fazemos

$$\int [f(x) \cdot g(x)]' \, dx = f(x) \cdot g(x) *$$

já que é válido fazer $\int F'(x)dx = F(x)$, enquanto, no lado direito da igualdade, calculamos a integral de cada parcela da soma das funções:

$$\int [f'(x) \cdot g(x) + f(x) \cdot g'(x)]dx = \int f'(x) \cdot g(x) \, dx + \int f(x) \cdot g'(x) \, dx$$

Logo, podemos reescrever a igualdade

$$\int [f(x) \cdot g(x)]' \, dx = \int [f'(x) \cdot g(x) + f(x) \cdot g'(x)] \, dx$$

como

$$f(x) \cdot g(x) = \int f'(x) \cdot g(x) \, dx + \int f(x) \cdot g'(x) \, dx$$

Isolando o termo $\int f(x) \cdot g'(x) \, dx$, temos

$$\int f(x) \cdot g'(x) \, dx = f(x) \cdot g(x) - \int f'(x) \cdot g(x) \, dx$$

que, quando se inverte a ordem de $f'(x)$ e $g(x)$, na integral do lado direito da igualdade, resulta na **fórmula da integração por partes**:

$$\int f(x) \cdot g'(x) \, dx = f(x) \cdot g(x) - \int g(x) \cdot f'(x) \, dx$$

Podemos denotar tal fórmula de modo simplificado ao fazer $u = f(x)$ e $v = g(x)$, pois obtemos as diferenciais $du = f'(x) \, dx$ e $dv = g'(x) \, dx$. Substituindo tais variáveis na fórmula anterior, temos

$$\int u \, dv = uv - \int v \, du$$

que será a fórmula utilizada para o cálculo das integrais nos dois exemplos a seguir.

---

* A constante de integração C será incorporada no último passo do processo.

Note que, para o cálculo da integral indefinida por meio da fórmula da integração por partes, é fundamental escolher corretamente os termos u e dv na integral $\int u\, dv$, pois a partir deles é que obteremos os outros dois termos v e du presentes no lado direito da fórmula, ou seja, em $uv - \int v\, du$.

É importante frisar que o cálculo de $\int u\, dv$ remete ao cálculo de outra integral, $\int v\, du$, e para que obtenhamos sucesso no cálculo de $\int u\, dv$, é necessário que a escolha de u e dv seja tal que a outra integral, $\int v\, du$, apresente, para cálculo, grau de dificuldade inferior ou igual ao grau de dificuldade de $\int u\, dv$.

Exemplo: Calcule a integral indefinida $\int xe^x\, dx$.

Solução: Usando a fórmula $\int u\, dv = uv - \int v\, du$, convém chamar $u = x$ e $dv = e^x\, dx$. Primeiramente, devemos encontrar os outros dois termos du e v presentes na fórmula.

Se $u = x$, então $du = dx$.

Sendo $dv = e^x\, dx$, temos também que $dv = v'(x)\, dx$; então, $v'(x) = e^x$, o que significa que v será uma primitiva de e^x. Logo, $v = e^x$. Em resumo:

$$u = x \Rightarrow du = dx$$
$$dv = e^x\, dx \Rightarrow v = e^x$$

Substituindo tais termos conforme a fórmula

$$\int u\, dv = u\, v - \int v\, du \quad \text{temos}$$
$$\int x\, e^x\, dx = x\, e^x - \int e^x\, dx$$

Basta então obter a integral $\int xe^x\, dx = xe^x - \int e^x\, dx = xe^x - e^x + C$.
Assim, $\int xe^x\, dx = xe^x - e^x + C$.

Observação: No início do cálculo de $\int xe^x\, dx$, fizemos a escolha $u = x$ e $dv = e^x\, dx$; porém, se a integral tivesse sido apresentada como $\int e^x\, xdx$, a escolha deveria ser a mesma pois, invertendo a escolha, nos depararíamos com a seguinte situação:

Usando a fórmula $\int u\, dv = uv - \int v\, du$ e chamando $u = e^x$ e $dv = xdx$, encontramos os outros dois termos du e v:

- Se $u = e^x$, então $du = e^x\, dx$.

- Sendo $dv = xdx$, temos também que $dv = v'(x)dx$; então, $v'(x) = x$, o que significa que v será uma primitiva de x. Logo, $v = \dfrac{x^{1+1}}{1+1} \Rightarrow v = \dfrac{x^2}{2}$.

Em resumo:
$$u = e^x \Rightarrow du = e^x\, dx$$
$$dv = xdx \Rightarrow v = \dfrac{x^2}{2}$$

Substituindo tais termos conforme a fórmula

$$\int u\ dv = u\ v - \int v\ du \qquad \text{temos}$$
$$\int e^x\ xdx = e^x\ \dfrac{x^2}{2} - \int \dfrac{x^2}{2} e^x\, dx$$

Tal expressão é correta! Entretanto, a integral $\int \dfrac{x^2}{2} e^x dx$ é mais complicada que $\int xe^x\, dx$, o que indica que a escolha inicial de $u = x$ e $dv = e^x\, dx$ é mais conveniente.

Exemplo: Calcule a integral indefinida $\int x \ln x\, dx$.

Solução: Para o cálculo de tal integral, é conveniente fazer a troca de ordem dos fatores do integrando (tente a outra ordem e veja o que acontece!), de tal forma que consideraremos $\int (\ln x)\, xdx$ para usar a fórmula $\int u\, dv = uv - \int v\, du$. Convém chamar $u = \ln x$ e $dv = xdx$. Primeiramente, devemos encontrar os outros dois termos du e v presentes na fórmula.

Se $u = \ln x$, então $du = \dfrac{1}{x} dx$.

Sendo $dv = xdx$, temos também que $dv = v'(x)dx$; então, $v'(x) = x$, o que significa que v será uma primitiva de x. Logo, $v = \dfrac{x^{1+1}}{1+1} \Rightarrow v = \dfrac{x^2}{2}$. Em resumo:

$$u = \ln x \Rightarrow du = \dfrac{1}{x} dx$$
$$dv = xdx \Rightarrow v = \dfrac{x^2}{2}$$

Substituindo tais termos conforme a fórmula

$$\int u \; dv = u \; v - \int v \; du$$

temos

$$\int (\ln x) \, x dx = \ln x \frac{x^2}{2} - \int \frac{x^2}{2} \frac{1}{x} \, dx$$

A integral $\int v du$ que surgiu pode ser simplificada e calculada facilmente:

$$\int \frac{x^2}{2} \frac{1}{x} dx = \int \frac{1}{2} x dx = \frac{1}{2} \int x dx = \frac{1}{2} \left(\frac{x^{1+1}}{1+1} \right) = \frac{1}{2} \left(\frac{x^2}{2} \right) = \frac{x^2}{4}$$

Basta, então, obter a integral $\int (\ln x) x dx = \ln x \frac{x^2}{2} - \int \frac{x^2}{2} \frac{1}{x} dx =$

$$= \frac{x^2 \ln x}{2} - \frac{x^2}{4} + C$$

Assim, $\int x \ln x dx = \dfrac{x^2 \ln x}{2} - \dfrac{x^2}{4} + C.$

Note que optamos por incluir a constante de integração C apenas na resposta final, deixando de denotá-la em outras etapas do processo.

Integral do Logaritmo Natural

Seja a função do logaritmo natural

$$f(x) = \ln x$$

com $x > 0$; então, sua integral indefinida, como podemos provar, será

$$\int \ln x \, dx = x \ln x - x + C \qquad (x > 0)$$

Exemplo: Calcule $\int \ln x \, dx$ utilizando a fórmula de integração por partes.

Solução: Para usar a fórmula $\int u \, dv = uv - \int v \, du$, convém escrever $\ln x$ na forma do produto $(\ln x)(1)$, escrever a integral como $\int (\ln x)(1) \, dx$ e chamar $u = \ln x$ e $dv = 1 dx$. Primeiramente, devemos encontrar os outros dois termos du e v presentes na fórmula.

Se $u = \ln x$, então $du = \dfrac{1}{x} dx$.

Sendo $dv = 1dx$, temos também que $dv = v'(x)\, dx$, então $v'(x) = 1$, o que significa que v será uma primitiva da constante 1. Logo, $v = 1x = x$. Em resumo:

$$u = \ln x \Rightarrow du = \frac{1}{x}dx$$

$$dv = 1dx \Rightarrow v = x$$

Substituindo tais termos conforme a fórmula

$$\int u\, dv = u\, v - \int v\, du \quad \text{temos}$$

$$\int \ln x \cdot 1 dx = (\ln x)\, x - \int x\, \frac{1}{x}dx$$

Obtendo a integral

$$\int \ln x \cdot 1 dx = (\ln x)x - \int \not{x}\frac{1}{\not{x}}dx = x\ln x - \int 1 dx = x \ln x - x + C$$

concluímos que $\int \ln x\, dx = x \ln x - x + C$.

■ Integrais Definidas

Boa parte das aplicações das integrais nos fenômenos da economia e da administração envolvem as integrais definidas. Encontraremos os valores das integrais definidas a partir do cálculo das integrais indefinidas e do Teorema Fundamental do Cálculo. Por exemplo, se for solicitado o valor da integral definida $\int_0^5 250.000 e^{-0,1x}\, dx$, primeiramente nos preocuparemos em determinar a integral indefinida $\int 250.000 e^{-0,1x}\, dx$ correspondente para, em seguida, utilizar o Teorema Fundamental do Cálculo, obtendo o valor da integral definida.

Nesse sentido, vale relembrar o Teorema Fundamental do Cálculo: "Dada uma função $f(x)$ contínua em um intervalo $a \leq x \leq b$, então $\int_a^b f(x)dx = F(b) - F(a)$, onde $F(x)$ é uma primitiva de $f(x)$, ou seja, $F'(x) = f(x)$".

No cálculo de uma integral definida $\int_a^b f(x)dx$, procederemos da seguinte maneira: primeiramente, calcularemos a primitiva $F(x)$ resultante da integral indefinida correspondente para, em seguida, fazer $F(b) - F(a)$ (ou seja, calcular a primitiva nos extremos de integração b e a e efetuar a diferença).

Exemplo: Calcule o valor de $\int_2^3 (5x^2 + 7x - 2)\,dx$.

Solução: Primeiramente, vamos calcular a integral indefinida correspondente

$$\int (5x^2 + 7x - 2)\,dx.$$

$$\int (5x^2 + 7x - 2)\,dx = 5\frac{x^{2+1}}{2+1} + 7\frac{x^{1+1}}{1+1} - 2x + C = \frac{5x^3}{3} + \frac{7x^2}{2} - 2x + C$$

Logo, $\int (5x^2 + 7x - 2)\,dx = \dfrac{5x^3}{3} + \dfrac{7x^2}{2} - 2x + C$.

O cálculo da primitiva nos extremos de integração 3 e 2 seguido da subtração é indicado por $\int_2^3 f(x)\,dx = F(3) - F(2)$ ou, mais simplesmente, por $\int_2^3 f(x)\,dx = [F(x)]_2^3$:

$$\int_2^3 (5x^2 + 7x - 2)\,dx = \left[\frac{5x^3}{3} + \frac{7x^2}{2} - 2x\right]_2^3 = \left(\frac{5 \cdot 3^3}{3} + \frac{7 \cdot 3^2}{2} - 2 \cdot 3\right) -$$

$$-\left(\frac{5 \cdot 2^3}{3} + \frac{7 \cdot 2^2}{2} - 2 \cdot 2\right) = \left(\frac{5 \cdot 27}{3} + \frac{7 \cdot 9}{2} - 2 \cdot 3\right) - \left(\frac{5 \cdot 8}{3} + \frac{7 \cdot 4}{2} - 2 \cdot 2\right) =$$

$$= \left(45 + \frac{63}{2} - 6\right) - \left(\frac{40}{3} + 14 - 4\right) = \frac{90 + 63 - 12}{2} - \left(\frac{40 + 42 - 12}{3}\right) =$$

$$= \frac{141}{2} - \frac{70}{3} = \frac{423 - 140}{6} = \frac{283}{6}$$

Assim, $\int_2^3 (5x^2 + 7x - 2)dx = \dfrac{283}{6}$.

Note que, para o cálculo da primitiva nos extremos de integração, não é necessário escrever a constante de integração C, pois ela seria cancelada em seguida ao ser feita a subtração.

Exemplo: Calcule o valor de $\int_1^4 3.000 \cdot 1,02^x \, dx$.

Solução: Primeiramente, vamos calcular a integral indefinida correspondente

$$\int 3.000 \cdot 1,02^x \, dx.$$

$$\int 3.000 \cdot 1,02^x \, dx = 3.000 \int 1,02^x \, dx = 3.000 \dfrac{1}{\ln 1,02} 1,02^x + C =$$

$$= \dfrac{3.000}{\ln 1,02} 1,02^x + C$$

Logo, $\int 3.000 \cdot 1,02^x \, dx = \dfrac{3.000}{\ln 1,02} 1,02^x + C$.

Calculando a primitiva nos extremos de integração e efetuando a subtração:

$$\int_1^4 3.000 \cdot 1,02^x \, dx = \left[\dfrac{3.000}{\ln 1,02} 1,02^x \right]_1^4 = \dfrac{3.000}{\ln 1,02} 1,02^4 - \dfrac{3.000}{\ln 1,02} 1,02^1 \cong$$

$$\cong 163.983,11 - 154.524,95 = 9.458,16$$

Assim, $\int_1^4 3.000 \cdot 1,02^x \, dx \cong 9.458,16$.

Exemplo: Calcule o valor de $\int_0^5 250.000 e^{-0,1x} \, dx$.

Solução: Primeiramente, vamos calcular a integral indefinida correspondente

$$\int 250.000e^{-0,1x}\,dx = 250.000 \int e^{-0,1x}\,dx$$

Para tal cálculo, utilizaremos o método da integração por substituição.

- **Passo 1:** Identificamos a "função interna" $u(x) = -0,1x$ na composta $f(u(x))$.
- **Passo 2:** Calculando a diferencial $du = u'(x) \cdot dx$, temos $du = -0,1dx$.

Notamos, nesse caso, que em $\int e^{-0,1x}\,dx$ não aparece o termo $-0,1dx$, mas apenas o termo dx. Isolando dx em $du = -0,1dx$, temos

$$dx = \frac{du}{-0,1} \Rightarrow dx = -\frac{1}{0,1}du \Rightarrow dx = -10du$$

Então, substituiremos dx por $-10du$ na integral $\int e^{-0,1x}\,dx$ "ajustando" a escolha de u e du.

- **Passo 3:** Substituindo por u a função $u(x) = -0,1x$ e por $-10du$ o termo dx no cálculo de $250.000 \int e^{-0,1x}\,dx$, obtemos $250.000 \int e^u(-10du)$.
- **Passo 4:** Para o cálculo de $250.000 \int e^u(-10du)$, consideramos -10 multiplicando a função $f(u) = e^u$, o que permite escrever:

$$250.000 \int e^u(-10du) = 250.000 \int (-10)e^u\,du = 250.000 \cdot (-10) \int e^u\,du =$$
$$= -2.500.000e^u + C \Rightarrow$$
$$\Rightarrow 250.000 \int e^u(-10du) = -2.500.000e^u + C$$

- **Passo 5:** Substituindo pela função $u(x) = -0,1x$ a variável u expressa no resultado de $250.000 \int e^u(-10du) = -2.500.000e^u + C$, obtemos a integral desejada, em função de x.

$$\int 250.000e^{-0,1x}\,dx = 250.000 \int e^u(-10du) = -2.500.000e^u + C =$$
$$= -2.500.000e^{-0,1x} + C$$

Logo, $\int 250.000e^{-0,1x}\,dx = -2.500.000e^{-0,1x} + C$.

Calculando a primitiva nos extremos de integração e efetuando a subtração:

$$\int_0^5 250.000e^{-0,1x}\,dx = [-2.500.000e^{-0,1x}]_0^5 = -2.500.000e^{-0,1\cdot 5} -$$

$$- (-2.500.000e^{-0,1\cdot 0}) \cong -1.516.326,65 + 2.500.000,00 = 983.673,35$$

Assim, $\int_0^5 250.000e^{-0,1x}\,dx \cong 983.673,35$.

Exemplo: Calcule o valor de $\int_0^1 xe^x\, dx$.

Solução: No primeiro exemplo da integração por partes, já obtivemos a integral indefinida correspondente:

$$\int xe^x\, dx = xe^x - e^x + C$$

Calculando a primitiva nos extremos de integração e efetuando a subtração:

$$\int_0^1 xe^x\, dx = [xe^x - e^x]_0^1 = 1e^1 - e^1 - (0e^0 - e^0) = 0 - (0 - 1) = -(-1) = 1$$

Assim, $\int_0^1 xe^x\, dx = 1$.

Finalmente, cabe salientar que foram trabalhadas as técnicas de integração mais importantes; entretanto, os processos de integração são muitas vezes sofisticados. Caso o estudante se depare com integrais mais sofisticadas, aconselhamos a consulta dos livros de cálculo indicados na bibliografia, em especial o livro *Cálculo* – Volume 1, de James Stewart, para verificar as tabelas de integração. A alternativa é realizar o cálculo aproximado das integrais definidas com um dos métodos de aproximação numérica, conforme foi exposto no Capítulo 10 e em seu Tópico Especial.

■ Exercícios

1. Calcule cada uma das integrais indefinidas:

   a) $\int 5\, dx$

   b) $\int -3\, dx$

   c) $\int x^3\, dx$

   d) $\int x^{10}\, dx$

   e) $\int x^{-4}\, dx$

   f) $\int x^{-1,5}\, dx$

   g) $\int q^{\frac{1}{2}}\, dq$

   h) $\int q^{\frac{2}{5}}\, dq$

   i) $\int \frac{1}{x^3}\, dx$

   j) $\int \frac{1}{x^5}\, dx$

   k) $\int \sqrt{x}\, dx$

   l) $\int \sqrt[3]{x}\, dx$

m) $\int 2x^4\, dx$ n) $\int -5x^2\, dx$ o) $\int (x^3 + x)\, dx$

p) $\int (x^2 + x - 1)\, dx$ q) $\int (3x + 2)\, dx$ r) $\int (-5x + 4)\, dx$

s) $\int (2x^2 - 8x)\, dx$ t) $\int (4x^2 - 7x + 5)\, dx$ u) $\int \left(\dfrac{x^2}{4} + \dfrac{x}{5} - 2\right) dx$

v) $\int \left(\dfrac{x^3}{2} - \dfrac{x^2}{3} + 8x\right) dx$ w) $\int \dfrac{2}{x}\, dx$ x) $\int -\dfrac{7}{x}\, dx$

2. Calcule cada uma das integrais indefinidas:

   a) $\int 5^x\, dx$ b) $\int 0{,}95^x\, dx$ c) $\int 2.000 \cdot 1{,}03^x\, dx$

   d) $\int 50.000 \cdot 0{,}85^x\, dx$ e) $\int 2e^x\, dx$ f) $\int \dfrac{e^x}{2}\, dx$

   g) $\int (3e^x + e^3)\, dx$ h) $\int (-7e^x + 7^x - 7^e)\, dx$

3. Utilizando a integração por substituição, calcule cada uma das integrais indefinidas:

   a) $\int 7 \cdot (7x + 5)^3\, dx$ b) $\int 2x \cdot (x^2 + 3)^5\, dx$ c) $\int 2e^{2x}\, dx$

   d) $\int -0{,}05 e^{-0{,}05x}\, dx$ e) $\int 3x^2 e^{x^3}\, dx$ f) $\int 2x\sqrt{x^2 + 1}\, dx$

   g) $\int \dfrac{2x}{x^2 + 1}\, dx$ h) $\int (7x + 5)^3\, dx$ i) $\int x \cdot (x^2 + 1)^5\, dx$

   j) $\int e^{5x}\, dx$ k) $\int e^{-0{,}2x}\, dx$ l) $\int \dfrac{1}{2x + 5}\, dx$

4. Utilizando a integração por partes, calcule cada uma das integrais indefinidas:

   a) $\int 2xe^x\, dx$ b) $\int (x + 1)e^x\, dx$ c) $\int 2x \ln x\, dx$
   d) $\int (x + 1) \ln x\, dx$ e) $\int x^4 \ln x\, dx$ f) $\int x 2^x\, dx$

5. Calcule $\int \dfrac{\ln x}{x}\, dx$, utilizando ora integração por substituição, ora integração por partes.

6. Calcule o valor de cada uma das integrais definidas:

a) $\int_2^5 3\,dx$
b) $\int_2^5 x\,dx$
c) $\int_1^4 (2x+1)\,dx$

d) $\int_2^3 (-5x+4)\,dx$
e) $\int_{-1}^2 x^3\,dx$
f) $\int_1^2 (x^2+3x-2)\,dx$

g) $\int_{-1}^2 (x^2-x-1)\,dx$
h) $\int_1^2 (4x^3-3x^2+2x-1)\,dx$
i) $\int_2^5 2^x\,dx$

j) $\int_0^2 1.500 \cdot 1,03^x\,dx$
k) $\int_2^3 \dfrac{1}{x^2}\,dx$
l) $\int_0^1 2e^{2x}\,dx$

m) $\int_0^2 e^{-0,5x}\,dx$
n) $\int_0^{10} 1.000 e^{-0,01x}\,dx$
o) $\int_1^2 x^3 \ln x\,dx$

TÓPICO ESPECIAL – Integrais Impróprias

Nesse tópico, estudaremos certo tipo de integral denominada imprópria. A notação é

$$\int_c^{+\infty} f(x)\,dx$$

de tal modo que o limite de integração superior é infinito, o limite inferior é $c \geq 0$ e $f(x)$ é contínua e positiva.

Veremos em seguida dois exemplos para calcular as integrais impróprias.

Exemplo 1 – Calcule a integral imprópria: $\int_1^{+\infty} \dfrac{1}{x^3}\,dx$.

Solução: Para o cálculo dessa integral, primeiramente mudamos o limite de integração $+\infty$ denotando-o por a e calculamos a integral para $1 \leq x \leq a$, ou seja, calculamos a integral com novos limites de integração, $\int_1^a \dfrac{1}{x^3}\,dx$.

No cálculo de tal integral, obteremos uma expressão em função de a e concluímos o cálculo da integral imprópria obtido para tal expressão o limite em que $a \to +\infty$:

$$\int_1^a \frac{1}{x^3}dx = \int_1^a x^{-3}dx = \left[\frac{x^{-2}}{-2}\right]_1^a = \frac{a^{-2}}{-2} - \frac{1^{-2}}{-2} = -\frac{1}{2a^2} + \frac{1}{2}$$

Fazendo na sequência $a \to +\infty$, temos

$$\lim_{a \to +\infty} \int_1^a \frac{1}{x^3}dx = \lim_{a \to +\infty} \left(-\frac{1}{2a^2} + \frac{1}{2}\right) = \frac{1}{2}$$

pois, quando $a \to +\infty$, temos $\frac{1}{2a^2} \to 0$.

Portanto, dizemos que a integral $\int_1^{+\infty} \frac{1}{x^3}dx$ **converge** para $\frac{1}{2}$.

A representação gráfica da área calculada para a função $y = \frac{1}{x^3}$ pode ser melhor visualizada observando a Figura 11.1 e a Figura 11.2, mostrando que a área calculada converge para $\frac{1}{2}$.

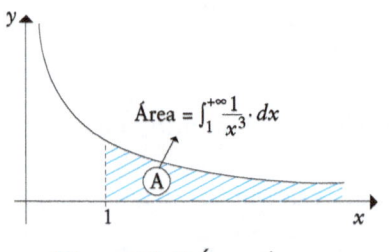

Figura 11.1 Área de "1 até infinito".

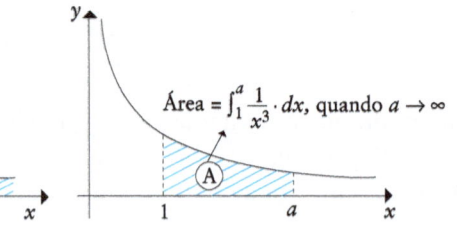

Figura 11.2 Área de "1 até a" para $a \to +\infty$.

Exemplo 2 – Calcule a integral imprópria $\int_1^{+\infty} \frac{1}{x^{1/3}}dx$.

Solução: Nossa intenção é obter a integral por meio do cálculo de

$$\int_1^{+\infty} \frac{1}{x^{1/3}} \cdot dx = \lim_{a \to +\infty} \int_1^a \frac{1}{x^{1/3}} \cdot dx$$

Logo,

$$\int_1^a \frac{1}{x^{1/3}} dx = \int_1^a x^{-1/3} dx = \left[\frac{x^{2/3}}{2/3}\right]_1^a = \frac{a^{2/3}}{2/3} - \frac{(1)^{2/3}}{2/3} = \frac{3a^{2/3}}{2} - \frac{3}{2}$$

Fazendo na sequência a tendendo a infinito ($a \to +\infty$), temos pois, quando

$$\lim_{a \to +\infty} \int_1^a \frac{1}{x^{1/3}} \cdot dx = \lim_{a \to +\infty} \left(\frac{3a^{2/3}}{2} - \frac{3}{2}\right) = +\infty - \frac{3}{2} = +\infty$$

$a \to +\infty$, temos $\frac{3a^{2/3}}{2} \to +\infty$. Nesse caso, o limite que surgiu no cálculo não resultou em um número, e assim dizemos que $\int_1^{+\infty} \frac{1}{x^{1/3}} dx$ *diverge*.

Graficamente, conforme a Figura 11.3, temos que a área entre a curva e o eixo x à direita de $x = 1$ é infinita. Ou seja, a área calculada não é finita e pode ser visualizada na Figura 11.3.

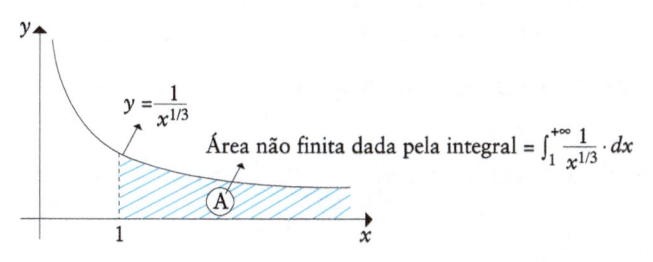

Figura 11.3

À medida que $x \to +\infty$, a área "A" se torna muito grande ou tende a infinito, o que permite concluir que a integral acima diverge.

■ Problemas

1. Calcule os valores das integrais nos itens a seguir, verificando se convergem ou divergem.

   a) $\int_1^{+\infty} \frac{1}{x} dx$ b) $\int_2^{+\infty} \frac{1}{\sqrt{x}} dx$ c) $\int_0^{+\infty} e^{-10x} dx$

d) $\int_{1}^{+\infty} \frac{1}{x^{3/2}} dx$ e) $\int_{2}^{+\infty} \frac{1}{\sqrt{x+5}} dx$

2. Verifique se $\int_{1}^{+\infty} \frac{1}{\sqrt{x^3+10}} dx$ converge ou diverge, construindo o gráfico da função.

   Sugestão: Para calcular a integral acima, calcule antecipadamente a integral $\int_{1}^{a} \frac{1}{\sqrt{x^3}} dx$, verificando sua convergência e, em seguida, estabeleça uma comparação: $\int_{1}^{+\infty} \frac{1}{\sqrt{x^3+10}} dx \leq \int_{1}^{+\infty} \frac{1}{\sqrt{x^3}} dx$.

3. Dada a integral imprópria $\int_{1}^{+\infty} \frac{1}{e^{3x}} dx$, pede-se:

   a) O gráfico da função e a área a ser calculada.
   b) Calcule o valor da integral, verificando se converge ou diverge.

4. Considerando a integral imprópria $\int_{1}^{+\infty} \frac{1}{x^2} dx$, pede-se:

   a) Calcule a integral de $f(x) = \frac{1}{x^2}$ no intervalo $1 \leq x \leq b$, ou seja, calcule $\int_{1}^{b} \frac{1}{x^2} dx$.

   b) Calcule o limite $\lim_{b \to +\infty} \int_{1}^{b} \frac{1}{x^2} \cdot dx$ e responda: a integral imprópria $\int_{1}^{+\infty} \frac{1}{x^2} dx$ converge ou diverge?

   c) O que se pode concluir após o cálculo da sequência de integrais $\int_{1}^{10} \frac{1}{x^2} dx, \int_{1}^{100} \frac{1}{x^2} dx, \int_{1}^{1.000} \frac{1}{x^2} dx$ e $\int_{1}^{10.000} \frac{1}{x^2} dx$?

capítulo 12
Aplicações das Integrais

■ Objetivo do Capítulo

Neste capítulo, serão analisados alguns dos usos mais importantes das integrais em economia e administração. Você estudará como é possível utilizar a *integral definida da taxa de variação para obter variação total da função* em situações práticas. Você analisará o significado econômico do *excedente do consumidor*, do *excedente do produtor* e dos *valores futuro e presente de um fluxo de renda em uma capitalização contínua*. No Tópico Especial, serão discutidos o índice de Gini e a curva de Lorenz, enfatizando a importância e o significado desses conceitos em análises econômicas.

■ Integrando Funções Marginais

Integral Definida da Taxa de Variação como a Variação Total da Função

No Capítulo 10, quando estudamos o conceito de integral, vimos que em um intervalo a *integral definida da taxa de variação da produção resulta na variação total da produção nesse intervalo*. De um modo mais geral, pelo Teorema Fundamental do Cálculo, "dada uma função $f(x)$ contínua em um intervalo $a \leq x \leq b$, então $\int_a^b f(x)dx = F(b) - F(a)$, onde $F(x)$ é uma primitiva de $f(x)$, ou seja, $F'(x) = f(x)$".

Assim, assumindo a função $f(x)$ do integrando como a taxa de variação de uma função $F(x)$, podemos dizer que a integral definida da taxa de variação de uma função em um intervalo, $\int_a^b f(x)dx$, dá a variação total da função no intervalo, $F(b) - F(a)$.

No Capítulo 9, abordamos a taxa de variação de algumas funções como funções marginais. Por exemplo, a taxa de variação da receita, ou derivada da receita, foi chamada de *receita marginal*. No mesmo sentido, abordamos o custo marginal, o lucro marginal, a produção marginal, entre outros. Como estamos interessados em calcular a integral definida para funções expressas como taxas de variação, ou ainda como funções marginais, escrevemos:

→ *integral da receita marginal em um intervalo como a variação total da receita nesse intervalo:* $\int_a^b R'(q)\,dq = R(b) - R(a)$

→ *a integral do custo marginal em um intervalo como a variação total do custo nesse intervalo:* $\int_a^b C'(q)dq = C(b) - C(a)$

→ *a integral do lucro marginal em um intervalo como a variação total do lucro nesse intervalo:* $\int_a^b L'(q)dq = L(b) - L(a)$

Outro modo de interpretar a integral de uma taxa de variação, ou de uma função marginal, é analisar a integral indefinida de tais funções.

No capítulo anterior, vimos que quando encontramos uma função primitiva $F(x)$, de uma função $f(x)$, costumamos simbolizar tal fato representando

$$\int f(x)\,dx = F(x)$$

e, uma vez que $F'(x) = f(x)$, podemos, nessa integral, substituir o integrando $f(x)$ por $F'(x)$, o que nos permite afirmar que

$$\int F'(x)\,dx = F(x)$$

Assim, podemos escrever

$$\int C'(q)dq = C(q), \int R'(q)dq = R(q) \text{ ou ainda } \int L'(q)dq = L(q)$$

Em outras palavras, a integral indefinida do custo marginal resulta em uma primitiva que dá o custo; a integral indefinida da receita marginal resulta em uma primitiva que dá a receita ou ainda a integral indefinida do lucro marginal resulta em uma primitiva que dá o lucro.

As funções custo, receita e lucro obtidas representam a variação de tais grandezas e, em cada integral obtida, temos uma constante de integração que geralmente pode ser obtida a partir de uma informação adicional, como veremos nos exemplos a seguir. Assim, quando fazemos $\int C'(q)dq = C(q)$, obtemos a função que dá o custo, porém expressa com uma constante de integração. Tal constante, ao ser obtida a partir de uma informação extra, geralmente representa o custo fixo.

Convém ainda lembrar que $L(q) = R(q) - C(q)$ e, se tomamos suas derivadas, obtemos o lucro marginal

$$L'(q) = R'(q) - C'(q)$$

Integrando ambos os termos, podemos obter a função que dá o lucro

$$\int L'(q)dq = \int (R'(q) - C'(q))dq$$

Problema: Na comercialização, em reais, de um certo produto, a receita marginal é dada por $R'(q) = -20q + 200$ e o custo marginal é dado por $C'(q) = 20q$. Para o intervalo $1 \le q \le 5$, obtenha:

a) A variação total da receita.

Solução: A variação total da receita no intervalo $1 \le q \le 5$ será dada por $\int_1^5 R'(q)dq = R(5) - R(1)$, ou seja, devemos encontrar o valor de $\int_1^5 (-20q + 200)dq$.

Calculando primeiramente a integral indefinida correspondente $\int(-20q + 200)dq$, temoss

$$\int(-20q+200)\,dq = -20\frac{q^2}{2} + 200q + C = -10q^2 + 200q + C$$

Logo, $\int(-20q + 200)\,dq = -10q^2 + 200q + C$. Obtendo o valor da integral definida:

$$\int_1^5 (-20q+200)\,dq = \left[-10q^2 + 200q\right]_1^5 = -10\cdot 5^2 + 200\cdot 5 -$$

$$-(-10\cdot 1^2 + 200\cdot 1)$$

$$\int_1^5 (-20q+200)\,dq = 750 - 190 = 560$$

Assim, a variação da receita no intervalo é de R$ 560,00.

b) A variação total do custo.

Solução: A variação total do custo no intervalo $1 \le q \le 5$ será dada por $\int_1^5 C'(q)\,dq = C(5) - C(1)$, ou seja, devemos encontrar o valor de $\int_1^5 20q\,dq$.

Calculando primeiramente a integral indefinida correspondente $\int 20q\,dq$, temos

$$\int 20q\,dq = 20\frac{q^2}{2} + C = 10q^2 + C$$

Logo, $\int 20q\,dq = 10q^2 + C$. Obtendo o valor da integral definida:

$$\int_1^5 20q\,dq = \left[10q^2\right]_1^5 = 10\cdot 5^2 - 10\cdot 1^2 = 240 \Rightarrow \int_1^5 20q\,dq = 240$$

Assim, a variação do custo no intervalo é de R$ 240,00.

c) A variação total do lucro.

Solução: A variação total do lucro no intervalo $1 \leq q \leq 5$ será dada por $\int_1^5 L'(q)\,dq = L(5) - L(1)$. Como $L'(q) = R'(q) - C'(q)$, devemos encontrar

$$\int_1^5 L'(q)\,dq = \int_1^5 (R'(q) - C'(q))\,dq$$

Então, a integral procurada será

$$\int_1^5 (R'(q) - C'(q))\,dq = \int_1^5 (-20q + 200 - 20q)\,dq = \int_1^5 (-40q + 200)\,dq$$

Calculando primeiramente a integral indefinida correspondente $\int (-40q + 200)\,dq$:

$$\int (-40q + 200)\,dq = -40\frac{q^2}{2} + 200q + C = -20q^2 + 200q + C$$

Logo, $\int (-40q + 200)\,dq = -20q^2 + 200q + C$. Obtendo o valor da integral definida:

$$\int_1^5 (-40q + 200)\,dq = \left[-20q^2 + 200q\right]_1^5 = -20 \cdot 5^2 + 200 \cdot 5 - (-20 \cdot 1^2 + 200 \cdot 1)$$

$$\int_1^5 (-40q + 200)\,dq = 500 - 180 = 320$$

Assim, a variação do lucro no intervalo é de R$ 320,00.

Note que tal valor também pode ser obtido fazendo a subtração da variação da receita e da variação do custo obtidas nos itens anteriores: R$ 560,00 − R$ 240,00 = R$ 320,00.

d) A interpretação gráfica da variação total do lucro obtida no item anterior.

Solução: A interpretação gráfica é dada pela área entre a curva da receita marginal, $R'(q) = -20q + 200$, e a curva do custo marginal, $C'(q) = 20q$, no intervalo $1 \leq q \leq 5$.

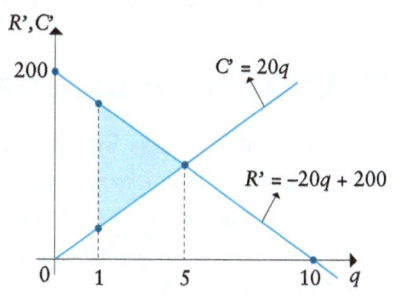

Problema: Considerando as mesmas funções do problema anterior, ou seja, receita marginal $R'(q) = -20q + 200$ e custo marginal $C'(q) = 20q$, obtenha as funções receita, custo e lucro, sabendo que a receita na comercialização de 1 unidade do produto é de R$ 190,00 e que o custo na produção de 5 unidades é de R$ 350,00.

Solução: Sabemos que $\int R'(q)dq = R(q)$; então, usando a primitiva calculada no problema anterior, temos para a receita

$$R(q) = \int(-20q + 200) \, dq = -10q^2 + 200q + C \Rightarrow R(q) = -10q^2 + 200q + C$$

Para encontrar a constante de integração, sabemos que R$ 190,00 é a receita para 1 unidade comercializada, ou seja, $R(1) = 190$, logo:

$$R(1) = -10 \cdot 1^2 + 200 \cdot 1 + C = 190 \Rightarrow 190 + C = 190 \Rightarrow C = 0$$

Assim, a função receita será $R(q) = -10q^2 + 200q + 0$ ou $R(q) = -10q^2 + 200q$.

Analogamente, encontramos a função custo. Como $\int C'(q)dq = C(q)$, utilizamos

$$C(q) = \int 20q \, dq = 10q^2 + C \Rightarrow C(q) = 10q^2 + C$$

Sabemos que R$ 350,00 é o custo para 5 unidades, ou seja, $C(5) = 350$, logo:

$$C(5) = 10 \cdot 5^2 + C = 350 \Rightarrow 250 + C = 350 \Rightarrow C = 100$$

Assim, a função custo será $C(q) = 10q^2 + 100$.
Para obter a função lucro, basta fazer $L(q) = R(q) - C(q)$, logo

$$L(q) = -10q^2 + 200q - (10q^2 + 100) = -10q^2 + 200q - 10q^2 - 100$$
$$L(q) = -20q^2 + 200q - 100$$

Assim, a função lucro será $L(q) = -20q^2 + 200q - 100$.

■ Excedente do Consumidor

Veremos agora que as integrais definidas podem ser utilizadas no conceito do *excedente do consumidor*. Para entender tal conceito, vamos supor a seguinte situação: "*Uma pessoa está disposta a comprar calças, e a quantidade a ser comprada dependerá do preço unitário das calças. Pela lei de demanda, quanto menor o preço das calças, maior a quantidade a ser com-*

prada (demandada). *Para nosso exemplo, consideramos que nosso consumidor está disposto a comprar uma calça se o preço unitário for R$ 90,00; está disposto a comprar mais uma calça se o preço dessa segunda peça for R$ 80,00; está disposto a comprar mais uma calça se o preço dessa terceira peça for R$ 70,00, e assim sucessivamente. Vamos considerar também que o preço de mercado* para a calça é R$ 60,00, ou seja, o preço de mercado é inferior ao preço que o consumidor está disposto a pagar para algumas quantidades de calças a serem compradas".*

A quantia efetivamente gasta pelo consumidor será dada pela multiplicação do preço de mercado pelo número de calças compradas:

(*preço de mercado*) × (*quantidade comprada*)

Diante dessa situação, se o consumidor comprar uma calça, o valor gasto será R$ 60,00 × 1 = R$ 60,00; entretanto, para a aquisição de uma calça, o consumidor estava disposto a gastar R$ 90,00. A diferença entre o valor que o consumidor estava disposto a gastar e o valor efetivamente gasto é de 90,00 – 60,00 = R$ 30,00 e tal diferença é chamada de *excedente do consumidor*. Podemos, então, escrever

$$\begin{pmatrix} \text{Excedente do} \\ \text{consumidor} \end{pmatrix} = \begin{pmatrix} \text{Valor que os consumidores} \\ \text{estão dispostos a gastar} \end{pmatrix} - \begin{pmatrix} \text{Valor real gasto} \\ \text{pelos consumidores} \end{pmatrix}$$

Vamos calcular o excedente do consumidor se na situação descrita fossem compradas duas calças e três calças:

- se o consumidor comprar duas calças, o valor gasto será R$ 60,00 × 2 = R$ 120,00; entretanto, para a aquisição da primeira calça, ele estava disposto a gastar R$ 90,00 e, para a aquisição da segunda calça, estava disposto a gastar R$ 80,00:

Excedente do consumidor = (90 + 80) – 120 = 170 – 120 = R$ 50,00

- se o consumidor comprar três calças, o valor gasto será R$ 60,00 × 3 = R$ 180,00; entretanto, para a aquisição da primeira calça, ele estava dis-

---

* Na verdade, consideramos o preço de mercado como o preço de equilíbrio para o qual a quantidade demandada é igual à quantidade ofertada.

posto a gastar R$ 90,00, para a aquisição da segunda calça estava disposto a gastar R$ 80,00 e para a aquisição da terceira calça estava disposto a gastar R$ 70,00:

Excedente do consumidor = (90 + 80 + 70) − 180 = 240 − 180 = R$ 60,00

Considerando isoladamente cada calça, na compra da primeira peça a economia foi de 90,00 − 60,00 = R$ 30,00; na compra da segunda peça, a economia foi de 80,00 − 60,00 = R$ 20,00 e, na compra da terceira peça, a economia foi de 70,00 − 60,00 = R$ 10,00.

Esses raciocínios elementares permitirão definir o excedente do consumidor com auxílio de integrais e também realizar as representações gráficas correspondentes.

De maneira mais formal, podemos dizer que o preço p que o consumidor está disposto a pagar é uma função da quantidade q a ser comprada, ou seja, $p = f(q)$, e pela lei de demanda, quanto menor o preço, maior a quantidade a ser comprada (demandada).

Para nosso exemplo, utilizamos $p(q) = 100 - 10q$ como a função que dá o preço de acordo com a demanda. Basta verificar que:

- para $q = 1$, temos $p(1) = 100 - 10 \cdot 1 = 90$
- para $q = 2$, temos $p(2) = 100 - 10 \cdot 2 = 80$
- para $q = 3$, temos $p(3) = 100 - 10 \cdot 3 = 70$

Consideramos também que o preço de mercado para a calça é R$ 60,00, e tal preço será simbolizado por p_0, ou seja, $p_0 = 60$. A quantidade demandada para tal preço será representada por q_0 e podemos encontrá-la fazendo $p = 60$ em $p(q) = 100 - 10q$:

$$60 = 100 - 10q \Rightarrow q = 4$$

Assim, $q_0 = 4$ representa a quantidade demandada para o preço de mercado.

A variação da quantidade será simbolizada por Δq; então, o acréscimo da quantidade em uma calça será $\Delta q = 1$.

Analisando o excedente do consumidor *isoladamente* para cada calça, de acordo com essa nova notação:

- na compra da primeira peça, a variação foi $\Delta q = 1$; o valor gasto foi $p_0 \cdot \Delta q$ = R$ 60,00 × 1 = R$ 60,00; o valor que o consumidor estava disposto a gastar foi de $p(1) \cdot \Delta q$ = R$ 90,00 × 1 = R$ 90,00 e o

$$\begin{pmatrix} \text{Excedente do} \\ \text{consumidor} \end{pmatrix} = \begin{pmatrix} \text{Valor que os consumidores} \\ \text{estão dispostos a gastar} \end{pmatrix} - \begin{pmatrix} \text{Valor real gasto} \\ \text{pelos consumidores} \end{pmatrix}$$

Excedente do consumidor = $p(1) \cdot \Delta q - p_0 \cdot \Delta q = 90 - 60 = 30$

- na compra da segunda peça, a variação foi $\Delta q = 1$; o valor gasto foi $p_0 \cdot \Delta q = $ R\$ 60,00 × 1 = R\$ 60,00; o valor que o consumidor estava disposto a gastar foi de $p(2) \cdot \Delta q = $ R\$ 80,00 × 1 = R\$ 80,00 e o

Excedente do consumidor = $p(2) \cdot \Delta q - p_0 \cdot \Delta q = 80 - 60 = 20$

- na compra da terceira peça, a variação foi $\Delta q = 1$; o valor gasto foi $p_0 \cdot \Delta q = $ R\$ 60,00 × 1 = R\$ 60,00; o valor que o consumidor estava disposto a gastar foi de $p(3) \cdot \Delta q = $ R\$ 70,00 × 1 = R\$ 70,00 e o

Excedente do consumidor = $p(3) \cdot \Delta q - p_0 \cdot \Delta q = 70 - 60 = 10$

Considerando agora o excedente do consumidor para a compra das três calças:

$$\begin{pmatrix} \text{Excedente do} \\ \text{consumidor} \end{pmatrix} = (p(1) \cdot \Delta q + p(2) \cdot \Delta q + p(3) \cdot \Delta q) - (p_0 \cdot \Delta q + p_0 \cdot \Delta q + p_0 \cdot \Delta q)$$

Excedente do consumidor = $(p(1) \cdot \Delta q + p(2) \cdot \Delta q + p(3) \cdot \Delta q) - 3 \cdot p_0 \cdot \Delta q$
Excedente do consumidor = $(p(1) \cdot \Delta q + p(2) \cdot \Delta q + p(3) \cdot \Delta q) - 3 \cdot \Delta q \cdot p_0$
Excedente do consumidor = $(90 + 80 + 70) - 3 \cdot 60 = 240 - 180 = 60$

Note que, na penúltima passagem, foi escrito $3 \cdot \Delta q$, que indica a comercialização de $3 \cdot 1 = 3$ unidades.

Interpretando geometricamente os cálculos realizados, temos na Figura 12.1 a reta que representa a demanda $p(q) = 100 - 10q$ e abaixo dela os retângulos R_1, R_2 e R_3, cujas áreas representam a economia para a compra de cada calça. Percebemos que as áreas representam tais economias se observarmos, por exemplo, para o retângulo R_2:

- $\Delta q = 1$ é a base.
- $p_0 = $ R\$ 60,00 é a altura do retângulo em branco (abaixo de R_2).
- $p(2) = $ R\$ 80,00 é altura de R_2 mais a altura do retângulo em branco.
- $p_0 \cdot \Delta q = $ R\$ 60,00 × 1 = R\$ 60,00 é a área do retângulo em branco.
- $p(2) \cdot \Delta q = $ R\$ 80,00 × 1 = R\$ 80,00 é a área de R_2 mais a área do retângulo em branco.

Dessa última área, basta subtrair a área do retângulo em branco e obtemos
- Excedente do consumidor = Área de $R_2 = p(2) \cdot \Delta q - p_0 \cdot \Delta q = 80 - 60 = 20$

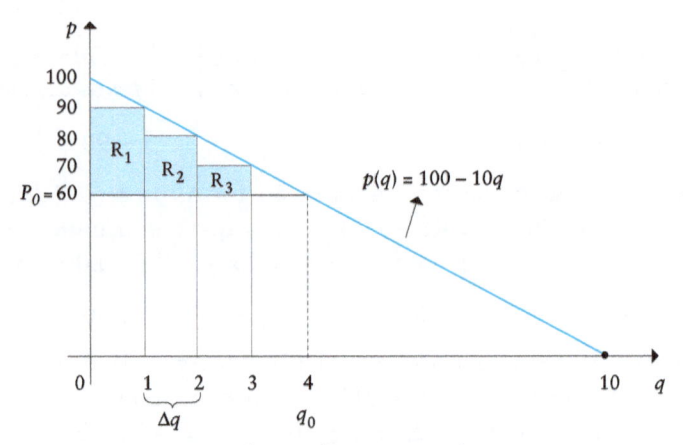

Figura 12.1 Excedente do consumidor como área.

Observando a Figura 12.1, o excedente do consumidor para a compra das três calças é dado pela soma das áreas dos retângulos R_1, R_2 e R_3.

Na prática, costumamos calcular o excedente do consumidor para as quantidades comercializadas que variam de 0 até a quantidade que estabelece o preço de mercado, representada anteriormente por q_0. Geometricamente, o cálculo preciso do excedente do consumidor é dado por "toda" a área abaixo da curva da demanda e acima da reta que representa o preço de mercado para q_0; em outras palavras, pela área abaixo de $p(q)$ e acima de p_0, o que compreende o intervalo $0 \leq q \leq q_0$.

Como o cálculo preciso do excedente do consumidor pode ser expresso como área entre duas curvas (a curva $p(q)$ e a reta $p = p_0$) em um intervalo, podemos expressá-lo por uma integral definida. O desenvolvimento de tal integral também pode ser obtido por meio da notação do limite de uma soma com infinitas parcelas.

Nesse sentido, vamos considerar agora a compra de um número q_0 de calças.

Assim, estamos interessados na variação da quantidade de calças em um intervalo $0 \leq q \leq q_0$, de tal forma que dividimos tal intervalo em n subintervalos de tamanho $\Delta q = \dfrac{q_0 - 0}{n}$ ou $\Delta q = \dfrac{q_0}{n}$, onde os subintervalos serão representados por $0 \leq q \leq q_1$, $q_1 \leq q \leq q_2$, $q_2 \leq q \leq q_3$, ..., $q_{n-1} \leq q \leq q_n = q_0$.

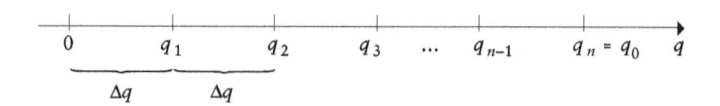

Os valores que os consumidores estão dispostos a gastar, para cada variação Δq na quantidade de calças a serem adquiridas, serão $p(q_1) \cdot \Delta q$, $p(q_2) \cdot \Delta q$, $p(q_3) \cdot \Delta q$, ..., $p(q_n) \cdot \Delta q$. Os valores que realmente são pagos a cada variação Δq adquirida serão $p(q_0) \cdot \Delta q = p_0 \cdot \Delta q$. Assim, somando os excedentes do consumidor para cada variação Δq, temos o excedente do consumidor total:

$$(p(q_1)\Delta q - p_0\Delta q) + (p(q_2)\Delta q - p_0\Delta q) + (p(q_3)\Delta q - p_0\Delta q) + ... + (p(q_n)\Delta q - p_0\Delta q)$$

Rearranjando os termos:

$$p(q_1)\Delta q + p(q_2)\Delta q + p(q_3)\Delta q + ... + p(q_n)\Delta q - p_0\Delta q - p_0\Delta q - p_0\Delta q - ... - p_0\Delta q =$$
$$= p(q_1)\Delta q + p(q_2)\Delta q + p(q_3)\Delta q + ... + p(q_n)\Delta q - (p_0\Delta q + p_0\Delta q + p_0\Delta q + ... + p_0\Delta q)$$

Notando que a parcela $p_0 \cdot \Delta q$ aparece n vezes, podemos escrever

Excedente do Consumidor $= p(q_1)\Delta q + p(q_2)\Delta q + p(q_3)\Delta q + ...$
$+ p(q_n)\Delta q - n \cdot p_0\Delta q$

Na expressão acima, a parcela $n \cdot p_0 \Delta q$ pode ser reescrita como $n \cdot \Delta q \cdot p_0$, o que é útil, pois no intervalo $\Delta q = \dfrac{q_0}{n}$ permite escrever a quantidade q_0 como $n \cdot \Delta q = q_0$ e substituí-la na parcela descrita:

Excedente do Consumidor $= p(q_1)\Delta q + p(q_2)\Delta q + p(q_3)\Delta q + ... + p(q_n)\Delta q - q_0 \cdot p_0$

Finalmente, na soma $p(q_1)\Delta q + p(q_2)\Delta q + p(q_3)\Delta q + ... + p(q_n)\Delta q$, lembrando que $\Delta q = \dfrac{q_0 - 0}{n}$, se fizermos o número de subdivisões $n \to \infty$, podemos escrever tal soma como a integral definida no intervalo $0 \le q \le q_0$:

$$p(q_1)\Delta q + p(q_2)\Delta q + p(q_3)\Delta q + ... + p(q_n)\Delta q = \int_0^{q_0} p(q)dq$$

Assim, o excedente do consumidor será dado por

$$\text{Excedente do Consumidor} = \int_0^{q_0} p(q)dq - q_0 p_0$$

onde $p(q)$ é a função demanda, p_0 é o preço de mercado e q_0 a respectiva quantidade vendida.

Graficamente, a Figura 12.2a apresenta vários retângulos com área abaixo da curva da demanda e acima da reta que representa o preço de mercado. A área de cada retângulo $R_1, R_2, R_3, \ldots, R_n$ representa separadamente o excedente do consumidor para cada variação Δq adquirida do produto nos vários subintervalos. Fazendo o número de subdivisões $n \to \infty$, a largura de cada retângulo $\Delta q \to 0$, o que fará com que seja totalmente preenchida a área entre a curva da demanda e a reta do preço de mercado, ou seja, a área que representa o excedente do consumidor (Figura 12.2b).

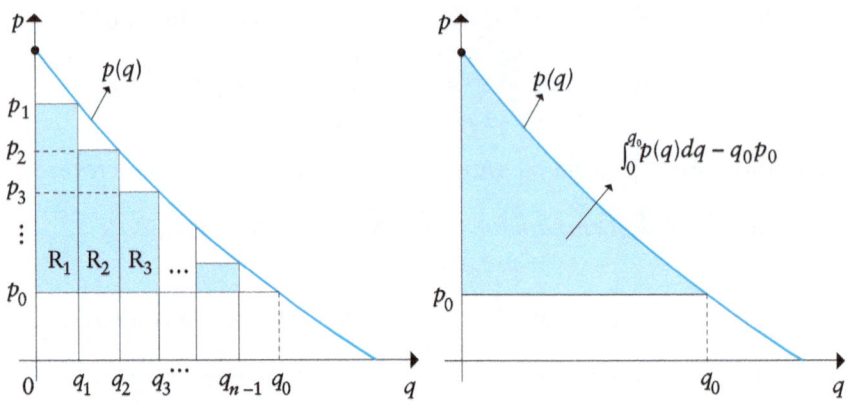

Figura 12.2a Excedente do consumidor para cada Δq.

Figura 12.2b Excedente do consumidor total.

Problema: Na compra de calças, a função demanda é dada por $p(q) = 100 - 10q$.

a) Encontre o excedente do consumidor se o preço de mercado é R$ 60,00.

Solução: Primeiramente, devemos encontrar a quantidade q_0 correspondente ao preço de mercado. Substituindo $p_0 = 60$ em $p(q) = 100 - 10q$, temos:

$$60 = 100 - 10q \Rightarrow 10q = 40 \Rightarrow q = 4$$

Assim, a quantidade procurada é $q_0 = 4$.
Substituindo $p(q) = 100 - 10q$, $q_0 = 4$ e $p_0 = 60$ na expressão

$$\text{Excedente do Consumidor} = \int_0^{q_0} p(q)\,dq - q_0 p_0$$
$$\text{Excedente do Consumidor} = \int_0^4 (100 - 10q)\,dq - 4 \cdot 60$$

Calculando a integral indefinida correspondente a $\int_0^4 (100-10q)dq$, temos:

$$\int(100-10q)dq = 100q - 10\frac{q^2}{2} + C \Rightarrow \int(100-10q)dq = 100q - 5q^2 + C$$

Logo, $\int_0^4 (100-10q)dq = \left[100q - 5q^2\right]_0^4 = 100 \cdot 4 - 5 \cdot 4^2 - (100 \cdot 0 - 5 \cdot 0^2) = 320$.

Assim, Excedente do Consumidor = $\int_0^4 (100-10q)dq - 4 \cdot 60 = 320 - 240 = 80$, ou seja, o excedente do consumidor é de R$ 80,00.

b) Represente graficamente o excedente do consumidor encontrado no item anterior.

Solução: Graficamente, o excedente do consumidor será dado pela área entre a curva do preço, $p(q) = 100 - 10q$, e a reta do preço de mercado $p_0 = 60$ no intervalo de $q = 0$ até a quantidade correspondente ao preço de mercado $q_0 = 4$.

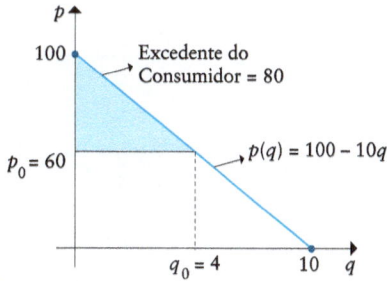

■ Excedente do Produtor

Vale lembrar que a oferta depende do preço e, quanto maior o preço, maior o interesse do produtor em vender seu produto. Entretanto, existe um preço praticado no mercado e, se o produtor estiver disposto a vender seu produto a um preço inferior ao de mercado, obterá um excedente caso venda o produto pelo preço de mercado. Tal excedente é conhecido como Excedente do Produtor.

Na verdade, o Excedente do Produtor dá a diferença entre o "valor real obtido pelos produtores na oferta (venda) de um produto" e o "valor mínimo que os produtores estão dispostos a receber na oferta (venda) de um produto".

$$\begin{pmatrix} \text{Excedente do} \\ \text{produtor} \end{pmatrix} = \begin{pmatrix} \text{Valor real obtido na} \\ \text{venda pelos produtores} \end{pmatrix} - \begin{pmatrix} \text{Valor mínimo que os} \\ \text{produtores estão} \\ \text{dispostos a receber} \\ \text{na venda} \end{pmatrix}$$

Com o auxílio de integrais definidas, podemos obter o Excedente do Produtor de modo parecido ao feito para o Excedente do Consumidor.

Chamando de $p(q)$ a função oferta, p_0 o preço de mercado e q_0 a respectiva quantidade vendida, então o excedente do produtor será dado por

$$\text{Excedente do Produtor} = q_0 p_0 - \int_0^{q_0} p(q) dq$$

Graficamente, temos na Figura 12.3 o excedente do produtor dado pela área entre a reta que representa o preço do mercado e a curva da oferta.

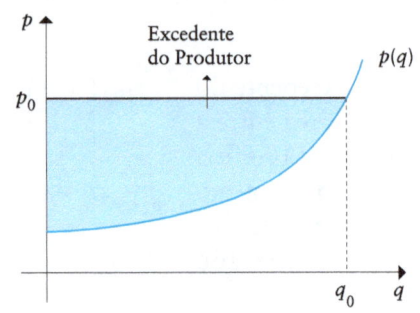

Figura 12.3 Excedente do produtor como área entre a reta $p = p_0$ e a curva da oferta.

Problema: Na venda de calças, a função oferta é dada por $p(q) = 2q + 40$.

a) Encontre o excedente do produtor se o preço de mercado é R$ 50,00.

Solução: Primeiramente, devemos encontrar a quantidade q_0 correspondente ao preço de mercado. Substituindo $p_0 = 50$ em $p(q) = 2q + 40$, temos:

$$50 = 2q + 40 \Rightarrow 2q = 10 \Rightarrow q = 5$$

Assim, a quantidade procurada é $q_0 = 5$.
Substituindo $p(q) = 2q + 40$, $q_0 = 5$ e $p_0 = 50$ na expressão

$$\text{Excedente do Produtor} = q_0 p_0 - \int_0^{q_0} p(q)dq$$

$$\text{Excedente do Produtor} = 5 \cdot 50 - \int_0^5 (2q + 40)dq$$

Calculando a integral indefinida correspondente a $\int_0^5 (2q+40)dq$, temos

$$\int (2q+40)dq = 2\frac{q^2}{2} + 40q + C \Rightarrow \int (2q+40)dq = q^2 + 40q + C$$

Logo, $\int_0^5 (2q+40)dq = \left[q^2 + 40q\right]_0^5 = 5^2 + 40 \cdot 5 - (0^2 + 40 \cdot 0) = 225$.

Assim, *Excedente do Produtor* $= 5 \cdot 50 - \int_0^5 (2q+40)dq = 250 - 225 = 25$,
ou seja, o excedente do produtor é de R$ 25,00.

b) Represente graficamente o excedente do produtor encontrado no item anterior.

Solução: Graficamente, o excedente do produtor será dado pela área entre a reta do preço de mercado $p_0 = 50$ e a curva do preço, $p(q) = 2q + 40$, no intervalo de $q = 0$ até a quantidade correspondente ao preço de mercado $q_0 = 5$.

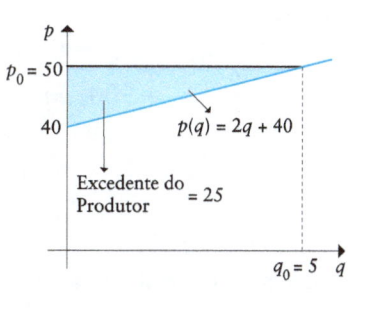

Problema: Na comercialização de um produto, a função demanda é $p(q) = -q^2 + 900$ e a função oferta é $p(q) = q^2 + 100$. Sabendo que o preço de mercado é o preço de equilíbrio entre demanda e oferta:

a) Obtenha o excedente do consumidor.

Solução: Primeiramente, devemos encontrar a quantidade q_0 correspondente ao preço de mercado. Tal quantidade será a quantidade de equilíbrio, já que o preço de mercado é o preço de equilíbrio. A quantidade de equilíbrio ocorre quando a demanda se iguala à oferta:

$$-q^2 + 900 = q^2 + 100 \Rightarrow -2q^2 = -800 \Rightarrow q = \pm\sqrt{400} \Rightarrow q = 20$$

Assim, a quantidade de equilíbrio ou a quantidade que dá o preço de mercado é $q_0 = 20$.

Com tal quantidade calculamos o preço de mercado utilizando uma das duas funções:

$$p(20) = -20^2 + 900 = 500 \Rightarrow p_0 = 500$$

Substituindo a demanda $p(q) = -q^2 + 900$, $q_0 = 20$ e $p_0 = 500$ na expressão

$$\text{Excedente do Consumidor} = \int_0^{q_0} p(q)dq - q_0 p_0$$

$$\text{Excedente do Consumidor} = \int_0^{20}(-q^2 + 900)dq - 20 \cdot 500$$

Após o cálculo da integral indefinida $\int(-q^2 + 900)dq = -\dfrac{q^3}{3} + 900q + C$, temos

$$\int_0^{20}(-q^2 + 900)\,dq = \left[-\frac{q^3}{3} + 900q\right]_0^{20} = -\frac{20^3}{3} + 900 \cdot 20 -$$

$$-\left(-\frac{0^3}{3} + 900 \cdot 0\right) = \frac{46.000}{3}$$

Assim, o excedente do consumidor (E.C.) será

$$E.C. = \int_0^{20}(-q^2 + 900)dq - 20 \cdot 500 = \frac{46.000}{3} - 10.000 = \frac{16.000}{3} \cong 5.333,33$$

ou seja, o excedente do consumidor é de R$ 5.333,33.

b) Obtenha o excedente do produtor.

Solução: Pelo item anterior, já sabemos que $q_0 = 20$, $p_0 = 500$ e juntamente com a função oferta $p(q) = q^2 + 100$ na expressão

$$\text{Excedente do Produtor} = q_0 p_0 - \int_0^{q_0} p(q)dq$$

$$\text{Excedente do Produtor} = 20 \cdot 500 - \int_0^{20} (q^2 + 100)dq$$

Após o cálculo da integral indefinida $\int (q^2+100)dq = \dfrac{q^3}{3} + 100q + C$, temos

$$\int_0^{20}(q^2+100)dq = \left[\dfrac{q^3}{3} + 100q\right]_0^{20} = \dfrac{20^3}{3} + 100 \cdot 20 - \left(\dfrac{0^3}{3} + 100 \cdot 0\right) = \dfrac{14.000}{3}$$

Assim, o excedente do produtor (E.P.) será

$$\text{E.P.} = 20 \cdot 500 - \int_0^{20}(q^2+100)dq = 10.000 - \dfrac{14.000}{3} = \dfrac{16.000}{3} \cong 5.333,33,$$

ou seja, para esse problema, o excedente do produtor também é de R$ 5.333,33.

c) Em um mesmo sistema de eixos, faça a representação gráfica dos excedentes encontrados anteriormente.

Solução: O excedente do consumidor é dado graficamente pela área entre a curva da demanda e o preço de mercado. Já o excedente do produtor é dado pela área entre o preço de mercado e a curva da oferta. Com as curvas da demanda e da oferta no mesmo gráfico, a união dos excedentes é dada pela área entre tais curvas. Em todos os casos, o intervalo considerado vai de $q = 0$ até $q_0 = 20$ (quantidade que dá o preço de mercado).

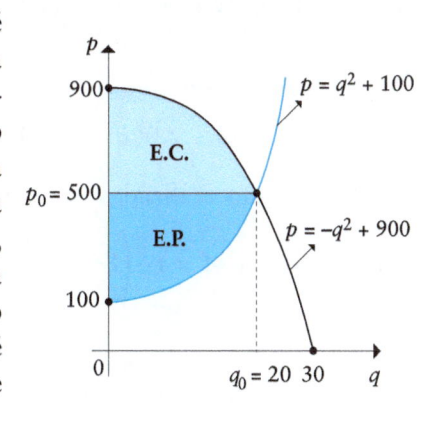

Valor Futuro e Valor Presente de um Fluxo de Renda

Capitalização Contínua

No Capítulo 4, vimos que o montante M de uma aplicação inicial P no sistema de capitalização a juros compostos a uma taxa i (escrita na forma decimal) durante um período n é dado por

$$M = P \cdot (1 + i)^n$$

Reescrevendo o período como $n = x$, temos

$$M = P \cdot (1 + i)^x$$

Se durante o período x quisermos realizar k capitalizações, obtemos uma nova expressão para o montante:

$$M = P \cdot \left(1 + \frac{i}{k}\right)^{k \cdot x}$$

Exemplo: A quantia de R$ 2.000,00 foi aplicada a juros compostos a uma taxa de 5% ao ano. Obtenha as expressões para o montante quando são realizadas 1 capitalização e 4 capitalizações durante o ano.

Solução: Quando é realizada apenas 1 capitalização ao ano, o montante é obtido pela expressão $M = P \cdot (1 + i)^x$ ou pela expressão $M = P \cdot \left(1 + \frac{i}{k}\right)^{k \cdot x}$, fazendo $k = 1$, logo:

$$M = 2.000 \cdot (1 + 0{,}05)^x \Rightarrow M = 2.000 \cdot 1{,}05^x$$

Quando são realizadas 4 capitalizações ao ano, o montante é obtido pela expressão $M = P \cdot \left(1 + \frac{i}{k}\right)^{k \cdot x}$, fazendo $k = 4$, logo:

$$M = 2.000 \cdot \left(1 + \frac{0{,}05}{4}\right)^{4 \cdot x} \Rightarrow M = 2.000 \cdot \left[(1 + 0{,}0125)^4\right]^x \Rightarrow$$

$$M = 2.000 \cdot (1{,}0125^4)^x \quad \Rightarrow \quad M \cong 2.000 \cdot 1{,}050945^x$$

Nessa segunda expressão, a base 1,050945 fornece a **taxa efetiva** de 5,0945%, enquanto 5% representa a **taxa nominal** para tal aplicação.

Percebemos que, no período de um ano, ao serem realizadas algumas capitalizações, alteramos o fator com o qual vai ser corrigido o montante, passando de 1,05 para 1,050945. Na verdade, podemos aumentar em muito o número de capitalizações, fazendo, por exemplo, 100, 1.000 ou 100.000 capitalizações no período, obtendo como fator de correção do montante, respectivamente, 1,051258, 1,051270 ou 1,051271.

Se fizermos o número de capitalizações crescer indefinidamente, ou seja, $k \to \infty$, obtemos a chamada *capitalização contínua*, e o fator de correção do montante tenderá a um número limite. Como exemplo, tomando a *taxa nominal* de 5%, obtemos para o montante:

$$M = P \cdot \left(1 + \frac{0{,}05}{k}\right)^{k \cdot x} \quad \Rightarrow \quad M = P \cdot \left[\left(1 + \frac{0{,}05}{k}\right)^k\right]^x$$

Estimando numericamente $\left(1 + \dfrac{0{,}05}{k}\right)^k$ quando $k \to \infty$, observamos que

$$\left(1 + \frac{0{,}05}{k}\right)^k \to 1{,}051271096\ldots = e^{0{,}05}$$

Assim, para capitalização contínua, o montante será

$$M = P \cdot \left[\left(1 + \frac{0{,}05}{k}\right)^k\right]^x \quad \Rightarrow \quad M = P \cdot (e^{0{,}05})^x \quad \Rightarrow \quad M = P \cdot e^{0{,}05x}$$

De um modo geral, na *capitalização contínua* para uma aplicação em que o capital inicial é P, a taxa nominal anual é i e o período em anos é x, o montante M será

$$M = P \cdot e^{i \cdot x}$$

Valor Futuro de um Fluxo de Renda

A renda gerada em uma empresa não é calculada apenas ao final de um ano, mês ou semana. A renda gerada pode ser calculada diariamente e em vários instantes; nesse sentido, podemos falar de um *fluxo de renda*. É comum uma empresa, ao gerar uma renda, investi-la para obter juros, acumulando assim as rendas geradas e os juros obtidos no investimento de tais rendas; nesse sentido, podemos falar do *valor futuro acumulado de um fluxo de renda*.

Podemos utilizar a integral definida para calcular o *valor futuro acumulado de um fluxo de renda*, ou seja, calcular com a integral definida o valor acumulado por uma empresa quando a renda gerada é investida continuamente e, no processo de acumulação, os juros são obtidos por capitalização contínua.

Em vários instantes, a renda gerada compõe o fluxo de renda, mas por simplicidade consideramos *anual* a taxa de geração de renda. Tal taxa será dada pela função $R(x)$, onde x representa o tempo dado em anos.

Temos a expressão que dá o *valor futuro acumulado de um fluxo de renda* ou, simplesmente, *valor futuro de um fluxo de renda*, após N anos, onde $R(x)$ é a taxa na qual a renda é gerada anualmente e i é a taxa de juros compostos continuamente:

$$\text{Valor Futuro} = e^{iN} \cdot \int_0^N R(x) e^{-ix} dx$$

Problema: Para uma empresa, um determinado produto gera uma renda a uma taxa de R$ 500.000,00 por ano. Ao ser obtida, tal renda é aplicada várias vezes ao dia a uma taxa anual de 8% composta continuamente. Qual o valor futuro acumulado para esse fluxo de renda após 5 anos?

Solução: O valor futuro será dado por $\text{Valor Futuro} = e^{iN} \cdot \int_0^N R(x) e^{-ix} dx$, onde, segundo os dados, $i = 0{,}08$, $N = 5$ e $R(x) = 500.000$, então

$$\text{Valor Futuro} = e^{0{,}08 \cdot 5} \int_0^5 500.000 e^{-0{,}08x} dx$$

Rearranjando a integral, temos $\text{Valor Futuro} = 500.000 e^{0{,}4} \int_0^5 e^{-0{,}08x} dx$.

Calculamos a integral indefinida correspondente $\int e^{-0,08x}dx$ pelo método da substituição:

$$u(x) = -0,08x \Rightarrow du = -0,08dx \Rightarrow dx = \frac{1}{-0,08}du \Rightarrow dx = -12,5du$$

$$\int e^{-0,08x}dx = \int e^u(-12,5du) = -12,5\int e^u du = -12,5e^u = -12,5e^{-0,08x}$$

Então, a integral definida será

$$\int_0^5 e^{-0,08x}dx = \left[-12,5e^{-0,08x}\right]_0^5 = -12,5e^{-0,08 \cdot 5} - \left(-12,5e^{-0,08 \cdot 0}\right) \cong$$

$$-8,379 + 12,500 = 4,121$$

Logo, obtemos o valor futuro do fluxo de renda

Valor Futuro = $500.000e^{0,4}\int_0^5 e^{-0,08x}dx = 500.000e^{0,4} \cdot 4,121 = 3.073.904,79$

Assim, o valor futuro acumulado é de R$ 3.073.904,79.

Valor Presente de um Fluxo de Renda

Existem situações em que é interessante conhecer o **valor presente de um fluxo de renda**, ou seja, para um certo período, qual o capital que deve ser aplicado inicialmente para que, ao final desse período, o montante obtido seja equivalente ao valor futuro de um fluxo de renda correspondente.

Considerando um fluxo de renda onde $R(x)$ é a taxa na qual a renda é gerada anualmente e i é a taxa de juros compostos continuamente, vimos que, após N anos, o valor futuro do fluxo de renda é dado por Valor

Futuro = $e^{iN} \cdot \int_0^N R(x)e^{-ix}dx$. Com a mesma taxa i de juros compostos con-

tinuamente, se aplicarmos um capital inicial P após N anos, obtemos um montante $M = P \cdot e^{iN}$, e tal montante deve ser igual ao Valor Futuro do Fluxo de Renda:

$$P \cdot e^{iN} = e^{iN} \cdot \int_0^N R(x)e^{-ix}dx$$

Dividindo ambos os membros da igualdade por e^{iN}, obtemos o capital inicial (valor presente do fluxo de renda) que, aplicado inicialmente, iguala o montante ao valor futuro do fluxo de renda:

$$P = \int_0^N R(x)e^{-ix}dx$$

Assim, temos a expressão que dá o **valor presente de um fluxo de renda**, onde N é o número de anos, $R(x)$ é a taxa na qual a renda é gerada anualmente e i é a taxa de juros compostos continuamente:

$$\text{Valor Presente} = \int_0^N R(x)e^{-ix}dx$$

Problema: Em uma empresa, a produção de uma máquina é vendida e proporciona uma renda a uma taxa de R$ 25.000,00 por ano. Ao ser obtida, tal renda é aplicada várias vezes ao dia a uma taxa anual de 10% composta continuamente. Qual o valor presente dessa máquina, considerando sua vida útil de 15 anos e mantidas as mesmas taxas de renda e de juros nesse período?

Solução: O valor presente da máquina será o valor presente do fluxo de renda gerado por ela. Temos $\text{Valor Presente} = \int_0^N R(x)e^{-ix}dx$ e, substituindo $N = 15$, $R(x) = 25.000$ e $i = 0,10 = 0,1$, obtemos

$$\text{Valor Presente} = \int_0^{15} 25.000 e^{-0,1x}dx$$

Rearranjando a integral, temos $\text{Valor Presente} = 25.000 \int_0^{15} e^{-0,1x}dx$.

Calculamos a integral indefinida correspondente $\int e^{-0,1x}\,dx$ pelo método da substituição:

$$u(x) = -0,1x \Rightarrow du = -0,1dx \Rightarrow dx = \frac{1}{-0,1}du \Rightarrow dx = -10du$$

$$\int e^{-0,1x}dx = \int e^u(-10du) = -10\int e^u\,du = -10e^u = -10e^{-0,1x}$$

Então, a integral definida será

$$\int_0^{15} e^{-0,1x} dx = \left[-10e^{-0,1x}\right]_0^{15} = -10e^{-0,1 \cdot 15} - \left(-10e^{-0,1 \cdot 0}\right) \cong$$

$$\cong -2,231 + 10 = 7,769$$

Logo, obtemos o valor presente do fluxo de renda

$$\text{Valor Presente} = 25.000 \int_0^{15} e^{-0,1x} dx = 25.000 \cdot 7,769 = 194.225,00$$

Assim, o valor presente da máquina é de R$ 194.225,00.

■ Exercícios

1. Na comercialização, em reais, de um certo produto, a receita marginal é dada por $R'(q) = -10q + 100$ e o custo marginal é dado por $C'(q) = 2,5q$. Para o intervalo $2 \leq q \leq 8$, obtenha:
   a) A variação total da receita.
   b) A variação total do custo.
   c) A variação total do lucro.
   d) A interpretação gráfica da variação total do lucro obtida no item anterior.

2. Considerando as mesmas funções do problema anterior, ou seja, receita marginal $R'(q) = -10q + 100$ e custo marginal $C'(q) = 2,5q$, obtenha as funções receita, custo e lucro, sabendo que a receita na comercialização de 2 unidades do produto é de R$ 180,00 e que o custo na produção de 4 unidades é de R$ 70,00.

3. Na comercialização, em reais, de uma peça automotiva, a receita marginal é dada por $R'(q) = 3q^2$ e o custo marginal é dado por $C'(q) = 27$. Para o intervalo $1 \leq q \leq 3$, obtenha:
   a) A variação total da receita.
   b) A variação total do custo.
   c) A variação total do lucro.
   d) A interpretação gráfica da variação total do lucro obtida no item anterior.

4. Considerando as mesmas funções do problema anterior, ou seja, receita marginal $R'(q) = 3q^2$ e custo marginal $C'(q) = 27$, obtenha as funções receita, custo e lucro sabendo que a receita na comercialização de 2 peças é de $ 8,00 e que o custo na produção de 10 peças é de $ 300,00.

5. Para uma certa população, a propensão marginal a consumir é dada por $c_{mg} = c'(y) = 0,7$, sendo o consumo c uma função da renda y dos consumidores.

    a) Obtenha a variação total do consumo quando a renda variar no intervalo $1.000 \leq y \leq 1.500$.

    b) Obtenha a função consumo sabendo que, para uma renda de $ 1.000,00, o consumo é de $ 910,00.

6. Para uma certa população, a propensão marginal a poupar é dada por $s_{mg} = s'(y) = 0,3$, sendo a poupança s uma função da renda y dos habitantes.

    a) Obtenha a variação total da poupança quando a renda variar no intervalo $1.000 \leq y \leq 1.500$.

    b) Obtenha a função poupança sabendo que, para uma renda de $ 1.000,00, a poupança é de $ 90,00.

7. Em uma empresa, a produção marginal de alimentos beneficiados é dada por $P' = q^3$, onde q representa o capital investido em equipamentos. A produção é dada em toneladas e o capital em milhares de reais.

    a) Obtenha a variação total da produção quando o capital investido varia de 2 até 5 milhares de reais.

    b) Obtenha a função produção sabendo que, para 10 milhares de reais investidos em equipamentos, resulta uma produção de 2.500 toneladas de alimentos.

8. Na compra de um eletrodoméstico a função demanda é dada por $p(q) = 1.000 - 200q$.

    a) Encontre o excedente do consumidor se o preço de mercado do eletrodoméstico é $ 400,00.

    b) Represente graficamente o excedente do consumidor encontrado no item anterior.

9. Na venda de um eletrodoméstico a função oferta é dada por $p(q) = 50q + 250$.

a) Encontre o excedente do produtor se o preço de mercado do eletrodoméstico é $ 400,00.

b) Represente graficamente o excedente do produtor encontrado no item anterior.

10. Na compra de calçados, a função demanda é dada por $p(q) = 108 - 3q^2$.

   a) Encontre o excedente do consumidor se o preço de mercado é $ 60,00.

   b) Represente graficamente o excedente do consumidor encontrado no item anterior.

11. Na venda de calçados a função oferta é dada por $p(q) = 3q^2 + 12$.

   a) Encontre o excedente do produtor se o preço de mercado é $ 60,00.

   b) Represente graficamente o excedente do produtor encontrado no item anterior.

12. Na comercialização de calças, a função demanda é $p(q) = -6q^2 + 150$ e a função oferta é $p(q) = 3q^2 + 69$. Sabendo que o preço de mercado é o preço de equilíbrio entre demanda e oferta:

   a) Obtenha o excedente do consumidor.

   b) Obtenha o excedente do produtor.

   c) Em um mesmo sistema de eixos, faça a representação gráfica dos excedentes encontrados anteriormente.

13. Para uma empresa, um determinado produto gera uma renda a uma taxa de R$ 200.000,00 por ano. Ao ser obtida, tal renda é aplicada várias vezes ao dia a uma taxa anual de 10% composta continuamente. Qual o valor futuro acumulado para esse fluxo de renda após 4 anos?

14. Em uma empresa, a produção de um aparelho é vendida e proporciona uma renda a uma taxa de R$ 40.000,00 por ano. Ao ser obtida, tal renda é aplicada várias vezes ao dia a uma taxa anual de 12% composta continuamente. Qual o valor presente desse aparelho, considerando sua vida útil de 10 anos e mantidas as mesmas taxas de renda e de juros nesse período?

15. Os dirigentes de uma grande empresa no setor de tintas desejam comprar uma outra empresa menor e concorrente. Estima-se que, após a compra, a empresa menor gerará uma renda de $ 750.000,00 por ano que será aplicada pela empresa maior continuamente a uma taxa

anual de 9%, gerando um fluxo de renda durante 5 anos, quando então será realizada a fusão das duas empresas. Qual o valor futuro acumulado para esse fluxo de renda após os 5 anos?

16. Os dirigentes de uma grande empresa no setor de tintas desejam comprar uma outra empresa menor e concorrente. Estima-se que, após a compra, a empresa menor gerará uma renda de R$ 750.000,00 por ano que será aplicada pela empresa maior continuamente a uma taxa anual de 9%, gerando um fluxo de renda durante 5 anos, quando então será realizada a fusão das duas empresas. Para a compra, qual o valor presente da empresa menor, considerando apenas o fluxo de renda gerada por ela durante os 5 anos?

17. Em uma fábrica, o número y de peças produzidas por um operário depende do número x de horas trabalhadas a partir do início do turno ($x = 0$), e tal produção é dada por $y = -x^3 + 15x^2$, onde x é dado em horas e y em unidades. Determine o número médio de peças produzidas no intervalo de horas de $x = 1$ até $x = 5$. (Lembre-se: o *valor médio* de uma função $f(x)$ em um intervalo $a \leq x \leq b$ é dado por

$$\text{Valor Médio} = \frac{1}{b-a} \cdot \int_a^b f(x)dx.$$

18. O preço P de um produto cresce no decorrer dos meses x de acordo com a função $P = 40 \cdot 1{,}05^x$, onde $x = 0$ representa o mês de março, quando teve início a análise de tais preços. Determine o preço médio do produto no intervalo de maio a agosto.

19. Determine o valor futuro de um fluxo de renda, em que a renda é gerada segundo uma taxa dada por $R(x) = 10x + 200$ (milhares de R$/ano), a capitalização contínua é feita a uma taxa anual de 10% e o período é de 4 anos. (Sugestão: Resolva a integral utilizando o método da integração por partes.)

TÓPICO ESPECIAL – O Índice de Gini e a Curva de Lorenz

Uma das medidas usuais de mensuração do grau de concentração ou desigualdade da renda de uma população é o índice de Gini, cuja abreviatura é denotada por G. Esse índice apresenta uma variação numérica dentro do intervalo $0 \leq G < 1$, determinando duas situações extremas à medida que G se aproxima de **zero** ou de **um**. Na primeira situação ($G \to 0$), podemos afirmar que está ocorrendo uma pequena dispersão ou pequena desigualdade na renda de uma região ou população; porém, a segunda situação, quando ($G \to 1$), implica uma grande dispersão ou grande desigualdade na renda de uma dada população.

Ainda podemos utilizar o índice de Gini para medir o grau de concentração da renda em uma empresa, em uma cidade etc.

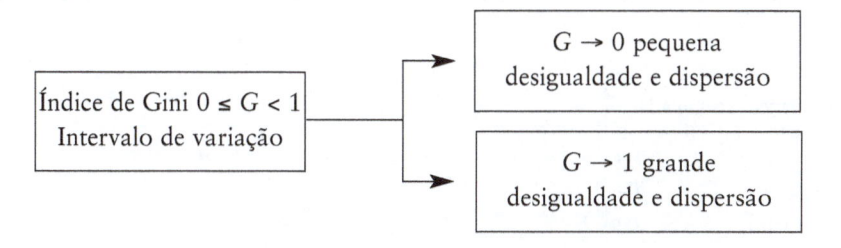

Índice de Gini $0 \leq G < 1$
Intervalo de variação

$G \to 0$ pequena desigualdade e dispersão

$G \to 1$ grande desigualdade e dispersão

A Curva de Lorenz caracteriza a representação da proporção acumulada da população em porcentagem subdividida em estratos no eixo horizontal (x), com a proporção acumulada correspondente da renda em porcentagem acumulada dessa mesma população.

Como exemplo, construiremos a Curva de Lorenz e calcularemos o índice de Gini, utilizando os dados hipotéticos da tabela que relaciona porcentagem acumulada da renda e porcentagem acumulada da população.

Estrato	P_i (%) Fração da População	R_i (%) Fração da Renda	$P_{i(ac)}$ (%) População acumulada em (%) (valores acumulados)	$R_{i(ac)}$ (%) Renda acumulada em (%)
1	0,20−	0,0350	0,20	0,0350
2	0,20	0,0807	0,40	0,1157
3	0,20	0,1381	0,60	0,2538
4	0,20	0,2026	0,80	0,4564
5	0,20+	0,5435	1,00	1,0000

$$P_{i(ac)} \times R_{i(ac)}(\%)$$
Curva de Lorenz

O gráfico da Figura 12.4 representa a Curva de Lorenz (L) e a reta de igualdade de distribuição de renda (I) provenientes dos dados da tabela anterior relacionando população acumulada (em %) e renda acumulada (em %).

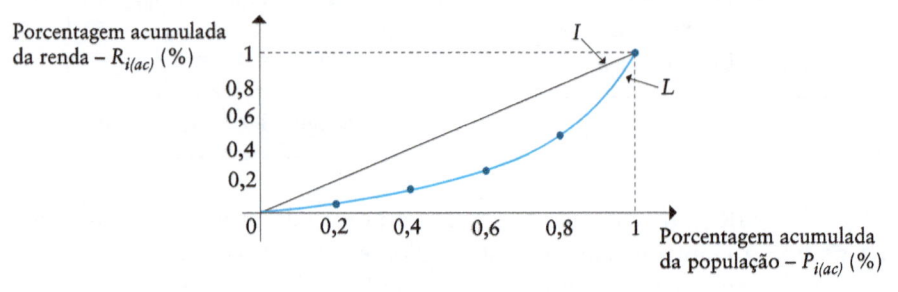

Figura 12.4 Curva de Lorenz.

A reta de igualdade representada pela diagonal (I) caracteriza a completa igualdade, onde todos recebem a mesma renda, significando que 40% da população receberá 40% da renda; 60% da população receberá 60% da renda etc. Essa mesma reta também poderá ser chamada de Reta de Equidistribuição, denotando uma perfeita distribuição da renda.

Por outro lado, a Curva de Lorenz é obtida pela ligação dos valores de $P_{i(ac)}$ (%) com $R_{i(ac)}$ (%), quando a proporção acumulada da renda varia em função da proporção acumulada da população.

Vale lembrar que, quanto maior o número de estratos da população, maior o número de pontos na Curva de Lorenz, propiciando cada vez mais um traçado de caráter curvilíneo. Uma importante observação que podemos fazer é que, à medida que a Curva de Lorenz (L) vai se afastando da reta de igualdade (I), o grau de concentração, ou desigualdade da renda, aumenta. Portanto, quanto mais próxima a curva (L) estiver da reta (I), teremos um grau de concentração menor e uma distribuição de renda mais justa (menor desigualdade).

Observando a tabela e o gráfico da Figura 12.4, percebemos nitidamente que 40% da população participa com 11,57% da renda **total**, 60% com 25,38%, 80% com 45,64% etc., caracterizando as desigualdades existentes.

A seguir, iremos mostrar, através do gráfico da Figura 12.5, que o índice de Gini é dado por $G = 2A_1$, tomando como base os estratos P_{i-1} e P_i da população e suas respectivas rendas R_i e R_{i-1}.

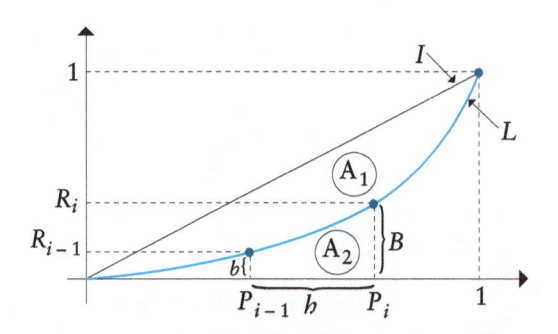

Figura 12.5 Interpretação gráfica do índice de Gini.

Na Figura 12.5, A_1 é a área formada pela reta (I) e pela curva (L), e A_2 caracteriza o trapézio formado sob a Curva de Lorenz, cuja área é igual a $A_2 = \dfrac{(B + b) \cdot h}{2}$. Como podemos ter n trapézios sob a curva, então:

$$A_2 = \sum_{i=1}^{n}\left[\frac{(R_i + R_{i-1}) \cdot (P_i - P_{i-1})}{2}\right]$$

Logo, $A_1 + A_2 = 0,5$ e, como estamos interessados na área A_1, temos:

$$A_1 = 0,5 - A_2 \Rightarrow A_1 = 0,5 - \sum_{i=1}^{n}\left[\frac{(R_i + R_{i-1}) \cdot (P_i - P_{i-1})}{2}\right]$$

Multiplicando ambos os membros por (2), temos:

$$2A_1 = 1 - \sum_{i=1}^{n}\left[(R_i + R_{i-1}) \cdot (P_i - P_{i-1})\right]$$

portanto, $2A_1 = G \Rightarrow G = 2A_1$. Logo, quanto maior a área A_1, maior será o nível de desigualdade da renda de uma população em estudo.

Através da expressão $G = 2A_1$, poderemos extrapolar o raciocínio para o cálculo de integrais utilizando áreas entre curvas, chamando a reta de igualdade de $I(x)$ e a Curva de Lorenz de $L(x)$, e considerando o domínio para as funções por $0 \le x \le 1$. O gráfico da Figura 12.6 ilustra as duas funções $L(x)$ e $I(x)$, determinando a área sombreada A_1.

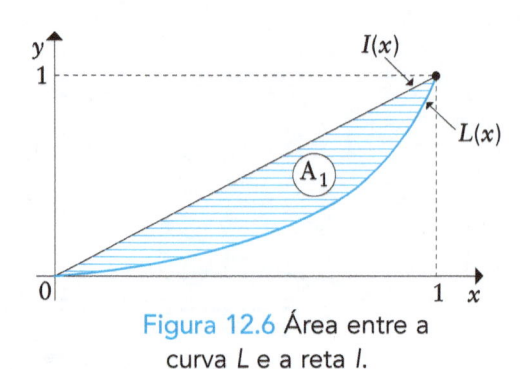

Figura 12.6 Área entre a curva L e a reta I.

Como $G = 2A_1$, tem-se: $A_1 = \int_0^1 [I(x) - L(x)] \cdot dx$, portanto:

$$G = 2 \cdot \int_0^1 [I(x) - L(x)] \cdot dx$$

Exemplo 1 – A tabela a seguir identifica a distribuição dos funcionários de empresas industriais do setor alimentício em função do nível salarial em um período anual. Com base nos dados, calcule o índice de Gini e construa a Curva de Lorenz.

i (Estrato)	Fração da População	Fração da Renda	$P_{i(ac)}$ (%)	$R_{i(ac)}$ (%)	$P_i - P_{i-1}$	$R_i + R_{i-1}$	$(P_i - P_{i-1}) \cdot (R_i + R_{i-1})$
1	0,20- (mais pobres)	0,026	0,20	0,026	0,20	0,0260	0,00520
2	0,20	0,098	0,40	0,124	0,20	0,1500	0,03000
3	0,20	0,224	0,60	0,348	0,20	0,4772	0,09544
4	0,20	0,287	0,80	0,635	0,20	0,9883	0,19670
5	0,20+ (mais ricos)	0,365	1,00	1,000	0,20	1,6350	0,32700
			Curva de Lorenz				Σ

$$\Sigma (P_i - P_{i-1}) \cdot (R_i + R_{i-1}) = 0,6543$$

- **Índice de Gini**

$$G = 1 - \sum_{i=1}^{n}\left[(R_i + R_{i-1}) \cdot (P_i - P_{i-1})\right]$$

$G = 1 - [0,6543] \Rightarrow G = 0,3457 \Rightarrow G \cong 0,35$, se apresentando mais próximo de zero ($G \to 0$), indicando baixa concentração e desigualdade na renda dos funcionários do setor alimentício.

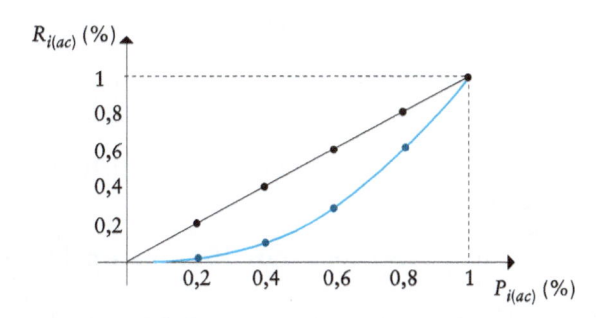

Exemplo 2 – Um órgão governamental, através dos resultados da Pesquisa Nacional por Amostra de Domicílios (PNAD), certificou-se de que a Curva de Lorenz para a distribuição de renda de uma cidade é caracterizada pela função $L(x) = 0,1x + 0,9x^2$ e pela reta de igualdade $I(x) = x$, $0 \leq x \leq 1$. Pede-se:

a) O índice de Gini e sua interpretação quanto ao nível de concentração.

Solução: Calculando o índice de Gini:

$$G = 2\int_0^1 [I(x) - L(x)] \cdot dx \Rightarrow G = 2\int_0^1 [(x) - (0{,}1x + 0{,}9x^2)] \cdot dx =$$

$$= 2\left[\frac{x^2}{2} - \left(\frac{0{,}1x^2}{2} + \frac{0{,}9x^3}{3}\right)\right]_0^1 = 2\left[\frac{(1)^2}{2} - \frac{0{,}1 \cdot (1)^2}{2} - \frac{0{,}9 \cdot (1)^3}{3}\right] =$$

$$= 2\,[0{,}15] = 0{,}30$$

Logo, $G = 0{,}30$, o que indica um baixo grau de concentração ou pequena desigualdade na renda dessa cidade.

b) A representação gráfica da Curva de Lorenz em decis (10%).

Solução: Gerando uma tabela para a construção gráfica, temos:

x (decis) em porcentagem	0,1	0,2	0,3	0,4	0,5	0,6	0,7	0,8	0,9	1,0
y (renda)	0,020	0,056	0,111	0,184	0,275	0,384	0,511	0,656	0,819	1,0

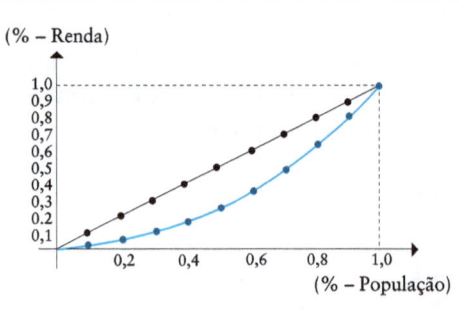

c) Qual o nível de renda para os 10% mais pobres (0,10−) e para o quinto decil da população?

Solução: Se $x = 0{,}1$ (correspondente aos 10% mais pobres ou 1º decil), temos:

$y_{(0,1)} = 0{,}9 \cdot (0{,}1)^2 + 0{,}1 \cdot (0{,}1) = 0{,}020$, portanto os 0,10− (mais pobres) participam com 0,02 da renda ou $0{,}02 \times 100 = 2\%$ da renda total, para o quinto decil $x = 0{,}5$, temos:

$y_{(0,5)} = 0{,}9 \cdot (0{,}5)^2 + 0{,}1 \cdot (0{,}5) = 0{,}275 \times 100 = 27{,}5\%$; logo, até o 5º decil a participação na renda total é de 27,5%.

Exemplo 3 – Um órgão de pesquisa em estatística e estudos socioeconômicos, a pedido de um sindicato de grande representação nacional, está estudando quatro empresas (A, B, C e D) quanto ao grau de concentração de renda. Com base nesse estudo, foram geradas para cada empresa quatro funções de distribuição de renda:

$$y_A = x^2;\ y_B = x^{1,7};\ y_C = x^{1,5}\ e\ y_D = x^{1,3}$$

Com base nas funções de distribuição de renda, pede-se:

a) Qual das empresas apresenta maior grau de concentração na renda?

Solução: Calculando o índice de Gini para cada uma das empresas:

$$G_A = 2\int_0^1 \left[(x) - (x^2)\right] \cdot dx \Rightarrow G_A = 2\left[\frac{x^2}{2} - \frac{x^3}{3}\right]_0^1 \Rightarrow G_A = 2\left[\frac{1^2}{2} - \frac{1^3}{3}\right] \Rightarrow$$

$$\Rightarrow G_A = 2[0{,}1667] \Rightarrow \boxed{G_A = 0{,}3333}$$

$$G_B = 2\int_0^1 \left[(x) - (x^{1,7})\right] \cdot dx \Rightarrow G_B = 2\left[\frac{x^2}{2} - \frac{x^{2,7}}{2{,}7}\right]_0^1 \Rightarrow G_B = 2\left[\frac{1^2}{2} - \frac{1^{2,7}}{2{,}7}\right] \Rightarrow$$

$$\Rightarrow G_B = 2[0{,}1296] \Rightarrow \boxed{G_B = 0{,}2593}$$

$$G_C = 2\int_0^1 \left[(x) - (x^{1,5})\right] \cdot dx \Rightarrow G_C = 2\left[\frac{x^2}{2} - \frac{x^{2,5}}{2{,}5}\right]_0^1 \Rightarrow G_C = 2\left[\frac{1^2}{2} - \frac{1^{2,5}}{2{,}5}\right] \Rightarrow$$

$$\Rightarrow G_C = 2[0{,}1000] \Rightarrow \boxed{G_C = 0{,}2000}$$

$$G_D = 2\int_0^1 \left[(x) - (x^{1,3})\right] \cdot dx \Rightarrow G_D = 2\left[\frac{x^2}{2} - \frac{x^{2,3}}{2{,}3}\right]_0^1 \Rightarrow G_D = 2\left[\frac{1^2}{2} - \frac{1^{2,3}}{2{,}3}\right] \Rightarrow$$

$$\Rightarrow G_D = 2[0{,}0652] \Rightarrow \boxed{G_D = 0{,}1304}$$

Portanto, a empresa **A** apresenta o maior grau de concentração de renda em virtude de o índice de Gini = 0,3333 ser o maior entre as empresas analisadas.

b) Qual das empresas apresenta menor grau de concentração de renda?

Solução: A empresa **D** apresenta o menor grau de desigualdade pelo fato de seu índice de Gini ser o menor entre todos $G_D = 0,1304$.

c) Faça um esboço gráfico das quatro Curvas de Lorenz.

Solução:

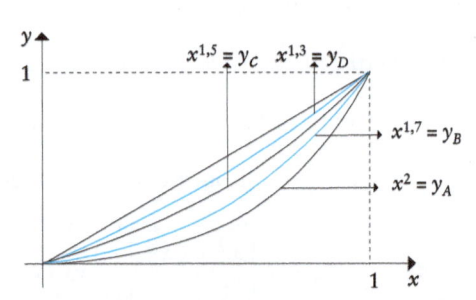

d) O que se pode concluir a respeito das curvas que representam as empresas y_A e y_D em relação à reta de igualdade da renda?

Solução: Como o grau de concentração é medido em função da área formada entre a Curva de Lorenz e a reta de igualdade, percebe-se facilmente que a curva da empresa **A** está mais afastada da reta de igualdade, determinando um maior grau de concentração da renda, ao passo que a empresa **D** apresenta sua Curva de Lorenz mais próxima à reta de eqüidistribuição, confirmando assim um menor grau de concentração de renda.

■ Problemas

1. O que podemos dizer com relação à área formada pela Curva de Lorenz e a reta de equidistribuição de renda?
2. Quais as formas de cálculo do índice de Gini utilizado no texto?
3. Qual o significado da Curva de Lorenz e do índice de Gini?
4. É correto dizer que, quanto maior a área entre a reta de igualdade e a Curva de Lorenz, maior será o grau de concentração da renda? Justifique.
5. Em um estudo socioeconômico realizado para duas regiões R_1 e R_2, verificou-se que a região R_1 apresentou distribuição de renda dada pela função $y = x^{1,5}$ e a região R_2 por $y = x^2$. Pede-se:

a) O gráfico das duas curvas de distribuição em um mesmo sistema de eixos.
b) Analisando graficamente, qual delas apresenta menor grau de concentração de renda?
c) Calcule o índice de Gini para R_1 e R_2 e interprete os resultados obtidos.

6. Um grande banco está avaliando a *performance* de suas agências bancárias analisando o fluxo de depósitos em relação ao número de correntistas que efetivamente depositam seu dinheiro ao longo de um período de 30 dias. Para melhor avaliação, os dados coletados foram condensados em uma tabela relacionando o número de correntistas (depositantes) e o volume de dinheiro depositado, subdividido em classes no período considerado.

Classes de volume de depósitos no período	Depósitos efetivados em (u.m.) por classe (acumulado)	Nº de correntistas que efetuaram depósitos no período (acumulado)
0 → 5.000	85.000	1.200
5.000 → 10.000	195.000	1.560
10.000 → 15.000	310.000	1.780
15.000 → 20.000	450.000	1.300
20.000 → 25.000	980.000	1.580
25.000 → 30.000	1.220.000	1.640

a) Calcule o índice de Gini e construa a Curva de Lorenz.
b) Com base nos cálculos e no gráfico, quais os níveis de percentual dos depósitos e percentual dos correntistas acumulados correspondentes a 2.760 depositantes acumulados?

7. As distribuições de renda dos funcionários de duas empresas fabricantes de cerâmicas C_1 e C_2 são representadas pelas funções $L_1(x) = x^{1,85}$ e $L_2(x) = 0,1x^2 + 0,9x$, respectivamente. Pede-se:
a) Qual das empresas apresenta maior grau e menor grau de concentração de renda?
b) Construa em um mesmo sistema de eixos as curvas de distribuição de renda para C_1 e C_2 e a reta de igualdade.

apêndice A
Atividades para Revisão

■ Objetivo do Apêndice

A seguir você tem quatro grupos de exercícios compostos de seis atividades cada (A, B – Revisão Numérica; C, D – Revisão Algébrica; E, F – Revisão Gráfica). Você deve realizar por completo as seis atividades do Grupo 1, na ordem em que foram propostas, para só então realizar, da mesma forma, as atividades dos outros grupos. Ao final, complementando sua revisão, são apresentadas atividades com porcentagem e alguns problemas.

■ GRUPO 1

Assunto: Potências de números inteiros

Atividade A – Calcule:

1. 2^0
2. 2^1
3. 2^3
4. 2^4
5. $(-2)^0$
6. $(-2)^1$
7. $(-2)^2$
8. $(-2)^3$
9. 1^2
10. 1^3
11. $(-1)^0$
12. $(-1)^1$
13. $(-1)^2$
14. $(-1)^3$
15. 1^{15}
16. 1^{28}
17. $(-1)^{15}$
18. $(-1)^{142}$
19. 10^0
20. 10^2
21. 10^4
22. $(-10)^6$
23. $(-10)^9$
24. $(-3)^2$
25. -3^2
26. $(-4)^2$
27. -4^2

Assunto: Expressões numéricas

Atividade B – Calcule as expressões:

28. $-3 - (13 - 20)$
29. $-2 + (5 - 20) - (-4 + 2)$
30. $-1 + 5 \cdot (-4)$

31. $-2 - 5 \cdot (-2) - 3 \cdot (-4)$
32. $-2 - 5 \cdot (-4 + 2 \cdot 3) - 5 \cdot [2 - 3 \cdot (-1)]$
33. $36 \div (-2)^2 - [-3 + (-4) \cdot 2]^2$
34. $(-3)(-2)(-1) + (-3)(-2)^2 \cdot (-1)^3$
35. $(-3)^0 \cdot (-2)^2 \cdot (-1)^5 - (-3)^3 \cdot 5^0 - 2^3$
36. $2^{-3+2 \cdot 3} - 5^{2 \cdot 3 - 8 \div 2}$
37. $(2^2)^3 - (3^0)^2 - 5^2 - 1^2$

Assunto: Expressões algébricas

Atividade C – Reduza os termos semelhantes:

38. $5a + 3b - 2a + 2b$
39. $3a + 5b - 3c + 7b - 5c + 2a$
40. $3x^2 + 2x^2 + 5x + 2x$
41. $5x^2 + 3x - 5x + x^2$
42. $3x^2 + 3x - 3 + x^2 - 5x + 7$
43. $6x^2 - 5y + 6x - 7y + 2x - 1 + x^2$
44. $ab + xy + 2ab - 3xy$
45. $(2x - 3) + (3x - 8)$
46. $(2x - 3) + 2x - (3x - 8)$
47. $(2x - 3) + (5x - 8) - (-7x + 8)$
48. $(x^2 - 2x + 3) - (-5x^2 + 2x - 8)$
49. $5(x + 2y)$
50. $-2(x - 3y)$
51. $x^2(x + 2)$
52. $x(xy + x^2)$
53. $3(x^2 + 2x - y)$
54. $3x(x^2 + 2x - y)$
55. $3x(x^2 + xy + y)$
56. $x^3(x - xy + x^2)$
57. $(x + 1)(x + 2)$
58. $(x + 1)(x + 2)$
59. $(x^2 + 2)(2x - y)$
60. $(x + 1)(x + 2y - xy)$
61. $(x - 2)(x^2 - 2x - y + 1)$
62. $(x + y)(x^2 - xy + y - 3)$
63. $\dfrac{4x^2}{2x} + \dfrac{x^3}{x}$

64. $\dfrac{10x^3}{2x^2} + \dfrac{5x}{x}$

65. $\dfrac{15x^4}{3x} + \dfrac{5x^2}{2x} - \dfrac{4x}{2x}$

Assunto: Fator comum / Agrupamento

Atividade D – Fatore colocando os fatores comuns em evidência e, quando possível, simplifique ainda mais, usando o agrupamento:

66. $2x + 2y$
67. $3xy + 3ab$
68. $ax + ay$
69. $2x + 4$
70. $2ax + 2ay$
71. $x^2 + x$
72. $x^3 + x$
73. $x^3 + x^2$
74. $6x^3 + 4x^2 + 2x$
75. $x^2y + x^2 + x$
76. $x^2y^2 + xy^2$
77. $a(x + y) + b(x + y)$
78. $x(a - b) + y(a - b)$
79. $a^2 + ab + ac + bc$
80. $ax - bx + ay - by$

Assunto: Plano cartesiano

Atividade E – Para cada exercício (grupo de pares ordenados), construa os eixos cartesianos e represente os pontos indicados:

81. A = (1; 2) B = (3; 4) C = (–2; 3) D = (–1; –1) E = (3; –2)
    F = (4; 0) G = (0; 4) H = (–4; 0) I = (0; –1)
82. A = (–3; 1) B = (0; –2) C = (–1; –3) D = (–1; 0) E = (3; 2) F = (0; 3)
    G = (2; –1) H = (0; – 4) I = (–1; 3)
83. A = (0; 2) B = (0; –3) C = (–2; 0) D = (0; 2,5) E = (–4; 0) F = (0; –1)
84. A = (–3; 9) B = (–2; 6) C =(–1; 3) D = (0; 0) E = (1; –3) F = (2; –6)
85. A = (2; –3) B = (2; –2) C = (2; –1) D = (2; 0) E = (2; 1) F = (2; 2)
86. A = (–3; 2) B = (–2; 2) C = (–1; 2)
    D = (0; 2) E = (1; 2) F = (2; 2)

Assunto: Função constante

Atividade F – Represente graficamente as funções constantes:

87. $y = 3$
88. $y = -2$
89. $y = 75$
90. $y = -100$

■ GRUPO 2

Assunto: Substituição numérica

Atividade A – Para cada exercício, calcule o valor das expressões substituindo as variáveis conforme estipulado:

91. $x^2 + 4x - 5$ para a) $x = 2$; b) $x = -1$
92. $2x^2 - 3x + 1$ para a) $x = -1$; b) $x = 0$
93. $xy + x^2y - xy^2$ para $x = 2$ e $y = -1$
94. $xy - \sqrt{xy} + (xy)^2$ para $x = 4$ e $y = 9$
95. $a \div b + a^b - b^a$ para $a = 4$ e $b = 2$

96. $\dfrac{-b + \sqrt{b^2 - 4ac}}{2a}$ $\begin{cases} a = 1; \\ b = 4 \text{ e} \\ c = -5 \end{cases}$

97. $ma - \dfrac{a}{2m} + \dfrac{12am}{a + m}$ para $\begin{cases} a = 4 \text{ e} \\ m = 2 \end{cases}$

98. $-x^3 + 4x - 3x^2 + 5$ para $x = -2$

Assunto: Frações

Atividade B – Calcule, expressando ao final a resposta em forma de fração, simplificando-a sempre que possível:

99. $\dfrac{1}{2} + \dfrac{1}{3}$

100. $\dfrac{2}{3} + \left(-\dfrac{5}{2}\right)$

101. $\dfrac{7}{3} + \dfrac{3}{4} - \dfrac{1}{2}$

102. $\dfrac{4}{3} - \left(-\dfrac{2}{3}\right) + \dfrac{5}{2}$

103. $\dfrac{2}{3} + \left(\dfrac{1}{2} - \dfrac{5}{4}\right)$

104. $1 - \dfrac{1}{3} + \dfrac{2}{4} - 3$

105. $4 - \left(-\dfrac{2}{3} + \dfrac{1}{4} - \dfrac{1}{8}\right) + \dfrac{1}{5}$

106. $\left(\dfrac{1}{3} + \dfrac{2}{5} - \dfrac{7}{2}\right) - \left(-\dfrac{1}{2} + \dfrac{1}{3} + \dfrac{5}{4}\right)$

107. $\dfrac{1}{2} - \left[\dfrac{5}{3} - \left(\dfrac{1}{4} + \dfrac{1}{3}\right)\right]$

108. $\dfrac{2}{3} \cdot \dfrac{8}{5}$

109. $\dfrac{1}{3} \cdot \left(-\dfrac{1}{2}\right)$

110. $\dfrac{1}{4} \cdot \dfrac{3}{5} \cdot \dfrac{7}{11}$

111. $\left(-\dfrac{2}{3}\right) \cdot \dfrac{5}{2} \cdot \left(-\dfrac{3}{4}\right)$

112. $\dfrac{1}{3} \cdot \dfrac{2}{5} + \dfrac{5}{2} \cdot \dfrac{1}{4}$

113. $2 - \dfrac{1}{3} \cdot \dfrac{1}{2} - \dfrac{1}{2}$

114. $\dfrac{5}{2} \cdot \dfrac{3}{4} - \dfrac{1}{3} \cdot \dfrac{5}{2} - \dfrac{4}{5} \cdot \dfrac{1}{3} \cdot \left(-\dfrac{5}{4}\right)$

115. $\dfrac{5}{2} \div \dfrac{1}{3}$

116. $\dfrac{1}{7} \div \dfrac{1}{4} \cdot \dfrac{3}{2}$

117. $\dfrac{2}{3} \div \dfrac{4}{5} \div \dfrac{1}{7}$

118. $5 \div \dfrac{4}{5}$

119. $\dfrac{1}{3} \div \dfrac{5}{4} + \left(-\dfrac{1}{3}\right) \cdot \left(\dfrac{5}{4}\right)$

120. $\left(-\dfrac{3}{4}\right)^2$

121. $\left(-\dfrac{9}{7}\right)^2$

122. $\left(-\dfrac{1}{10}\right)^2$

123. $\left(\dfrac{2}{3}\right)^3$

124. $\left(-\dfrac{2}{3}\right)^4$

125. $\left(\dfrac{1}{2}\right)^{-1}$

126. $\left(\dfrac{2}{3}\right)^{-1}$

127. $\left(-\dfrac{1}{2}\right)^{-1}$

128. $\left(-\dfrac{2}{3}\right)^{-1}$

129. $\left(-\dfrac{2}{3}\right)^{-2}$

130. $\left(-\dfrac{2}{3}\right)^{-3}$

131. $\left(-\dfrac{2}{3}\right)^{-1} + \left(\dfrac{5}{3}\right)^{-1}$

132. $\left(-\dfrac{2}{3}\right)^{-2} - \left(\dfrac{5}{3}\right)^{-2}$

133. $\left(-\dfrac{1}{2}\right)^3 - 2 \cdot \left(-\dfrac{1}{3}\right)^{-2}$

134. $\left(-\dfrac{1}{2}\right)^2 \cdot \left(-\dfrac{1}{3}\right) + \left(-\dfrac{2}{3}\right)^{-1} \div \left(-\dfrac{1}{3}\right)^{-2}$

Assunto: Trinômio quadrado perfeito
Atividade C – Desenvolva:

135. $(a + b)^2$
136. $2 \cdot (a + b)^2$
137. $(a - b)^2$
138. $3(a - b)^2$

139. $(x-3)^2$
140. $(x+1)^2$
141. $(2x+3)^2$
142. $(3x-4)^2$
143. $3 \cdot (2x-5)^2$
144. $-2 \cdot (3x-1)^2$
145. $(-x-2)^2$
146. $(x^2-3)^2$
147. $(x^3+1)^2$
148. $(x^2+y)^2$
149. $-5 \cdot (ab-x^2)^2$

Assunto: Diferença de dois quadrados

Atividade D – Desenvolva ou fatore, conforme o caso:

150. $(a+b)(a-b)$
151. $(x-y)(x+y)$
152. $(x+2)(x-2)$
153. $(a+3)(a-3)$
154. $(3x+2)(3x-2)$
155. $(4x-5)(4x+5)$
156. $(xy-3)(xy+3)$
157. $(y^2-10)(y^2+10)$
158. $x^2 - 4$
159. $x^2 - 25$
160. $a^2 - 10.000$
161. $y^2 - \dfrac{1}{9}$
162. $9x^2 - 4$
163. $4x^2 - 25y^2$
164. $\dfrac{x^2}{100} - \dfrac{1}{x^2}$

Assunto: Função do 1º grau

Atividade E – Esboce o gráfico das funções do 1º grau, construindo primeiramente uma tabela com os pontos correspondentes aos valores sugeridos para a variável independente em cada item:

165. $y = x + 1 \qquad x \Rightarrow -3; -2; -1; 0; 1$

166. $y = 2x + 2$ $x \Rightarrow -3; -2; -1; 0; 1$
167. $y = 3x + 6$ $x \Rightarrow -4; -2; 0; 2; 4$
168. $y = x - 1$ $x \Rightarrow -2; -1; 0; 1; 2$
169. $y = 2x - 2$ $x \Rightarrow -2; -1; 0; 1; 2$
170. $y = 2x - 6$ $x \Rightarrow -2; 0; 2; 3; 5$
171. $y = 4x - 8$ $x \Rightarrow -2; 0; 2; 4; 6$
172. $y = x$ $x \Rightarrow -2; -1; 0; 1; 2$
173. $y = 2x$ $x \Rightarrow -2; -1; 0; 1; 2$
174. $y = -x$ $x \Rightarrow -2; -1; 0; 1; 2$
175. $y = -3x$ $x \Rightarrow -2; -1; 0; 1; 2$
176. $y = -x + 2$ $x \Rightarrow -2; 0; 2; 4; 6$
177. $y = -x + 3$ $x \Rightarrow -2; 0; 2; 4; 6$
178. $y = -x - 2$ $x \Rightarrow -4; -2; 0; 2; 4$
179. $y = -x - 3$ $x \Rightarrow -4; -2; 0; 2; 4$

Assunto: Função do 2º grau

Atividade F – Esboce o gráfico das funções do 2º grau, construindo primeiramente uma tabela com os pontos correspondentes aos valores sugeridos para a variável independente em cada item:

180. $y = x^2$ $x \Rightarrow -2; -1; 0; 1; 2$
181. $y = -x^2$ $x \Rightarrow -2; -1; 0; 1; 2$
182. $y = -2x^2$ $x \Rightarrow -2; -1; 0; 1; 2$
183. $y = x^2 - 4x - 5$ $x \Rightarrow -1; 0; 1; 2; 3; 4$
184. $y = -x^2 - 2x + 3$ $x \Rightarrow -3; -2; -1; 0; 1$
185. $y = -x^2 - 4x + 12$ $x \Rightarrow -3; -2; -1; 0; 1$
186. $y = x^2 - 6x + 9$ $x \Rightarrow 0; 1; 2; 3; 4; 5; 6$
187. $y = x^2 - 4x + 4$ $x \Rightarrow -1; 0; 1; 2; 3; 4; 5$
188. $y = -x^2 - 2x - 1$ $x \Rightarrow -3; -2; -1; 0; 1$
189. $y = -3x^2 + 3x - 9$ $x \Rightarrow -2; -1; 0; 1; 2$
190. $y = 3x^2 - 12x$ $x \Rightarrow -4; -2; 0; 2; 4; 6$
191. $P = -5t^2 + 100t$ $t \Rightarrow 0; 10; 20; 30; 40$
192. $P = 10t^2 + 200$ $t \Rightarrow 0; 2; 4; 6; 8; 10$

GRUPO 3

Assunto: Decimais

Atividade A – Calcule, expressando ao final a resposta na forma de número decimal:

193. 0,3 + 0,7
194. 0,26 + 0,32
195. 0,23 + 0,145
196. 0,023 + 0,14
197. 0,3 − 0,7
198. 0,26 − 0,32
199. 0,23 + (−0,145)
200. 0,57 − (0,725)
201. 0,623 − (−1,3)
202. (−2,5) + (−0,21) − (−0,12)
203. $\frac{3}{4} - (-0,7)$
204. $-\frac{2}{5} - \left(-\frac{7}{4}\right) + 5,4$
205. 0,2 · 0,3
206. 2 · 0,25
207. 3 · (−0,75)
208. 0,2 · (−0,25)
209. 0,2 · 0,3 · 0,4
210. (−0,1) · (−0,2) · (−0.3)
211. $(-0,1) \cdot \frac{1}{4}$
212. $(-0,2) \cdot (-1,5) \cdot \left(-\frac{2}{5}\right)$
213. $(-0,1)^2$
214. $(-0,1)^3$
215. $(-0,1)^4$
216. $(-0,1)^0$
217. $(-0,1)^{-1}$
218. $(-0,1)^{-2}$
219. $(-0,1)^{-3}$
220. $(-0,01)^2$

221. $(-0,01)^3$
222. $(-0,01)^{-1}$
223. $(-0,01)^2$
224. $(-0,01)^3$
225. $(-0,001)^0$
226. $(0,8) \div 0,2$
227. $0,8 \div (-0,4)$
228. $0,08 \div (-0,2)$
229. $(-6,4) \div (-0,16)$
230. $0,64 \div (-1,6)$
231. $0,12 \div 3$
232. $1,2 \div (-4)$
233. $2,5 \div \dfrac{1}{5}$
234. $(-2,5) \div \dfrac{8}{5}$
235. $1,024 \div 1,28$
236. $10,24 \div (-25,6)$
237. $10,24 \div (-0,256)$
238. $(-2,048) \div 25,6$
239. $0,0625 \div 0,05$
240. $(0,5)^2 \div 0,625$
241. $(-0,2)^4 \div (-0,2)^3$
242. $(-0,25)^{-2} \div (-0,5)^{-1}$
243. $2 \cdot (-0,2)^3$
244. $(-2) \cdot (-0,2)^4$
245. $(1,2)^2 \div 4$
246. $(0,12)^2 \div 0,3$
247. $2 \cdot (-0,3)^2 + 3 \cdot (0,1)^4$
248. $1,5 \cdot (0,2)^4 - 2 \cdot (0,3)^3$
249. $-3,4 \cdot (0,2) - 5 \cdot (-0,1)^3 + 2 \cdot (0,1)^{-1}$
250. $1,3 \cdot (0,8)^{-1} + 2,4 \cdot (0,3)^{-1} - 2 \cdot (0,25)^2$

Assunto: Radicais

Atividade B – Extraia as raízes:

251. $\sqrt{1}$
252. $\sqrt{4}$
253. $\sqrt{9}$
254. $\sqrt{25}$

255. $\sqrt{36}$
256. $\sqrt{0}$
257. $\sqrt{100}$
258. $\sqrt{-4}$
259. $\sqrt{-1}$
260. $\sqrt[3]{8}$
261. $\sqrt[3]{27}$
262. $\sqrt[3]{64}$
263. $\sqrt[3]{-8}$
264. $\sqrt[3]{-27}$
265. $\sqrt[3]{-64}$
266. $-\sqrt[3]{1.000}$
267. $-\sqrt[3]{-8}$
268. $-\sqrt[3]{125}$
269. $-\sqrt[3]{-125}$
270. $\sqrt{0,04}$
271. $\sqrt{0,01}$
272. $\sqrt{0,0009}$
273. $\sqrt{0,0625}$
274. $\sqrt{1,21}$
275. $\sqrt{-0,04}$
276. $\sqrt{0,0144}$
277. $\sqrt[3]{0,008}$
278. $\sqrt[3]{-0,008}$
279. $-\sqrt[3]{-0,027}$
280. $\sqrt[4]{1}$
281. $\sqrt[4]{16}$
282. $\sqrt[4]{10.000}$
283. $\sqrt[4]{-1}$
284. $\sqrt[5]{32}$
285. $\sqrt[5]{243}$
286. $\sqrt[5]{-243}$
287. $\sqrt[5]{-1}$
288. $\sqrt{\dfrac{1}{25}}$
289. $\sqrt{\dfrac{4}{25}}$

290. $\sqrt{\dfrac{4}{9}}$

291. $\sqrt{\dfrac{9}{100}}$

292. $\sqrt[3]{\dfrac{1}{8}}$

293. $\sqrt[3]{\dfrac{1}{27}}$

294. $\sqrt[3]{\dfrac{8}{1.000}}$

295. $\sqrt[3]{-\dfrac{1}{8}}$

296. $\sqrt[3]{-\dfrac{125}{1.000}}$

297. $\sqrt{3} \cdot \sqrt{12}$
298. $\sqrt{8} \cdot \sqrt{2}$
299. $\sqrt{3} \cdot \sqrt{27}$
300. $\sqrt{2} \cdot \sqrt{2}$
301. $\sqrt{7} \cdot \sqrt{7}$

Assunto: Cubo perfeito
Atividade C – Desenvolva:

302. $(x + y)^3$
303. $(x - y)^3$
304. $(x + 2)^3$
305. $(x - 2)^3$
306. $(2x + 3)^3$
307. $(2x - 3)^3$

Assunto: Equações do 1º grau
Atividade D – Resolva as seguintes equações:

308. $x + 1 = 0$
309. $x - 1 = 0$
310. $x - 3 = 0$
311. $3 + x = 0$
312. $0 = 3 - x$
313. $-x - 2 = 0$
314. $-x + 5 = 0$
315. $2x - 6 = 0$

316. $3x + 6 = 0$
317. $2x + 15 = 0$
318. $5x = 10$
319. $-3x = 12$
320. $-3x = -12$
321. $2 = -2x$
322. $14 = -7x$
323. $2x = 3$
324. $3x = 4$
325. $-2x = -5$
326. $-2x = 7$
327. $x + 2 = 3$
328. $x - 3 = 4$
329. $x + 5 = -8$
330. $2x - 4 = 2$
331. $2x + 6 = 8$
332. $-2x + 4 = 1$
333. $x - \dfrac{3}{2} = \dfrac{1}{2}$
334. $-3x = \dfrac{6}{5}$
335. $\dfrac{1}{2} x = 3$
336. $\dfrac{x}{7} = -2$
337. $-\dfrac{x}{3} = -5$
338. $\dfrac{x}{3} - 2 = 0$
339. $-\dfrac{1}{3}x - \dfrac{4}{7} = 0$
340. $10 + x = 3 - 2x$
341. $12 + x = 7 - 4x$
342. $\dfrac{3x + 9}{9} = \dfrac{x - 5}{6}$
343. $\dfrac{2x + 4}{10} = \dfrac{-2x - 4}{25}$
344. $\dfrac{-3x + 6}{25} = \dfrac{2x + 8}{10}$
345. $0{,}26x - 0{,}78 = 0$
346. $0{,}18x - 0{,}90 = 0$

347. $0,2x - \dfrac{2}{5} = 0$

348. $-0,6x + \dfrac{7}{5} = 0$

349. $(1 + 2x) - (2 - 3x) - (-2 + 4x) = 3$

350. $\dfrac{5x}{3} - \dfrac{1}{2} = \dfrac{2x}{3} - \dfrac{5}{6}$

351. $0,21x + 3,33 = 0,12x + 6,66$

Assunto: Funções exponenciais e hiperbólicas

Atividade E – Esboce o gráfico das funções, construindo primeiramente uma tabela com os pontos correspondentes aos valores sugeridos para a variável independente em cada item:

352. $y = 2^x$ $\qquad x \Rightarrow -3; -2; -1; 0; 1; 2; 3$
353. $y = 3^x$ $\qquad x \Rightarrow -2; -1; 0; 1; 2$
354. $y = 5 \cdot 2^x$ $\qquad x \Rightarrow -3; -2; -1; 0; 1; 2; 3$
355. $y = 10 \cdot 2^x$ $\qquad x \Rightarrow -3; -2; -1; 0; 1; 2; 3$
356. $y = \left(\dfrac{1}{2}\right)^x$ $\qquad x \Rightarrow -3; -2; -1; 0; 1; 2; 3$

357. $y = \left(\dfrac{1}{3}\right)^x$ $\qquad x \Rightarrow -2; -1; 0; 1; 2$

358. $y = 10 \cdot \left(\dfrac{1}{2}\right)^x$ $\qquad x \Rightarrow -2; -1; 0; 1; 2; 2; 4; 8$

359. $y = \dfrac{1}{x}$ $\qquad x \Rightarrow -2; -1; -\dfrac{1}{2}; \dfrac{1}{2}; 1; 2$

360. $y = -\dfrac{1}{x}$ $\qquad x \Rightarrow -2; -1; -\dfrac{1}{2}; \dfrac{1}{2}; 1; 2$

361. $y = \dfrac{1}{x^2}$ $\qquad x \Rightarrow -2; -1; -\dfrac{1}{2}; \dfrac{1}{2}; 1; 2$

Assunto: Função de 1º grau

Atividade F – Esboce o gráfico das funções, determinando o ponto onde a reta corta o eixo y e onde corta o eixo x. Caso isso não seja possível, determine alguns pontos para a construção dos gráficos:

362. $y = x + 1$
363. $y = 2x + 2$

364. $y = 3x + 6$
365. $y = x - 1$
366. $y = 2x - 6$
367. $y = -x + 2$
368. $y = -x - 3$
369. $y = -2x - 10$
370. $y = -3x + 12$
371. $V = 10t + 30$
372. $V = -2t + 10$
373. $V = -3t - 45$
374. $V = 3t - 15$
375. $y = 2x$
376. $y = -3x$
377. $y = x$
378. $y = 2,4x + 7,2$
379. $y = -1,5x + 4,5$
380. $y = -3,2x + 12,8$

■ GRUPO 4

Assunto: Expressões numéricas

Atividade A – Calcule, simplificando ao máximo:

381. $\sqrt{0,25} + \sqrt{0,04}$

382. $\dfrac{5^{-1}}{10^{-1} - 2^{-1}}$

383. $\dfrac{\left(\dfrac{1}{3}\right)^{-2}}{\left(\dfrac{2}{3}\right)^{-2} - \left(\dfrac{3}{2}\right)^{-2}}$

384. $\dfrac{\sqrt[3]{8} - \sqrt[3]{-8} + \sqrt[4]{625}}{\sqrt[5]{-1} - \sqrt[3]{1} + \sqrt[5]{243}}$

385. $\dfrac{\sqrt{0,25 \times 0,04} + \sqrt[3]{0,01 \times 0,0001}}{\sqrt{0,32 \div 0,02} - \sqrt{(0,5)^4}}$

386. $\sqrt{(0,5)^3 - (0,25)^2} \times 10^2 \times (10^{-1})^{-2}$

Assunto: Substituição numérica

Atividade B: Para cada exercício, calcule o valor das expressões substituindo as variáveis conforme estipulado:

387. $0,48x + 3,02$ para a) $x = 10$; b) $x = 2$
388. $0,52x + 2,41$ para a) $x = 2$; b) $x = 1,5$
389. $3,25x - 4,21$ para a) $x = 2$; b) $x = 3,2$
390. $2x^2 - 5x + 6$ para a) $x = -2$; b) $x = 0,5$
391. $0,5^x$ para a) $x = 0$; b) $x = -1$; c) $x = 2$
392. $2 \cdot 0,25^x$ para a) $x = -2$; b) $x = 4$
393. $10 \cdot 0,95^x$ para a) $x = 0$; b) $x = 2$
394. $200 \cdot 1,05^x$ para a) $x = 1$; b) $x = 2$
395. $P_0 \cdot a^x$ para $P_0 = 100$, $a = 0,98$ e $x = 1$
396. $P_0 \cdot a^{kx}$ para $\begin{cases} P_0 = 200, a = 0,9, \\ k = 0,2 \text{ e } x = 5 \end{cases}$

397. $\dfrac{-b + \sqrt{b^2 - 4ac}}{2a} - \left(\dfrac{b^2 - 4ac}{4a}\right)$ para $a = -2$, $b = 8$, $c = -10$

398. $-2x^3 + 10x^2 + 4x - 20$ para $x = -1$

Assunto: Equações do 2º grau

Atividade C – Resolva as seguintes equações:

399. $x^2 = 4$
400. $x^2 = 2$
401. $x^2 - 1 = 0$
402. $x^2 - 25 = 0$
403. $x^2 + 4 = 0$
404. $2x^2 - 18 = 0$
405. $4x^2 - 8 = 0$
406. $x^2 + 2x = 0$
407. $x^2 - 3x = 0$
408. $2x^2 - 10x = 0$
409. $3x^2 + 12x = 0$
410. $-x^2 - x = 0$
411. $-2x^2 + 7x = 0$
412. $x^2 + 6x - 16 = 0$
413. $x^2 - 10x + 21 = 0$

414. $2x^2 + 14x + 20 = 0$
415. $-x^2 - 5x - 4 = 0$
416. $-2x^2 + 12x - 10 = 0$
417. $x^2 + 2x + 1 = 0$
418. $-2x^2 + 20x - 50 = 0$
419. $x^2 - 4x + 5 = 0$
420. $-x^2 - 5x - 7 = 0$
421. $0,5x^2 - 3,5x + 5 = 0$

Assunto: Sistemas lineares 2 × 2

Atividade D – Resolva os seguintes sistemas:

422. $\begin{cases} x + y = 3 \\ x - y = 1 \end{cases}$

423. $\begin{cases} x + y = 5 \\ -x + y = -1 \end{cases}$

424. $\begin{cases} x + y = 1 \\ x - y = -5 \end{cases}$

425. $\begin{cases} x + y = 3 \\ 2x - 2y = -2 \end{cases}$

426. $\begin{cases} x - y = 2 \\ 3x + 2y = 11 \end{cases}$

427. $\begin{cases} 3x + y = 7 \\ -x + 3y = -19 \end{cases}$

428. $\begin{cases} 2x + 3y = 13 \\ 5x - 6y = -8 \end{cases}$

429. $\begin{cases} 0,5x + 1,5y = 2,5 \\ 1,5x - 5y = 2,5 \end{cases}$

430. $\begin{cases} 0,2x + 0,4y = 2 \\ 0,3x + 1,2y = 4,8 \end{cases}$

431. $\begin{cases} x + y = 3 \\ 2x + 2y = 5 \end{cases}$

432. $\begin{cases} x + y = 3 \\ 3x + 3y = 9 \end{cases}$

433. $\begin{cases} x = y - 3 \\ y = x + 3 \end{cases}$

Assunto: Função do 2º grau

Atividade E – Esboce o gráfico de cada função a seguir (sem construir uma tabela), determinando primeiramente a concavidade, depois o ponto em que a parábola "corta" o eixo x (se existir), em seguida o ponto onde a parábola "corta" o eixo y, e finalmente o seu vértice:

434. $y = x^2 - 4x - 5$
435. $y = -x^2 - 2x + 3$
436. $y = x^2 - 8x + 16$
437. $y = -x^2 - 2x - 1$
438. $y = x^2 + 3x + 4$
439. $y = -x^2 + 4x - 6$
440. $y = 2x^2 - 4x - 30$
441. $y = -3x^2 - 6x + 24$
442. $y = -3x^2 - 18x - 27$
443. $y = 2x^2 + 4x + 8$
444. $y = x^2 + x$
445. $y = -2x^2 - 6x$
446. $y = 5x^2 - 20x$

Assunto: Interpretação gráfica da solução de um sistema linear

Atividade F – Represente graficamente as retas que correspondem às equações de cada sistema, determine a solução dele e indique tal solução no gráfico:

447. $\begin{cases} x = y = 3 \\ x - y = 1 \end{cases}$
448. $\begin{cases} x + y = 5 \\ -x + y = -1 \end{cases}$
449. $\begin{cases} x + y = 3 \\ 2x - 2y = -2 \end{cases}$
450. $\begin{cases} 2x + 3y = -1 \\ 3x + 4y = -2 \end{cases}$
451. $\begin{cases} y = 0,2x - 0,4 \\ y = 0,3x + 0,9 \end{cases}$
452. $\begin{cases} x - y = 6 \\ 2x - 2y = 20 \end{cases}$
453. $\begin{cases} x + y = 3 \\ 3x + 3y = 9 \end{cases}$

■ GRUPO ESPECIAL

Assunto: Porcentagem

Atividade A – Calcule a porcentagem de:

454. 32 sobre 100
455. 1 sobre 10
456. 2 sobre 10
457. 250 sobre 100
458. 300 sobre 100
459. 12 sobre 10
460. 20 sobre 10
461. 40 sobre 200
462. 30 sobre 50
463. 3 sobre 5
464. 20 sobre 15

Atividade B – Escreva sob a forma de números decimais as seguintes porcentagens:

465. 15%
466. 25%
467. 5%
468. 1%
469. 99%
470. 125%
471. 250%
472. 0,3%
473. 0,25%
474. 33,333...%

Atividade C – Escreva sob a forma de porcentagens os seguintes números decimais:

475. 0,25
476. 0,40
477. 0,05
478. 1,25
479. 3,45
480. 0,012

481. 0,0035
482. 0,3333...

Atividade D – Calcule:

483. 25% de 24
484. 15% de 40
485. 5% de 60
486. 2% de 420
487. 0,5% de 4.000
488. 0,02% de 144
489. 250% de 500
490. 1,25% de 1.000

Assunto: Regra de três simples direta

Atividade E – Problemas:

491. José comprou 12 m de um cano por R$ 64,00. Quanto pagará por 18 m do mesmo cano?
492. Sabendo que a quantidade de 25 quilos de um composto químico custa R$ 32,00, quanto custam 45 quilos do mesmo composto?
493. O preço de 2,5 m² de um piso é R$ 84,00. Qual o preço de 12 m² do mesmo piso?
494. Com R$ 120,00, foi possível comprar 24 unidades de um produto. Quantas unidades do mesmo produto é possível comprar com R$ 200,00?
495. Um funcionário executa 12 tarefas de um certo tipo em 8 horas. Quantas tarefas do mesmo tipo o funcionário executará em 12 horas?

Assunto: Regra de três simples inversa

Atividade F – Problemas:

496. Uma pessoa digitando 120 caracteres por minuto realiza a digitação de um trabalho em 4 horas. Em quanto tempo a pessoa realizará o mesmo trabalho se digitar 150 caracteres por minuto?
497. Em um acampamento, o estoque de alimentos é suficiente para alimentar 15 pessoas durante 8 dias. Quanto tempo dura o mesmo estoque se for 25 o número de pessoas?
498. Em uma viagem, um carro leva 15 dias para percorrer um trajeto a uma velocidade média de 80 km/h. Quantos dias serão necessários

para percorrer o mesmo trajeto se a velocidade média for de 120 km/h?

499. Em uma obra, 4 pedreiros construíram um muro em 18 horas. Quanto tempo levariam 6 pedreiros para construir o mesmo muro, trabalhando com a mesma eficiência dos outros pedreiros?

500. Abrindo completamente 5 torneiras idênticas, é possível encher uma caixa d'água em 120 minutos. Quanto tempo levaria para encher a mesma caixa d'água se apenas 2 das mesmas torneiras fossem abertas completamente?

apêndice **B**

Recursos Computacionais de Apoio à Construção de Gráficos com Utilização do Software Winplot

■ Objetivo do Apêndice

Este apêndice tem como principal tarefa abordar de maneira rápida a construção de gráficos no sistema cartesiano, utilizando o software Winplot, a fim de proporcionar ao estudante uma maior interação com essa poderosa ferramenta gráfica, sobretudo agilizando a criação de vários modelos econômicos estudados ao longo desta obra.

■ Introdução

O software Winplot é uma excelente ferramenta computacional, tornando o trabalho a ser executado pelo estudante mais rápido e eficiente na construção gráfica em duas dimensões (2D) e três dimensões (3D).

Além disso, é gratuito, de fácil manuseio, sempre atualizado e pode ser encontrado em várias versões, dentre as quais a versão em português. Para a obtenção do material de apoio e download do programa na versão em português, acesse o link http://www.cengage.com.br/winplot/materialdeapoio/wplotpr.rar.

No caso de ocorrerem dúvidas sobre a instalação deste software, indicamos ao leitor os passos e procedimentos que se configuram na sequência:

Winplot – Instalação Windows

1. Baixe o Winplot (versão português) no link: http://www.cengage.com.br/winplot/materialdeapoio/wplotpr.rar
   Observação: O arquivo do programa está compactado e é necessário descompactá-lo para sua utilização. Caso não possua algum programa de descompactação de arquivos, baixe o programa WinRAR através do link: http://www.cengage.com.br/winplot/materialdeapoio/winrar.exe
2. Utilizando o programa WinRAR para descompactar o arquivo, clique com o botão direito do mouse sobre o arquivo **wplotpr.rar** e escolha a opção **Extract Here**. Automaticamente aparecerá o ícone do programa **wplotpr.exe** na tela e ele estará pronto para ser usado.

■ Construção gráfica de funções 2D

A seguir demonstraremos os passos necessários para a utilização do Winplot. Como exemplo adotaremos a função de 1º grau $y = 2x + 1$.

Passo 1:
- Clique duas vezes no ícone do programa, abrindo a janela principal:

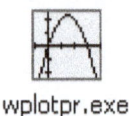

Figura 1 – Ícone do Winplot.

Apêndice B – Recursos Computacionais de Apoio ...

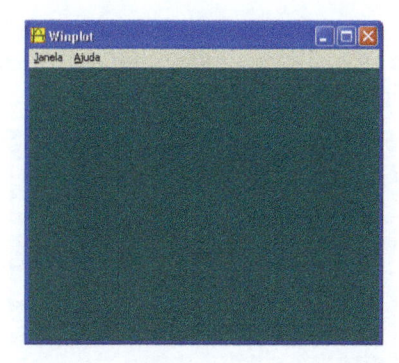

Figura 2 – Janela principal do Winplot.

Passo 2:
- Na janela principal do Winplot clique no menu **Janela**
- Selecione a opção **2-dim** (Figura 3)
- Abrirá a área de plotagem para gráficos de duas dimensões no plano x, y (Figura 4).

Figura 3 – Menu Janela do Winplot.

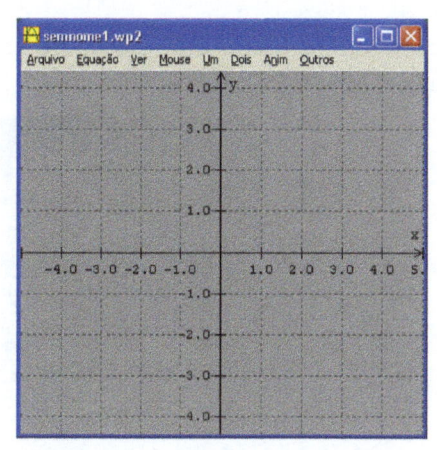

Figura 4 – Janela principal da área de plotagem (ambiente 2D).

Observação: Na Figura 4 poderá ocorrer a não visualização das linhas de grade, eixos, marcas, setas, pontos, rótulos, intervalos, escalas, frequências, pontilhados, retangular e quadrantes, ou outros detalhes que facilitam a melhor construção e compreensão dos gráficos. Para resolver essa situação, habilite as opções conforme a caixa de diálogo **grade** no exemplo a seguir:

Passo 3:
- Para abrir a caixa de diálogo **grade,** clique no menu **Ver** e selecione a opção **Grade...** (Figura 5)

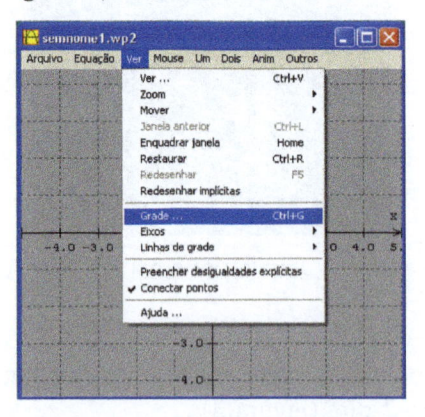

Figura 5 – Menu Ver / Definindo linhas de grade.

Passo 4:
- Na caixa de diálogo **grade** configure as opções conforme o exemplo (Figura 6)

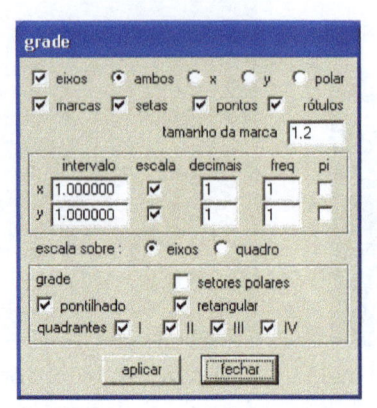

Figura 6 – Caixa de diálogo linhas de grade.

■ Salvando o arquivo da construção gráfica da função f(x) = 2x +1

Observação: É sempre muito importante iniciar qualquer projeto com o comando **Salvar** para que, durante as execuções das tarefas, o arquivo seja salvo de forma rápida utilizando apenas a combinação de teclas **Ctrl+S**, evitando, assim, perder o projeto por eventual travamento do software ou do computador.

Passo 5:
- Clique no menu **Arquivo** e selecione a opção **Salvar** (Ctrl+S) (Figura 7)

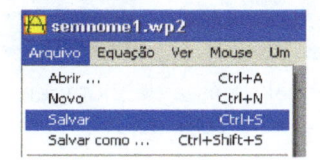

Figura 7 – Comando Salvar.

Passo 6:
- Escolha uma pasta na qual será salvo o arquivo
- Digite o **Nome do arquivo**, por exemplo: **exemplo1.wp2**
  Observação: não é necessário digitar a extensão (**.wp2**) do arquivo
- Clique no botão *Salvar* (Figura 8)

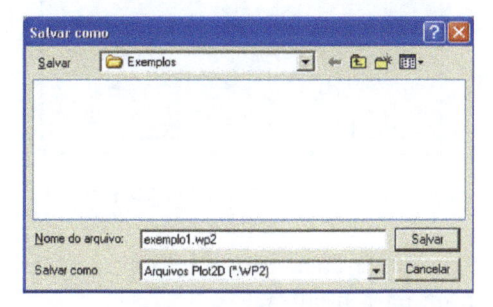

Figura 8 – Caixa de diálogo Salvar.

Passo 7:
- Para a construção do gráfico da função adotada $f(x) = 2x + 1$, utilizaremos a opção **Explícita** obtida através do menu **Equação** da Janela principal da área de plotagem (Figura 9)

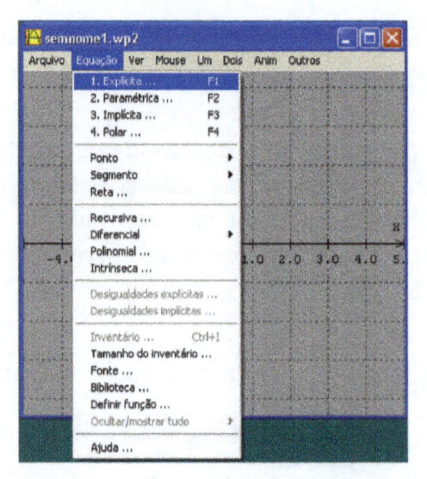

Figura 9 – Janela principal da área de plotagem (ambiente 2D) / Menu **Equação**.

Passo 8:
- Na caixa de diálogo da função $y = f(x)$ da Figura 10, digite $2x + 1$ na caixa $f(x) =$

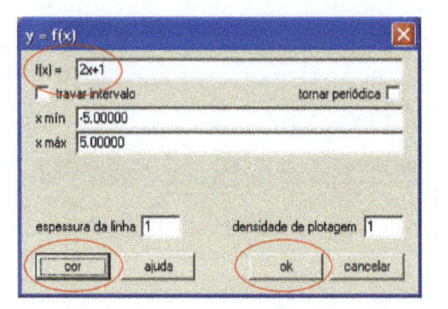

Figura 10 – Caixa de diálogo $y = f(x)$.

- Defina a cor de sua preferência através do botão **Cor**
- Clique no botão **ok** para finalizar
- Automaticamente será gerado o gráfico de $f(x) = 2x + 1$ (Figura 11)

Apêndice B – Recursos Computacionais de Apoio ...

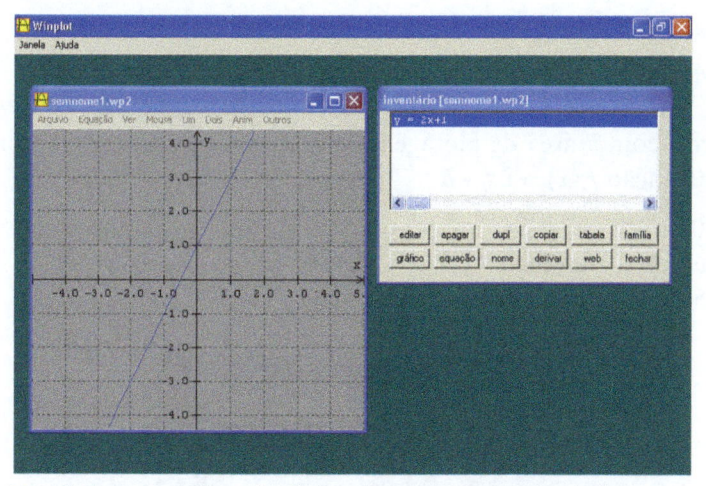

Figura 11 – Solução gráfica de f(x) = 2x + 1 /Caixa de diálogo inventário.

Observe na sequência desta ação que a caixa de diálogo **inventário** também foi gerada automaticamente (Figura 11), discriminando a função $f(x) = 2x + 1$. Vale ressaltar que todas as ações pertinentes às construções gráficas serão relatadas na caixa de diálogo **inventário**.

Passo 9:
- Utilizando a caixa de diálogo **inventário**, acione o botão *equação*; será visualizada a função $f(x) = 2x + 1$ na área de plotagem (Figura 12)

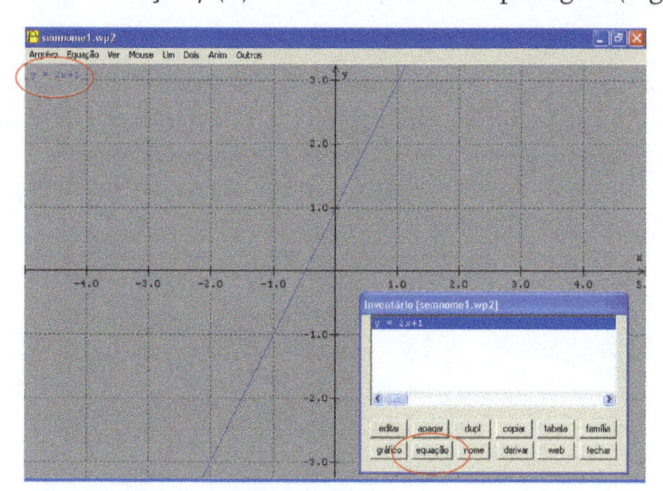

Figura 12 – Solução gráfica de f(x) / Caixa de diálogo inventário / Mostrar equação.

■ Determinação de raízes ou zeros das funções

De acordo com a área de plotagem da Figura 12 poderemos encontrar os zeros da função $f(x) = 2x + 1$.

Passo 10:
- Clique no menu **Um**
- Selecione a opção **Zeros...** (Figura 13)

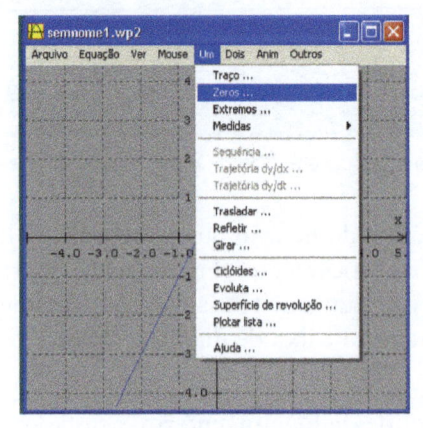

Figura 13 – Tela principal/zeros ou raízes das funções.

Passo 11:
- Na caixa de diálogo **zeros** observe o resultado (raiz) já calculado ($x = -0.5$) ou o ponto de intersecção com o eixo horizontal (Figura 14)
- Na sequência, poderemos melhorar a visualização através do acionamento do recurso *marcar ponto*, contido na caixa de diálogo **zeros**, após clique no botão *fechar*.

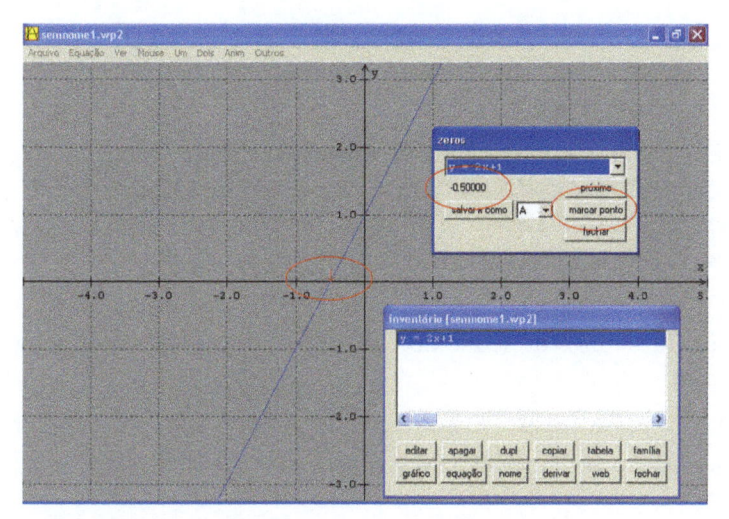

Figura 14 – Área de plotagem / caixas de diálogo zeros e inventário.

- Na caixa de diálogo **inventário** observe o aparecimento do ponto (x,y) (Figura 15)

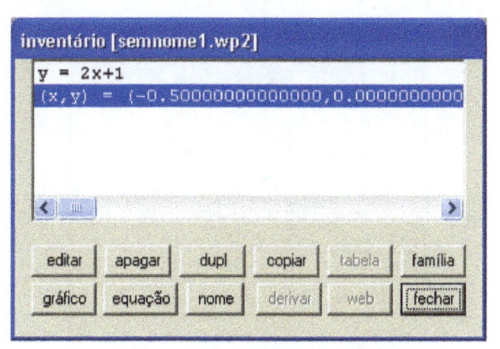

Figura 15 – Caixa de diálogo inventário / Determinação
do zero ou raiz da função.

Passo 12:
- Para finalizar, clique no menu **Arquivo / Salvar** ou utilize a combinação de teclas **Ctrl+S**.

Concluímos a construção gráfica da função $y = 2x + 1$ em 2D, determinamos a raiz ou zero da função e aprendemos a utilizar alguns dos recursos essenciais do programa.

■ Determinando pontos de interseção

Item 1 – ponto de interseção

Considere as funções de Receita e Custo, respectivamente dadas por $R(x) = 5x$ e $C(x) = 2 + 0.5x$, onde x representa a quantidade produzida. Nesse exemplo calcularemos o ponto de nivelamento ou *break-even point* para $0 \leq x \leq 50$ unidades produzidas.

Passo 1:
- Clique duas vezes no ícone do programa, abrindo a janela principal do Winplot

Passo 2:
- Na janela principal do Winplot, clique no menu **Janela**
- Selecione a opção **2-dim**
  Abrirá a área de plotagem para gráficos de duas dimensões no plano x,y.

Passo 3:
- Clique no menu **Ver** / Selecione a opção **Grade...**
- Na caixa de diálogo **grade** configure as opções conforme o exemplo (Figura 16)

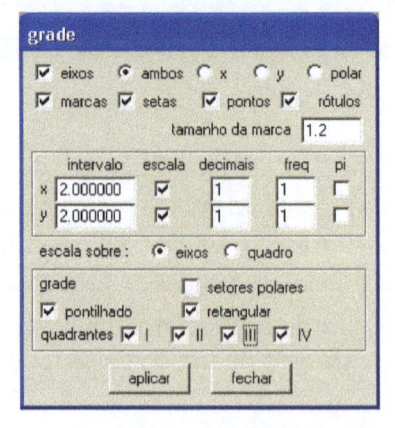

Figura 16 – Caixa de diálogo grade.

- Clique no botão *fechar*

Passo 4:
- Clique no menu **Equação**
- Selecione a opção **Explícita...**

Apêndice B – Recursos Computacionais de Apoio ...

- Na caixa de diálogo da função $y = f(x)$, configure conforme o exemplo digitando a função **Receita** = $5x$ e habilite "travar intervalo" (x **mín** e x **máx**) (Figura 17)

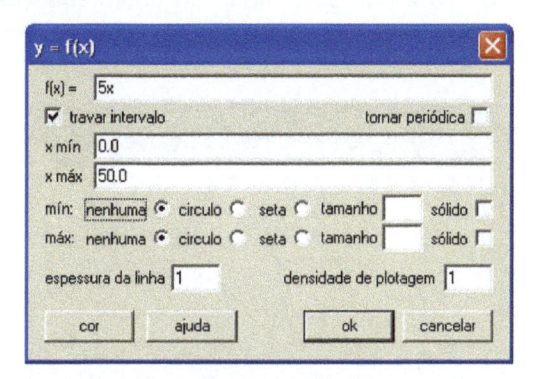

Figura 17 – Caixa de diálogo da função Receita / Travar ou definir intervalo da variável x.

- Defina a cor de sua preferência no botão *cor*
- Clique no botão *ok*
- Automaticamente abrirá a caixa de diálogo **inventário**.

Passo 5:
- Para acrescentar a função **Custo**, clique no botão *dupl* da caixa de diálogo **inventário** (Figura 19) e digite conforme o exemplo (Figura 18). Observe que a opção *travar intervalo* já aparece habilitada.

Figura 18 – Caixa de diálogo da função Custo / Travar ou definir intervalo da variável x.

- Defina a cor de sua preferência no botão *cor*

- Clique no botão *ok*

Passo 6:
- Na caixa de diálogo **inventário**, clique no botão *equação*, selecionando uma função por vez para serem visualizadas na área de plotagem (Figura 19)

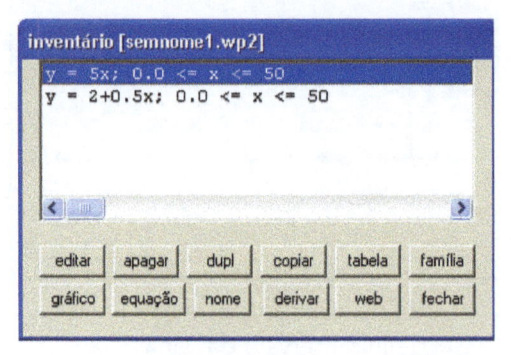

Figura 19 – Caixa de diálogo inventário das funções Receita e Custo / intervalo da variável x.

Passo 7: Determinando o ponto de intersecção
- Clique no menu **Dois** / Selecione a opção **Interseções...**
- Abrirá a caixa de diálogo **Interseção** (Figura 20).

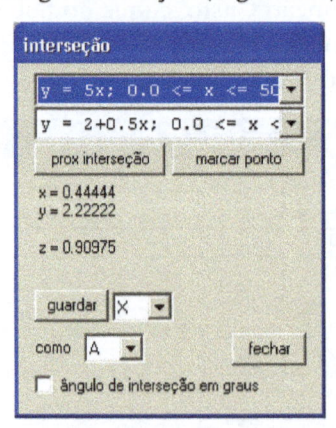

Figura 20 – Caixa de diálogo interseção entre as curvas.

- O ponto de intersecção ($x = 0.44444$ e $y = 2.22222$) é identificado na caixa de diálogo **interseção** e, após clicar no botão *marcar ponto*, é também visualizado na caixa de diálogo **inventário**.

Observação: O acionamento da tecla **PgUp** ou **PgDn** determina a aproximação ou afastamento do **Zoom** na tela, respectivamente, melhorando a visualização do gráfico. Além disso, permite modificar a escala gráfica da área de plotagem pressionando-se seguidamente uma das teclas (Figura 21)

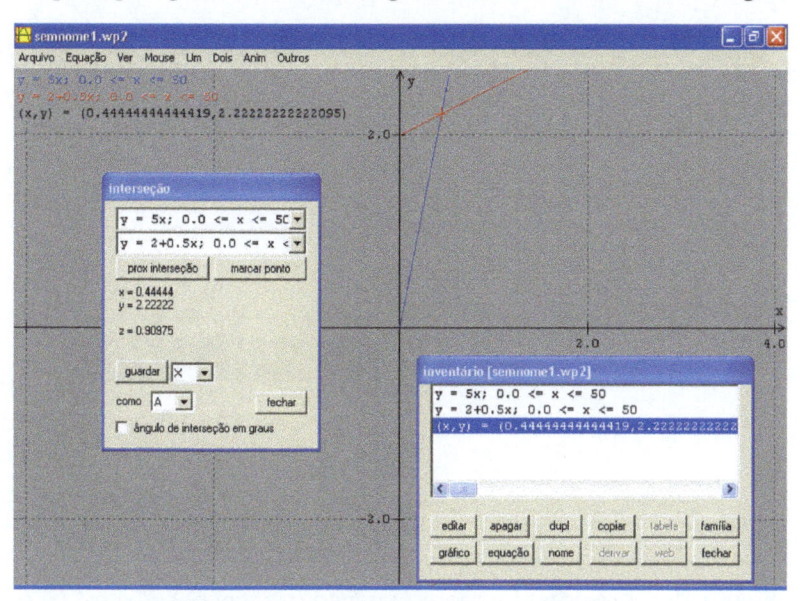

Figura 21 – Área de plotagem / Gráfico / Exibição dos comandos efetuados na caixa de diálogo **inventário**.

Passo 8:
Salve o arquivo com o nome de **exemplo2.wp2**.
- Clique no menu **Arquivo / Salvar** ou utilize a combinação de teclas **Ctrl+S**

Concluímos a construção gráfica das funções Receita e Custo calculando o ponto de nivelamento ou *break-even point* para $0 \leq x \leq 50$ unidades produzidas.

Item 2 – pontos de interseção

No exemplo a seguir para as duas curvas $R(x) = x^2 + 10x$ e $C(x) = 10 + 1.5x$, mostraremos os dois pontos de interseção entre as curvas citadas.

Passo 1:
- Realize as entradas das funções conforme demonstrado nos exemplos anteriores. No entanto, nesse caso não há a necessidade de habilitar a

opção *travar intervalo*; apenas digite as funções na caixa $f(x) =$ e defina a cor de sua preferência para cada função. Utilize a tecla **PgDn** para ajustar a escala gráfica, a fim de melhor a visualização do gráfico (Figura 22).

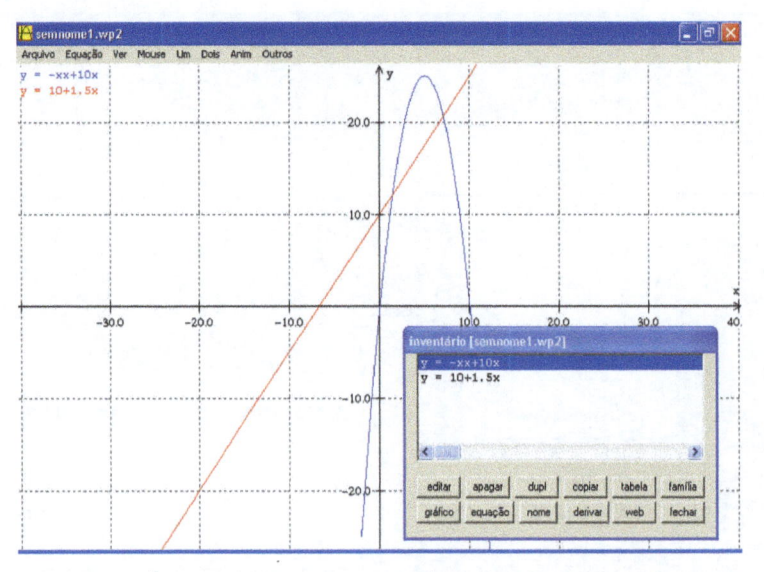

Figura 22 – Área de plotagem / Gráfico das funções $R(x)$ e $C(x)$ / Utilizando a tecla PgDn.

Passo 2: Determinando pontos de interseções
- Clique no menu **Dois** / Selecione a opção **Interseções...**
- Abrirá a caixa de diálogo **interseção.**
- Clique no botão *marcar ponto*. Observe a visualização do primeiro ponto a ser exibido no gráfico *(x = 1; y = 12)* (Figura 23)

Figura 23 – Caixa de diálogo da primeira interseção.

- Clique no botão *prox interseção*, pelo qual determinaremos o próximo ponto de interseção, dado por *(x = 7; y = 21)* (Figura 24)
- Clique no botão *marcar ponto*
- Clique no botão *fechar*

Figura 24 – Caixa de diálogo da segunda interseção.

Passo 3:
- Visualizando a janela principal da área de plotagem (Figura 25)

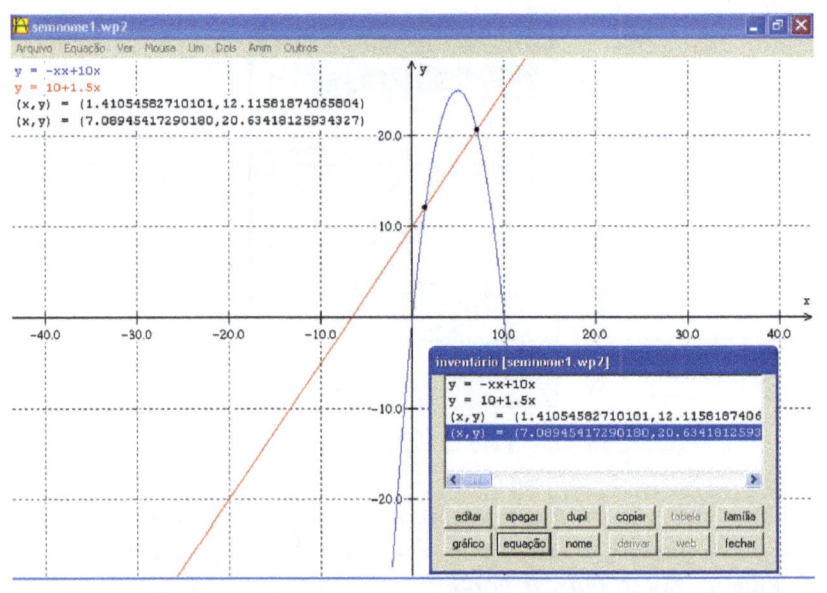

Figura 25 – Área de plotagem / Inventário / Pontos de interseções.

Passo 4: Visualizando os zeros das funções
- Clique no menu **Um /** Selecione a opção **Zeros...**
- Na caixa de diálogo **zeros** observe o resultado (raiz) já calculado ($x = 0$) para a função $y = x^2 + 10x$ (Figura 26)
- Clique no botão *marcar ponto*
- Acionando o botão *próximo*, obteremos a próxima interseção ($x = 10$)
- Para finalizar, clique no botão *marcar ponto* para visualizar as raízes no gráfico
- O mesmo procedimento pode-se aplicar à função $y = 10 + 1.5x$

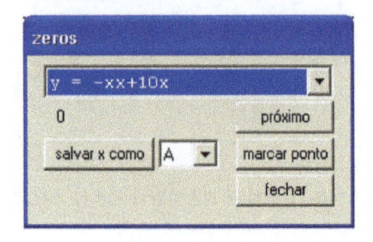

Figura 26 – Determinação dos zeros das funções.

Passo 5:
- Visualizando a janela principal da área de plotagem (Figura 27)

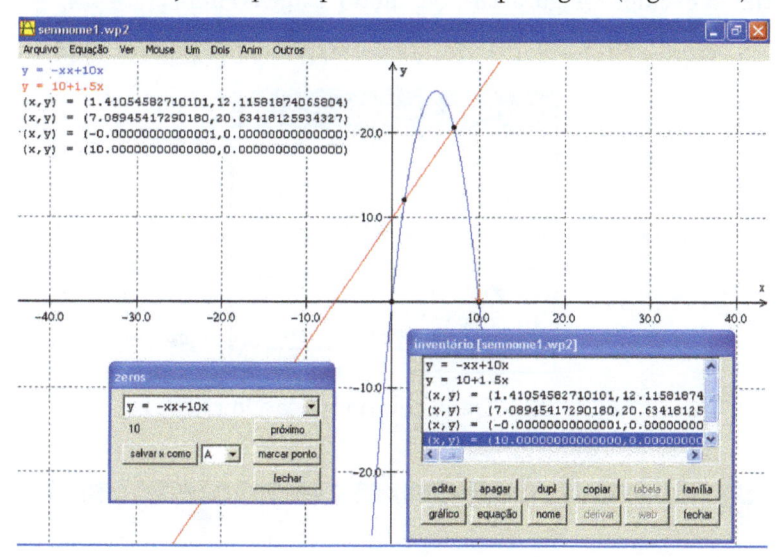

Figura 27 – Área de plotagem / Inventário / Pontos de interseções / Zeros das funções.

Passo 6:
Salve o arquivo com o nome de **exemplo3.wp2**

- Clique no menu **Arquivo / Salvar** ou utilize a combinação de teclas **Ctrl+S**

Concluímos a construção gráfica das funções Receita e Custo determinando os pontos de interseções e os zeros das funções.

■ Função Implícita

As funções implícitas são escritas sob a forma de equações. Como exemplo, iremos construir a função caracterizada por $\dfrac{x^2}{4} + \dfrac{y^2}{2} = 1$.

A construção de curvas caracterizadas implicitamente podem ser obtidas através dos seguintes passos:

Passo 1:
- Clique no Menu **Equação**
- Selecione a opção **Implícita**

- Na caixa de diálogo **curva implícita** da função, faça as configurações conforme o exemplo (Figura 28), digitando a função implícita $\frac{x^2}{4} + \frac{y^2}{2} = 1$.
- Clicar em **ok** para obter o gráfico correspondente (Figura 29)

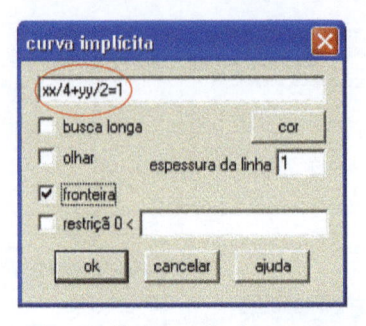

Figura 28 – Definição da função implícita.

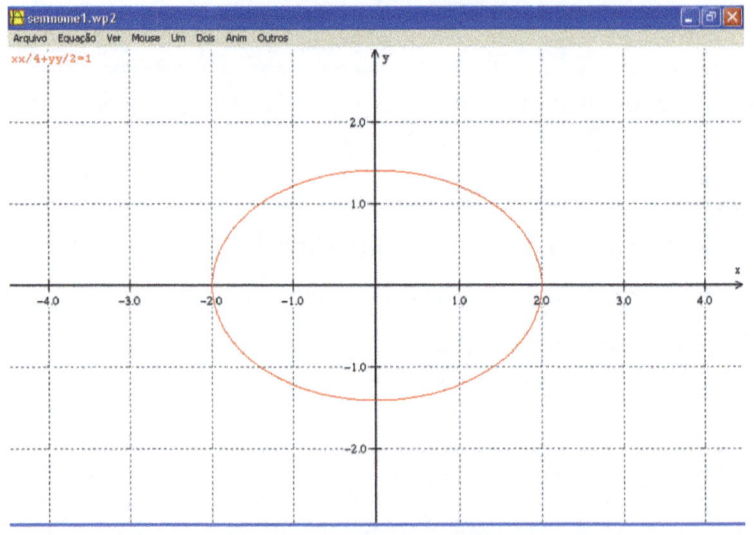

Figura 29 – Construindo a função implícita.

Passo 2:
Salve o arquivo com o nome de **exemplo4.wp2**
- Clique no menu **Arquivo / Salvar** ou utilize a combinação de teclas **Ctrl+S**

■ Extremos (MÁXIMOS E MÍNIMOS)

Neste item aplicaremos o conceito de máximos e mínimos, também chamado de valores críticos de uma dada função $f(x)$.

Exemplo: Determinar, graficamente, o mínimo da função custo $C(x) = x^2 - 2x + 3$, se $0 \leq x \leq 14$.

Passo 1:
- Introduza a função $C(x) = x^2 - 2x + 3$ através do menu **Equação/Explícita**
- Clique no menu **Um** /Selecione a opção **Extremos...**
- Na caixa de diálogo *Valores Extremos* observe o resultado já calculado ($x = 1$ e $y = 2$) para a função Custo (Figura 30)
- Acionando o botão *próximo extremo de y*, obteremos o *próximo extremo (máximo ou mínimo) de y*, caso o mesmo exista.

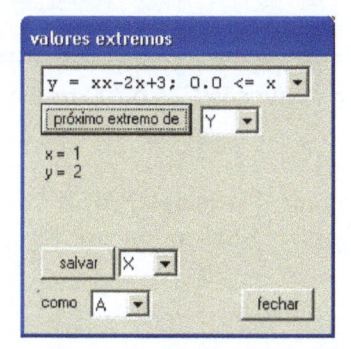

Figura 30 – Determinando os extremos de uma função.

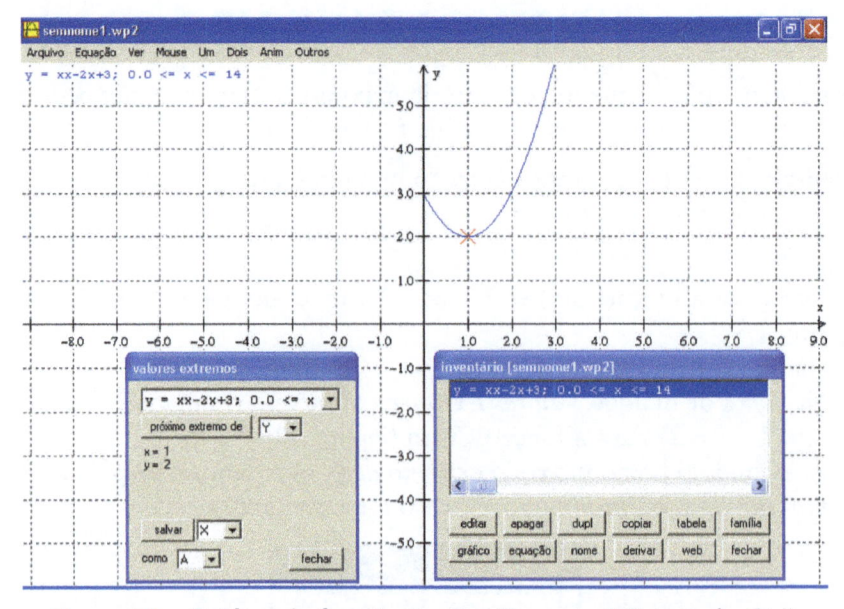

Figura 31 – Gráfico da função Custo / Extremo (Mínimo de C(x)).

Passo 2:
Salve o arquivo com o nome de **exemplo5.wp2**
- Clique no menu **Arquivo / Salvar** ou utilize a combinação de teclas **Ctrl+S**

■ Integrais Definidas: Cálculo de Áreas

A integral definida nos possibilita calcular a área sob uma curva ou a área entre curvas.

Utilizaremos como exemplo o cálculo de área entre as curvas $y = x$ e $y = x^2$ se $x \geq 0$, que pode ser denotada por $A = \int_0^1 x^2 dx - \int_0^1 x dx$

Passo 1:
- Insira as equações implícitas $y = x$ e $y = x^2$ de acordo com os procedimentos abordados anteriormente
- Em seguida, calcule através do Winplot o ponto de interseção ($x = 1.0$; $y = 1.0$) (Figura 32)

Apêndice B – Recursos Computacionais de Apoio ...

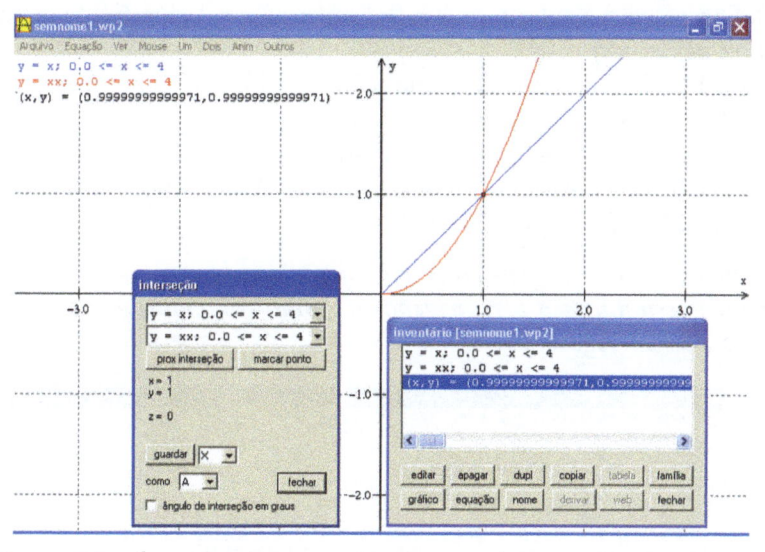

Figura 32 – Área de plotagem / Inventário / Ponto de interseção.

Passo 2:
- Clique no menu **Dois** / Selecione a opção **Integrar** $(f(x) - g(x))dx$...
- Em seguida estará habilitada a caixa de diálogo "**integração (f – g)**"

Vale ressaltar que no programa Winplot a função f representará $y = x$ e g representará $y = x^2$.

Passo 3:
- Visualizando a parte superior da caixa de diálogo (Figura 33), habilite primeiramente a função $y = x$ e, em seguida, $y = x^2$

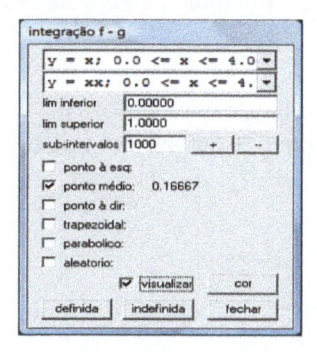

Figura 33 – Caixa de diálogo de integração (f – g).

- Defina os limites inferiores $x = 0$ e superior $x = 1$ (limites de integração entre as curvas)
- Ative um dos métodos de integração, contidos na caixa, por exemplo, **Ponto Médio**
- Na sequência, clique no botão *definida*
- *Teremos como resultado o cálculo da área A = 0.16667, dada pela integral* $A = \int_0^1 x\,dx - \int_0^1 x^2\,dx = 0.16667$

A ativação dos recursos *cor* e *visualizar*, também inclusas na caixa de diálogo, possibilitará a visualização do sombreamento da área calculada entre as curvas (Figura 34)

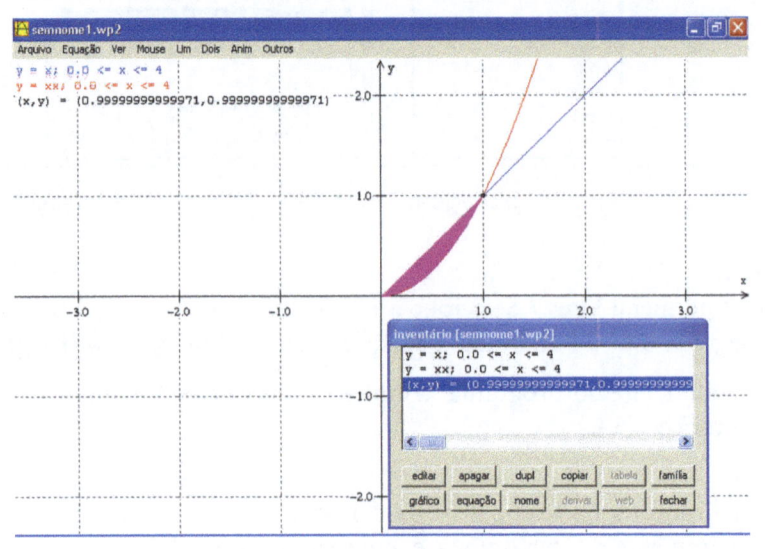

Figura 34 – Tela principal/ Cálculo da integral definida.

Passo 4:
Salve o arquivo com o nome de **exemplo6.wp2**
- Clique no menu **Arquivo / Salvar** ou utilize a combinação de teclas Ctrl+S

■ Limites Gráficos: Verificação

Passo 1:
Neste item verificaremos a existência do limite de funções por meio de visualização e interpretação gráfica. Para tanto, elucidaremos tal verificação através do exemplo da função $y = -x^2 + 1$.

Na avaliação gráfica do limite da função $y = -x^2 + 1$, ou simplesmente escrevendo $\lim_{x \to 0} -x^2 + 1$, notamos por meio da visualização gráfica que o

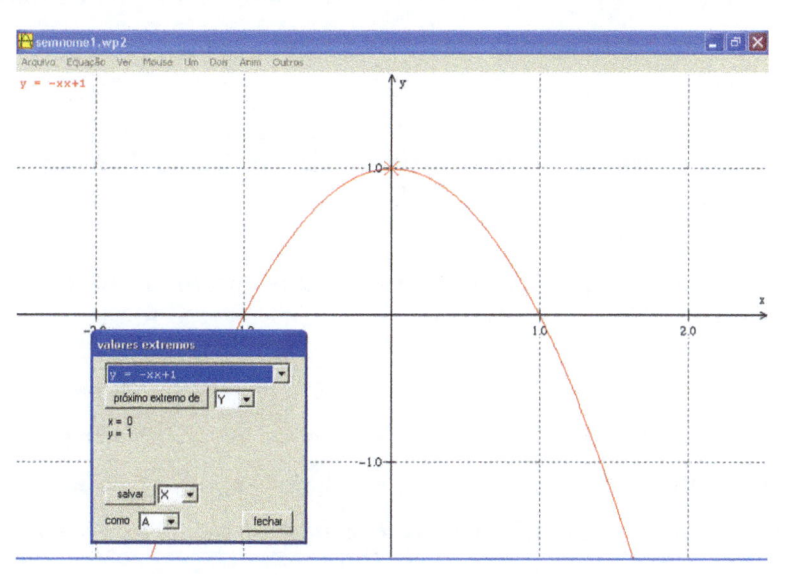

$$\lim_{x \to 0} -x^2 + 1 = 1$$

Figura 35 – Limites Gráficos / Verificação.

Passo 2:
Salve o arquivo com o nome de **exemplo7.wp2**
- Clique no menu **Arquivo / Salvar** ou utilize a combinação de teclas **Ctrl+S**

■ Desigualdades Implícitas

Quando nos deparamos com uma, ou um conjunto de funções implícitas, o programa possui a opção **Desigualdades Implícitas**,*cuja finalidade é a delimitação de regiões,tendo como meta encontrar possíveis soluções de* *um problema.* A representação gráfica de uma inequação linear com duas variáveis é definida pela delimitação de um dos semiplanos determinados pela reta correspondente. Com o intuito de exemplificar tais desigualdades, abordaremos uma situação prática. *Considere a Metalúrgica MHM que produz dois modelos de bicicletas, Standard e Luxo. O modelo Luxo requer 3 horas para a montagem e 0,5 hora para o acabamento. No entanto, o modelo Standard necessita de 2 horas para a montagem e de 1,5 horas para o acabamento. O tempo máximo disponível de montagem diária é de 24 horas, sendo 8 horas o número máximo de horas diárias disponíveis para o acabamento.* Através dos passos seguintes definiremos as variáveis de decisão, inequações do problema e representação gráfica do conjunto de soluções.

Passos:

Passo 1:
Definindo as variáveis de decisão, teremos x = produção do modelo Luxo e y = produção do modelo Standard.

Passo 2:
Definindo as restrições de montagem e acabamento da produção dos modelos *LX* e *ST*

	LX		ST		tempo de produção
Montagem	3x	+	2y	≤	24 horas
Acabamento	0.5x	+	1.5y	≤	8 horas
Restrições de não negatividade das variáveis de produção					$x \geq 0$ e $y \geq 0$

Passo 3:
Inserir as inequações de Montagem e Acabamento na caixa de diálogo
- Clique no menu **Equação**
- Selecione a opção **Implícita**
- Digite a funções implícitas $3x + 2y = 24$ e $0.5x + 1.5y = 8$, $x = 0$ e $y = 0$, com os respectivos sinais de igualdade
- Clicar em **ok** para obter gráficos correspondentes (Figura 36)

Apêndice B – Recursos Computacionais de Apoio ...

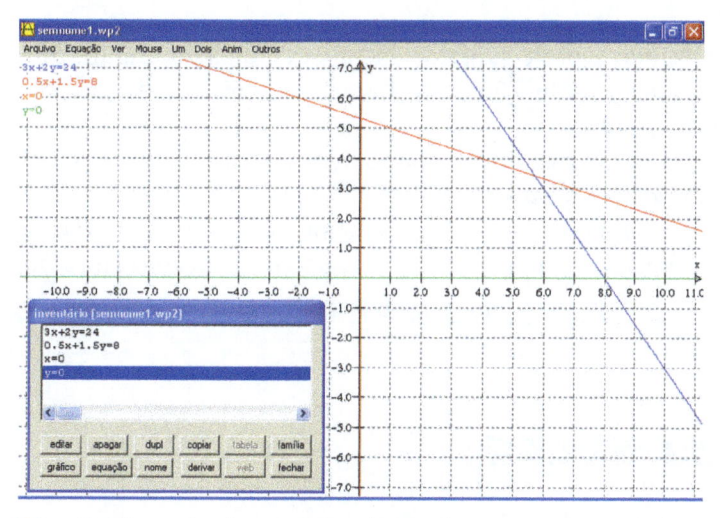

Figura 36 – Gráficos das funções implícitas / Montagem e Acabamento – não negatividade.

Passo 4:
- Clique no menu **Equação**
- Selecione a opção **Desigualdades Implícitas**
- Abrirá a caixa de diálogo **regiões implícitas** (Figura 37).

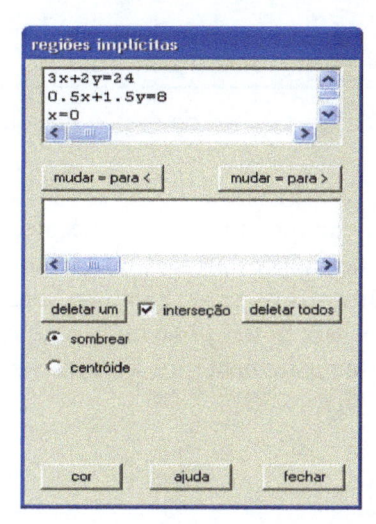

Figura 37 – Caixa de diálogo **regiões implícitas**.

Passo 5:
- Visualizando a parte superior da caixa de diálogo (Figura 37), habilite primeiramente a função $3x + 2y = 24$ e, em seguida, acione o botão *mudar = para <*
- Proceda da mesma forma com a função $0.5x + 1.5y = 8$, ativando o botão *mudar = para <*
- Habilite as funções $x = 0$ e $y = 0$, acionando o botão *mudar = para >*
- Clique em **sombrear** para obter a **região de solução** (Figura 38)

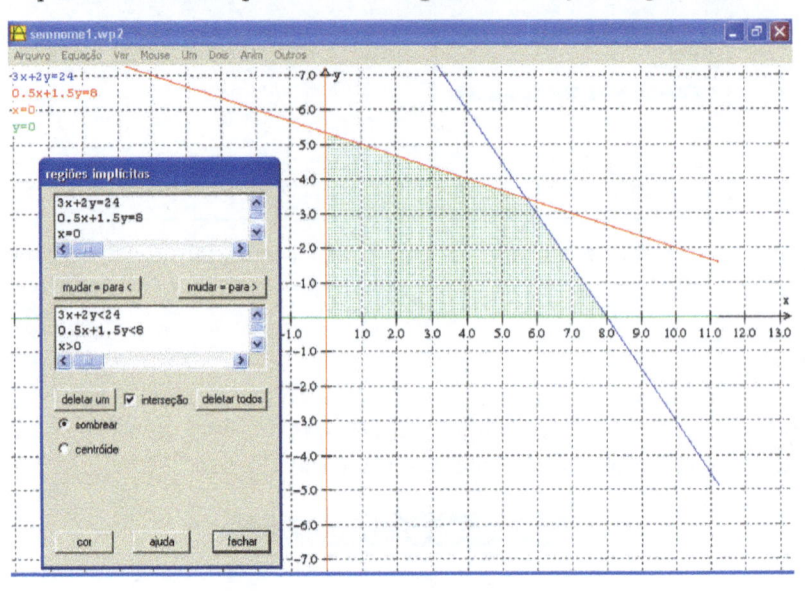

Figura 38 – Gráfico da região de solução.

Passo 6:
- Para finalizar, clique no menu **Dois / Interseções...**
- Selecione os pares de funções através do menu suspenso e obtenha os pontos de interseção entre as retas. Para isso, alterne entre selecionar as retas no menu suspenso, botão *prox interseção* e botão *marcar ponto*, determinando, consequentemente, os vértices visualizados na caixa de diálogo **inventário** (Figura 39).

Apêndice B – Recursos Computacionais de Apoio ...

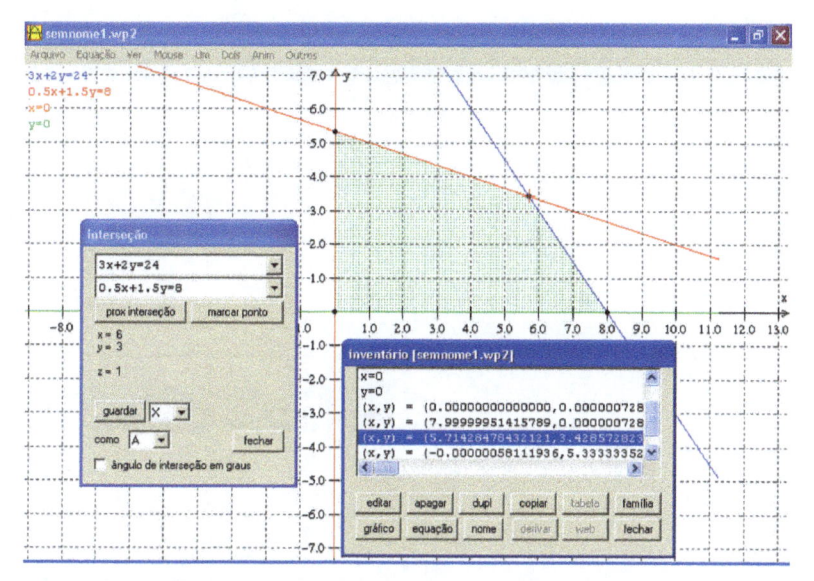

Figura 39 – Gráfico da região de solução / Determinação dos vértices.

Passo 7:
Salve o arquivo com o nome de **exemplo8.wp2**
- Clique no menu **Arquivo / Salvar** ou utilize a combinação de teclas Ctrl+S

■ Construção de Outras Funções Usuais

Os passos e procedimentos das construções gráficas são os mesmos abordados anteriormente, bastando para isso seguir as orientações já estudadas:

- Inserção da função desejada na caixa de diálogo $y = f(x)$
- Definição da cor de sua preferência através do botão **Cor**
- Clicar no botão **ok** para finalizar, gerando automaticamente o gráfico de $f(x)$.

Função Potência

Para a construção da ***função potência*** dada por $f(x) = k.x^n$, $K \neq 0$ com K, n constantes, exemplificaremos tal função através dos gráficos de $y = x^3$ e $y = 2x^{-1/2}$ (representando uma função demanda de mercado, onde y = demanda em unidades e x = preço em unidades monetárias).

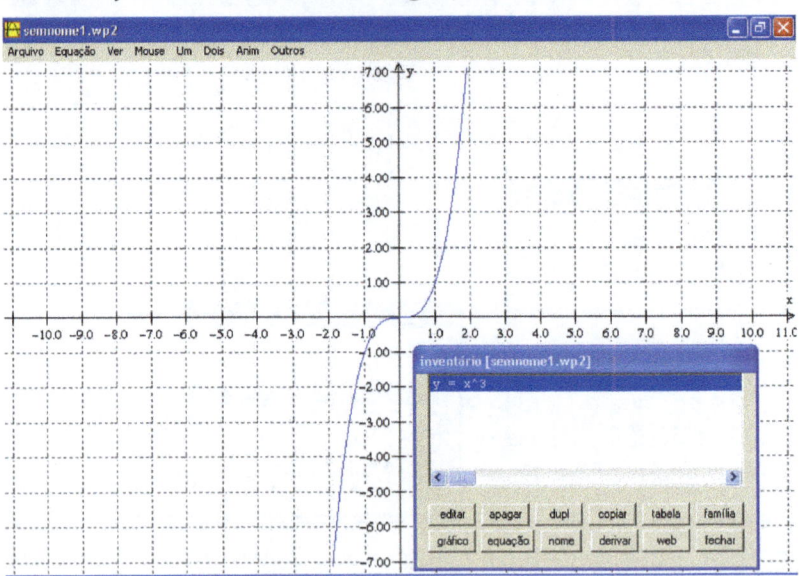

- **Inserindo** $y = xv$ **na caixa de diálogo:** $f(x) = x^\wedge 3$

Figura 40 – Função $y = x^3$.

- **Inserindo** $y = 2x^{-1/2}$ **na caixa de diálogo:** $f(x) = 2x^\wedge(-1/2)$

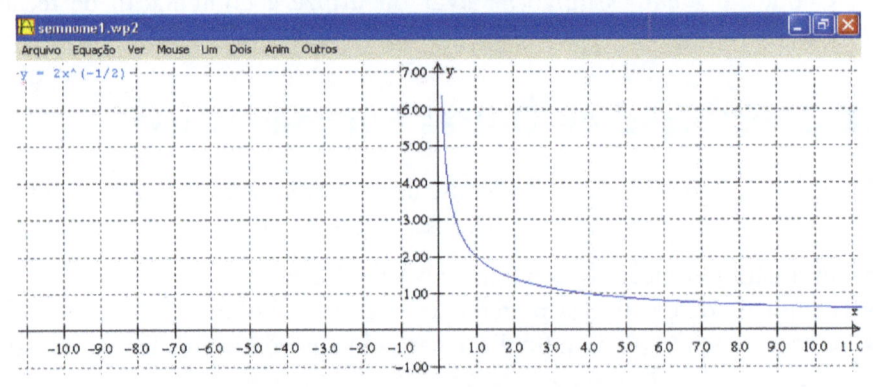

Figura 41 – Função $y = 2x^{-1/2}$ / Função demanda de mercado.

Funções explicitadas por Radicais

Quando as funções são explicitadas sob a forma de radicais do tipo $y = \sqrt[n]{x}$, poderemos inserir este tipo de função no programa Winplot, segundo os comandos *sqr(x)* e *root(n,x)*.

A utilização do comando **sqr(x)** significa **raiz quadrada de x** ($y = \sqrt{x}$) e o comando **root(n,x) = raiz n–ésima de x** ($y = \sqrt[n]{x}$). Portanto, se desejarmos construir a função $y = \sqrt{x}$, digitaremos na caixa de diálogo $f(x) = sqr(x)$; caso a função seja, por exemplo, $y = \sqrt[3]{x}$, digitaremos na caixa de diálogo $f(x) = root(3, x)$. A seguir apresentamos as aplicações dos comandos *sqr(x)* e *root(n,x)* e suas respectivas funções:

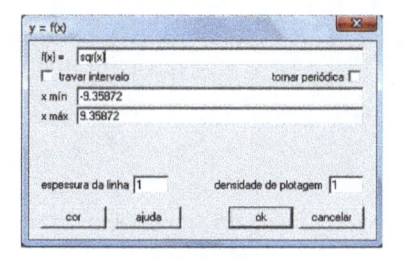

Figura 42 – Caixa de diálogo/ $y = \sqrt{x}$.

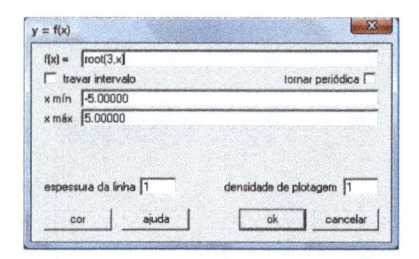

Figura 43 – Caixa de diálogo/ $y = \sqrt[3]{x}$.

Função Modular

A construção gráfica da função módulo $y = |x|$ é obtida no **winplot** digitando-se diretamente na caixa de diálogo $y = abs\ |x|$ ou $y = abs(f(x))$, pois o programa *interpreta a função modular por meio do comando* **abs**.

- Inserindo na caixa de diálogo $y = |x| : f(x) = abs\ |x|$

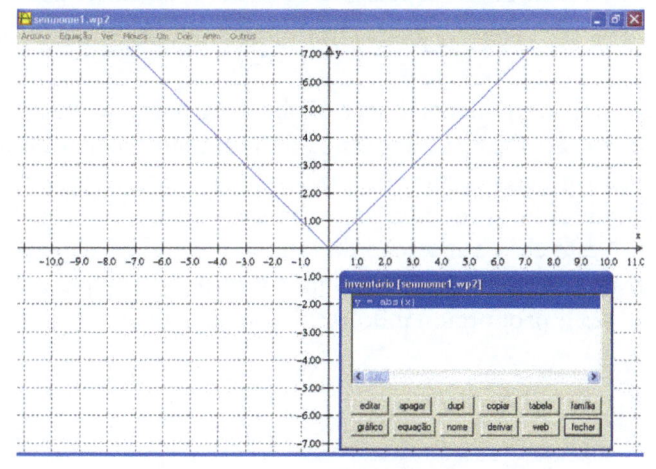

Figura 44 – Função Módulo $y = |x|$.

Função Exponencial

Para a construção gráfica da função exponencial que é caracterizada por $y = ba^x$, com $a > 0$, $a \neq 1$ e $b \neq 0$, vamos inserir na caixa de diálogo do programa a forma $f(x) = (ba)\wedge x$, tanto para funções crescentes como para funções decrescentes. A seguir, como exemplo, construiremos a função $y = (1/3)^x$, sendo ($b = 1$ e $a = 1/3$):

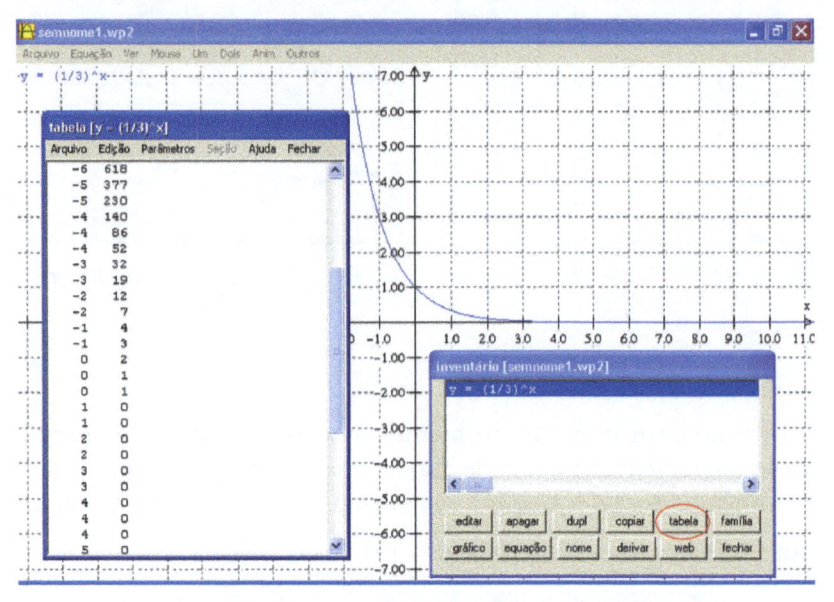

Figura 45 – Função $y = (1/3)^x$ / tabela de valores de x e y.

Caso a função exponencial seja explicitada por $y = e^x$, apresentando base e, com $e \cong 2,71828$, utilizaremos na entrada da caixa de diálogo da função $f(x)$ as seguintes formas propostas: $f(x) = \exp(x)$ ou $f(x) = e\wedge(x)$. A fim de exemplificarmos melhor, suponha que precisamos construir a função $y = e^{2x}$. Neste caso a inserção da função pretendida na caixa de diálogo do programa Winplot poderá assumir a forma $y = \exp(2x)$ ou simplesmente $y = e\wedge(2x)$, proporcionando resultados idênticos.

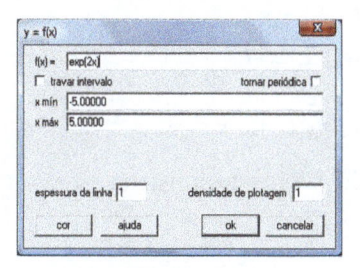

Figura 46 – Função $y = e^{2x}$ / $f(x) = \exp(2x)$.

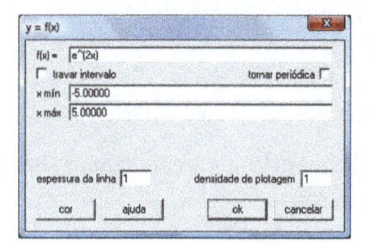

Figura 47 – Função $y = e^{2x}$ / $y = e^{\wedge}(2x)$.

Função Logarítmica

Para a construção gráfica da função logarítmica $y = \log_a x$, considere os seguintes comandos:

- Se $y = \log x$ com base 10, **insira na caixa de diálogo:** $f(x) = \log x$
  Exemplo: Construir o gráfico da função $y = \log(3,5x)$.
  Neste caso, **digite na caixa de diálogo:** $f(x) = \log(3.5x)$

- Se $y = \log_a x$, com base a, **insira na caixa de diálogo:** $f(x) = \log(a, x)$
  Exemplo: Para a construção gráfica de $y = \log_4 x$, **inserir na caixa de diálogo:** $f(x) = \log(4, x)$

- Se $y = \ln x$, com base e, inserir: $f(x) = \ln(x)$
  Exemplo : Construção gráfica da função $y = \ln(2x - 2)$.
  Basta **inserir na caixa de diálogo:** $f(x) = \ln(2x - 2)$

■ Atividades com Aplicação do programa Winplot

1. Construa os gráficos das funções :
   a. $y = 3x$
   b. $y = 4x + 10$
   c. $y = 0,5x - 0,9$
   d. $y = -10x - 10$
   e. $y = 30x + 500$
   f. $y = x^2 - x + 3$
   g. $y = -2x^2 + 18$
   h. $y = -x^2 + 2x$
   i. $y = x^2 - 4$
   n. $y = x^3 - 9x - 15$
   o. $y = 3x^5 - 5x^3$
   p. $y = x^3 - 9x^2 - 48x + 52$
   q. $y = 2,3^x$
   r. $y = 10x^{3,2}$
   s. $y = 4,5x^{0,5} + 2$
   t. $y = 4,5x^{0,7} + 2$
   u. $y = \ln(5x + 0,5)$
   v. $y = \log(3x - 1)$

j. $y = -0,1x^2 + 0,2x + 1,5$
k. $y = -x^3 + 2x^2$
l. $y = x^3 - x + 4$
m. $y = x^3 + 3x^2 + 9x$

w. $y = e^{-2x}$
x. $y = -e^{2x+1}$
y. $y = e^{x^2}$
z. $y = |x - 1|$

2. Utilizando a opção *travar intervalo* do Winplot, construa os seguintes gráficos:
   a. $y = x, x \geq 0$
   b. $y = 2, x \geq 0$
   c. $y = 3x + 4; x \leq 5$
   d. $y = 3x + 4; 0 \leq x \leq 6$
   e. $y = 10 - 2x; 0 \leq x \leq 5$
   f. $y = -3 + 3x; x \geq 1$
   g. $y = x^2; x \geq 0$
   h. $y = x^2 + 10; x \geq 0$
   i. $y = -0,01x^2 - 0,2x + 8; x \geq 0$
   j. $y = x^3 - 1; x \leq 2$
   k. $y = \dfrac{1}{x} ; x > 0$
   l. $y = \dfrac{1}{2x - 1}; x > 0$

3. Construa os modelo das funções econômicas: *Receita, Custo, Demanda* e *Lucro*.
   • Função Receita:
   a. $R(x) = 2x; x \geq 0$
   b. $R(x) = 0,3x; 0 \leq x \leq 5$
   c. $R(x) = 10x; 0 \leq x \leq 20$
   d. $R(x) = -0,5x^2 + 12$

   • Função Custo:
   a. $C(x) = 10 + 2x; x \geq 0$
   b. $C(x) = 50 + 0.5x; 0 \leq x \leq 30$
   c. $C(x) = 400 + 5x; 0 \leq x \leq 100$
   d. $C(x) = \dfrac{1}{9}x^2 + 1$
   e. $C(x) = -0,012x^2 + 0,492x + 0,725$

   • Função Demanda:
   a. $D(p) = 10 - q; 0 \leq q \leq 10$
   b. $D(p) = -2p + 10; 0 \leq p \leq 5$

c. $D(p) = 12 - 2q$; $0 \leq q \leq 6$
d. $D(p) = 1.000 - 10p$; $0 \leq p \leq 100$

• **Função Lucro:**
a. $L(q) = 5q - 10$; $q \geq 0$
b. $L(q) = 0,2q - 10$, $q \geq 0$
c. $L(q) = 200q - 2$; $q \geq 0$
d. $L(x) = -3.600 + 400x - 4x^2$

4. Obtenha graficamente, através do Winplot, o ponto ou os pontos de nivelamento das funções, caso existam, considerando $R(x)$ e $C(x)$, $x \geq 0$:
 • *Use o comando Dois / interseções...*
 a. $R(x) = 2,5$; $C(x) = 10 + 1,2x$
 b. $R(x) = 10x$; $C(x) = 2,5x + 100$
 c. $R(x) = 2x$; $C(x) = 5 + 0,2x$
 d. $R(x) = 1.000 + 20x + 0,5x^2$; $R(x) = 65x$
 e. $R(x) = 1.600x - x^2$; $C(x) = 1.600 + 1.500x$

5. Dadas as funções $R(x) = 4x$, $x \geq 0$ e $C(x) = 2x + 20$, $x \geq 0$, obtenha graficamente:
 a. O *break-even point*.
 b. As regiões de Lucro e Prejuízo do modelo econômico.
 Tais regiões serão obtidas acionando os seguintes comandos:
 • **Equações / Desigualdades Explícitas**
 • Na caixa de diálogo denotada por *regiões explícitas*, clique no botão *entre* e, em seguida, acione os comandos *cor* e *sombrear*.

6. Encontre graficamente o ponto de equilíbrio entre as curvas de demanda e oferta:
 • Clique no menu *Dois* / Selecione a opção *Interseções...*
 a. $q(p) = 10 - 2p$; $q(p) = -3 + 2p$
 b. $p(q) = -q + 9$; $p(q) = 3q + 5$
 c. $p(q) = -0,01q^2 + -0,2x + 8$; $p(q) = 0,01x^2 + 0,1x + 3$
 d. $q(p) = -3p + 7$; $q(p) = 2p + 2$

7. Construa a função de Juros Compostos $M = 100(1,02)^x$, onde a variável x representa o tempo em meses e o *Montante* está em unidades monetárias.

8. Construa a função Lucro Mensal de uma empresa, explicitada por $L(t) = 3000.(1,05)^t$, em u.m., sendo o lucro $L(t)$ após t meses.

9. Analisando o crescimento exponencial de um País Y, segundo o modelo $P = P_0 \cdot e^{kt}$, verificou-se que a população inicial em $t = 0$ é $Po = 20$ milhões e sua taxa de crescimento populacional é igual a $k = 2,1\%$ a.a. Pede-se:
   a. O gráfico de P como função de t.
   b. Estime a população daqui a dez anos.
   c. Em quanto tempo esta população se duplicará.

10. A função Custo total de uma empresa é descrita pela função $C(x) = -x^2 + 2x + 3$, sendo x as quantidades a serem produzidas. Pede-se:
    a. O gráfico da função C(x).
    b. Encontre graficamente o custo máximo e a quantidade x correspondente.

11. A função de Lucro Total é descrita pela função $L(x) = -x^2 + 3x - 2$. Pede-se:
    a. Gráfico de $L(x)$,
    b. Encontre o máximo lucro e a quantidade x correspondente.
    c. Identifique os intervalos de Lucro e Prejuízo para a variável x.

12. Determine os pontos de interseção do sistema com o uso do Winplot:

$$\begin{cases} x + y = 5 \\ x - y = 1 \end{cases}$$

13. Dado o conjunto de equações implícitas, referentes aos itens a e b, encontre a região de solução e seus vértices:

    a. $\begin{cases} x \geq 0 \\ y \geq 0 \\ x + y \leq 3 \\ 4x + y \leq 6 \end{cases}$
    b. $\begin{cases} x \geq 0 \\ y \geq 0 \\ x + 3y \leq 12 \\ 2x + y \geq 16 \end{cases}$

14. Calcule a área entre as curvas $y = 4x$ e $y = x^3 + 3x^2$, usando a ferramenta gráfica para o cálculo de integrais definidas.

15. Verifique graficamente a existência do $\lim_{x \to 0} f(x)$ para a função $f(x) = \dfrac{1}{x^2 - 4}$.

respostas
Exercícios Ímpares

■ CAPÍTULO 1

1. a) Fevereiro: $ 4,00
   Maio: $ 4,50
   Agosto: $ 2,00
   Novembro: $ 3,00
   b) Agosto, setembro e dezembro
   c) Maior valor ($ 5,50) em março
   Menor valor ($ 1,00) em junho
   d) Valorização de $ 1,50 de fevereiro a março e de junho a julho
   Desvalorização de $ 3,50 de maio a junho
   e) V.M.A. = $ 2,96

3. a) $R(5)$ = $ 10,00
   $R(10)$ = $ 20,00
   $R(20)$ = $ 40,00
   $R(40)$ = $ 80,00
   b) q = 25 unidades
   c)

   d) A função é crescente porque, conforme aumenta a quantidade vendida, aumenta a receita.
   e) Essa função não é limitada superiormente, porque não há um limite superior.

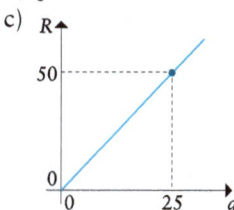

5. a) $C(0)$ = 60
   $C(5)$ = 75
   $C(10)$ = 90

C(15) = 105
C(20) = 120

b)

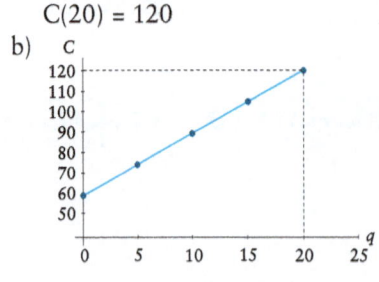

c) O significado do valor de C = 60 quando q = 0 é custo que independe da produção, também chamado de custo fixo.
d) Essa função é crescente porque, quanto maior a produção (q), maior é o custo (C).
e) A função não é limitada superiormente porque, se continuar aumentando a produção (q), o custo também irá aumentar.

7. a) $C_u(10) = \$\ 30$
$C_u(100) = \$\ 12$
$C_u(1.000) = \$\ 10,2$
$C_u(10.000) = \$\ 10,02$
b) q = 50 unidades
c)

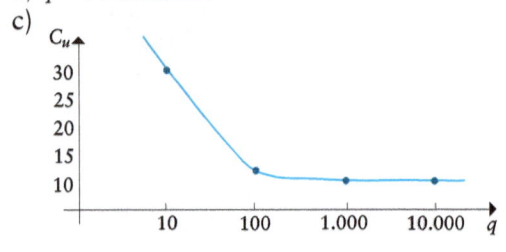

d) A função é decrescente pois, à medida que a quantidade aumenta, o custo unitário diminui.
e) É limitada inferiormente e o limitante inferior é $C_u = \$\ 10$, também chamado de ínfimo.

CAPÍTULO 1 – TÓPICO ESPECIAL

Problema 1
a) $\Sigma x^2 = 154$
b) $\Sigma y^2 = 103$
c) $\Sigma xy = 91$
d) $\Sigma xy^2 = 437$

e) $\Sigma x^2 y = 639$
f) $\Sigma x^2 y^2 = 3.009$
g) $\Sigma x^4 = 10.978$
h) $\Sigma x^3 = 1.224$
i) $\Sigma 2x = 48$
j) $\Sigma x/2 = 12$
k) $\Sigma(x + y) = 43$
l) $\Sigma(x - y) = 5$

Problema 3

Gráfico de Dispersão – Tabela 1

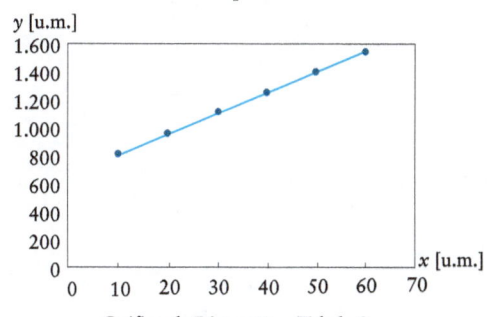

Gráfico de Dispersão – Tabela 2

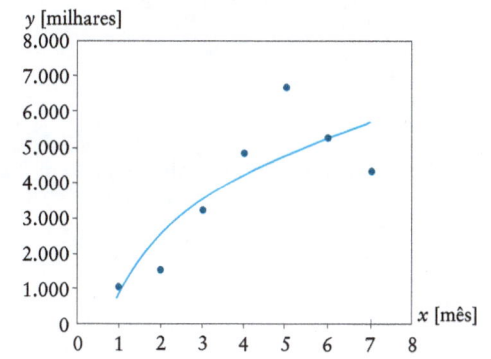

Problema 5

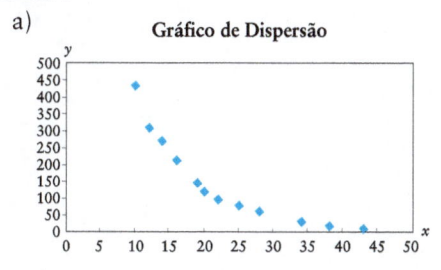

a)

Gráfico de Dispersão

b) O sistema comporta-se de forma decrescente. E justifica-se porque, quando o preço unitário (x) aumenta, a demanda (y) diminui.
c) Os pontos do diagrama não apresentam comportamento linear, porque a disposição desses pontos descreve uma curva decrescente.
d) $r = -0,8804$
Através do coeficiente de correlação, pode-se afirmar que as variáveis de preço unitário (x) e demanda (y) apresentam uma correlação linear moderada e negativa, porque a disposição dos pontos descreve uma curva decrescente.

■ CAPÍTULO 2

1. a) $V = 1,5q$
   b)

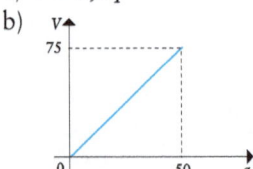

3. a) $S = 600 + 10x$
   b)

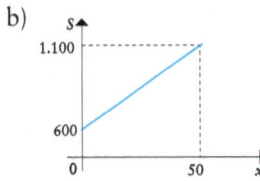

5. a) $V = 20.000 - 1.250x$
   b) $x = 8$ anos; portanto, o carro terá a metade do seu valor inicial em 8 anos.
   c)

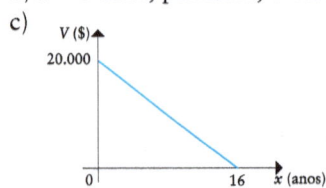

7. a) $3x + 4y = 24$
   b) $y = 6$ kg
   $x = 8$ kg

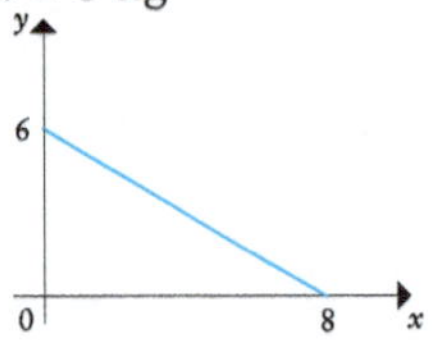

c) $y = \dfrac{24 - 3x}{4}$

d) $x = \dfrac{24 - 4y}{3}$

9. a)

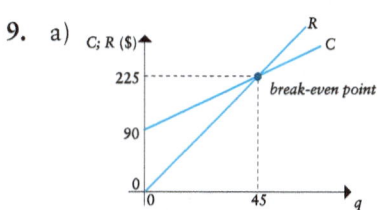

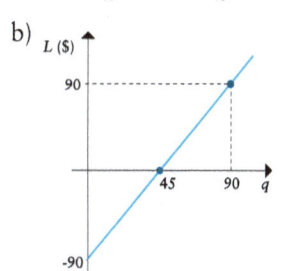

b) $L = 2q - 90$, lucro negativo para $0 \leq q < 45$, lucro nulo para $q = 45$, lucro positivo para $q > 45$.

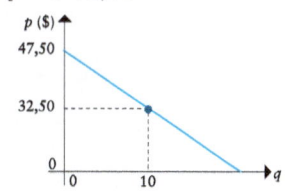

11. a) $p = -1{,}5q + 47{,}5$
    b) $p = \$\ 32{,}50$
    c)

13. a) $C = 4q + 60$, $R = 7q$, $L = 3q - 60$

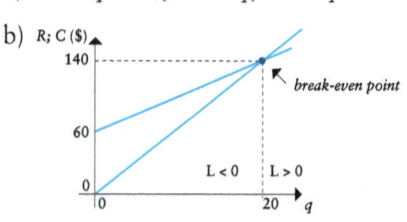

    b)

Break-even point é o ponto de equilíbrio, ou seja, custo (C) e receita (R) são iguais, portanto o lucro é zero.

c) Para q entre 0 e 20 unidades ($0 \leq q < 20$) há lucro negativo, e acima de 20 unidades ($q > 20$) há lucro positivo.

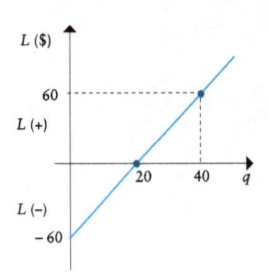

d) $C_{me} = \$\ 4{,}00$ (limitante inferior)

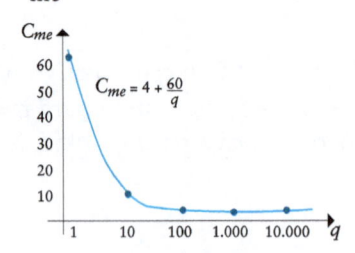

$L_{me} = \$\ 3{,}00$ (limitante superior)

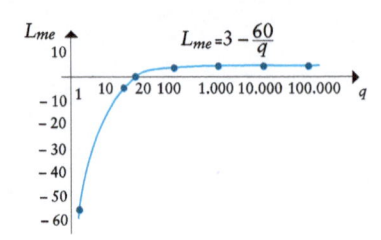

15. a) $p = 0{,}02q + 4{,}3$
    b) A função é crescente

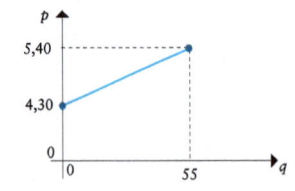

17. a) $A_A = 30 + 4d$
    $A_B = 80 + 2d$

b)

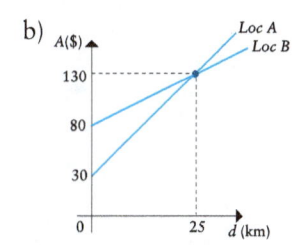

[Gráfico: A($) vs d (km), com retas Loc A e Loc B cruzando-se em (25, 130); marcações 30, 80, 130 no eixo A($)]

c) Para percorrer uma distância inferior a 25 km, a locadora **A** tem o melhor preço, mas para percorrer uma distância superior a 25 km, a locadora **B** tem o melhor preço. Para percorrer 25 km as duas locadoras são equivalentes. Isso pode ser visualizado no gráfico do item (b).

19. a) $m_A = 13 - 0,5t$
$m_B = 8 - 0,3t$
Estarão vazios após 26 e 26,7 dias (aproximadamente)

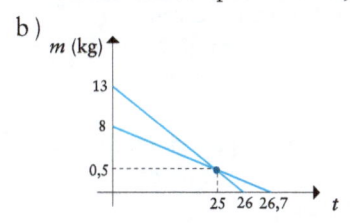

b)

[Gráfico: m(kg) vs t, retas decrescentes passando por 13 e 8 no eixo m, cruzando-se em (25; 0,5); marcações 25, 26, 26,7 no eixo t]

Funções decrescentes a taxa constante.
c) Os botijões serão iguais após 25 dias.

CAPÍTULO 2 – TÓPICO ESPECIAL

Problema 1

a)

Meses	(x)	Cotações (y)
jan.	1	1040,00
fev.	2	1071,20
mar.	3	1108,69
abr.	4	1086,52
maio	5	1119,11
jun.	6	1169,47
jul.	7	1146,08
ago.	8	1134,62
set.	9	1168,66
out.	10	1192,04
nov.	11	1233,76
dez.	12	1264,60

b)

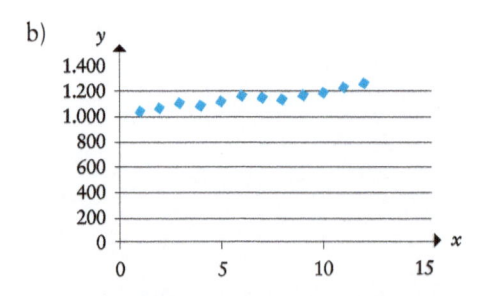

c) Sim. Existe esta possibilidade.
d) $y = 1.032,04 + 17,31x$

Problema 3

a) Analisando o gráfico de dispersão, pode-se afirmar que o sistema se comporta de forma aproximadamente linear.
b) Os pontos apresentam comportamento linear decrescente.
c) As variáveis de demanda e preço de mercado caminham, em termos de evolução, em sentidos contrários.
d) $r = -0,94$
As variáveis de demanda e preço de mercado apresentam uma correlação linear forte e também negativa, ou seja, os pontos descritos por essas variáveis apresentam comportamento decrescente.
e) $y = -27,80x + 1.568,57$
f)

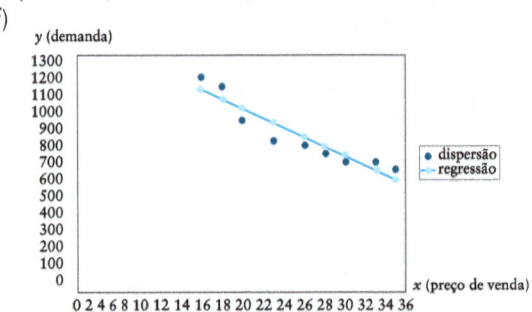

g)

x	$y_{regressão}$
40	457
50	179

■ CAPÍTULO 3

1. a) Intervalo de crescimento → de $q = 0$ a $q = 250$
    Intervalo de decrescimento → $q > 250$
    $q = 250$ gera a receita máxima
    Receita máxima $R = 125.000$
    b) *break-even points* $q = 50$ e $q = 350$ são os pontos em que a receita é igual ao custo.

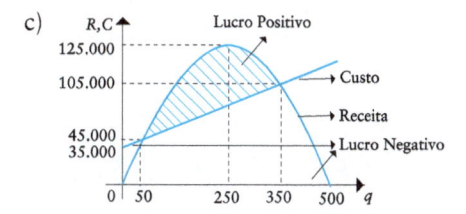

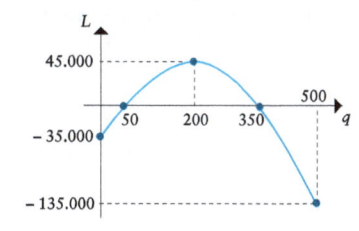

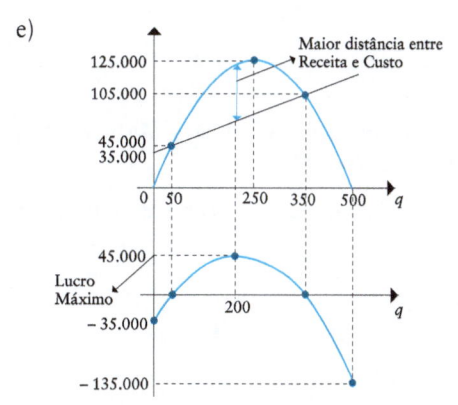

    c)

    d) $L = -2q^2 + 800q - 35.000$

    e)

    A quantidade que gera o lucro máximo é $q = 200$, e o lucro máximo é $L = \$ 45.000$.

3. $N = -t^2 + 14t + 32$

a)
t	N
0	32
1	45
2	56
3	65
4	72
5	77
6	80
7	81
8	80
9	77
10	72

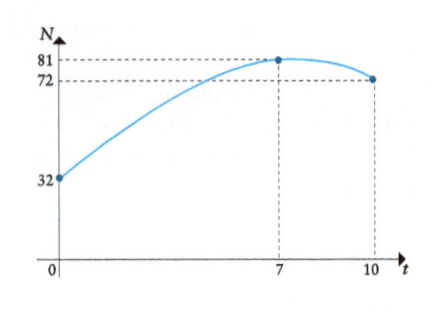

b) O número máximo de apólices é de 81 e ocorre no mês em que $t = 7$.

c) Para os cinco primeiros meses a média é 63 e para os dez primeiros meses a média é 70,5 apólices. (Para os cálculos o mês inicial foi $t = 1$ com $N = 45$.)

5. a) $R = -2q^2 + 400q$

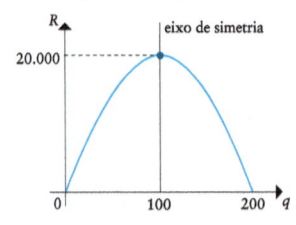

b) A quantidade necessária de garrafas a ser vendida é 100 garrafas, para obter a receita máxima, que é de $ 20.000.

c) A receita é crescente para $0 < q < 100$ garrafas e decrescente para $q > 100$.

7. $v = 0,5t^2 - 8t + 45$

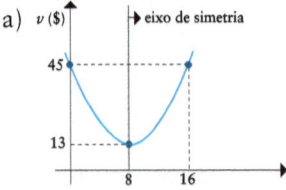

a)

b) O valor é mínimo após $t = 8$ dias, e o valor mínimo é de $ 13.

c) É decrescente para $0 < t < 8$ dias e crescente para $t > 8$ dias.

d) V.P. = 88,89%

9. a)

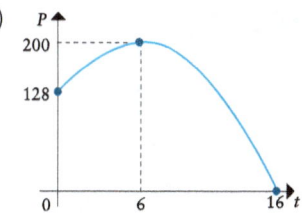

[Gráfico: parábola com P no eixo vertical (valores 128 e 200) e t no eixo horizontal (valores 0, 6, 16). Ponto inicial em (0, 128), máximo em (6, 200), e retorno ao eixo em (16, 0).]

b) A produção é máxima em $t = 6$h, com produção de 200.
c) A produção é igual à inicial em $t = 12$h.
d) O funcionário não consegue mais produzir em $t = 16$h.
e) Intervalo de crescimento: $0 < t < 6$h
   Intervalo de decrescimento: $6 < t < 16$h

11. a) $y = -x^2 + 100$
    b)

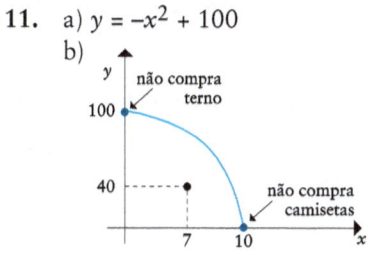

[Gráfico: eixo y com valores 100 e 40; eixo x com valores 7 e 10. Curva decrescente com indicações "não compra terno" e "não compra camisetas".]

c) $y = 36$ camisetas
d) $x = 9$ ternos
e) Não comprando ternos, pode-se comprar 100 camisetas.
   Não comprando camisetas, pode-se comprar 10 ternos.
f) Não ultrapassará o orçamento.

13. a)

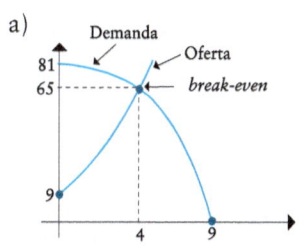

[Gráfico: curvas de Demanda e Oferta com valores 81, 65 e 9 no eixo vertical e 4 e 9 no eixo horizontal. Ponto de break-even indicado.]

b) Quantidade de equilíbrio é $q = 4$
   Preço de equilíbrio é $p = \$\ 65$

CAPÍTULO 3 – TÓPICO ESPECIAL

Problema 1

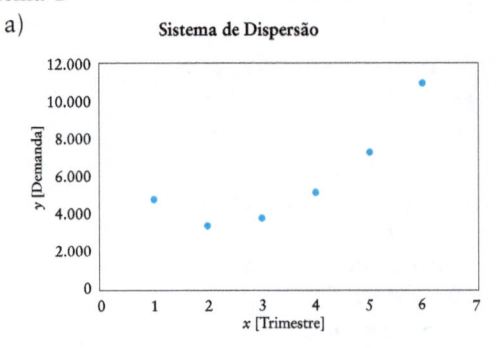

a)

Sistema de Dispersão

Pela disposição dos pontos apresentados no sistema de dispersão, é possível verificar que ele descreve uma curva parabólica.

b) $r = 0,83$

Pelo coeficiente de correlação, pode-se notar que as variáveis trimestre (x) e demanda (y) apresentam correlação forte.

c) $y = 566,96x^2 - 2.725,89x + 6.875$

d) $x_{\text{vértice}} = 2,4$ (trimestre)

$y_{\text{vértice}} = 3.598,55$ (demanda na curva)

e) Intervalo de decrescimento para $x < 2,40$

Intervalo de crescimento de $x > 2,40$

f)

x	y
7	15.575
8	21.353

g) $x \cong 6,8879$ trimestres.

Problema 3

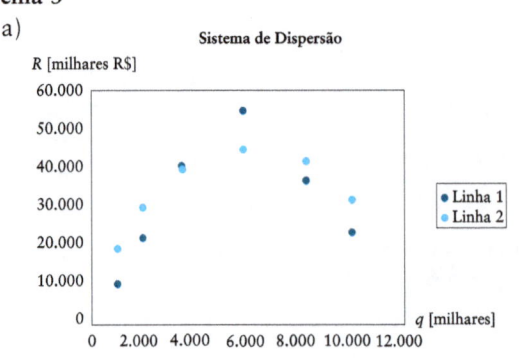

a)

Sistema de Dispersão

b) **Linha 1** ⇒ y = –0,002x^2 + 20,648x – 10.084,887
Linha 2 ⇒ y = –0,001x^2 + 11,699x + 9.199,450

Gráfico de Parábolas Ajustadas – Linhas 1 e 2

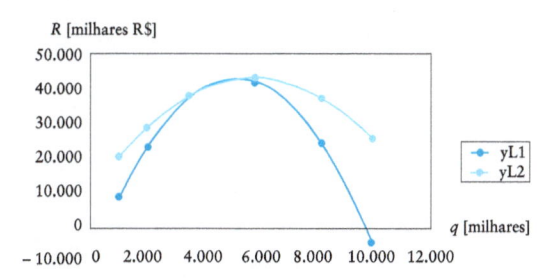

R [milhares R$]

c) Pode-se verificar no gráfico do item (b) que o faturamento mais expressivo ao longo do tempo é proporcionado pela linha 2.

d) *Linha 1*
x_v = 5.162 unidades de demanda para receita máxima
Linha 2
x_v = 5.849,5 unidades de demanda para receita máxima
Pelos resultados apresentados, para obter receita máxima há necessidade de uma saída maior de calçados na linha 2 que na linha 1.

e)

$q_{média}$ =	5.083,33	Linha 1
$q_{média}$ =	4.983,33	Linha 2

A linha 1 tem uma saída (demanda) superior à da linha 2.

f) A linha 1 supera em demanda a linha 2 no intervalo de 3.616 < x < 5.333.

g) A linha 2 supera em demanda a linha 1 nos intervalos de x < 3.616 e x > 5.333.

h)

x	y(linha 1)	y(linha 2)
12.000	–50.308,9 (não existe)	5.587,5
14.000	–113.012,9 (não existe)	–23.014,6 (não existe)

CAPÍTULO 4

1. a) 1,25
   b) 1,13
   c) 1,03
   d) 1,01
   e) 2
   f) 1,0432
   g) 0,65
   h) 0,82
   i) 0,96
   j) 0,98
   k) 0,9383
   l) 0,995

3. a)

x	V(x)
1	113.750,00
5	78.004,02
10	48.677,01

   b) O valor na data de compra era de $ 125.000. E o valor de depreciação em um ano é de 9%.

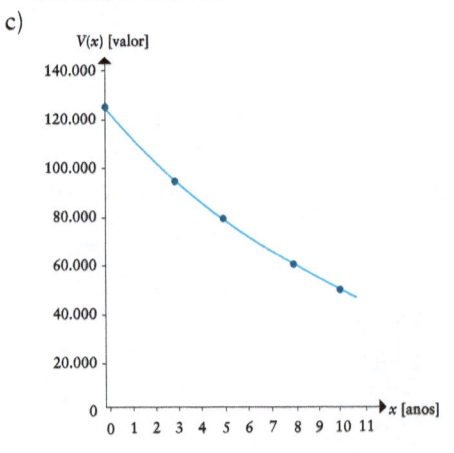

   c)

   d) $x = 3{,}48$ anos → Aproximadamente, 3 anos e 6 meses.

5. a) $V(x) = 68.500 \cdot 0{,}885^x$

b)
x	V(x)
1	60.622,50
5	37.188,35
10	20.189,39

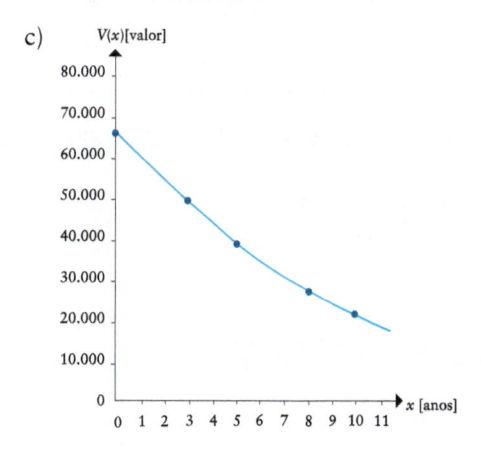

c)

d) $x = 5{,}67$ anos → Após, aproximadamente, 5 anos e 8 meses.

7. a) $P(t) = 28{,}50 \cdot 1{,}04^t$

b)
t	P(t)
1	29,64
5	34,67
10	42,19

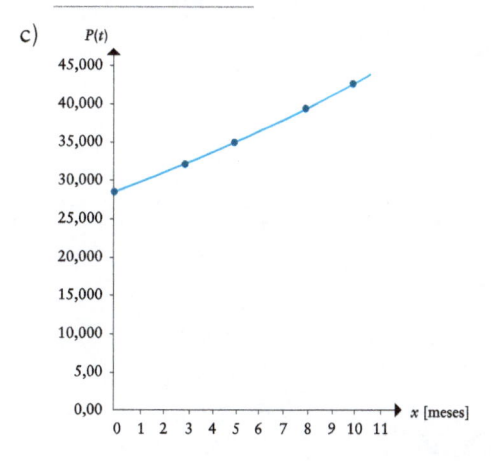

c)

d) Percentual = 160,10%, aumento percentual de 60,10%.
e) Duplica em 17,67 meses, aproximadamente (18 meses), quadruplica em 35,34 meses, aproximadamente (36 meses).

9. a) $y = 1.048.576 \cdot 0,875^x$
   b) Percentual = 12,50%
   c) A quantidade de estanho presente na jazida quando ela foi descoberta era de 1.048.576 toneladas.
   d) Após, aproximadamente, 5 anos.

11. É possível expressar o montante como função exponencial pois $\frac{M(8)}{M(7)} = \frac{M(9)}{M(8)} = \frac{M(10)}{M(9)} \cong 1,015$ e tal expressão será $M(x) = 450.000 \cdot 1,015^x$.

13. É possível expressar o número de ofertas de emprego como função exponencial pois $\frac{N(4)}{N(3)} = \frac{N(5)}{N(4)} = \frac{N(6)}{N(5)} \cong 0,95$ e tal expressão será $N(t) = 1.750 \cdot 0,95^t$.

CAPÍTULO 4 – TÓPICO ESPECIAL

1. a) Sistema de Dispersão das Variáveis x e y

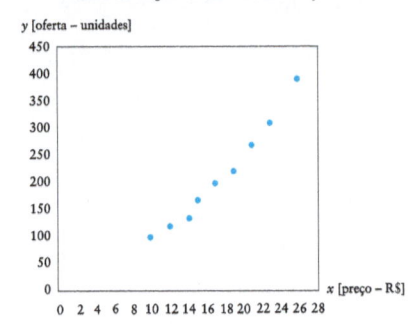

   b) Sim.
   c) $y = 43,30 \cdot 1,09^x$
   d) Gráfico de Dispersão e Curva Exponencial Ajustada

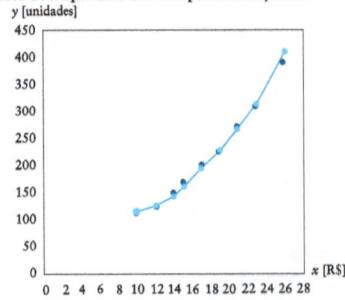

3.

a)

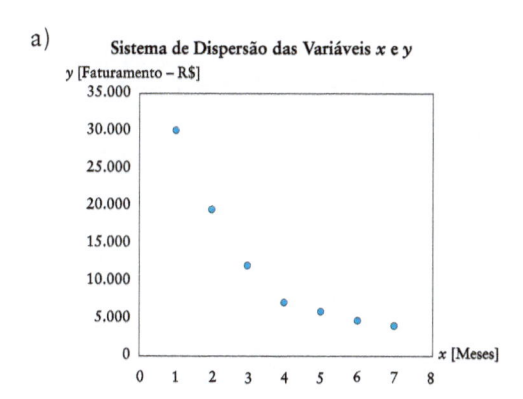

Sistema de Dispersão das Variáveis x e y

y [Faturamento – R$]

(gráfico de dispersão com eixo *x* [Meses] de 0 a 8)

b) $y = 35.547{,}47 \cdot 0{,}72^x$

c)

Gráfico de Dispersão e Curva Exponencial Ajustada

y [Faturamento – $]

(gráfico de dispersão com curva exponencial ajustada, eixo *x* [Meses] de 0 a 8)

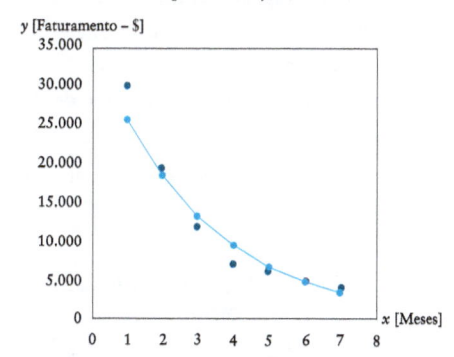

d)

Meses (x)	Faturamento (y)
8	2.567
9	1.848

CAPÍTULO 5

1. a)

q [un.]	C_v [R$]
0	0,00
1	10,00
2	80,00
3	270,00
4	640,00
5	1.250,00

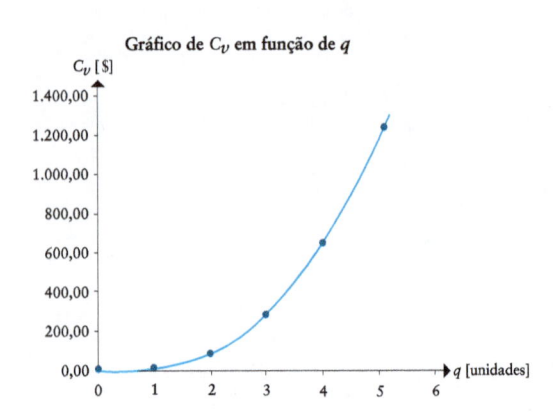

Gráfico de C_v em função de q

b) A taxa é crescente, pois para aumentos iguais em q, os aumentos em C_v são cada vez maiores. O indicador da taxa crescente é a concavidade voltada para cima, conforme gráfico anterior.

c) A quantidade produzida a um custo variável de $ 5.120,00 é de 8 unidades.

d) $q = \sqrt[3]{\dfrac{C_v}{10}}$ fornece a quantidade q a partir do custo variável C_v.

3. a)

q (horas)	P (unidades)
0	0
1	200
2	348
3	482
4	606
5	725

Gráfico de P em função de q

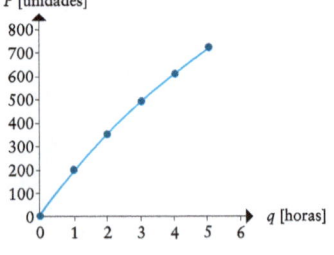

b) Na primeira hora, segunda hora e terceira hora foram produzidos 200, 148 e 134 unidades, respectivamente. A taxa é decrescente, pois para aumentos iguais em q, os aumentos em P são cada vez menores. O indicador da taxa decrescente é a concavidade voltada para baixo, conforme gráfico apresentado no item (a).

c) Devem se passar 32 horas desde o início do expediente para que sejam produzidos 3.200 eletrodomésticos.

d) $q = (P/200)^{\frac{5}{4}}$ e fornece a quantidade q a partir da produção P.

5. a)

P (R$/kg)	q (kg)
0,50	600.000
1,00	150.000
1,50	66.667
2,00	37.500
2,50	24.000
5,00	6.000
10,00	1.500

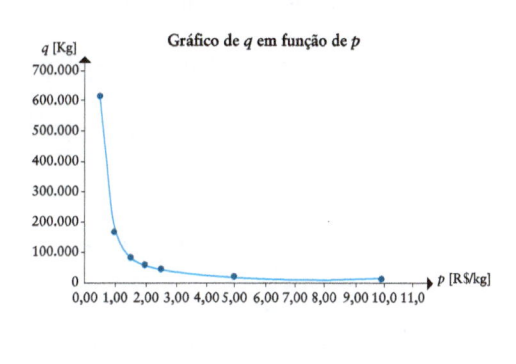

Gráfico de q em função de p

b) A função é decrescente porque, à medida que o preço p aumenta, diminui a demanda q, calculada na tabela do item anterior. E por ter a concavidade voltada para cima, vista no gráfico acima, a taxa é crescente.
c) O preço da fruta é de R$ 4,00/kg quando os consumidores estão dispostos a consumir 9.375 kg.
d) Essa função, $p = (q/150.000)^{-\frac{1}{2}}$, fornece o preço por quilo p da fruta quando os consumidores estão dispostos a consumir q quilos de frutas.
e) O significado, em termos práticos, é preço muito elevado. Se o preço estiver muito elevado, a saída, ou demanda, do produto será zero, pois $\lim_{p \to \infty} q = 0$.
f) O significado, em termos práticos, é preço muito baixo. Se o preço estiver muito baixo, a saída, ou demanda, do produto será muito alta, pois $\lim_{p \to 0^+} q = \infty$.

7. a) $y = 10.000.000/x^{1,5}$
   b)

x (R$/dia)	y (indivíduos)
5	894.427
10	316.228
20	111.803
30	60.858
40	39.528
50	28.284
100	10.000

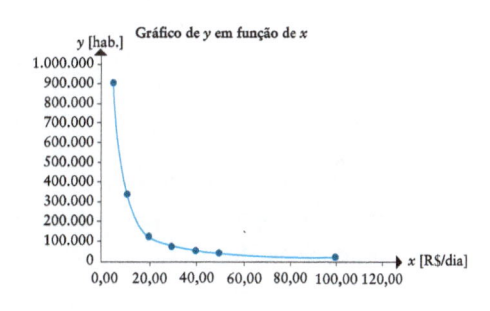

Gráfico de y em função de x

c) 70.000 indivíduos têm renda entre 25 e 100 R$/dia.

d) A função é decrescente porque, à medida que a renda x aumenta, diminui o número de indivíduos com renda superior, calculada na tabela do item (b). E por ter a concavidade voltada para cima, vista no gráfico, a taxa é crescente.

e) A menor renda diária, das 640 pessoas que têm as rendas mais altas, é de 625 R$/dia.

f) O significado é renda diária altíssima, que quase nenhuma pessoa tem, pois $\lim_{x \to \infty} y = 0$.

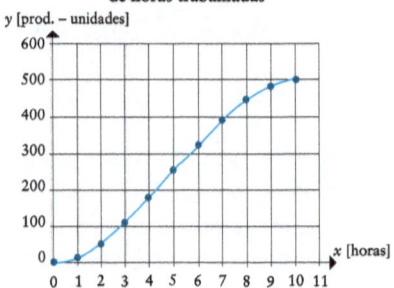

9. a) Gráfico de produção em função de horas trabalhadas

b)

x (horas)	y (unidades)	Δy (produção a cada hora)
0	0	/
1	14	14
2	52	38
3	108	56
4	176	68
5	250	74
6	324	74
7	392	68
8	448	56
9	486	38
10	500	14

Na primeira hora, foram produzidas 14 peças; na segunda hora, foram produzidas 38 peças.

c) A taxa é crescente no intervalo $0 < x < 5$, pois para aumentos iguais em x, os aumentos em y são cada vez maiores. A taxa passa a ser decrescente no intervalo $x > 5$, pois para aumentos iguais em x, os aumentos em y são cada vez menores.

d) A produção y é máxima em $x = 10$, e a produção máxima y é de 500 peças.

e) O instante em que a *produtividade* é máxima é em $t = 5$. Graficamente, isso significa que $t = 5$ é o ponto de inflexão.

f) Concavidade positiva para $0 < x < 5$ e concavidade negativa para $x > 5$.

11. a)

q [milh. unid.]	C [milh. R$]
0	20
1	96
2	148
3	182
4	204
5	220
6	236
7	258
8	292
9	344
10	420

Gráfico de Lucro em Função de Produção

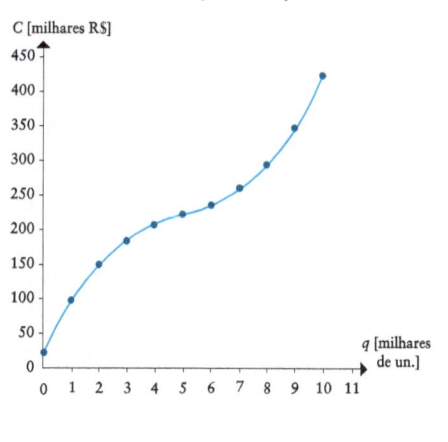

b)

Dq	DC	Dq	DC
1 – 0 = 1	96 – 20 = 76	6 – 5 = 1	236 – 220 = 16
2 – 1 = 1	148 – 96 = 52	7 – 6 = 1	258 – 236 = 22
3 – 2 = 1	182 – 148 = 34	8 – 7 = 1	292 – 258 = 34
4 – 3 = 1	204 – 182 = 22	9 – 8 = 1	344 – 292 = 52
5 – 4 = 1	220 – 204 = 16	10 – 9 = 1	420 – 344 = 76

A taxa é decrescente no intervalo $0 < q < 5$, pois para aumentos iguais em q, os aumentos em C são cada vez menores, conforme tabela acima. A taxa é crescente no intervalo $q > 5$, pois para aumentos iguais em q, os aumentos em C são cada vez maiores, conforme tabela acima.

c) $q = 5$ apresenta a menor taxa de variação, portanto é o ponto de inflexão do gráfico.

d) Concavidade positiva no intervalo $q > 5$ e negativa no intervalo de $0 < q < 5$.

13. a)

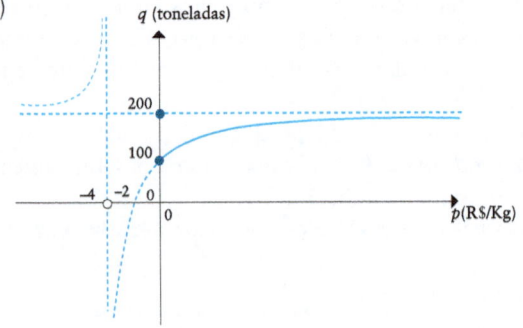

[Gráfico: eixo horizontal p(R\$/Kg), eixo vertical q (toneladas); curva passando por pontos destacados em -4, -2, e valores 100 e 200 no eixo q.]

b) $q(0) = 100$ toneladas; isso significa que, se o preço por quilo for zero, a quantidade ofertada é de 100 toneladas.

c) Isso significa que os consumidores estão dispostos a pagar um preço altíssimo.

d) O valor é de 200 toneladas. Isso significa que os produtores, a um preço altíssimo, podem oferecer muito próximo de 200 toneladas.

15. a) $x = 0{,}1S - 60$ ➜ Essa função determina quantas horas extras o operário tem de fazer para ter um salário S.

b) $x = 12,9936 \ln M - 140,5877$ ➜ Essa função fornece o tempo x que deverá durar a aplicação para se obter o montante M.

c) $x = -10,6033 \ln V + 124,4405$ ➜ Essa função fornece o tempo x que levará para um trator estar com um valor V.

d) $x = (y/10.000.000)^{-1/1,5}$ ➜ Essa função fornece a renda mínima x de número de indivíduos y.

CAPÍTULO 5 – TÓPICO ESPECIAL

1. a)

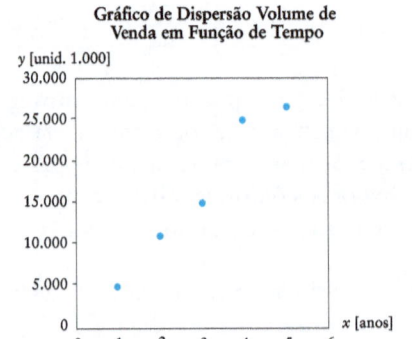

[Gráfico de Dispersão Volume de Venda em Função de Tempo; eixo y [unid. 1.000] de 0 a 30.000; eixo x [anos] de 0 a 6.]

b) Sim.
c) $y = 5.055,56 \cdot x^{1,07}$
d) Gráfico de Dispersão e Curva de Potência Ajustada

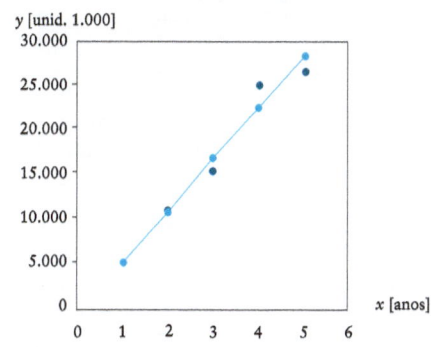

e)
Anos	x	$y_{estimado}$
2008	6	34.386,75
2009	7	40.553,11

3. a) Será compatível.

Gráfico de dispersão custo unitário

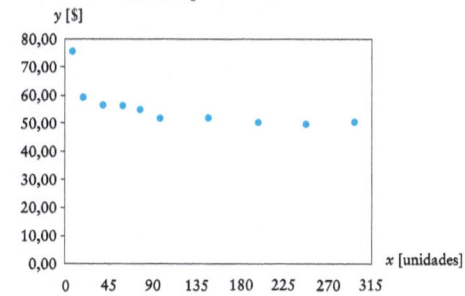

b) $C_u = 50,67 + 243,63/q$

Gráfico de Dispersão e Curva de Hipérbole Ajustada

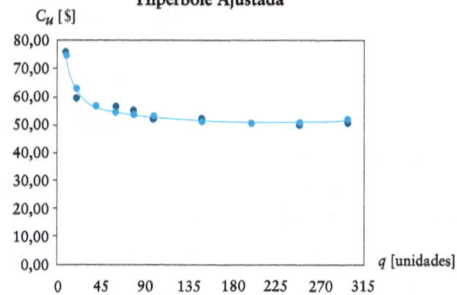

c) Diminuirão.

d)
q	C_u [$]
5	99,40
320	51,43

e)
C_u [$]	q [unid.]
75,00	10
52,30	149

■ CAPÍTULO 6

1. a) Taxa de variação média = 24 l/R$. Graficamente, mede a inclinação da reta secante passando pelos pontos (3; 27) e (5; 75) na curva da produção.
   b) Taxa de variação instantânea = 6,00 l/R$.
   c) $P'(1)$ = 6,00 l/R$
   d) O valor indica a taxa com que varia a produção P quando o capital investido é $q = 1$ (milhares de R$). Graficamente, representa a inclinação da reta tangente à curva da produção no ponto $(1; P(1)) = (1; 3)$.

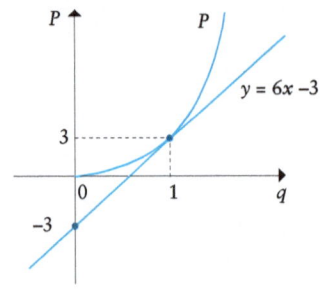

   e) $y = 6x - 3$
   f) $P'(1) = 6$ l/R$
   g) $P'(q) = 6q$

3. a) A derivada $f'(q)$ indica a taxa com que varia o custo quando a quantidade de componentes eletrônicos é q. A unidade é R$/milhares de unidades.
   b) Significa que a taxa de variação do custo é de 5 R$/milhares de unidades quando a quantidade produzida é de 10.000 unidades.
   c) $f'(10) > f'(100)$, pois esperam-se variações maiores do custo para níveis inferiores de produção.

5. a) A taxa para $0 \le t \le 6$ é de $\dfrac{40}{6} \cong 6{,}67$ R\$/dia e para $21 \le t \le 23$ é de $11{,}50$ R\$/dia. A função é crescente pois as taxas são positivas.
   b) A taxa para $6 \le t \le 10$ é de $-3{,}75$ R\$/dia e para $10 \le t \le 16$ é de $-2{,}50$ R\$/dia. A função é decrescente pois as taxas são negativas.
   c) A taxa é de 0 R\$/dia. Graficamente, temos inclinação 0 para a reta secante à curva $V(t)$ nos pontos $(6;\ 100)$ e $(22;\ 100)$.
   d) A derivada $V'(t)$ mede a taxa de variação do valor da ação em relação ao tempo, sua unidade de medida é R\$/dia.

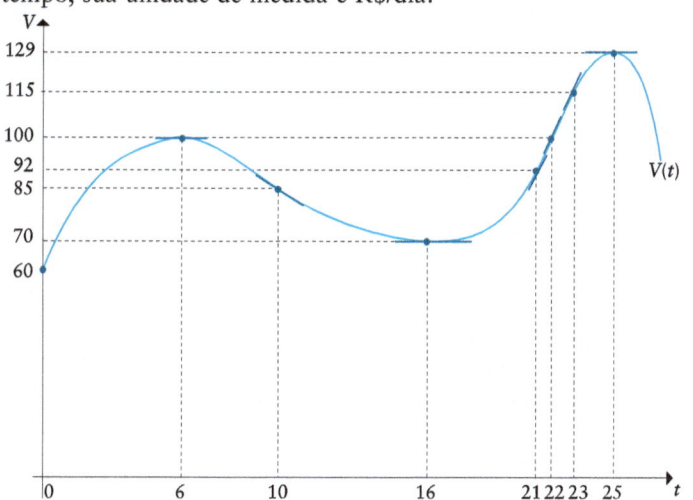

   e) $V'(6) = 0$; $V'(10) < 0$; $V'(16) = 0$; $V'(21) > 0$; $V'(23) > 0$ e $V'(25) = 0$

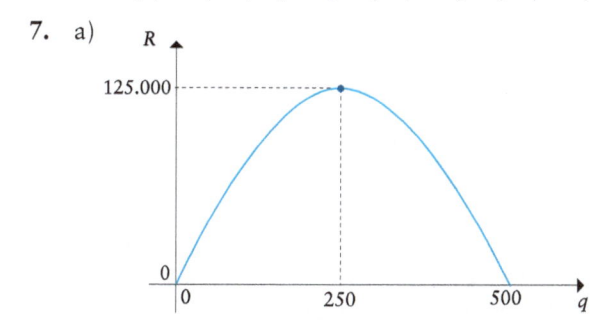

7. a)

   b) No intervalo de 100 a 200 unidades, a receita aumenta em média R\$ 400,00 para cada unidade. O significado gráfico é a inclinação da reta secante que passa por $q = 100$ e $q = 200$. No intervalo de 200 a 300 unidades, a receita pode ser considerada em média estável. Apresenta o mesmo significado gráfico anterior, passando por $q = 200$ e $q = 300$. No intervalo de 300 a 400 unidades, a receita diminui em média R\$ 400,00

para cada unidade. Também tem o mesmo significado gráfico, mas passando por $q = 300$ e $q = 400$.
c) Taxa de variação instantânea = 600 R$/unidade
d) $R'(100) = 600$ R$/unidade
e) O valor indica a taxa com que varia a receita (R) quando é comercializada a quantidade de $q = 100$ unidades. Graficamente, representa a inclinação da reta tangente à curva da receita no ponto $(100; R(100)) = (100; 80.000)$.
f) $y = 600x + 20.000$

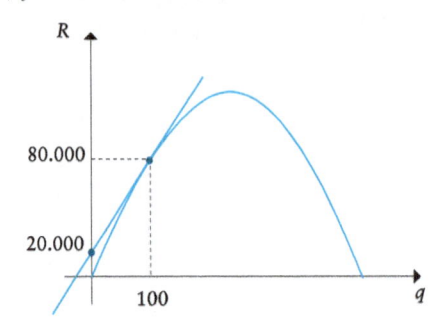

g) $R'(100) = 600$ R$/unidade
h) $R'(q) = -4q + 1.000$
i) $R'(100) = 600$; $R'(250) = 0$ e $R'(300) = -200$

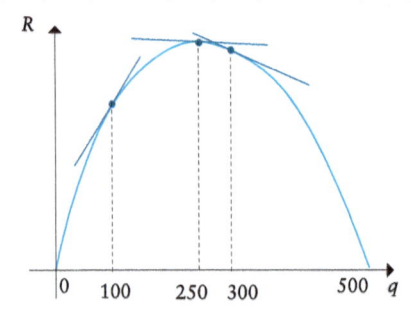

j) $R'(100)$ tem sinal positivo porque está no intervalo crescente da função.
$R'(250)$ é nula porque está no ponto de máximo da função.
$R'(300)$ tem sinal negativo por estar no intervalo decrescente da função.

9. a) $P'(1) = 750$ unidades/dia.
b) O valor indica a taxa de quanto varia a produção para uma hora trabalhada. Graficamente, representa a inclinação da reta tangente à curva de produção no ponto $(1; P(1)) = (1; 1.000)$.

c) $y = 750x + 250$

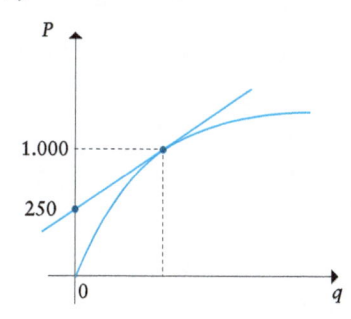

d) $P'(1) > P'(10)$, pois esperam-se variações maiores da produção nas primeiras horas trabalhadas.

11. a)

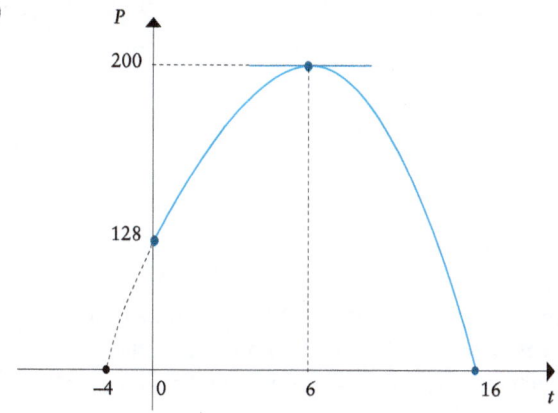

b) $P'(t) = -4t + 24$
c) A produção é máxima para $t = 6$. $P'(6) = 0$. Ver representação no item (a).
d) $P'(8) = -8$ indica uma taxa de variação negativa da produção quando $t = 8$, ou seja, um pequeno acréscimo em t, próximo de $t = 8$, acarreta um decréscimo 8 vezes maior em P.
e) Com relação à função, $P'(8)$ é negativa por estar no intervalo decrescente da função ($t > 6$).

f) $y = -8x + 256$

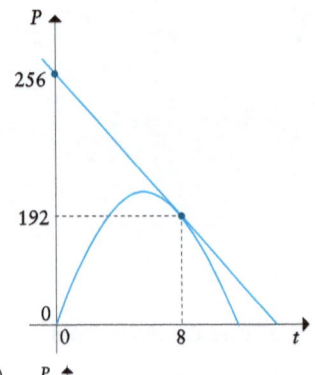

13. a)

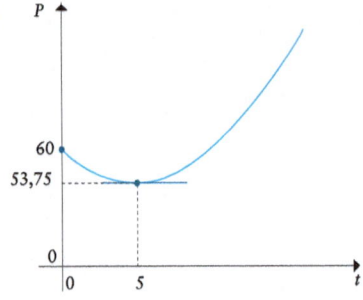

b) $p'(t) = 0{,}5t - 2{,}5$
c) O preço é mínimo para $t = 5$ $p'(5) = 0$. Ver reta no item (a).
d) $p'(7) = 1$ representa a taxa de variação do preço em relação ao tempo para $t = 7$. Uma pequena variação em t, próximo de $t = 7$, acarreta uma variação igual em p.
e) A $p'(7)$ apresenta sinal positivo e $t = 7$ pertence ao intervalo crescente da função $p(t)$.
f) $y = x + 47{,}75$

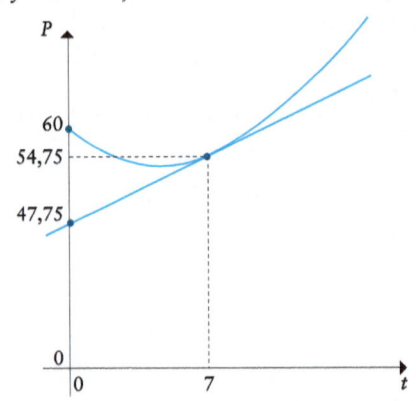

CAPÍTULO 6 – TÓPICO ESPECIAL

1. $y = 0,25x + 1,25$

x	Valor Real y	V. Estim. reta tg.	Erro
2,5	1,8708	1,875	0,0042
2,7	1,9235	1,925	0,0015
2,8	1,9494	1,95	0,0006
3,2	2,0494	2,05	0,0006
3,3	2,0736	2,075	0,0014
3,4	2,0976	2,1	0,0024
3,5	2,1213	2,125	0,0037

3. $y = 30q + 100$

q	Valor Real C(q)	V. Estim. reta tg.	Erro
3,8	224,94	214,00	10,94
4,0	228,00	220,00	8,00
4,5	237,25	235,00	2,25
5,0	250,00	250,00	0,00
5,5	267,75	265,00	2,75
6,0	292,00	280,00	12,00
6,3	310,29	289,00	21,29

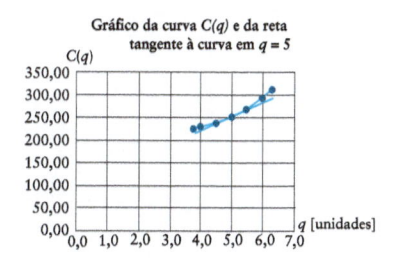

   Gráfico da curva $C(q)$ e da reta tangente à curva em $q = 5$

5. a) $y = -400q + 245.000$

q	$R(q)_{estim}$
342	108.200
355	103.000

b) Gráfico de $R(q)$ e da reta tangente à curva em $q = 350$

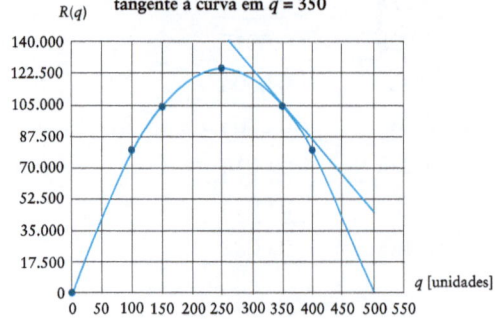

7. a) Gráfico de dispersão de $P(x)$

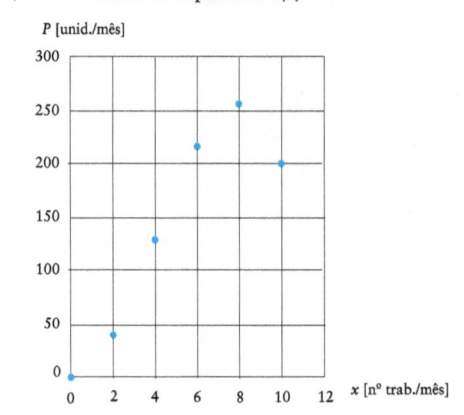

b) $P(q) = 23{,}05 \cdot q^{1,10}$

c) Gráfico de dispersão de P(q) e da curva ajustada para P(q)

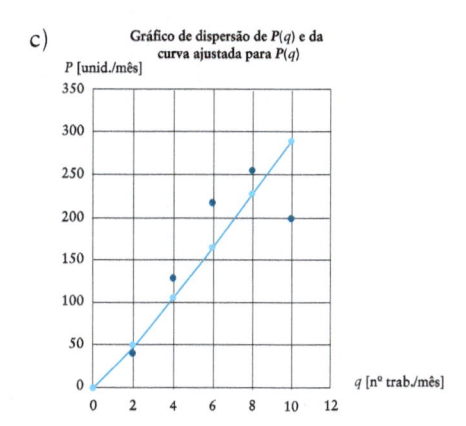

d) $y = 29{,}13q - 10{,}61$

Gráfico da curva ajustada para P(q) e da reta tangente à curva em q = 4

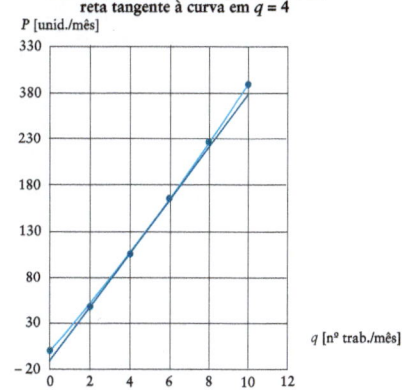

e)

q	y
7	193,3
9	251,6
11	309,8

f)

q	Valor Real P(q)	V. Estim. reta tg.	Erro
7	196	193,3	2,71025
9	258	251,6	6,86688
11	322	309,8	12,43739

Nota-se que, quanto mais distante de $q = 4$, maior é o erro, portanto menor será a confiabilidade com relação à estimativa.

CAPÍTULO 7

1. a) $y' = 0$
   b) $i' = 0$
   c) $f'(x) = 12$
   d) $q' = -3$
   e) $J' = 250$
   f) $y' = -1$
   g) $f'(x) = 4x^3$
   h) $y' = 60x^2$
   i) $y' = -2x^{-3}$
   j) $y' = 10x^{-2}$
   k) $P' = 2.000 q^{-\frac{1}{6}}$

   l) $y' = -\dfrac{1.360.000}{x^{2,7}}$

   m) $p'(t) = 15t^2 + 20t - 15$
   n) $f'(x) = (\ln 5) \cdot 5^x$
   o) $M'(x) = 2.500 \cdot (\ln 1,03) \cdot 1,03^x$
   p) $f'(x) = 2e^x$
   q) $y' = 5e^x + 5ex^{5e-1}$

   r) $f'(x) = -\dfrac{5}{x}$

   s) $x' = \dfrac{15,3458}{M}$

   t) $f'(x) = 12x^3 - 510x^2 + 2.000x$
   u) $y' = 5x^4 \cdot 8^x + x^5 \cdot (\ln 8) \cdot 8^x$

   v) $f'(x) = \dfrac{100}{x^2 + 40x + 400}$

   w) $f'(x) = 81x^2 + 540x + 900$ ou $f'(x) = 9(3x + 10)^2$
   x) $f'(x) = 11,5129 \cdot 10^{5x-20}$ ou $f'(x) = 10^{5x-20} \cdot 5 \cdot \ln 10$
   y) $y' = (2x - 1) \cdot e^{x^2-x}$

   z) $y' = \dfrac{2}{\sqrt{4x + 10}}$

3. a) $P'' = 0,30q$
   b) $L'' = -4$
   c) $E'' = 2$

   d) $C_u'' = \dfrac{400}{q^3}$

   e) $V'' = 35.000 \cdot (\ln 0,875)^2 \cdot 0,875^t$

f) $y'' = \dfrac{120}{x^5}$

g) $y'' = 2a$

5. a) $\dfrac{dy}{dx} = (5x^2 + 2x)^3 \cdot (40x + 8)$

b) $\dfrac{dy}{dx} = 5e^{5x}$

c) $\dfrac{dm}{dt} = -120e^{-0,5t}$

d) $\dfrac{dq}{dp} = -\dfrac{10}{(5+10p)^2}$

e) $\dfrac{dy}{dx} = -\dfrac{1.560.000}{(x-300)^{2,3}}$

f) $\dfrac{dy}{dx} = -\dfrac{ab}{(x-r)^{b+1}}$

CAPÍTULO 7 – TÓPICO ESPECIAL

1. a) $\dfrac{dy}{dx} = \dfrac{1}{4y^3}$

b) $\dfrac{dy}{dx} = -\dfrac{x}{y}$

c) $\dfrac{dy}{dx} = \dfrac{x}{y}$

d) $\dfrac{dy}{dx} = -\sqrt{\dfrac{y}{x}}$

e) $\dfrac{dy}{dx} = -\dfrac{2x\sqrt{x^2+y^2}-x}{y}$

3. a) $\dfrac{dq}{dp} = -\dfrac{1}{2q}$; $\dfrac{dp}{dq} = -2q$

b) $\dfrac{dq}{dp} = -\dfrac{1}{12} = -0,083$ e $\dfrac{dp}{dq} = -12$

Para $q = 6$. Aumentando-se o preço, a demanda cai a uma taxa de $-0,083$ unidades/R\$ e aumentando-se a demanda, o preço cai a uma taxa de $-12,00$ R\$/unidade.

5. a) $y = \sqrt{10.000 - x^2}$

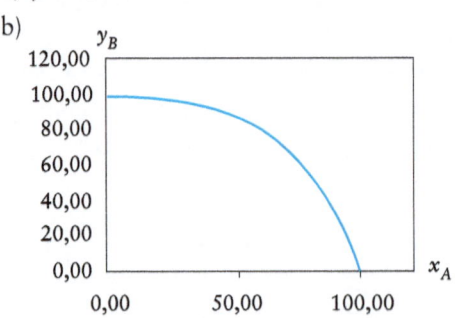

   b)

   c) A quantidade máxima de A é de 100 unidades. A quantidade máxima de B também é de 100 unidades.
   d) $y_B = 80$ unidades
   e) $x_A = 98$ unidades (aproximadamente)
   f) $\dfrac{dy}{dx} = -\dfrac{x}{y}$
   g) $y = -0,5774x + 115,47$

x	y (aproximadamente)
48	88
49	87
50	87
55	84

   h)

	x = 48	x = 49	x = 50	x = 55
$y = (10.000 - x^2)^{\frac{1}{2}}$	87,72685	87,17224	86,60254	83,51647
$y = -0,5774x + 115,47$	87,7548	87,1774	86,60000	83,713
|ERRO|	–0,02795	0,00516	0,00254	0,1965

■ CAPÍTULO 8

1. a) máximo local: $x = 4$; $x = 17$; maiores valores em suas vizinhanças.
    máximo global: $x = 17$; fornece o maior valor que a função assume.
    mínimo local: $x = 9$; $x = 23$; menores valores em suas vizinhanças.
    mínimo global: $x = 0$; fornece o menor valor que a função assume.
    b) $0 < t < 4$; $9 < t < 17$ e $23 < t < 28$.
    Nesses intervalos, $v' > 0$.
    c) $4 < t < 9$ e $17 < t < 23$.
    Nesses intervalos, $v' < 0$.
    d) Concavidade para cima:
    $7 < t < 13$ e $20 < t < 28$, com $v'' > 0$.
    Concavidade para baixo:
    $0 < t < 7$ e $13 < t < 20$, com $v'' < 0$.
    e) Crescente a taxa crescente ($v' > 0$ e $v'' > 0$): $9 < t < 13$ e $23 < t < 28$
    Crescente a taxa decrescente ($v' > 0$ e $v'' < 0$): $0 < t < 4$ e $13 < t < 17$
    Decrescente a taxa crescente ($v' < 0$ e $v'' > 0$): $7 < t < 9$ e $20 < t < 23$
    Decrescente a taxa decrescente ($v' < 0$ e $v'' < 0$): $4 < t < 7$ e $17 < t < 20$

3.

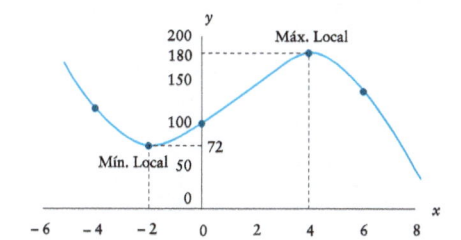

    Mínimo local em $x = -2$, máximo local em $x = 4$, crescente para $-2 < x < 4$ com $f'(x) > 0$, decrescente para $x < -2$ ou $x > 4$ com $f'(x) < 0$.

5.

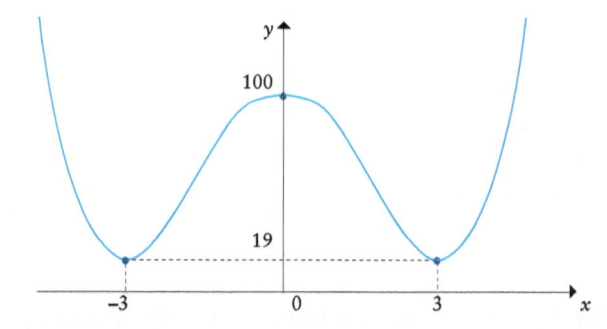

    Mínimo local e global em $x = -3$ e $x = 3$, máximo local em $x = 0$. Crescente para $-3 < x < 0$ ou $x > 3$ com $f'(x) > 0$, decrescente para $x < -3$ ou $0 < x < 3$ com $f'(x) < 0$.

7.

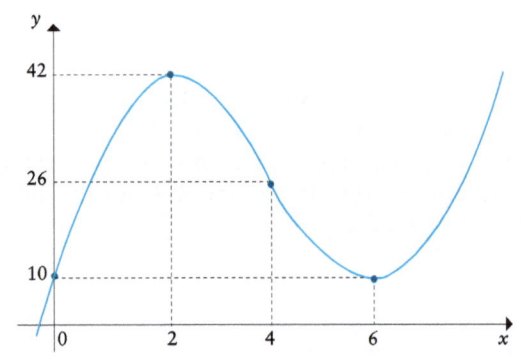

Máximo local em $x = 2$; mínimo local em $x = 6$, inflexão em $x = 4$; crescente a taxa decrescente para $x < 2$ ($f' > 0$ e $f'' < 0$); decrescente a taxa decrescente para $2 < x < 4$ ($f' < 0$ e $f'' < 0$); decrescente a taxa crescente para $4 < x < 6$ ($f' < 0$ e $f'' > 0$); crescente a taxa crescente para $x > 6$.

9.

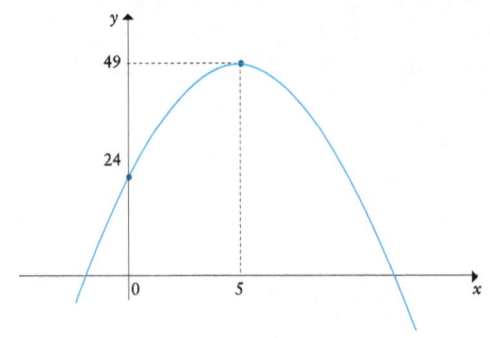

Máximo local e global em $x = 5$; crescente a taxa decrescente para $x < 5$ ($f' > 0$ e $f'' < 0$), decrescente a taxa decrescente para $x > 5$ ($f' < 0$ e $f'' < 0$).

11. a)

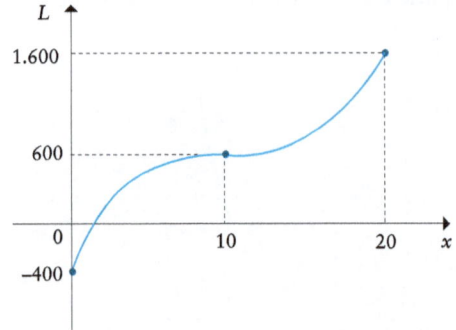

Mínimo global em $x = 0$ (onde o lucro é mínimo), máximo global em $x = 20$ (onde o lucro é máximo), lucro mínimo de -400, lucro máximo de 1.600.

b) Crescimento para $0 < x < 10$ ou $10 < x < 20$ ($L' > 0$).

13. a)

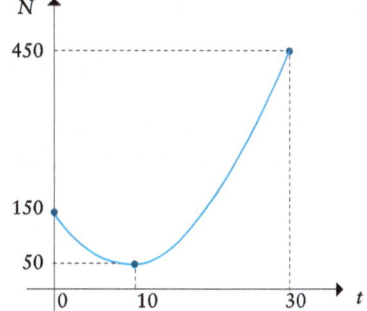

[Gráfico: N em função de t, com mínimo em (10, 50), ponto inicial em (0, 150) e máximo em (30, 450)]

Mínimo local e global em $x = 10$ (onde é mínimo o número de unidades vendidas), número mínimo de unidades vendidas é 50, máximo global em $x = 30$ (onde é máximo o número de unidades vendidas), número máximo de unidades vendidas é 450.

b) Decrescimento para $0 < t < 10$ ($N' < 0$), crescimento para $10 < t < 30$ ($N' > 0$).

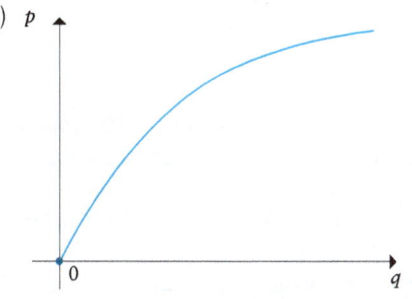

15. a)

[Gráfico: p em função de q, curva crescente côncava para baixo partindo da origem]

Mínimo global $q = 0$ (onde é mínima a produção), produção mínima de 0.

b) Crescimento para $q > 0$ ($P' > 0$).

17. a)

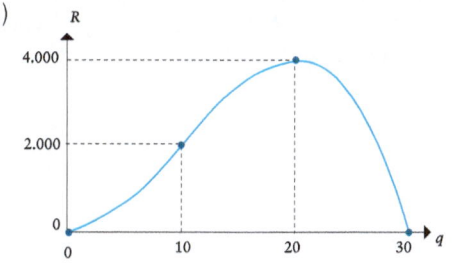

[Gráfico: R em função de q, com pontos (0,0), (10, 2.000), (20, 4.000) e (30, 0)]

Mínimo global em $q = 0$ e $q = 30$ (onde a receita é mínima), máximo local e global em $q = 20$ (onde a receita é máxima), receita mínima de 0, receita máxima de 4.000.

b) Crescimento para $0 < q < 20$ ($R' > 0$), decrescimento para $20 < q < 30$ ($R' < 0$).
c) Inflexão em $q = 10$, concavidade para cima em $0 < q < 10$ ($R'' > 0$), concavidade para baixo em $10 < q < 30$ ($R'' < 0$).
d) Crescente a taxa crescente para $0 < q < 10$ ($R' > 0$ e $R'' > 0$), crescente a taxa decrescente para $10 < q < 20$ ($R' > 0$ e $R'' < 0$), decrescente a taxa decrescente para $20 < q < 30$ ($R' < 0$ e $R'' < 0$).

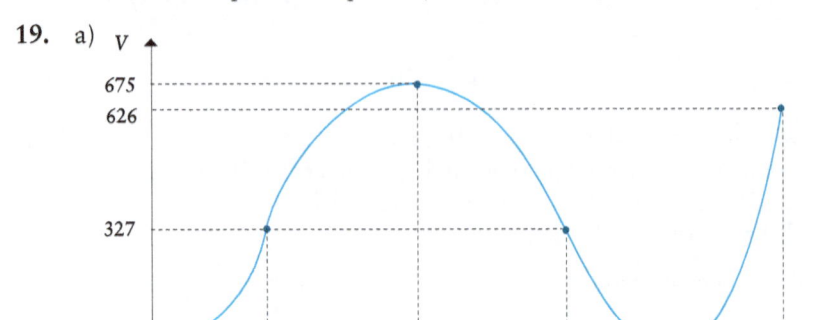

19. a)

Mínimo global em $t = 0$ e $t = 10$, mínimo local em $t = 10$ (onde a venda é mínima), máximo local e global em $t = 5$ (onde a venda é máxima), venda mínima de 50, venda máxima de 675.
b) Crescimento para $0 < t < 5$ ou $t > 10$ ($V' > 0$), decrescimento para $5 < t < 10$ ($V' < 0$).
c) Inflexão em $t \cong 2{,}11$ e $t \cong 7{,}89$, concavidade para cima em $0 < t < 2{,}11$ ou $7{,}89 < t < 12$ ($V'' > 0$), concavidade para baixo em $2{,}11 < t < 7{,}89$ ($V'' < 0$).
d) Crescente a taxa crescente para $0 < t < 2{,}11$ ou $10 < t < 12$ ($V' > 0$ e $V'' > 0$), crescente a taxa decrescente para $2{,}11 < t < 5$ ($V' > 0$ e $V'' < 0$), decrescente a taxa decrescente para $5 < t < 7{,}89$ ($V' < 0$ e $V'' < 0$), decrescente a taxa crescente para $7{,}89 < t < 10$ ($V' < 0$ e $V'' > 0$).

CAPÍTULO 8 – TÓPICO ESPECIAL

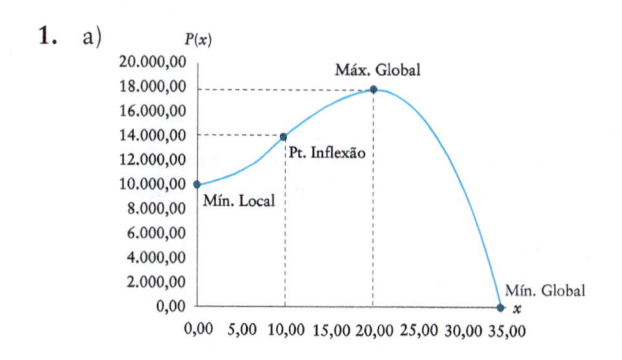

1. a)

P(x) gráfico com pontos: Mín. Local (em 10.000,00), Pt. Inflexão, Máx. Global (em 18.000,00), Mín. Global, eixo x de 0,00 a 35,00.

b) O ponto de inflexão dá a quantidade de fertilizante em que a produtividade é máxima, ou seja, onde a produção tem o maior crescimento.

c)

x	P'(x)
9	594
10	600
11	594

Nota-se que, no ponto de inflexão ($x = 10$), a taxa de variação da produção de grãos (produtividade) é máxima [$P'(x) = 600$].

3. a) $t = 4$ ➡ Ponto de inflexão

b) O ponto de inflexão, nesse caso, representa o instante em que o funcionário tem a maior produtividade.

t	P'(t)
3	45
4	48
5	45

No ponto de inflexão ($t = 4$), a taxa de variação de produção [$P'(t) = 48$] do funcionário é a maior.

CAPÍTULO 9

1. a) $C_{mg} = 0{,}3q^2 - 6q + 36$
    b) $C_{mg}(5) = 13{,}50$ reais
       $C_{mg}(10) = 6{,}00$ reais
       $C_{mg}(15) = 13{,}50$ reais
       Assim, R$ 13,50, R$ 6,00 e R$ 13,50 são os valores aproximados para produzir, respectivamente, a 6ª, a 11ª e a 16ª unidade do produto.
    c) Valor real = R$ 6,10
       Nota-se que o valor real, R$ 6,10, difere do valor encontrado no item anterior, C_{mg} = R$ 6,00, em apenas R$ 0,10.

3. a) $R(q) = -2q^2 + 800q$
    b) $R_{mg} = -4q + 800$
    c) $R'(100) = 400$, $R'(200) = 0$, $R'(300) = -400$
       Receitas aproximadas na venda das 101ª, 201ª e 301ª unidades, respectivamente. $R'(200) = 0$ indica que em $q = 200$ a receita é máxima. $R'(300) = -400$ indica que a receita é decrescente.
    d)

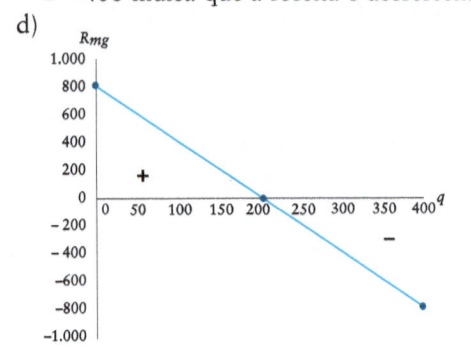

    R_{mg} é decrescente, ou seja, a taxa de variação da receita é decrescente; $R_{mg} > 0$ em $0 \le q < 200$ com receita crescente; $R_{mg} < 0$ em $200 < q \le 400$ com receita decrescente.
    e)

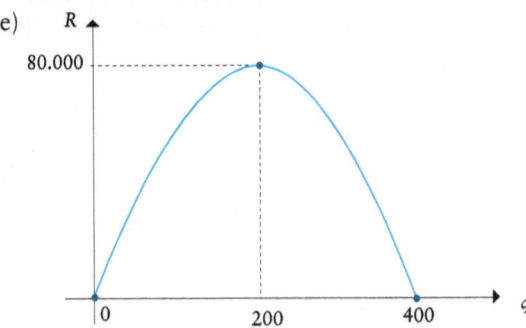

5. a) $L(q) = -2q^2 + 600q - 25.000$
    b) $L_{mg}(q) = -4q + 600$
    c) $L_{mg}(100) = 200$
       $L_{mg}(200) = -200$
       Assim, 200 e -200 são os valores aproximados do lucro para a venda do 101º e 201º ventilador, respectivamente.
    d) $q = 150$, pois $L'(150) = 0$ e $L''(150) < 0$.

7. a) $C_{mg} = 10q + 50$; $C_{me} = 5q + 50 + \dfrac{125}{q}$ e $C_{memg} = 5 - \dfrac{125}{q^2}$

    b) $q = 5$ e $Cme(5) = 100$

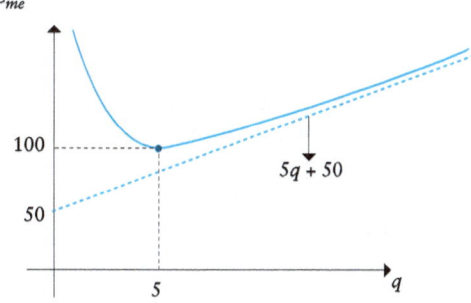

    c)

    d)

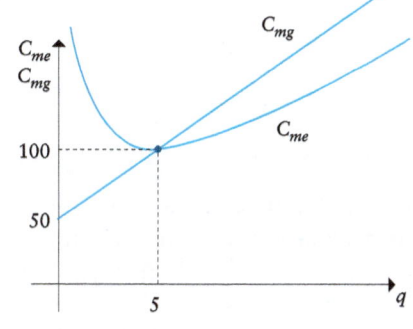

9. a) $E = -\dfrac{10p}{300 - 10p}$

    b)
p	E(p)
10	−0,5
15	−1,0
20	−2,0

Para $p = 10$, tem-se a elasticidade $E = -0,5$, o que indica que, se ocorrer um aumento de 1% para o preço, a demanda diminuirá 0,5%. Já para $p = 15$, a elasticidade é $E = -1,0$, indicando que, se ocorrer um aumento de 1% no preço, a demanda cairá aproximadamente 1%. Para o preço $p = 20$, a elasticidade é $E = -2,0$, indicando que, se ocorrer um aumento de 1% no preço, a demanda cairá aproximadamente 2%.

11. a) $E = -20p/(1.000 - 20p)$
    b)

p	E(p)
20	–0,67
25	–1,00
30	–1,50

Para $p = 20$, tem-se a elasticidade $E = -0,67$, o que indica que, se ocorrer um aumento de 1% para o preço, a demanda diminuirá 0,67%. Já para $p = 25$, a elasticidade é $E = -1,0$, indicando que, se ocorrer um aumento de 1% no preço, a demanda cairá aproximadamente 1%. Para o preço $p = 30$, a elasticidade é $E = -1,5$, indicando que, se ocorrer um aumento de 1% no preço, a demanda cairá aproximadamente 1,5%.

13. a) $E = \dfrac{2r^2}{r^2 + 160.000}$
    b)

r	E(r)
300	0,72
400	1,00
600	1,38

Para $r = 300$, tem-se a elasticidade $E = 0,72$, o que indica que, se ocorrer um aumento de 1% para a renda, a demanda deverá aumentar 0,72%. Já para $r = 400$, a elasticidade é $E = 1,0$, indicando que, para ocorrer um aumento de 1% na renda, a demanda deverá aumentar aproximadamente 1%. Para a renda $r = 600$, a elasticidade é $E = 1,38$, indicando que, para ocorrer um aumento de 1% na renda, a demanda deverá aumentar aproximadamente 1,38%.

15. a) Inelástica para $0 \leq p < 25$, elástica para $25 < p \leq 50$; elasticidade unitária para $p = 25$
    b) Para $0 \leq p < 25$ a receita aumenta, para $25 < p \leq 50$ a receita diminui e para $p = 25$ a receita permanece constante.

c) $R = 50p - p^2$

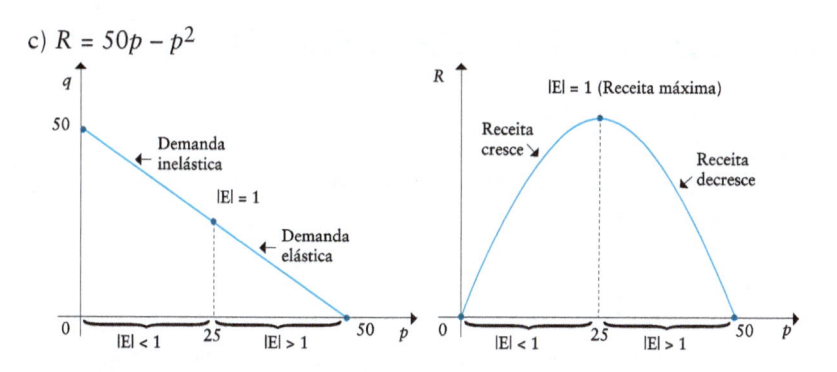

17. a) $S = 0{,}4y - 240$
    b) $C_{mg} = 0{,}6$
       $S_{mg} = 0{,}4$
       Como $C_{mg} = 0{,}6$, tem-se que o aumento de uma unidade na renda y acarreta um aumento de 0,6 no consumo. De forma análoga, $S_{mg} = 0{,}4$ indica que o aumento de uma unidade na renda y acarreta um aumento de 0,4 na poupança.
    c)

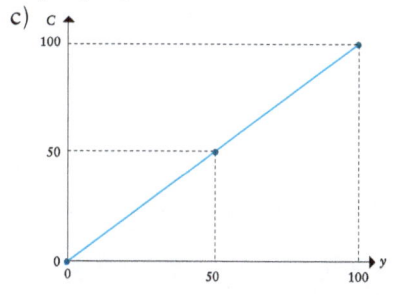

    Representa níveis em que toda a renda é dirigida ao consumo.
    Esse gráfico indica que toda a renda está sendo dirigida para o consumo.
    d)

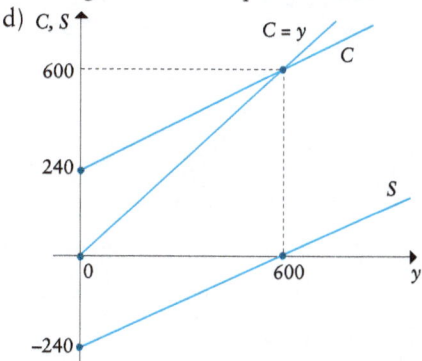

    Para $y = 600$ temos o nível de renda em que o consumo se iguala à renda.

CAPÍTULO 9 – TÓPICO ESPECIAL

1. a) $LEC = 7.746$ unidades
   b) $N = 8$ pedidos
   c) $C_T = 4.647,58\$ \Rightarrow$ Estimativa do custo anual do projeto.
   d) $C_{Tmín} = 4.647,58\$$

3. a) $LEC = 400$ unidades por vez.
   b) $N = 4$ pedidos
   c) $C_{Tmín} = 160\$$
   d) $C_{T(mensal)} = (32.000/q) + 0,2q$; $C_{P(mensal)} = 32.000/q$ e $C_{E(mensal)} = 0,2q$
   e)

q	C_P	C_E	C_T
100	320,00	20,00	340,00
200	160,00	40,00	200,00
300	107,00	60,00	167,00
400	80,00	80,00	160,00
500	64,00	100,00	164,00
600	53,00	120,00	173,00

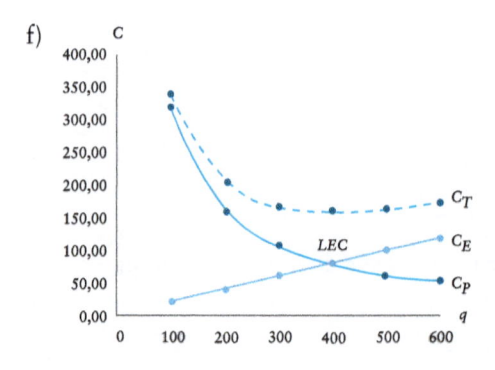

   f) [gráfico das curvas C_T, C_E, C_P com indicação do LEC]

CAPÍTULO 10

1. a) Variação total da produção = 890
   b) [gráfico de $p' = x^2$ com retângulos em alturas 25, 49, 81, 121, 169 nos pontos 4, 5, 7, 9, 11, 13, 14]

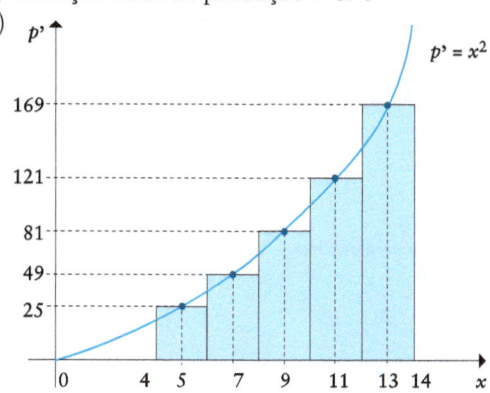

3. A estimativa de variação total do custo é 441,28.

5. $\int_2^8 5x\,dx = 150$

7. a) $\int_0^{10} R'(q)\,dq = 50$, $\int_{10}^{30} R'(q)\,dq = 200$ e $\int_{30}^{40} R'(q)\,dq = 150$

   b) $\int_{10}^{40} R'(q)\,dq = 350$

   c) $\int_{30}^{60} R'(q)\,dq = 450$

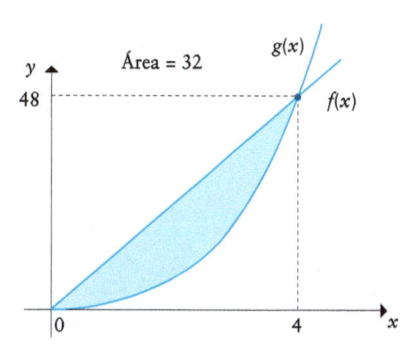

9. [gráfico com curvas $f(x)$ e $g(x)$, área = 32, ponto (4, 48)]

   A área compreendida entre as curvas é 32.

11. Valor médio = 22,5

13. a) $F(x)$ é a primitiva de $f(x)$.
    b) $F(x)$ é a primitiva de $f(x)$.

15. $\int_1^3 f(x)dx = 26$

17. $\int_1^2 (6x^2 + 5)dx = 19$

CAPÍTULO 10 – TÓPICO ESPECIAL

1. $\int f(x)dx = 1{,}38629$
3. Percentual total = 23,73%
5. a) Gráfico da Função de Consumo para os Cinco Primeiros Anos

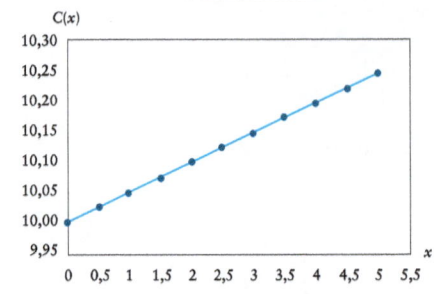

b) Percentual total = 50,62%

CAPÍTULO 11

1. a) $\int 5dx = 5x + C$
   b) $\int -3dx = -3x + C$
   c) $\int x^3 dx = \dfrac{x^4}{4} + C$
   d) $\int x^{10} dx = \dfrac{x^{11}}{11} + C$
   e) $\int x^{-4} dx = -\dfrac{x^{-3}}{3} + C$
   f) $\int x^{-1,5} dx = -2x^{-0,5} + C$

g) $\int q^{\frac{1}{2}} \, dq = \frac{2}{3} q^{\frac{3}{2}} + C$

h) $\int q^{\frac{2}{5}} \, dq = \frac{5}{7} q^{\frac{7}{5}} + C$

i) $\int \frac{1}{x^3} \, dx = -\frac{1}{2x^2} + C$

j) $\int \frac{1}{x^5} \, dx = -\frac{1}{4x^4} + C$

k) $\int \sqrt{x} \, dx = \frac{2}{3} \sqrt{x^3} + C$

l) $\int \sqrt[3]{x} \, dx = \frac{3}{4} \sqrt[3]{x^4} + C$

m) $\int 2x^4 \, dx = \frac{2x^5}{5} + C$

n) $\int -5x^2 \, dx = \frac{-5x^3}{3} + C$

o) $\int (x^3 + x) \, dx = \frac{x^4}{4} + \frac{x^2}{4} + C$

p) $\int (x^2 + x - 1) \, dx = \frac{x^3}{3} + \frac{x^2}{2} - x + C$

q) $\int (3x + 2) \, dx = \frac{3x^2}{2} + 2x + C$

r) $\int (-5x + 4) \, dx = -\frac{5x^2}{2} + 4x + C$

s) $\int (2x^2 - 8x) \, dx = \frac{2x^3}{3} - 4x^2 + C$

t) $\int (4x^2 - 7x + 5) \, dx = \frac{4x^3}{3} - \frac{7x^2}{2} + 5x + C$

u) $\int \left(\frac{x^2}{4} + \frac{x}{5} - 2 \right) dx = \frac{x^3}{12} + \frac{x^2}{10} - 2x + C$

v) $\int \left(\dfrac{x^3}{2} - \dfrac{x^2}{3} + 8x \right) dx = \dfrac{x^4}{8} - \dfrac{x^3}{9} + 4x^2 + C$

w) $\int \dfrac{2}{x} dx = 2 \ln |x| + C$

x) $\int \dfrac{-7}{x} dx = -7 \ln |x| + C$

3. a) $\int 7(7x + 5)^3 dx = \dfrac{(7x + 5)^4}{4} + C$

b) $\int 2x (x^2 + 3)^5 dx; \; u = x^2 + 3; \; du = 2x \, dx$

$\int (x^2 + 3)^5 2x \, dx = \int u^5 du = \dfrac{u^{5+1}}{5+1} + C = \dfrac{u^6}{6} + C = \dfrac{(x^2 + 3)^6}{6} + C$

c) $\int 2e^{2x} dx; \; u = 2x; \; du = 2 dx$

$\int e^{2x} 2 dx = \int e^u du = e^u + C = e^{2x} + C$

d) $\int -0{,}05 \, e^{-0{,}05x} dx; \; u = -0{,}05 x; \; du = -0{,}05 \, dx$

$\int e^{-0{,}05x}(-0{,}05) dx = \int e^u du = e^u + C = e^{-0{,}05x} + C$

e) $\int 3x^2 e^{x^3} dx; \; u = x^3; \; du = 3x^2 dx$

$\int e^{x^3} 3x^2 dx = \int e^u du = e^u + C = e^{x^3} + C$

f) $\int 2x\sqrt{x^2 + 1} \, dx; \; u = x^2 + 1; \; du = 2x \, dx$

$\int \sqrt{x^2 + 1} \cdot 2x \, dx = \int \sqrt{u} \, du = \int u^{\frac{1}{2}} du = \dfrac{u^{\frac{1}{2}+1}}{\frac{1}{2}+1} + C =$

$= \dfrac{u^{\frac{3}{2}}}{\frac{3}{2}} + C = \dfrac{2}{3}\sqrt{u^3} + C = \dfrac{2u\sqrt{u}}{3} + C =$

$= \dfrac{2(x^2 + 1)\sqrt{x^2 + 1}}{3} + C = \dfrac{2(x^2 + 2)\sqrt{x^2 + 1}}{3} + C$

g) $\int \dfrac{2x}{x^2+1} dx;\ u = x^2 + 1;\ du = 2xdx$

$\int \dfrac{2x}{x^2+1} dx = \int \dfrac{1}{x^2+1} \cdot 2xdx = \int \dfrac{1}{u} du = \ln|u| + C =$

$= \ln|x^2 + 1| + C$

h) $\int (7x+5)^3 dx;\ u = 7x + 5;\ du = 7dx;\ \dfrac{1}{7} du = dx$

$\int (7x+5)^3 dx = \int u^3 \dfrac{1}{7} du = \dfrac{1}{7} \int u^3 du = \dfrac{1}{7} \dfrac{u^{3+1}}{3+1} + C = \dfrac{u^4}{28} + C =$

$= \dfrac{(7x+5)^4}{28} + C$

i) $\int x(x^2+1)^5 dx;\ u = x^2 + 1; du = 2xdx;\ \dfrac{1}{2} du = xdx$

$\int (x^2+1)^5 xdx = \int u^5 \dfrac{1}{2} du = \dfrac{1}{2} \int u^5 du = \dfrac{1}{2} \cdot \dfrac{u^{5+1}}{(5+1)} + C = \dfrac{u^6}{12} + C$

$= \dfrac{(x^2+1)^6}{12} + C$

j) $\int e^{5x} dx;\ u = 5x;\ du = 5dx;\ \dfrac{1}{5} du = dx$

$\int e^{5x} dx = \int e^u \dfrac{1}{5} du = \dfrac{1}{5} \int e^u du = \dfrac{e^u}{5} + C =$

$= \dfrac{e^{5x}}{5} + C$

k) $\int e^{-0,2x} dx;\ u = -0,2x;\ du = -0,2 dx;\ -\dfrac{1}{0,2} du = dx$

$\int e^{-0,2x} dx = \int e^u \left(-\dfrac{1}{0,2}\right) du = -\dfrac{1}{0,2} \int e^u du = -\dfrac{e^u}{0,2} + C = -\dfrac{e^{-0,2x}}{0,2} + C$

1) $\int \dfrac{1}{2x+5} dx$; $u = 2x+5$; $du = 2dx$; $\dfrac{1}{2} du = dx$

$\int \dfrac{1}{2x+5} dx = \int \dfrac{1}{u} \cdot \dfrac{1}{2} du = \dfrac{1}{2} \int \dfrac{1}{u} du = \dfrac{1}{2} \ln|u| + C =$

$= \dfrac{\ln|2x+5|}{2} + C$

5. $\int \dfrac{\ln x}{x} dx = \dfrac{(\ln x)^2}{2} + C$

CAPÍTULO 11 – TÓPICO ESPECIAL

1. a) $\int_{1}^{\infty} \dfrac{1}{x} dx = +\infty \Rightarrow$ diverge

   b) $\int_{2}^{\infty} \dfrac{1}{\sqrt{x}} dx = +\infty \Rightarrow$ diverge

   c) $\int_{0}^{\infty} e^{-10x} dx = 0,1 \Rightarrow$ converge

   d) $\int_{1}^{\infty} \dfrac{1}{x^{\frac{3}{2}}} dx = +2 \Rightarrow$ converge

   e) $\int_{2}^{\infty} \dfrac{1}{\sqrt{x+5}} dx = +\infty \Rightarrow$ diverge

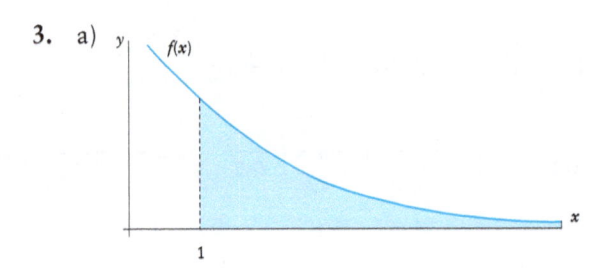

3. a)

b) $\int_0^\infty \frac{1}{e^{3x}} dx = \frac{1}{3} \Rightarrow$ converge

■ CAPÍTULO 12

1. a) $\int_2^8 (-10q + 100) dq = 300$

   b) $\int_2^8 2{,}5q\, dq = 75$

   c) $\int_2^8 L'(q) dq = 225$

   d) A variação do lucro é dada pela área entre as curvas da receita marginal e custo marginal no intervalo $2 \leq q \leq 8$.

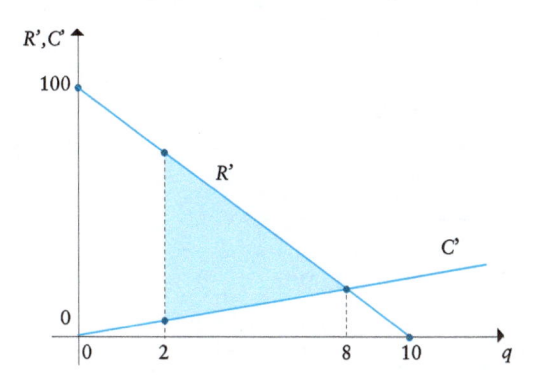

3. a) $\int_1^3 3q^2\, dq = 26$

   b) $\int_1^3 27\, dq = 54$

   c) $\int_1^3 L'(q) dq = -28$

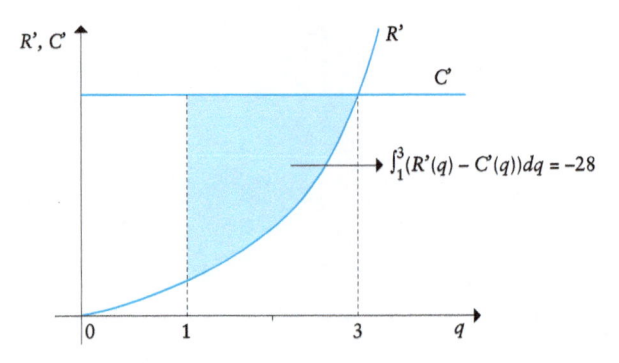

d) A variação do lucro é dada pela área entre as curvas da receita marginal e custo marginal no intervalo $1 \leq q \leq 3$.

5. a) A variação do consumo é de $ 350,00

   b) $c(y) = 0,7y + 210$

7. a) A variação da produção é de 152,25 toneladas

   b) $p(q) = \dfrac{q^4}{4}$

9. a) EP = V 225

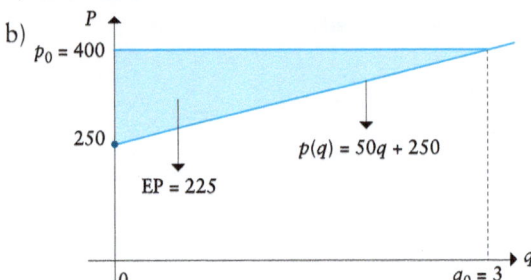

   b)

11. a) O excedente do produtor é de $ 128,00

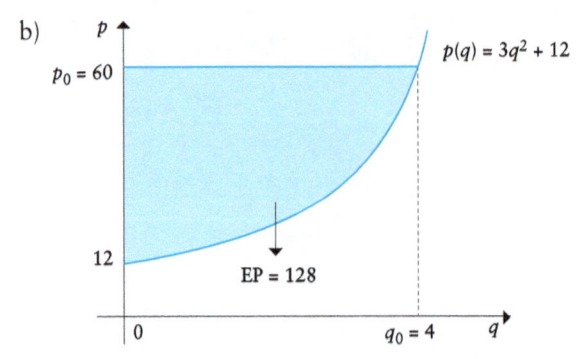

   b)

13. VF = 983.709,21 reais.

15. VF = 4.735.933,85$.

17. VM = 116 peças (número médio de peças produzidas).

19. VF = 1.075,47 reais.

CAPÍTULO 12 – TÓPICO ESPECIAL

1. Quanto maior for a área compreendida entre a curva de Lorenz e a reta de eqüidistribuição, maior será o nível de desigualdade de distribuição de renda de uma população em estudo.

3. O índice de Gini é uma das medidas usuais para mensuração do grau de concentração ou desigualdade de uma população. A curva de Lorenz se caracteriza pela representação da proporção acumulada da população em porcentagem subdividida em estratos no eixo horizontal (x), com a proporção acumulada correspondente à renda em porcentagem acumulada dessa mesma população.

5. a)

x	$y = x^{1,5}$	$y = x^2$	y
0,0	0,00	0,00	0,00
0,2	0,09	0,04	0,20
0,4	0,25	0,16	0,40
0,6	0,46	0,36	0,60
0,8	0,72	0,64	0,80
1,0	1,00	1,00	1,00

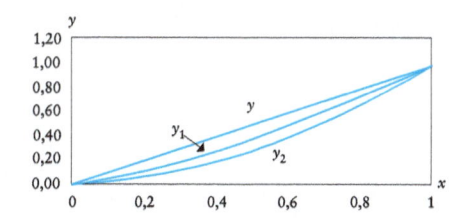

b) R_1 apresenta a menor concentração de renda

c)

$G_1 =$	0,20	==>	R_1
$G_2 =$	0,33	==>	R_2

A região R_1 apresenta menor grau de concentração de renda em virtude de o índice de Gini = 0,20 ser o menor entre as regiões. A região R_2 apresenta maior grau de concentração de renda em virtude de o índice de Gini = 0,33 ser o maior entre as regiões.

7. a)

G_1 =	0,702	==>	C_1
G_2 =	0,967	==>	C_2

x	L_1	L_2	y
0,00	0,00	0,00	0,00
0,20	0,05	0,18	0,20
0,24	0,07	0,22	0,24
0,40	0,18	0,38	0,40
0,60	0,39	0,58	0,60
0,80	0,66	0,78	0,80
1,00	1,00	1,00	1,00

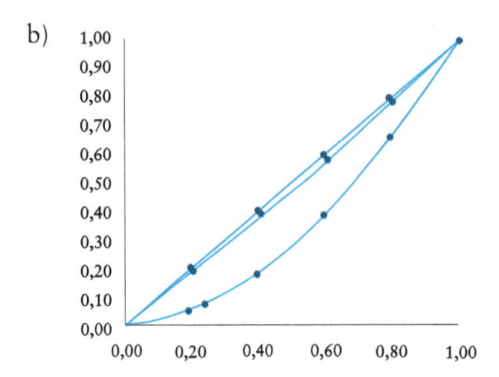

b)

Referências Bibliográficas

CONTADOR, J. C. [Coord.] *Gestão de operações:* a Engenharia de Produção a serviço da modernização da empresa. São Paulo: E. Blücher, 1997.

HIRSCHFELD, H. *Viabilidade técnico-econômica de empreendimentos*: roteiro completo de um projeto. São Paulo: Atlas, 1987.

HOFFMANN, L. D. & BRADLEY, G. L. *Cálculo*: um curso moderno e suas aplicações. 6. ed. Rio de Janeiro: Livros Técnicos e Científicos, 1999.

HOFFMANN, R. *Estatística para economistas*. 2. ed. São Paulo: Pioneira, 1991.

HUGHES-HALETT, D. et al. *Cálculo e aplicações*. São Paulo: E. Blücher, 1999.

HUGHES-HALETT, D. et al. *Cálculo*. Rio de Janeiro: Livros Técnicos e Científicos, 1997. vol. 1 e 2.

LEITHOLD, L. *Matemática aplicada à economia e administração*. São Paulo: Harbra, 1988.

MILONE, G. *Estatística*: geral e aplicada. São Paulo: Pioneira Thomson Learning, 2003.

MILONE, G. & ANGELINI, F. *Estatística aplicada*. São Paulo: Atlas, 1995.

MONTORO FILHO, A. F. et al, D. B. PINHO [Coord.] *Manual de economia*. São Paulo: Saraiva, 1988.

MOREIRA, D. A. *Administração da produção e operações*. São Paulo: Pioneira Thomson Learning, 2002.

PASSOS, C. R. M. & NOGAMI, O. *Princípios de economia*. 4. ed. São Paulo: Pioneira Thomson Learning, 2003.

PUCCINI, A. L. *Matemática financeira objetiva e aplicada*. 6. ed. São Paulo: Saraiva, 1999.

ROSSETTI, J. P. *Introdução à economia*. 19. ed. São Paulo: Atlas, 2002.

STEWART, J. *Cálculo, volume I*. 4. ed. São Paulo: Pioneira Thomson Learning, 2001.

TAN, S. T. *Matemática aplicada à administração e economia*. 5. ed americana. São Paulo: Pioneira Thomson Learning, 2001.

■ Regras de Derivação

Sendo k, m, b, n e a números reais, e u e v funções de x.

- $y = k \Rightarrow y' = 0$
- $y = m \cdot x + b \Rightarrow y' = m$
- $y = k \cdot u \Rightarrow y' = k \cdot u'$
- $y = u \pm v \Rightarrow y' = u' \pm v'$
- $y = x^n \Rightarrow y' = nx^{n-1}$
- $y = a^x \Rightarrow y' = a^x \cdot \ln a$
  ($a > 0$ e $a \neq 1$)
- $y = e^x \Rightarrow y' = e^x$
- $y = \ln|x| \Rightarrow y' = \dfrac{1}{x}$
  ($x \neq 0$)
- $y = uv \Rightarrow y' = u'v + uv'$
- $y = \dfrac{u}{v} \Rightarrow y' = \dfrac{u'v - uv'}{v^2}$
  ($v \neq 0$)

■ Regra da Cadeia

- $y = v(u) \Rightarrow y' = v'(u) \cdot u'$
  ou
  $\dfrac{dy}{dx} = \dfrac{dy}{du} \cdot \dfrac{du}{dx}$

■ Regras de Integração

Sendo k, n, a e b números reais, e u e v funções de x.

- $\int k\,dx = kx + C$
- $\int x^n\,dx = \dfrac{x^{n+1}}{n+1} + C$
  ($n \neq -1$)
- $\int k \cdot u\,dx = k \cdot \int u\,dx$
- $\int (u \pm v)\,dx = \int u\,dx \pm \int v\,dx$
- $\int \dfrac{1}{x}\,dx = \ln|x| + C$
  ($x \neq 0$)
- $\int a^x\,dx = \dfrac{1}{\ln a} a^x + C$
  ($a > 0$ e $a \neq 1$)
- $\int e^x\,dx = e^x + C$
- $\int \ln x\,dx = x \ln x - x + C$
  ($x > 0$)

■ Método da Substituição

- $\int f(u(x)) \cdot u'(x)\,dx = \int f(u)\,du$

■ Integração por Partes

- $\int u\,dv = uv - \int v\,du$

■ Integrais Definidas

- $\int_a^b f(x)\,dx = F(b) - F(a)$
  onde $F'(x) = f(x)$